职业教育职业培训 *改革创新教材*
全国高等职业院校、技师学院、技工及高级技工学校规划教材
模具设计与制造专业

塑料成型工艺与模具设计

陈少友　主　编
戴　乐　陈向云　蔡福洲　副主编
谢贤和　主　审

电子工业出版社
Publishing House of Electronics Industry
北京·BEIJING

内 容 简 介

本书根据高等职业院校、技师学院"模具设计与制造专业"的教学计划和教学大纲,以"国家职业标准"为依据,按照"以工作过程为导向"的课程改革要求,以典型任务为载体,从职业分析入手,切实贯彻"管用"、"够用"、"适用"的教学指导思想,把理论教学与技能训练很好地结合起来,并按技能层次分模块逐步加深塑料成型工艺与模具设计相关内容的学习和技能操作训练。本书较多地编入新技术、新设备、新工艺的内容,还介绍了许多典型的应用案例,便于读者借鉴,以缩短学校教育与企业需要之间的差距,更好地满足企业用人需要。

本书可作为高等职业院校、技师学院、技工及高级技工学校、中等职业学校模具相关专业的教材,也可作为企业技师培训教材和从事模具设计与制造的工程技术人员的自学用书。

图书在版编目(CIP)数据

塑料成型工艺与模具设计 / 陈少友主编. —北京:电子工业出版社,2012.8

职业教育职业培训改革创新教材 全国高等职业院校、技师学院、技工及高级技工学校规划教材. 模具设计与制造专业

ISBN 978-7-121-17874-0

Ⅰ. ①塑… Ⅱ. ①陈… Ⅲ. ①塑料成型—工艺 高等职业教育—教材②塑料模具—设计—高等职业教育—教材 Ⅳ. ①TQ320.66

中国版本图书馆 CIP 数据核字(2012)第 186438 号

策划编辑:关雅莉 杨 波
责任编辑:郝黎明 文字编辑:裴 杰
印 刷:涿州市京南印刷厂
装 订:
出版发行:电子工业出版社
 北京市海淀区万寿路 173 信箱 邮编:100036
开 本:787×1 092 1/16 印张:25.75 字数:659.2 千字
印 次:2012 年 8 月第 1 次印刷
定 价:47.50 元

凡所购买电子工业出版社图书有缺损问题,请向购买书店调换。若书店售缺,请与本社发行部联系,联系及邮购电话:(010)88254888。

质量投诉请发邮件至 zlts@phei.com.cn,盗版侵权举报请发邮件至 dbqq@phei.com.cn。

服务热线:(010)88258888。

职业教育职业培训*改革创新教材*
全国高等职业院校、技师学院、技工及高级技工学校规划教材
模具设计与制造专业　教材编写委员会

凌增光　　湖南工贸技师学院
曾平平　　湖南工贸技师学院
袁见平　　湖南工贸技师学院
黄世雄　　湖南工贸技师学院
赵小英　　湖南工贸技师学院
刘　娟　　湖南工贸技师学院
周明刚　　湖南工贸技师学院
龙　湘　　湖南工贸技师学院
宋安宁　　湖南工贸技师学院
张　志　　湖南工贸技师学院
肖海涛　　湘潭技师学院
张　丽　　湘潭技师学院
刘一峰　　湘潭技师学院
龙　涛　　湘潭大学
阳海红　　湖南省机械工业技术学院
陈俊杰　　湖南省机械工业技术学院
刘小明　　湖南省机械工业技术学院
张书平　　湖南省机械工业技术学院
陈小兵　　湖南省机械工业技术学院
李飞飞　　湖南省机械工业技术学院
陈效平　　湖南省机械工业技术学院
陈　凯　　湖南省机械工业技术学院
张健解　　湖南省机械工业技术学院
丁洪波　　湖南省机械工业技术学院
王碧云　　湖南省机械工业技术学院
王　谨　　湖南省机械工业技术学院
简忠武　　湖南工业职业技术学院
易　杰　　湖南工业职业技术学院
文建平　　衡阳财经工业职业技术学院
宋建文　　长沙航天工业学校
颜迎建　　湘潭市电机集团力源模具公司
张　源　　湖南晓光汽车模具有限公司
张立安　　益阳广益科技发展有限公司
贾庆雷　　株洲时代集团时代电气有限公司
欧汉德　　广东省技师学院
邹鹏举　　广东省技师学院
洪耿松　　广东省国防科技高级技工学校
李锦胜　　广东省机械高级技工学校
蔡福洲　　广州市白云工商技师学院
罗小琴　　茂名市第二高级技工学校
廖禄海　　茂名市第二高级技工学校
许　剑　　江苏省徐州技师学院
李　刚　　山西职业技术学院
王端阳　　祁东县职业中等专业学校
卢文升　　揭阳捷和职业技术学校

秘　书　处：刘南、杨波、刘学清

出 版 说 明

百年大计，教育为本。教育是民族振兴、社会进步的基石，是提高国民素质、促进人的全面发展的根本途径，寄托着亿万家庭对美好生活的期盼。2010 年 7 月，国务院颁发了《国家中长期教育改革和发展规划纲要（2010—2020）》。这份《纲要》把"坚持能力为重"放在了战略主题的位置，指出教育要"优化知识结构，丰富社会实践，强化能力培养。着力提高学生的学习能力、实践能力、创新能力，教育学生学会知识技能，学会动手动脑，学会生存生活，学会做人做事，促进学生主动适应社会，开创美好未来。"这对学生的职前教育、职后培训都提出了更高的要求，需要建立和完善多层次、高质量的职业培养机制。

为了贯彻落实党中央、国务院关于大力发展高等职业教育、培养高等技术应用型人才的战略部署，解决技师学院、技工及高级技工学校、高职高专院校缺乏实用性教材的问题，我们根据企业工作岗位要求和院校的教学需要，充分汲取技师学院、技工及高级技工学校、高职高专院校在探索、培养技能应用型人才方面取得的成功经验和教学成果，组织编写了本套"全国高等职业院校、技师学院、技工及高级技工学校规划教材"丛书。在组织编写中，我们力求使这套教材具有以下特点。

以促进就业为导向，突出能力培养：学生培养以就业为导向，以能力为本位，注重培养学生的专业能力、方法能力和社会能力，教育学生养成良好的职业行为、职业道德、职业精神、职业素养和社会责任。

以职业生涯发展为目标，明确专业定位：专业定位立足于学生职业生涯发展，突出学以致用，并给学生提供多种选择方向，使学生的个性发展与工作岗位需要一致，为学生的职业生涯和全面发展奠定基础。

以职业活动为核心，确定课程设置：课程设置与职业活动紧密关联，打破"三段式"与"学科本位"的课程模式，摆脱学科课程的思想束缚，以国家职业标准为基础，从职业（岗位）分析入手，围绕职业活动中典型工作任务的技能和知识点，设置课程并构建课程内容体系，体现技能训练的针对性，突出实用性和针对性，体现"学中做"、"做中学"，实现从学习者到工作者的角色转换。

以典型工作任务为载体，设计课程内容：课程内容要按照工作任务和工作过程的逻辑关系进行设计，体现综合职业能力的培养。依据职业能力，整合相应的知识、技能及职业素养，实现理论与实践的有机融合。注重在职业情境中能力的养成，培养学生分析问题、解决问题的综合能力。同时，课程内容要反映专业领域的新知识、新技术、新设备、新工艺和新方法，突出教材的先进性，更多地将新技术融入其中，以期缩短学校教育与企业需要之间的差距，更好地满足企业用人的需要

以学生为中心，实施模块教学：教学活动以学生为中心、以模块教学形式进行设计和组织。围绕专业培养目标和课程内容，构建工作任务与知识、技能紧密关联的教学单元模块，为学生提供体验完整工作过程的模块式课程体系。优化模块教学内容，实现情境教学，融合课堂教学、动手实操和模拟实验于一体，突出实践性教学，淡化理论教学，采用"教"、"学"、"做"相结合的"一体化教学"模式，以培养学生的能力为中心，注重实用性、操作性、科学性。模块与模块之间层层递进、相互支撑，贯彻以技能训练为主线、相关知识为支撑的编写思路，切实落实"管用"、"够用"、"适用"的教学指导思想。以实际案例为切入点，并尽量采用以图代文的编写形式，降低学习难度，提高学生的学习兴趣。

此次出版的"全国高等职业院校、技师学院、技工及高级技工学校规划教材"丛书，是电子工业出版社作为国家规划教材出版基地，贯彻落实全国教育工作会议精神和《国家中长期教育改革和发展规划纲要（2010—2020）》，对职业教育理念探索和实践的又一步，希望能为提升广大学生的就业竞争力和就业质量尽自己的绵薄之力。

电子工业出版社　职业教育分社

2012 年 8 月

前　言

本书根据高等职业院校、技师学院"模具设计与制造专业"的教学计划和教学大纲，以"国家职业标准"为依据，按照"以工作过程为导向"的课程改革要求，以典型任务为载体，从职业分析入手，切实贯彻"管用"、"够用"、"适用"的教学指导思想，把理论教学与技能训练很好地结合起来，并按技能层次分模块逐步加深塑料成型工艺与模具设计相关内容的学习和技能操作训练。本书较多地编入新技术、新设备、新工艺的内容，还介绍了许多典型的应用案例，便于读者借鉴，以缩短学校教育与企业需要之间的差距，更好地满足企业用人需要。

本书可作为高等职业院校、技师学院、技工及高级技工学校、中等职业学校模具相关专业的教材，也可作为企业技师培训教材和从事模具设计与制造的工程技术人员的自学用书。

本书的编写符合职业学校学生的认知和技能学习规律，形式新颖，职教特色明显；在保证知识体系完备，脉络清晰，论述精准深刻的同时，尤其注重培养读者的实际动手能力和企业岗位技能的应用能力，并结合大量的工程案例和项目来使读者更进一步灵活掌握及应用相关的技能。

● **本书内容**

全书共分为 6 个模块 18 个任务，内容由浅入深，全面覆盖了塑料成型工艺和模具结构设计的知识及相关的技能。模块一是通过对塑料制品生产现场及模具库的参观，通过对典型模具的拆装测绘，使学生初步了解塑料模的结构和功用；模块二是通过对塑料的组成与工艺特性、注射成型工艺、压缩和压注成型工艺、挤出成型工艺、塑件的结构工艺性这 5 个任务，培养学生具有分析塑料性能和塑件结构工艺性能的能力，培养学生具有确定塑料成型工艺的能力；模块三是通过对注射模具结构类型及标准模架的选用、初选注射机、分型面的确定与浇注系统设计、成型零件设计、推出机构设计、侧向分型与抽芯机构设计、温度调节系统设计这 7 个任务，培养学生具有设计注射模具各功能零部件的能力；模块四是对注射模的设计工作过程进行完整的训练，使学生掌握塑料模的设计过程、设计内容和设计要求；模块五是通过对压缩模设计、压注模设计这 2 个任务，培养学生设计压缩模、压注模的能力；模块六是通过对挤出模设计这个任务，培养学生具有设计管材挤出模、薄膜吹塑模、异型材挤出模、电线电缆挤出模的能力。

● **配套教学资源**

本书提供了配套的立体化教学资源，包括专业建设方案、教学指南、电子教案等必需的文件，另外，还收集了注射成型新技术、发泡塑料成型工艺与模具设计、挤出模设计等内容。读者可以通过华信教育资源网（www.hxedu.com.cn）下载使用或与电子工业出版社联系（E-mail：yangbo@phei.com.cn）。

● **本书主编**

本书由湖南省机械工业技术学院陈少友主编，湖南省机械工业技术学院戴乐、陈向云、广州市白云工商技师学院蔡福洲副主编，湖南省机械工业技术学院谢贤和主审，湖南省机械工业技术学院丁洪波、王碧云、阳海红、陈俊杰、张书平、陈小兵、王谨、湖南工贸技师学院黄世雄等参与编写。由于时间仓促，作者水平有限，书中错漏之处在所难免，恳请广大读者批评指正。

● **特别鸣谢**

特别鸣谢湖南省人力资源和社会保障厅职业技能鉴定中心、湖南省职业技术培训研究室对本书编写工作的大力支持，并同时鸣谢湖南省职业技能鉴定中心（湖南省职业技术培训研究室）史术高、刘南对本书进行了认真的审校及建议。

主编

2012 年 8 月

目　录

模块一　认识塑料模

如何学习

在实地参观中，注意观察塑料成型的工艺过程，了解各个工艺参数；观察模具的工作状态，了解其工作原理。在模具的拆装试验中，在老师的指导下，通过拆装典型模具，了解模具的基本结构及装配关系，进一步了解其工作原理。

什么是塑料模

塑料模是利用其特定形状去成型具有一定形状和尺寸的塑料制品的工具，它对塑料制品的制造质量和成本起着决定性影响。

对塑料模具的要求：能生产出在尺寸精度、外观、物理性能等各方面均能满足使用要求的优质制品。从模具使用的角度要求高效率、自动化、操作简单，而从模具制造的角度要求模具结构合理、制造容易、成本低廉。

任务1　对塑料成型及其模具的认识

任务描述

现代塑料制品的生产中，合理的加工工艺、高效的设备、先进的模具是必不可少的三项重要因素，尤其是塑料模具对实现塑料加工工艺要求、塑料制品使用要求和造型设计起着重要的作用。高效的全自动设备只有配上相适应的模具才能发挥作用，随着塑料制品的品种和产品需求量的增大，对塑料模具也提出了越来越高的要求，促使塑料模具不断向前发展。

为使学生对塑料成型及其模具有初步的认识和了解，本任务要求教师带领学生到生产现场参观，参观的项目如下。

① 生产过程参观。

② 模具制作参观。

③ 模具库参观。

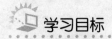 **学习目标**

【知识目标】

1. 了解塑料工业的发展及塑料成型在工业生产中的重要性。
2. 了解塑料的各种成型方法。
3. 了解塑料成型技术的发展趋势。

【技能目标】

1. 能掌握塑料的优良特性及其应用。
2. 能对塑料模具进行基本的分类。

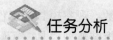 **任务分析**

在实地参观中，教师辅以现场讲解，然后对本任务知识点进行讲解。学生通过现场见习和参观，可了解生产全过程，且会对塑料成型工艺及其模具产生初步的感性认识，有利于提高学生的学习兴趣，激发学生的学习热情和学习自觉性，便于学生进一步地学习，也可提高教学效果。

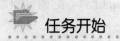 **任务开始**

基本概念

一、塑料成型在工业生产中的重要地位

1. 塑料及塑料工业的发展

塑料是以树脂为主要成分的高分子有机化合物，简称高聚物，一般相对分子质量都大于1万，有的甚至可达百万。在一定温度和压力下具有可塑性，可以利用模具成型为一定几何形状和尺寸的塑料制件。塑料的其余成分包括增塑剂、稳定剂、增强剂、固化剂、填料及其他配合剂。塑料的组成及其特性将在模块二任务1中详细叙述。

塑料工业是一门新兴工业，它包含塑料生产（树脂和半成品的生产）和塑料制品生产（也称塑料成型或塑料加工）两个系统。没有塑料的生产，就没有塑料制品的生产；没有塑料制品的生产，塑料就不能变成工业产品和生活用品。

世界塑料工业的崛起仅100年的历史，而我国的塑料工业起步于20世纪50年代初期，只有近70年的历史。从新中国成立初期第一次人工合成酚醛塑料开始至今，我国的塑料工业发展速度十分惊人。特别是近30年来，产量和品种都大大增加，许多新颖的工程塑料已投入批量生产。据统计，在世界范围内，塑料用量近几十年来几乎每5年翻一番。目前，我国的塑料工业已形成具有相当规模的完整体系，包括塑料的生产、成型加工、塑料机械设备、模具工业科研、人才培养等方面。总之，在塑料材料的消耗量上及塑料新产品、新工艺、新设备的研究、开发与应用上都取得了可喜的成就。

塑料工业的发展之所以如此迅猛，主要原因在于塑料具有以下优良特性。

①密度小、质量轻。大多数塑料密度为 0.9～1.4g/cm³，仅相当于钢材密度的 12%和铝材密度的 40%左右，即在同样体积下，塑件要比金属制品轻得多，这就是"以塑代钢"的优点。各种机械、车辆、飞机和航天器上采用塑料零件后，对减轻质量、节省能耗具有非常重要的意义。

②比强度高。钢的拉伸比强度约为 160MPa，而玻璃纤维增强的塑料拉伸比强度可高达 170～400MPa。

③绝缘性能好，介电损耗低，是电子工业中不可缺少的原材料。

④化学稳定性高，对酸、碱和许多化学药品都有良好的耐腐蚀性能。

⑤减摩、耐磨、自润滑性能及减震、隔声性能都较好。

⑥成型性能、着色性能好，且有多种防护性能（防水、防潮、防辐射）。可用不同的成型方法制作不同的制品。

因此，塑料已从代替部分金属、木材、皮革及无机材料发展成为各个部门不可缺少的一种化学材料，并跻身于金属、纤维材料和硅酸盐三大传统材料之列。塑料已渗透到人们生活和生产的各个领域，在家用电器、仪器仪表、机械制造、化工、医疗卫生、建筑器材、汽车工业、农用器械、日用五金，以及兵器、航空航天和原子能工业中，塑料已成为传统材料的良好代用品。在国民经济中，塑料已成为各行各业不可缺少的重要材料之一。

2. 塑料制品生产系统的组成

根据各种塑料的固有性能，利用一切可以实施的方法，可以使其成为具有一定形状又有使用价值的塑料制品。塑料制品的生产系统主要是由塑料的成型、机械加工、修饰和装配四个连续过程组成的，如图 1-1 所示。有些塑料在成型前需进行预处理（预压、预热、干燥等），因此，塑料制品生产的完整工序顺序为

塑料原料→预处理→成型→机械加工→修饰→装配→塑料制品

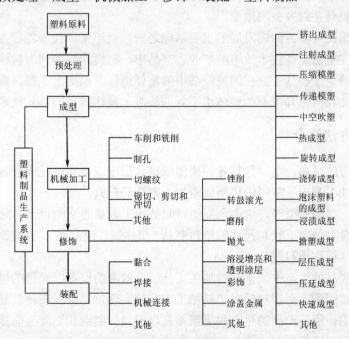

图 1-1　塑料制品生产系统的组成

在基本工序（成型→机械加工→修饰→装配）中，塑料的成型是最重要的，是一切塑料制品的必经过程，其他工序通常都是根据制品的要求来定的。成型称为一次加工，后三个工序（机械加工、修饰、装配）统称为二次加工，而二次加工并不是每个塑料制品所必须的。

3. 塑料成型在工业生产中的重要性

塑料成型是一种先进的加工方法。成型出来的塑料制品，具有质量轻、强度好、耐腐蚀、绝缘性能好、色泽鲜艳、外观漂亮等优点。成型过程中设备操作简便，生产率高，生产过程易于实现机械化、自动化，易组织规模生产；塑料可加工成任意形状的塑料制品，在大批量生产条件下，成本较低。

与相同质量的金属零件相比，塑料件能耗小。如果塑料件消耗的能量为1，则铝为6.6、铜为4.7、马口铁为4.3、钢为3.4。由于塑料成型温度远比金属低，所以成型方法也简单，只要有相应的自动化设备，配上合适的模具，就能进行大批量生产。

模具是工业生产中的重要工艺装备，而塑料模具是指用于成型塑料制件的模具，它是型腔模的一种类型。模具设计水平的高低、加工设备的好坏、制造力量的强弱、模具质量的优劣直接影响着许多新产品的开发和老产品的更新换代，影响着产品质量和经济效益的提高。美国工业界认为"模具工业是美国工业的基石"，日本则称"模具是促进社会繁荣富裕的动力"。事实上，在仪器仪表、家用电器、交通、通信和轻工业等各行业的产品零件中，有70%以上是采用模具加工而成的。工业先进的发达国家，其模具工业的年产值早已超过机床行业的年产值。目前，日本模具工业已实现了高度的专业化、标准化和商业化，在全国一万多家企业中，生产塑料模和生产冲压模的企业各占40%。而韩国在全国的模具专业厂中，生产塑料模的企业占43.9%，生产冲压模的企业占44.8%。新加坡全国的企业中，60%生产塑料模，35%生产冲模和夹具。以上事实可以看出，由于塑料成型工业的发展，到目前为止，塑料模具已处于同冲压模具并驾齐驱的地位。

模具工业是国民经济各部门发展的重要基础之一。近年来，我国各行各业对模具工业的发展十分重视，在重点支持技术改造的产业、产品中，把模具制造列为机械工业技术改造序列的第一位，它确定了模具工业在国民经济中的重要地位，也提出了振兴模具工业的主要任务，即要尽快提高我国模具工业的整体水平并迎头赶上发达国家的模具技术水平。

二、塑料成型方法简介

塑料成型的方法很多，主要包括各种模塑成型、层压成型和压延成型等。其中模塑成型的方法最多，表1-1列出了常用的模塑成型加工方法与模具，如注射成型、压缩成型、压注成型、挤出成型、气动成型等，约占全部塑料制品加工数量的90%以上。它们的共同特点是利用模具来成型具有一定形状和尺寸的塑料制品（简称塑件或制品）。成型塑料制品的模具称为塑料成型模具（简称塑料模）。

在现代塑料制品的生产中，正确的加工工艺、高效率的设备、先进的模具是影响塑料制品质量的三大重要因素，而塑料模对塑料加工工艺的实现，对保证塑料制品的形状、尺寸及公差起着极重要的作用。产品的生产和更新都是以模具的制造和更新为前提的，高效率、全自动的设备只有配备了适应自动化生产的塑料模才有可能发挥其效能。由于工业塑料制品和日用塑料制品的品种和产量需求很大，对塑料模具也提出了越来越高的要求，因此促使塑料模具的生产不断向前发展。

不同的塑料成型方法需要不同的塑料成型模具，不同的模具需要安装在不同的成型设备上生产。塑料成型设备的类型很多，主要有各种模塑成型设备和压延机等。模塑成型设备有注射机、挤出机、中空成型机、发泡成型机、塑料液压机，以及与之配套的辅助设备等。生产中应用最广的是注射机和挤出机，其次是液压机和压延机。挤出成型生产的制品产量约占塑料制品总产量的 50%，注射成型生产的制品占 25%～30%，这个比例还在扩大。就成型设备而言，注射机的产量最大，据统计，全世界注射机的产量近 10 年来增加了 10 倍，每年生产的台数约占整个塑料设备产量的 50%，成为塑料设备生产中增长最快、产量最多的机种。

塑料的成型方法除了表 1-1 列举的 6 种外，还有压延成型、浇铸成型、玻璃纤维热固性塑料的低压成型、滚塑（旋转）成型、泡沫塑料成型、快速成型等。

表 1-1　常用的模塑成型加工方法与模具

序　号	成型方法		成型模具	用　　途
1	注射成型		注射模（注塑模）	电视机外壳、食品周转箱、塑料盆、桶、汽车仪表盘等
2	挤出成型		挤出模（机头、口模）	如棒、管、板、薄膜、电缆护套、异形型材（百叶窗叶片、扶手、窗框、门框）等
3	压缩成型		压缩模（压塑模）	适于生产非常复杂的制品，如含有凹槽、侧抽芯、小孔、嵌件的制品等，不适合生产精度高的制品
4	压注成型（传递模塑）		压注模（传递模）	设备和模具成本高，原料损失大，生产大尺寸制品受到限制
5	气动成型	中空成型	口模、吹塑模	适于生产中空或管状制品，如瓶子、容器及形状较复杂的中空制品（如玩具等）
6		热成型	真空成型模	适合生产形状简单的制品，此方法可供选择的原料较少
			压缩空气成型模	

三、塑料成型技术发展趋势

在塑料成型生产中，先进的模具设计、高质量的模具制造、优质的模具材料、合理的加工工艺和现代化的成型设备都是成型优质塑件的重要条件。一副优良的注射模具可以成型上百万次，一副优良的压缩模具可以成型 25 万次以上，这与上述因素有很大的关系。

我国的塑料工业发展非常迅速，特别是近几年来，产量和品种都大大增加。塑料工业的发展迅速带动了塑料成型机械和塑料模具的发展，高效率、自动化、大型、微型、精密、高寿命的模具在整个模具产量中所占的比重越来越大，但与先进国家相比还存在着较大差距。例如，国产模具精度低、寿命短、制造周期长，塑料成型设备较陈旧、规格品种少，塑料材料及模具材料性能差，远不能适应工业高速发展的需要。为改变我国塑料行业的落后状况，赶超世界先进水平，必须从以下几方面大力发展塑料成型技术。

①加深塑料成型基础理论和工艺原理的研究，引进和开发新技术、新工艺，大力发展大型、微型、高精度、高寿命、高效率的模具，以适应不断扩大的塑料应用领域的需要。这需

要在工艺设计、模具制造、材料研究、生产管理等方面协同发展才能实现。采用先进的模具加工技术（数控机床、仿形机床、各种加工中心、坐标磨床、各种数控电加工机床等）、先进的型腔加工新工艺（超塑性成型和电铸成型型腔及简易制模工艺等），以及模具装配与精密测量手段（用数控三坐标测量机测量形状复杂且易变形的模具零件）的不断开发和应用，对保证塑料模具的加工精度和缩短加工周期起到关键性的作用。

②在引进先进塑料成型设备的同时，要做好对先进技术的吸收和推广工作，努力提高国产塑料成型设备的质量、性能及扩大品种规格。

③加强模具制造设备的研究和开发工作。鉴于我国现状，特别应加强旧设备的改造工作以提高加工精度。

④加强塑料材料性能研究及模具新型材料的开发和应用。

⑤大力推广模具标准化工作，使模具通用零件标准化、系列化、商品化，以适应大规模生产塑料成型模具的需要。近年来，我国已经制定了塑料模国家标准。目前，已有专门厂家生产各种规格的塑料模标准模架及推杆、推管等。

⑥开展模具 CAD/CAE/CAM 技术的研究、推广和应用。模具 CAD/CAE/CAM 一体化技术的应用提高了模具设计与制造水平和质量，并节省了时间，提高了生产效率，产品成本也大幅度降低，且使技术人员从繁重的计算和绘图工作中解放出来。

运用 CAD 技术进行模具设计，由于计算机的运用使得复杂的曲面生成、快速作图，以及丰富制模技术经验的综合成为可能。运用计算机 CAE 技术进行的模内塑料流动模拟及压力场、温度场的分析，为模具设计者的决策提供了更科学、更合理的依据，避免了设计的盲目性，使模具设计水平大大提高。

目前，我国已有一些注射模、挤塑模的软件处于试用阶段，也引进了一些国外 CAD/CAE/CAM 技术，但推广应用的程度还远远落后于工业发达国家。因此，在引进先进技术的同时，更要注意对先进技术的推广工作。21 世纪是"以塑代钢"的世纪，只有重视人才培养，重视科学知识教育和职业技能的培训，加强企业内部管理，提高整个行业人员素质，才能不断将我国的塑料成型技术推向新的高度。

四、课程任务与学习目标

塑料制件主要是靠成型模具获得的，而它的质量是靠模具的正确结构和模具成型零件的正确形状、精确尺寸及较小的表面粗糙度值来保证的。由于塑料成型工艺的飞速发展，模具的结构也日益趋于多功能化和复杂化，这对模具的设计工作提出了更高的要求。虽然塑料制件的质量与许多因素有关，但合格的塑料制件首先取决于模具的设计与制造的质量；其次取决于合理的成型工艺。世界上经济发达国家把模具作为机械制造的重要装备，投入了大量的财力物力进行开发和研制。近年来，我国也十分重视模具工业的发展和模具人才的培养，各类高等院校相继成立模具专业，《塑料成型工艺与模具设计》被列为模具专业的主要课程之一。

塑料成型工艺与模具设计是一门从生产实践中发展起来，又直接为生产服务的学科。本课程的任务是通过分析与选择塑料原料、确定塑料成型工艺、选用模具结构类型及标准模架、设计模具结构、模具装配与试模等方面的训练，完成塑料成型工艺与模具设计整个工作过程的完整训练。

通过本课程的学习及训练，学生应达到以下能力目标。

①能应用塑料流变基础理论，分析塑料成型工艺条件，达到能编制出合理、可行的塑料成型工艺规程的能力。

②能应用学过的设计知识，通过查阅和使用有关设计手册和参考资料，设计中等复杂程度的模具，为设计、制造复杂塑料模打下基础。

③具有正确安装模具、调试工艺参数和操作设备的能力，会分析和处理试模过程中所产生的有关技术方面的问题。

④初步具备分析塑件成型质量的能力。

⑤具备跟踪专业技术发展方向，探求和更新知识的自学能力。

⑥具有合理地控制模具质量的能力。

此外，还应了解塑料模的新技术、新工艺和新材料的发展动态，学习和掌握新知识，为振兴我国的塑料成型加工技术作出贡献。

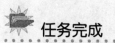 **任务完成**

教师带领学生到各生产车间、模具制作车间和模具库参观，并作现场讲解。

一、生产过程参观

1. 注射成型生产过程参观

①仔细观察从原料到产品的整个成型生产过程。

②了解注射机及模具的基本结构、工作原理和技术性能参数。

③了解注射成型条件（工艺参数）：注射压力、模具温度、机筒的三段温度、喷嘴温度、注射充模时间、保压时间、冷却时间、成型周期。

④了解制品成型后处理的方法及目的。

2. 挤出成型生产过程参观

在有条件的情况下，参观四个生产全过程：管材挤出成型、窗框挤出成型、塑料薄膜生产（挤出吹塑）、编织袋生产（挤出拉丝）。

①仔细观察从原料到产品的整个成型生产过程。

②了解挤出机及模具的基本结构、工作原理和技术性能参数。

③了解挤出成型条件（工艺参数）：挤出压力、模具温度、机筒的三段温度、挤出速度、牵引速度。

④了解其冷却定型辅助系统：定型方式、定型模结构、冷却方式、冷却系统结构。

3. 压缩、压注成型生产过程参观

有选择地参观压缩、压注成型生产全过程，如闸刀开关外壳生产全过程、空气开关外壳生产全过程。

①仔细观察从原料到产品的整个成型生产过程。

②了解压机及压缩模、传递模的基本结构、工作原理和技术性能参数。

③了解压缩、压注成型条件（工艺参数）：压缩成型压力、压注成型压力、模具温度、压缩时间、压注时间及保压时间。

④了解制品压后处理的方法及目的。

⑤了解压缩成型和压注成型的区别。

4. 气动成型生产过程参观

参观吹瓶生产全过程、一次性塑料杯吸塑生产全过程。

①仔细观察从原料到坯料、从坯料到产品的整个成型生产过程。

②了解气动成型设备及模具的基本结构、工作原理和技术性能参数。

③了解气动成型条件（工艺参数）：型坯温度、模具温度、吹塑压力（压缩空气压力）、吹胀比、延伸比。

二、模具制作参观

1. 了解常用加工方法

（1）通用机床加工

刨　铣　车　磨　镗　钻

（2）数控机床加工

数控车　数控铣　坐标磨床　高精度成型磨床　加工中心

检验：三坐标测量机。

特点：对熟练工人的依赖少、效率高、质量好，可加工形状复杂的型腔。

（3）电蚀加工

电火花加工　线切割加工

（4）特种加工

超声波加工　化学与电化学加工　挤压加工

（5）手工加工

钳工修正　研磨　抛光　压印锉修

特点：主要依赖于工人的技术水平。

2. 了解模具型腔、型芯制作的常规工艺过程

备料→锻造→热处理（退火）→粗加工（六面、刨、铣等）→粗磨（六面）→钳（划线）→工作型面粗加工（留余量）→钳修→工作型面精加工（留研磨量）→螺孔、销孔加工→热处理→研磨、抛光。

3. 了解模具制造的一般程序

模具标准件准备
↓
坯料准备（含锻造、退火处理）→模具零件粗、半精加工→热处理→模具零件精加工→模具装配

三、模具库参观

①选择 4～5 副典型塑料模进行分析和讲解，了解各典型塑料模的用途及结构组成。

②了解模具的分类和管理。

③了解模具的维护和保养。

任务小结

塑料作为一种新的材料，由于其不断被开发和应用，加之成型工艺不断成熟与完善，极大地促进了塑料成型模具的开发与制造。随着工业塑料制件和日用塑料制件的品种和需求量日益增加，产品的更新换代周期越来越短，对塑料的产量和质量提出了越来越高的要求，塑料模的新技术、新工艺和新材料也在不断发展。

 思考题与练习

1. 塑料变成塑制品必须经过哪些加工？并说明一次加工与二次加工之间的关系。
2. 成型优质塑件的重要条件有哪些？
3. 塑料成型在工业生产中有何重要地位？
4. 简述塑料成型技术的发展方向。
5. 什么是塑料模？塑料模具是如何分类的？
6. 本课程学习的基本要求是什么？

学生分组，完成课题

选择工业塑料制件和日用塑料制件各 2～3 个，提出性能要求，让学生分析和讨论，选择加工成型方法。

任务2　塑料模拆装试验

 任务描述

在完成任务 1 的基础上，为使学生对塑料模有进一步的认识和了解，本任务要求教师指导学生对典型注射模进行拆装试验并初步测绘部分零部件。

学习目标

【知识目标】

1. 了解典型塑料注射模的结构及其工作原理。
2. 初步了解注射模各组成部分的功用、相互间的配合关系及加工要求。

【技能目标】

1. 能掌握塑料模拆装的方法和步骤。
2. 能正确使用拆装工具，能使用常规量具进行测量。
3. 能初步测绘出塑料模各组成零部件的草图。

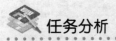 任务分析

在模块一任务1中，学生已对塑料成型工艺及成型模具有了初步认识和了解，但对模具的结构和各组成部分的功能尚不清楚。在本任务中，对典型模具进行拆装，即对模具结构进行解剖，会使学生对模具的认识和了解上升到一个新的高度，为以后的学习打下良好的基础；而对部分零部件进行初步绘，会使学生初步掌握量具的使用和测量的方法，会使学生的作图能力及对零件的表达方法有进一步提高。

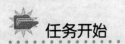 任务开始

基本概念

一、塑料模拆装前的准备工作

1. 场地配置

①模具拆装、测绘场地应具备面积宽、光线强、通风好的条件，周边环境应相对安静。场地安排有拆装室、测绘室、电绘室及相关教室，配备模具库（架）、拆装平台、虎钳、工具柜、量具柜及成套的手绘用具，还需配置塑压机、油压机及检测零件用的平板等设施。

②模具库（架）应配备多副典型结构的模具，每副模具都有相应的装配总图。

③模具拆装、测绘场地应有专人管理，管理人员负责模具、拆装工具、量具、绘图工具的发放及设备管理，负责监管模具拆装过程中的安全事项，确保学生的安全。

2. 常用工具

①内六角扳手。模具常用内六角螺钉作为连接件，为了紧固和拆卸模具上的内六角螺钉，必须使用内六角扳手。

②活动扳手、梅花扳手、套筒扳手。在许多模具中，也使用外六角螺钉及六角螺母，特别是定位块的固定、定位装置调节螺母的装拆等。为了紧固及拆卸这些螺钉、螺母，活动扳手最为常用，梅花扳手次之，套筒扳手也偶尔使用。

③加力杆。加力杆实际上是一根空心的厚壁钢管，套在内六角扳手上增加力臂长度，便于内六角螺钉的松开或紧固。

④撬杆。撬杆是一种起模工具，用于将闭合的动、定模打开，是拆卸模具时不可缺少的工具。

⑤铜锤、铜棒、铜板。铜锤、铜棒在模具装配中对于保护模具的表面质量、冲击定位销

起着重要作用，一般用紫铜棒做成。铜板在虎钳夹紧中起垫板的作用，以保护模具的光滑表面不受损伤。

⑥冲子。

⑦手套及干净棉纱。

3. 常规量具

①钢直尺。

②内、外卡钳。

③长度游标卡尺。

④高度游标卡尺。

⑤千分尺。

二、塑料模拆装步骤

模具拆卸前要做好准备工作，观察分析已准备好的试验模具，仔细阅读模具装配总图，了解各部分零件的功用及相互装配关系，计划好拆卸顺序，然后有条不紊地进行拆卸工作。拆下的零件不能随意堆放在一起，应按次序摆放，否则，会造成零件紊乱，给以后的组装工作带来困难。

①用撬杆将动、定模分型面撬松，将模具平放在拆装平台上，对于小型模具可用双手握住定模板，然后用力上提即可使导柱脱出导套，动、定模分离。若不能分离，可一人抓住定模将整个模具提起略离开台面悬空，另一个人用铜棒依次敲击动模四周，即可使导柱脱出导套，动、定模分离。

②将定模水平夹紧于虎钳上，用内六角扳手以对角方位逐步将紧固螺钉旋出，再用冲子冲出定位销，定模部分便解体为定模板、定模座板等几个零件。

③动模的拆卸基本上与定模相同。动模板、支承板、垫块及动模座板解体后，即可拆出推出机构。

④勾出草图表达型腔、型芯等重要零件的结构形状，用量具测量尺寸并标在草图上。

⑤装配动、定模并使之合模。装配顺序与拆卸顺序刚好相反，但要注意：

a. 装配前用干净棉纱仔细擦净定位销，若存有油垢，将会影响配合面的装配质量。定位销要用铜棒垂直敲入，紧固螺钉应拧紧。

b. 动、定模装配时要留意拆卸时所做的位置方向记号，以保证每个模具零件原来的方位，也就是要保证每个模具零件相互位置正确。最好是动定模有记号的面都面向操作者。

c. 合模前导柱、导套应涂以润滑油，动、定模应保持平行，使导柱平稳进入导套。

三、塑料模拆装试验注意事项

①在移动模具时，手要托起动模座，不要只搬动定模座，以防止在移动过程中动、定模分离而出现危险事故。

②在拆装和测量工作零件时，要注意避免模具及工量具的尖角、毛刺划伤人。

③在拆装过程中，切忌损坏模具零件，对不能拆卸的部位，不能强拆。

④注意模具零件的维护与保养。

⑤工作完毕后整理拆装场地，打扫卫生。

四、初步测绘塑料模的部分重要零件，绘制草图

其目的是培养学生对模具零件的表达能力和作图能力。

测绘工作往往是在现场进行的，要求在尽可能短的时间内完成，以便迅速将零部件重新装配起来。零件拆卸以后，应立即对每个非标准件勾画出零件草图，草图的内容与零件图的内容要求一样，然后进行尺寸测量。

勾画草图应注意以下几个问题。

①标准件只需确定规格，注出规定标记，不必画草图。

②画零件草图时，所有工艺结构，如倒角、圆角、凸台、凹坑、退刀槽等，都应如实画出，不能省略。

③零件制造时产生的误差或缺陷，如对称形状不太对称、圆形不圆，以及铸造产生的砂眼、缩孔、裂纹等，不应画在图样上。

④零件的技术要求，如表面粗糙度、尺寸公差与配合、热处理、材料等，可根据零件的作用及设计要求，参阅同类产品的图纸和资料，用类比法确定。

⑤画好的草图上应有尺寸界线，以便将测量的尺寸及时填写到图样上。

⑥测量尺寸时，一般可用的量具有内、外卡钳和钢直尺，比较精确的尺寸应用比较精密的量具（如游标卡尺、千分尺等）。零件上的标准结构要素（如螺纹、退刀槽、键槽等）的尺寸，在测量以后，应查阅有关标准手册核对确定。零件上的非加工尺寸和非主要尺寸应圆整为整数，尽量符合标准尺寸系列。两零件的配合尺寸和互相有联系的尺寸，应在测量后同时填入两个零件的草图中。

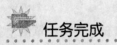 **任务完成**

图 1-2 为一典型注射模，教师指导学生对该注射模进行拆装试验并初步测绘部分零部件。在模具拆卸前准备好拆卸工具，教师指导学生仔细阅读模具装配总图，讲解模具的工作原理、结构要点、各部分零件的功用及相互装配关系，确定拆卸顺序，然后有条不紊地进行拆卸工作。

（一）拆卸步骤

①将模具放在拆装平台上，用撬杆将动、定模分型面撬松，使定模板 14 与动模板 16 稍稍分开，用双手握住定模板 14 的边沿，然后用力上提，使导柱 15 脱出定模板 14，斜导柱 10 脱出滑块 11，动、定模分离。若不能分离，可一人抓住定模板 14 的边沿，将整个模具提起略离开台面悬空，另一人用铜棒依次敲击动模四周（四根导柱附近），即可使导柱 15、斜导柱 10 分别脱出定模板 14 和滑块 11，动、定模分离。

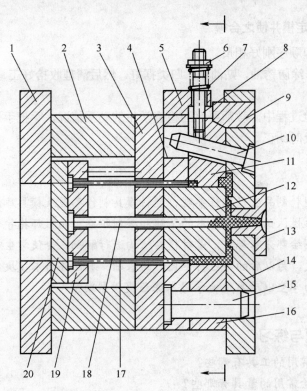

1—动模座板；2—垫块；3—支承板；4—型芯固定板；5—挡块；6—螺母；7—弹簧；8—滑块拉杆；9—锁紧楔；10—斜导柱；
11—滑块；12—型芯；13—浇口套；14—定模板；15—导柱；16—动模板；17—推杆；18—拉料杆；19—推杆固定板；20—推板

图 1-2　斜导柱侧抽芯注射模

②将定模部分夹紧于虎钳上，要注意定模的分型面不能作夹紧面，如果必须作夹紧面，要用木板或铜板垫好，否则会损坏分型面。然后用内六角扳手以对角方位逐步将浇口套 13 的紧固螺钉旋出。

③浇口套 13、斜导柱 10 和锁紧楔 9 与定模板 14 的配合均为过渡配合，可用铜棒垫起轻轻敲出。

④再将动模部分夹紧于虎钳上（同样要注意动模的分型面不能作夹紧面），用扳手拆去螺母 6、弹簧 7、滑块拉杆 8 及挡块 5，从导滑槽抽出滑块 11，然后用冲子冲出定位销，用内六角扳手及加力杆以对角方位逐步将所有的紧固螺钉全部旋出，动模部分全部得以解体。

⑤支承板 3、垫块 2 及动模座板 1 解体后，即可拆出推出机构。

⑥导柱 15、型芯 12 与型芯固定板 4 的配合均为过渡配合，可用铜棒垫起轻轻敲出。

（二）初步测绘

勾出草图表达型腔（定模板 14、动模板 16）、型芯 12 及型芯固定板 4 等重要零件的结构形状，用量具测量尺寸并标在草图上。

教师要指导学生正确表达零件结构、正确测量零件尺寸，要努力提高学生的作图能力及测绘能力。

（三）装配动、定模并使之合模

装配顺序与拆卸顺序刚好相反。

模具装好以后，涂防锈油，贴油纸，归类摆好。然后清理收拾好工量具，整理拆装场地，打扫卫生。

在整个拆装试验过程中，教师要巡回检查学生的动手情况，手把手地指导，耐心解答学生提问，发现问题及时纠正。

任务小结

学生通过进行塑料制品生产过程参观、塑料模具制作参观及模具库的参观，可对塑料成型工艺及模具产生感性认识，并有基本的了解和深刻印象。而教师指导学生对典型注射模进行拆装试验并初步测绘部分零部件，是对模具结构进行解剖，会使学生对模具的认识和了解上升到一个新的高度，为以后的学习打下良好的基础。本任务与本模块任务 1 一样，均为学习本课程的序曲，为学生以后系统地学习本课程提供帮助。

 思考题与练习

1. 模具拆卸时常用的工具有哪些？
2. 模具零件测绘常用的量具有哪些？
3. 模具拆装试验的目的是什么？
4. 进行模具拆装试验时应注意哪些事项？

学生分组，完成课题

挑选不同结构的模具若干，学生分成 3～4 人一组，每组拆装一副模具并测绘型腔、型芯等 2～3 个重要零件。

模块二　塑料成型工艺

如何学习

塑料成型工艺是塑料模具设计的基础，只有在掌握塑料成型工艺的基础上，才能做好塑料模具的设计工作。因此，要重点掌握各种成型方法的成型原理、特点及各个工艺参数。在学习过程中，应探讨性地学习，尤其对于各种成型工艺特性，应多与老师、同学进行分析和讨论。

什么是塑料成型工艺

塑料成型工艺是指塑料在成型过程中的成型方法、技术和质量要求，以及所确定的各个工艺参数。

任务1　塑料的组成及工艺特性

任务描述

图 2-1 是一塑料制件——连接座。该制件为某电器产品配套零件，需求量大，要求外形美观、使用方便、质量轻、品质可靠。任务要求：合理选择制件的材料，并分析制件的材料性能和成型工艺性能。

学习目标

【知识目标】

1. 掌握塑料的概念和常用塑料的基本性能。

2. 熟悉常用塑料代号、性能及用途。

3. 了解塑料的成型工艺特性。

【技能目标】

1. 能合理选择塑料制件所用材料。

2. 能正确分析塑料的使用性能和工艺性能。

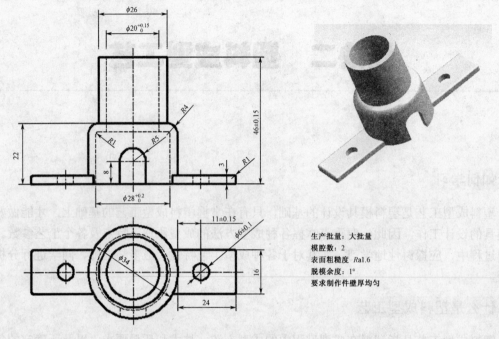

生产批量：大批量
模腔数：2
表面粗糙度　Ra1.6
脱模余度：1°
要求制作件壁厚均匀

图 2-1　连接座

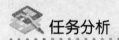 任务分析

　　塑料的品种类型有很多，其材料性能与成型工艺各不相同。要生产外形美观、性能可靠、尺寸标准的塑料制品，需要了解制品材料的性能，掌握塑料与模具设计有关的工艺特性（收缩率、流动性、结晶性、热敏性、应力开裂、热性能和冷却速度等），然后根据制件的使用性能正确选择合格的塑料品种。

　　连接座是电器产品配套零件，其产品的电绝缘性能与安全可靠性能需重点考虑。下面我们就针对该任务，学习塑料知识及塑料与模具设计有关的工艺特性等专业知识。

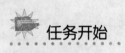 任务开始

基本概念

一、聚合物的分子结构

1. 聚合物的分子结构特点

　　聚合物的分子结构是由一种或数种原子团按照一定方式重复排列而形成的聚合物分子链结构。按照聚合物分子链的结构形状可分为三种类型：线形、支链形和体形，如图 2-2 所示。

　　（1）线形

　　如图 2-2（a）所示，聚合物是由一根根线状的分子链所组成的。其特点是分子密度大，流动性好，具有弹性、塑性及可溶性和可熔性。线形聚合物在适当的溶剂中可溶解或溶胀，

在温度升高时可软化至熔融状态而流动，且这种特性在成型前后都存在，因此可反复成型（即成型是可逆的）。线形聚合物树脂组成的塑料通常为热塑性塑料，例如，高密度聚乙烯（HDPE）、聚甲醛（POM）、聚酰胺（尼龙）（PA）等。

（2）支链形

如图 2-2（b）所示，支链形属于线形的一种，只是在线形分子链的主链上，带有一些或长或短的小支链，整个分子链呈支链状，因此称为带有支链的线形聚合物。其特点是分子密度较线形低、结晶度低，其力学性能和成型性能与线形类似，如低密度聚乙烯（LDPE）等。

（3）体形

如图 2-2（c）所示，若在大分子的链之间有一些短链把它们相互交联起来，成为立体结构，则称为体形聚合物。其物理特性是脆性大、弹性较高和塑性很低，成型前可溶且可熔，但一经成型硬化后，就成为既不能溶解也不熔融的固体，所以不能再次成型（即成型是不可逆的）。体形聚合物树脂组成的塑料通常为热固性塑料，例如，酚醛树脂（PF）、环氧树脂（EP）、脲-甲醛（UF）、三聚氰胺-甲醛（MF）等塑料。

(a) 线形　　　　　　　(b) 支链形　　　　　　　(c) 体形

图 2-2　聚合物分子结构

2. 聚合物分子链的聚集状态

聚合物分子特别大，分子间作用力较大，容易聚集为固态或液态，不易形成气态。按分子排列的集合特点，固态聚合物分为无定形和结晶型两种。

无定形聚合物的分子排列在大距离范围内是杂乱无章的、无规则地相互穿插交缠的。体形聚合物的分子链间存在大量交联，分子链难以作有序排列，所以具有无定形结构。

通常，分子结构简单、对称性高的聚合物，以及分子间作用力较大的聚合物等从高温向低温转变时，由无规则排列逐渐转化为有规则紧密排列，这种过程称为结晶。由于聚合物分子结构的复杂性，结晶过程不可能完全进行。结晶态高聚物中实际上仍包含着非晶区，如图 2-3 所示，其结晶的程度可用结晶度来衡量。结晶度是指聚合物中的结晶区在聚合物中所占的质量百分数。

聚合物一旦发生结晶，则其性能也将随之产生相应变化。结晶造成分子的紧密聚集状态，增强了分子间的作用力，使聚合物的抗拉强度、硬度、熔点、耐热性和耐化学性提高，弹性模量、伸长率和冲击强度则降低，表面粗糙度值增大，而且还会导致塑件的透明度降低甚至丧失。

在工业上为了改善具有结晶倾向的聚合物塑件的性能，常常用热处理方法使其非晶相转变为晶相，或将不太稳定的晶形结构转变为稳定的晶形结构，或微小的晶粒转为较大的晶粒等。当晶粒过分粗大时，聚合物变脆，性能反而变坏。

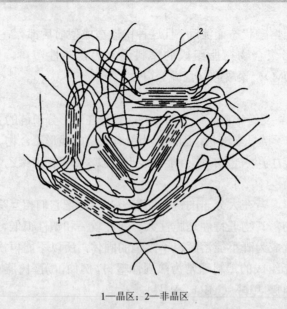

1—晶区；2—非晶区

图 2-3　结晶型聚合物结构示意图

二、聚合物的热力学性能和成型加工适应性

绝大多数塑料在成型时，为使其获得良好的流动性都要借助加热等手段，使成型材料温度升高。聚合物的物理、力学性能与温度相关，在温度变化时，聚合物所处的力学状态也必然随之发生变化。

随着温度的变化，聚合物的性能、状态可分为玻璃态、高弹态和黏流态，如图 2-4 所示。即温度升高，聚合物由室温下的坚硬固体（玻璃态）变为类似橡胶的弹性体（高弹态），最后，当温度达到一定程度后，聚合物软化、可以流动，即成为黏性流体（黏流态）。当聚合物处于玻璃态、高弹态、黏流态等不同的力学状态时，其力学性能的差别也较大，主要表现在材料的变形能力显著不同，因此，在不同状态下所适合的成型加工方法也随之不同。图 2-4 中曲线 1 为线形无定形聚合物的温度与力学状态及成型加工适应性的关系；图 2-4 中曲线 2 为结晶型聚合物的温度、力学状态及成型加工适应性的关系。下面依次讨论聚合物在所处的三种力学状态下的变形特点及适合的成型加工方法。

1. 玻璃态($T < T_g$)

T_g 称为玻璃化温度，是聚合物从玻璃态转变为高弹态的临界温度。处于玻璃态聚合物的特点是弹性模量高，聚合物处于刚性状态。在外力作用下，变形量很小，断裂伸长率在 0.01%～0.1%之间，物体受力的变形符合胡克定律，应变与应力成正比，并在瞬时达到平衡，在极限应力范围内形变具有可逆性。常温下玻璃态的典型材料为有机玻璃。

因此，在玻璃态下聚合物不能进行大变形的成型，只适于进行车削、锉削、钻孔、切螺纹等机械加工。如果将温度降到材料的脆化温度 T_b 以下，材料的韧性会显著降低，在受到外力作用时极易脆断，因此，T_b 是塑料加工使用的最低温度，而 T_g 是塑料使用的上限温度。从使用角度看 T_b 和 T_g 间的距离越远越好。

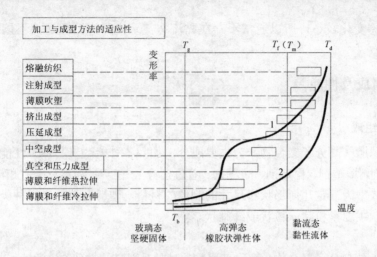

1—线形无定形；2—结晶型；T_b—脆化温度；T_g—玻璃化温度；T_f—黏流化温度；T_m—结晶型塑料熔点；T_d—热分解温度

图 2-4 聚合物的温度、力学状态及成型加工适应性

2. 高弹态($T_g < T < T_f$)

T_f 称为黏流化温度，是聚合物从高弹态转变为黏流态的临界温度。处于高弹态下，聚合物的弹性模量与玻璃态相比显著降低。在外力作用下，变形能力大大提高，断裂伸长率为 100%～1000%，所以发生形变可以恢复，即外力去除后，高弹形变会随时间逐渐减小，直至为零。常温高弹态的典型材料为橡胶。

聚合物在高弹态下可进行较大变形的成型加工，如压延成型、中空吹塑成型、热成型等。但是，由于高弹态下聚合物发生的变形是可恢复的弹性变形，将变形后的制品迅速冷却至玻璃态温度以下是确保制品形状及尺寸稳定的关键。

3. 黏流态（$T_f < T < T_d$）

当聚合物熔体温度高于一定值时，聚合物就会发生降解，这一温度称为降解温度 T_d。降解使制品的外观质量和力学性能显著降低。聚合物加工温度应低于降解温度 T_d。

聚合物在 T_f～T_d 温度范围内为黏流态，在外力的作用下，材料可发生持续形变（即流动）。此时的形变主要是不可逆的黏流形变，因此，在黏流态下可进行注射成型、压缩成型、压注成型、挤出成型等变形大、形状复杂的成型。当制品温度从成型温度 T_f 迅速降至室温时不易产生热内应力，制品质量易于保证。常温下黏流态的典型材料为环氧树脂（如胶黏剂等）。

上述为线形无定形聚合物的热力学性能，对完全线形结晶型聚合物，其热力学曲线通常不存在高弹态（见图 2-4 中曲线 2），只有在相对分子质量较高时才有可能出现高弹态。与 T_f 对应的温度称为熔点 T_m，是线形结晶型聚合物熔融或凝固的临界温度。线形结晶型聚合物在 T_g～T_m 基本上不存在高弹态，当熔点 T_m 很高时，采用一般的成型加工方法难以成型，如聚四氟乙烯塑件通常是采用冷压后高温烧结法成型。与线形无定型聚合物相比较，在低于熔点时，线形结晶型聚合物的形变量很小，耐热性较好。且由于不存在明显的高弹态，可在脆化温度至熔点之间应用，其使用温度范围也较宽。

而成型后高度交联的体形聚合物（热固性塑料）由于分子运动阻力很大，一般随温度发生的力学状态变化较小，所以通常不存在黏流态甚至高弹态，即遇热不熔化，高温时则分解。

三、塑料的组成及性能

1. 塑料的组成

塑料是以树脂（高分子聚合物）为主要成分，加入各种能改善其加工性能和使用性能的添加剂（填充剂、增塑剂、稳定剂、润滑剂、着色剂等），在一定温度、压力和溶剂等作用下，可以利用模具成型为一定几何形状和尺寸的制件的材料。塑料制件的原料种类繁多、性能各异，其原料形状主要呈粉状、粒状或纤维状。

（1）树脂

树脂实际上是高分子聚合物，简称高聚物。树脂对塑料的物理、化学性能起着决定作用。树脂可分为天然树脂和合成树脂。松香、虫胶等属于天然树脂，而用人工方法合成的树脂称为合成树脂，如聚乙烯（PE）、聚氯乙烯（PVC）等。树脂常呈液体状、粉状或颗粒状，通常不能直接应用，需通过一定的加工工艺将它转化为塑料后才能使用，而将塑料加工为塑料制品的过程称为模塑成型，也就是塑料成型加工。

（2）塑料添加剂

①增塑剂。添加到聚合物中能使聚合物的塑性、柔性、流动性增加的物质都可以称为增塑剂。增塑剂的主要作用是削弱聚合物分子间的作用力，从而增加聚合物分子间的移动性，降低聚合物分子链的结晶性。增塑剂的加入会降低塑料的稳定性、机械强度和介电性能。因此大多数塑料一般不添加增塑剂，只有软质聚氯乙烯含有大量的增塑剂(邻苯二甲酸二丁酯)。

②填充剂。又称填料，填料在充填过程中一般显示两种性能：首先增加容量，降低塑料成本；其次能够改善塑料性能，提高塑料的物理性能、加工性能和塑件的质量等。例如，把木粉加入到酚醛树脂中，既能起到降低成本的作用，又能改善它的脆性；把玻璃纤维加入到塑料中，可以大幅度提高塑料的机械强度；在聚乙烯、聚氯乙烯中加入钙质填料后，可得到物美价廉的具有足够刚性和耐热性的钙塑料。此外，有的填料还可使塑料具有树脂没有的性能，如导电性、导磁性、导热性等。塑料中的填充剂含量一般为 5%～20%。

③稳定性。为了提高树脂在热、光和霉菌等外界因素作用时的稳定性，常在树脂中加入一些阻碍塑料变质的物质称为稳定剂。稳定剂的加入量很少，一般仅为千分之几，但作用却很大。选择稳定剂首先要求与树脂有良好的相容性，对树脂的稳定效果佳，其次还要求在成型过程中最好不分解，挥发性小，无色、耐油、耐化学药品及耐水等。常用的稳定剂有光稳定剂和热稳定剂等。稳定剂用量一般为塑料的 0.3%～0.5%。

④润滑剂。是以改进高聚物的流动性、减少摩擦、降低界面黏附为目的而在树脂中使用的一种添加剂。聚合物熔体黏度高，在加工过程中熔体的分子内摩擦及聚合物熔体与加工机械表面的外摩擦等易影响塑件的外观质量，为此在树脂中加入润滑剂以改善其流动性，同时润滑剂还可以起到加速熔融、防黏附和防静电、有利于脱模等作用。润滑剂的用量一般为 0.5%～1%。

⑤着色剂。着色剂是能使塑件具有各种颜色的物质。着色剂一般有无机颜料、有机颜料及染料三类。塑件的着色能够使塑件外观绚丽多彩、美艳夺目，能够提高塑件商品价值。着色剂

与其他组分起化学变化，具有耐热、耐光的性能。着色剂用量一般为塑料的 0.01%～0.02%。

2. 塑料的通用性能

塑料是目前使用的一种主要的工业材料，与金属材料和其他非金属材料相比，塑料有其鲜明的特点。

（1）塑料的优良性能

①密度小，质量轻，比强度高。其密度只有铝的 1/2，铜的 1/5，铅的 1/8。而泡沫塑料密度更小，只有水密度的 1/30～1/50。这种优点使塑料制品不仅轻便好用，而且对用于制造车、船、飞机等交通工具，以及漂浮物品来说，也是非常适合的。

②多种优良的机械性能。通常所用的硬质塑料都有较高的强度和硬度，特别是用玻璃纤维增强的制品，具有钢铁般的坚韧性能。有时用特定的塑料代替钢铁制成的机械零件（如轧钢机轴承），比钢铁零件的使用寿命还长。高分子材料的性能还可用不同的方法加以改进，以满足不同制品性能的要求。

③耐化学作用好。普通金属因易被腐蚀生锈而造成很大的经济损失，而塑料一般都具有较好的抵抗弱酸和弱碱侵蚀的作用。有的塑料，如聚四氟乙烯，甚至都不受"王水"的腐蚀。实际上大多数塑料在常温下，对水和一般有机溶剂都很稳定。因此，常用塑料制成一般的容器或容器的内衬，有时还用做容器外表面的涂层。

④电绝缘、绝热、隔声性能好。塑料由于有这些良好性能而大量用做电线包皮等绝缘材料。特别是泡沫塑料，广泛用做隔热、保温及隔声材料。

⑤成型和着色能力好。许多塑料都容易着色，易于加工成型，可制成五颜六色的管、棒、条、带、丝和膜等型材，并能制成大量各种式样的制品以满足人们不同的需要，使我们的生活更丰富多彩。与其他材料相比，一般塑料制品的价格便宜，便于普及推广。

⑥加工性能好。塑料材料具有优异的加工性能。塑料易加工成复杂形状制品，也可加工出厚度十分薄的制品。在各种材料中，塑料具有易加工的特点，它可用各类方法加工，如注射、挤出、压延、中空吹塑、真空吸塑、粉末滚塑等。

⑦自润滑性好。很多塑料品种都具有优异的自润滑性，如聚酰胺、聚甲醛（POM）等。在食品、纺织、日用及医药机械的摩擦接触结构制品、运动型结构制品中禁止使用润滑剂，以防止污染，用自润滑性塑料材料制造，不仅可以满足这些功能需要，而且可避免污染。如我们日常生活用的拉链，常选用具有自润滑性的尼龙和聚甲醛。

（2）塑料的不良性能

①机械强度低。与传统的工程材料相比，塑料的机械强度低，即使用超强纤维增强的工程塑料，虽强度会大幅度提高，并且比强度高于钢，但在大载荷应用场合，如拉伸强度超过300MPa 时，塑料材料就不能满足要求，此时只好用高强度金属材料或超级陶瓷材料。

②尺寸精度低。由于塑料的成型收缩率大且不稳定，塑料制品受外力作用时产生的变形（蠕变）大，热膨胀系数比金属大几倍，因此，塑料制品的尺寸精度不高，就很难生产出高精度产品。对于精度要求高的制品，建议尽可能不要选用塑料材料，而选用金属或陶瓷材料。

③耐热温度低。塑料的最高使用温度一般不超过 400℃。大多数塑料的热变形温度都在100～260℃，只有不熔聚酰亚胺、液晶聚合物、聚苯酯等的热变形温度可大于 300℃。因此，

如果使用环境的温度长时间超过 400℃，则几乎没有塑料材料可供选用；如果使用环境的温度短期超过 400℃，甚至达到 500℃以上，并且无较大的负荷，则有些耐高温塑料可供短期使用。不过以碳纤维、石墨或玻璃纤维增强的酚醛等热固性塑料很特别，虽然其长期耐热温度不到 200℃，但其瞬时可耐上千摄氏度的高温，可用做耐烧蚀材料，用于导弹外壳及宇宙飞船面层材料。

另外，塑料还具有以下缺点：高温下容易降解和老化；导热性能较差；吸湿性大，容易发生水解老化；使用寿命短。

四、塑料的分类

目前塑料品种繁多，为了便于识别和应用，通常对塑料进行分类，主要有以下几种。

（1）按塑料的成型性能分类

①热塑性塑料。热塑性塑料受热变软或熔化，成为可流动的稳定黏性液体，在此状态具有可塑性，可制成一定形状的塑件；冷却后保持既得的形状；再加热，又可变软并可制成另一形状。在该过程中一般只有物理变化，其变化过程可逆。热塑性塑料是由可以多次反复加热而仍具有可塑性的合成树脂制得的塑料。

②热固性塑料。热固性塑料是由加热硬化的合成树脂制得的塑料。在加热之初，分子具有可溶性和可塑性，可塑制成一定形状的塑件；继续加热时，温度达到一定程度后，分子结构发生变化而固化；再加热，即使被烧焦炭化也不再软化，不再具有可塑性。在加热变化过程中既有物理变化，又有化学变化，而其变化过程是不可逆的。

塑料品种繁多，而每一品种又有不同的牌号，常用塑料名称及英文代号见表 2-1。

表 2-1　常用塑料名称及英文代号

塑料种类	密度（g/cm³）	塑料名称	代号
热塑性塑料	0.91～0.96	聚乙烯（高密度、低密度）	PE（HDPE,LDPE）
	0.90～0.91	聚丙烯	PP
	1.04～1.08	聚苯乙烯	PS
	1.02～1.06	丙烯腈-丁二烯-苯乙烯共聚物	ABS
	1.16～1.20	聚甲基丙烯酸甲酯（有机玻璃）	PMMA
	1.06～1.08	聚苯醚	PPO
	1.04～1.16	聚酰胺	PA
	1.24	聚砜	PSU
	1.38～1.41	聚氯乙烯	PVC
	1.41～1.43	聚甲醛	POM
	1.18～1.20	聚碳酸酯	PC
	1.4	氯化聚醚	CPT
	2.1～2.3	聚四氟乙烯	PTFE
热固性塑料	1.5～2.0	酚醛塑料	PF
	1.5～2.0	脲-甲醛塑料	UF
	1.4～1.5	三聚氰胺-甲醛	MF
	1.1～1.4	环氧树脂	EP
	1.1～1.4	不饱和聚酯	UP

（2）按塑料的应用范围分类

①通用塑料。通用塑料是指产量最大、用途最广、价格最低廉的一类塑料。目前公认的通用塑料为聚乙烯、聚氯乙烯、聚苯乙烯、聚丙烯（PP）、酚醛塑料、氨基塑料 6 类。其产量占塑料总产量的 80% 以上，构成了塑料工业的主体。

②工程塑料。工程塑料是指用做工程技术中的结构材料的塑料。具有较高的机械强度、良好的耐磨性、耐腐蚀性、自润滑性及尺寸稳定性等，因而可以代替金属用做某些机械构件。常用的工程塑料主要有聚酰胺、聚甲醛、聚碳酸酯（PC）、丙烯腈-丁二烯-苯乙烯（ABS）、聚砜（PSU）、聚苯醚（PPO）、聚四氟乙烯（PTFE）及各种增强塑料。

③特殊塑料。特殊塑料是指有某些特殊性能的塑料。这些特殊性能包括高的耐热性、高的电绝缘性、高的耐腐蚀性等。常见特殊塑料包括氟塑料、聚酰亚胺塑料、有机硅树脂、环氧树脂，以及某些因专门用途而改性制得的塑料，如导磁塑料、导热塑料等。另外还有用于特殊场合的医用塑料、光敏塑料、珠光塑料、等离子塑料等。

五、塑料的工艺特性

塑料的工艺特性表现在许多方面，有的只与操作有关，有些特性直接影响成型方法和工艺参数的选择。下面分别讨论热塑性塑料与热固性塑料的工艺特性要求。

1. 热塑性塑料的工艺特性

热塑性塑料的成型工艺特性包括收缩性、流动性、相容性、吸湿性、热敏性，以及热力学特性、结晶性和取向性等。

（1）收缩性

在熔融状态下一定量塑料的体积总比其固态下的体积大，说明塑料经成型冷却后发生了体积收缩，塑料的这种性质称为收缩性。收缩性的大小以收缩率表示，即单位长度塑件收缩量的百分数。收缩率分为实际收缩率 S_a 和计算收缩率 S_j。

S_j 表示室温时模具尺寸 c 与塑件尺寸 b 的差别。在普通中、小型模具成型零件尺寸计算时，S_j 与 S_a 相差很小，常采用 S_j；而 S_a 则表示模具或塑件在成型温度时的尺寸 a 与塑件在室温时的尺寸 b 之间的差别，S_a 表示塑料实际所发生的收缩，在大型、精密模具成型零件尺寸计算时常采用。

一般塑料收缩性的大小常用计算收缩率 S_j 和实际收缩率 S_a 来表示：

$$S_j = \frac{c-b}{b} \times 100\% \qquad S_a = \frac{a-b}{b} \times 100\%$$

式中 a——模具型腔在成型温度时的尺寸；

b——塑料制品在常温时的尺寸；

c——塑料模具型腔在常温时的尺寸。

塑件收缩的形式除由于热胀冷缩、塑件脱模时的弹性恢复、塑性变形等原因产生的尺寸收缩外，还有按塑件形状、料流方向及成型工艺参数的不同而产生的收缩，另外，塑件脱模后残余应力的缓慢释放和必要的后处理工艺也会使塑件产生后收缩。影响塑件成型收缩的因素主要有以下几点。

①塑料品种。不同塑料的收缩率不同。同种塑料由于树脂的相对分子质量、填料及配方比等不同，收缩率及各向异性也不同。例如，树脂的相对分子质量高，填料为有机物，树脂含量较多的塑料的收缩率就大。

②塑件结构。塑件的形状、尺寸、壁厚、有无嵌件、嵌件数量及其分布对收缩率大小的影响也很大。形状复杂、壁薄、有嵌件、嵌件数量多的塑件的收缩率就小。

③模具结构。模具的分型面、浇口形式、尺寸及其分布等因素直接影响料流方向、密度分布、保压补缩作用及成型时间，从而影响收缩率。采用直接浇口和大截面的浇口，可缩小收缩；反之，当浇口厚度较小时，浇口部分会过早凝结，型腔内塑料收缩后得不到及时补充，收缩较大。

④成型工艺条件。模具温度高，熔料冷却慢，则密度大，收缩大，对结晶型塑料，结晶度高，体积变化大，故收缩更大；模温分布与塑件内外冷却及密度均匀性直接影响到各部位收缩量的大小及方向性；另外，成型压力、保压时间对收缩也有较大影响，成型压力高，保压时间长的收缩小，但方向性大。注射压力高，脱模后弹性回弹大，故收缩也可相应减小。料温高，则收缩大，但方向性小。因此在成型时调整模温、注射压力、注射速度及冷却时间等因素都可适当改变塑件收缩情况。

表 2-2 列出了常见塑料的收缩率。

表 2-2　常见塑料的收缩率

塑 料 名 称	收缩率（%）	塑 料 名 称	收缩率（%）
聚乙烯（低密度）	1.5～3.5	聚酰胺 610	1.2～2.0
聚乙烯（高密度）	1.5～3.0	聚酰胺 610（30%玻璃纤维）	0.35～0.45
聚丙烯	1.0～2.5	聚酰胺 1010	0.5～4.0
聚乙烯（玻璃纤维增强）	0.4～0.8	醋酸纤维素	1.0～1.5
聚氯乙烯（硬质）	0.6～1.5	醋酸丁酸纤维素	0.2～0.5
聚氯乙烯（半硬质）	0.6～2.5	丙酸纤维素	0.2～0.5
聚氯乙烯（软质）	1.5～3.0	聚丙烯酸酯类塑料（通用）	0.2～0.9
聚苯乙烯（通用）	0.6～0.8	聚丙烯酸酯类塑料（改性）	0.5～0.7
聚苯乙烯（耐热）	0.2～0.8	聚乙烯醋酸乙烯	1.0～3.0
聚苯乙烯（增韧）	0.3～0.6	氟塑料 F-4	1.0～1.5
ABS（抗冲）	0.3～0.8	氟塑料 F-3	1.0～2.5
ABS（耐热）	0.3～0.8	氟塑料 F-2	2
ABS（30%玻璃纤维增强）	0.3～0.6	氟塑料 F-46	2.0～5.0
聚甲醛	1.2～3.0	酚醛塑料（木粉填料）	0.5～0.9
聚碳酸酯	0.5～0.7	酚醛塑料（石棉填料）	0.2～0.7
聚砜	0.5～0.7	酚醛塑料（云母填料）	0.1～0.5
聚砜（玻璃纤维增强）	0.4～0.7	酚醛塑料（棉纤维填料）	0.3～0.7
聚苯醚	0.7～1.0	酚醛塑料（玻璃纤维填料）	0.05～0.2
改性聚苯醚	0.5～0.7	脲醛塑料（纸浆填料）	0.6～1.3

续表

塑 料 名 称	收缩率（%）	塑 料 名 称	收缩率（%）
氯化聚醚	0.4～0.8	脲醛塑料（木粉填料）	0.7～1.2
聚酰胺 6	0.8～2.5	三聚氰胺甲醛（纸浆填料）	0.5～0.7
聚酰胺 6（30%玻璃纤维）	0.35～0.45	三聚氰胺甲醛（矿物填料）	0.4～0.7
聚酰胺 9	1.5～2.5	聚邻苯二甲酸二丙烯酯（石棉填料）	0.28
聚酰胺 11	1.2～1.5	聚邻苯二甲酸二丙烯酯（玻璃纤维填料）	0.42
聚酰胺 66	1.5～2.2	聚间苯二甲酸二丙烯酯（玻璃纤维填料）	0.3～0.4
聚酰胺 66（30%玻璃纤维）	0.4～0.55		

（2）流动性

塑料的流动性是指在成型过程中，塑料熔体在一定的温度与压力作用下充填模腔的能力。塑料流动性的好坏，在很大程度上会影响成型工艺参数及模具结构，如成型温度、成型压力、成型周期、模具浇注系统的尺寸及其他结构参数等。在决定零件大小与壁厚时，也要考虑流动性的影响。

流动性主要取决于分子组成、相对分子质量大小及其分子结构。只有线形分子结构中没有或很少有交联结构的聚合物流动性好，而体形结构的高分子聚合物一般不产生流动。聚合物中加入填料会降低树脂的流动性，加入增塑剂、润滑剂则可以提高流动性。流动性差的塑料，在注射成型时不易充填模腔，易产生缺料，在塑料熔体的汇合处不能很好的熔接而产生熔接痕。这些缺陷甚至会导致塑件报废。反之，若材料流动性太好，则注射时容易产生流涎，造成塑件在分型面、活动成型零件、推杆等处的溢料飞边。因此，成型过程中应适当选择与控制材料的流动性，以获得满意的塑料制件。

热塑性塑料的流动性分为三类：流动性好的，如聚乙烯、聚丙烯、聚苯乙烯、醋酸纤维素等；流动性中等的，如改性聚苯乙烯、ABS、AS、有机玻璃（聚甲基丙烯酸甲酯）、聚甲醛、氯化聚醚等；流动性差的，如聚碳酸酯、硬聚氯乙烯、聚苯醚、聚砜、氟塑料等。

料温高，则流动性大。但不同塑料也各有差异，聚苯乙烯、聚丙烯、聚酰胺、有机玻璃、ABS、AS、聚碳酸酯、醋酸纤维素等塑料的流动性受温度变化的影响较大，而聚乙烯、聚甲醛的流动性受温度变化的影响较小。

注射压力增大，则熔料受剪切作用大，流动性也增大，聚乙烯、聚甲醛等尤为敏感。

浇注系统的形式、尺寸、布置、模具结构（如型腔表面粗糙度、浇道截面厚度、型腔形式、排气系统、冷却系统）的设计及熔料的流动阻力等因素都直接影响塑料熔体的流动性。总之，凡促使熔料温度降低、流动阻力增加的，流动性就会降低。

（3）相容性

相容性又称共混性，是指两种或两种以上不同品种的塑料，在熔融状态不产生相分离现象的能力。如果两种塑料不相容，则混熔时制件会出现分层、脱皮等表面缺陷。不同塑料的相容性与其分子结构有一定关系，分子结构相似者较易相容，例如，高压聚乙烯、低压聚乙烯、聚丙烯彼此之间的混熔等。分子结构不同时较难相容，例如，聚乙烯和聚苯乙烯之间的混熔。

通过塑料的这一性质，可以得到类似共聚物的综合性能，这是改进塑料性能的重要途径之一，例如，聚碳酸酯和 ABS 塑料相容，就能改善聚碳酸酯的工艺性。

（4）吸湿性

吸湿性是指塑料对水分的亲疏程度。据此塑料大致可以分为两类：一类是具有吸湿或黏附水分倾向的塑料，如聚酰胺、聚碳酸酯、ABS、聚苯醚、聚砜等；另一类是吸湿或黏附水分极小的材料，如聚乙烯、聚丙烯等。

具有吸湿或黏附水分的材料，当水分含量超过一定的限度时，由于在成型加工过程中，水分在成型机械的高温料筒中变成气体，促使塑料高温水解，导致塑料降解，使成型后的塑件出现气泡、银丝与斑纹等缺陷。因此，塑料在加工成型前，一般都要经过干燥处理，使水分含量在 0.2%以下，并要在加工过程中继续保温，以免重新吸潮。

（5）取向性

在应力作用下，聚合物分子链或纤维填料顺着应力（流动）方向作平行排列的现象称为取向。宏观上取向一般分为拉伸取向和流动取向两种类型。拉伸取向是由拉应力引起的，取向方向与应力作用方向一致；而流动取向是在切应力作用下沿着熔体流动方向形成的。

聚合物取向的结果是导致高分子材料的力学性质、光学性质及热性能等方面发生显著的变化。取向后聚合物会呈现明显的各向异性，即在取向方位力学性能显著提高，而垂直于取向方位的力学性能明显下降，同时，冲击强度、断裂伸长率等也发生相应变化。随着取向度的提高，塑件的玻璃化温度上升，线收缩率增加，线膨胀系数也随着取向度而发生变化，一般在垂直于流动方向上的线膨胀系数比取向方向上大 3 倍左右。

由于取向会使塑件产生明显的各向异性，也会对塑件带来不利影响，使塑件产生翘曲变形，甚至在垂直于取向方向产生裂纹等，因此对于结构复杂的塑件，一般应尽量使塑件中聚合物分子的取向现象减至最少。

（6）降解和热敏性

①降解。降解是指聚合物在某些特定条件下发生的大分子链断裂及相对分子质量降低的现象。导致这些变化的条件有高聚物受热、受力、氧化或水、光及核辐射、杂质等的作用。按照聚合物产生降解的不同条件可把降解分为很多种，主要有热降解、水降解、氧化降解、应力降解等。

轻度降解会使聚合物变色；进一步降解会使聚合物分解出低分子物质，使制品出现气泡和流纹弊病，削弱制品各项物理、力学性能；严重的降解会使聚合物焦化变黑并产生大量分解物质。

减少和消除降解的方法是依据降解产生的原因采取相应的措施。

②热敏性。某些热稳定性差的塑料，在高温下受热时间较长、浇口截面过小或剪切作用过大时，料温增高就易发生变色、降解、分解的倾向，塑料的这种特性称为热敏性。例如，硬聚氯乙烯、聚偏氯乙烯、聚甲醛、聚三氟氯乙烯等就具有热敏性。

热敏性塑料在分解时会产生单体、气体、固体等副产物，分解的产物有时对人体、设备、模具等有刺激、腐蚀作用或毒性，有的分解物往往又是促使塑料分解的催化剂（如聚氯乙烯的分解物为氯化氢）。为防止热敏性塑料在成型过程中出现过热分解现象，可采取在塑料中加入稳定剂、合理选择设备、合理控制成型温度和成型周期、及时清理设备中的分解物等措施。

另外，还可采取对模具表面进行镀层处理，合理设计模具的浇注系统等措施。

2. 热固性塑料的工艺特性

与热塑性塑料相比，热固性塑料制件尺寸稳定性好、耐热性好、刚度大，在工程上应用十分广泛。热固性塑料的主要工艺特性指标有收缩率、流动性、硬化速度、水分与挥发物含量等。

（1）收缩率

热固性塑料也具有因成型加工而引起尺寸减小的特性，计算方法与热塑性塑料收缩率相同。产生收缩的主要原因有以下几点。

①热收缩。热胀冷缩引起塑件尺寸的变化。塑料是以高分子化合物为基础组成的物质，其线膨胀系数为钢材的几倍至十几倍，制件从成型加工温度冷却到室温时，就会产生远大于模具尺寸的收缩，这种热收缩所引起的尺寸减小是可逆的。收缩量大小可用塑料线膨胀系数的大小来判断。

②结构变化引起的收缩。热固性树脂在模腔中进行化学反应，产生交联结构，分子链间距离缩小，结构紧密，引起体积收缩。这种由结构变化而产生的收缩，在进行到一定程度时，就不再产生。

③弹性恢复。塑料制件固化后并非刚性体，脱模时，成型压力降低，产生一定弹性恢复。显然，弹性恢复降低了制件的收缩率，这在成型以玻璃纤维和布质为填料的热固性塑料时尤为明显。

④塑性变形。在制件脱模时，成型压力迅速降低，但模壁紧压着制件的周围，产生塑性变形。因此，在平行加压方向塑件收缩往往较小，而在垂直加压方向收缩较大。通常采用迅速脱模的办法来防止两个方向的收缩率相差过大。

影响收缩率的因素有原材料、模具结构和成型方法及成型工艺条件等。塑料中树脂和填料的种类及含量，直接影响收缩率的大小。当在固化反应中树脂放出的低分子挥发物较多时，收缩率较大，反之收缩率较小。在同类塑料中，填料含量多时收缩率小，无机填料比有机填料所得的塑件收缩率小。

凡有利于提高成型压力、增大填料充模流动性、使塑件密实的模具结构，均能减小制件的收缩率，用压缩或压注成型的塑件比注射成型的塑件收缩率小；凡能使塑料密实，成型前使低分子挥发物溢出的工艺因素，都能减小制件收缩率，例如，成型前对酚醛塑料的预热、加压等可减小制件收缩率。

（2）流动性

流动性的意义与热塑性塑料流动性类同，每一品种的塑料可分为三个不同等级的流动性：流动性较差的，适用于压制无嵌件、形状简单、厚度一般的塑件；流动性中等的，适用于压制中等复杂程度的塑件；流动性好的，适用于压制结构复杂、型腔很深、嵌件较多的薄壁塑件，或用于压注成型。

流动性过大，容易造成溢料过多、填充不密实、塑件组织疏松。树脂与填料分头聚积、易黏模而使脱模困难。可见，必须根据塑件要求、成型工艺及成型条件选择塑料的流动性。模具设计时应根据流动性来考虑浇注系统、分型面及进料方向等。

影响流动性的因素主要有成型工艺、模具结构及塑料品种等。

①成型工艺。采用压锭及预热，提高成型压力，在低于塑料硬化温度的条件下提高成型温度等都能提高塑料的流动性。

②模具结构。模具成型表面光滑，型腔形状简单都有利于改善流动性。

③塑料品种。不同品种的塑料，其流动性各不相同；即使同一品种塑料，由于其中相对分子质量的大小、填料的形状、水分和挥发物的含量及配方不同，其流动性也不同。

（3）比容和压缩率

比容和压缩率都表示粉状或短纤维状塑料的松散性。单位质量的松散塑料所占的体积称为比容（cm^3/g），压缩率是塑料的体积与塑件的体积之比，其值恒大于 1。

可用比容和压缩率来确定模具加料室的大小。比容和压缩率较大，则模具加料室尺寸较大，使模具体积增大，操作不便，浪费钢材，不利于加热；同时，使塑料内充气增多，排气困难，成型周期变长，生产率降低。比容和压缩率小，使压锭和压缩、压注容易，压锭质量也较准确。但是，比容太小，则影响塑料的松散性，以容积法装料时造成塑件质量不准确。

（4）交联与硬化速度

①交联。热固性塑料在进行成型加工时，大分子与交联剂作用后，其线形分子结构能够向三维体形结构发展，并逐渐形成巨型网状的三维体形结构，这种化学变化称为交联反应。

热固性塑料经过合适的交联后，聚合物的强度、耐热性、化学稳定性、尺寸稳定性均能有所提高。一般来讲，不同热固性聚合物，它们的交联反应过程也不同，但交联的速度会随温度升高而加快，最终的交联度与交联反应的时间有关。当交联度未达到最适宜的程度时，即产品"欠熟"时，产品质量会大大降低。这将会使产品的强度、耐热性、化学稳定性和绝缘性等指标下降，热膨胀、后收缩、残余应力增大，塑件的表面光泽程度降低，甚至可能导致翘曲变形。但如果交联度过大，超过了最佳的交联程度，产品"过熟"时塑件的质量也会受到很大的影响，可能会出现强度降低、脆性加大、变色、表面质量降低等现象。为了使产品能够达到一个最适宜的交联度，常从原材料的各种配比及成型工艺条件的控制等方面入手，确定最佳原料配比及最佳生产条件，以求生产出的产品能够满足用户需求。

在工业生产中，"交联"通常也被"硬化"代替。但值得注意的是，"硬化"不等于"交联"，工业上说的"硬化得好"或"硬化得完全"并不是指交联的程度高，而是指交联程度达到一种最适宜的程度，这时塑件各种力学性能达到了最佳状态。交联的程度称为交联度。通常情况下，聚合物的交联反应是很难完全的，因此交联度不会达到 100%。但硬化程度可以大于 100%，生产中一般将硬化程度大于 100% 称为"过熟"，反之称为"欠熟"。

②硬化速度。热固性塑料树脂分子完成交联反应，由线形结构变成体形结构的过程称为硬化。硬化速度通常以塑料试样硬化 1mm 厚度所需的秒数来表示，此值越小，硬化速度就越快。

影响硬化速度的因素有塑料品种、塑件形状、壁厚、成型温度及是否预热、预压等。通常，采用压锭、预热、提高成型温度、增长加压时间等，都能显著加快硬化速度。另外，硬化速度还必须与成型方法的要求相适合，如压注或注射成型时要求在塑化、填充时化学反应慢、硬化慢，以保持长时间的流动状态，但当充满型腔后，应在高温、高压下快速硬化。硬化速度慢的塑料，会使成型周期变长，生产率降低；硬化速度快的塑料，则不能成型大型复杂的塑件。

（5）水分与挥发物含量

塑料中的水分及挥发物来自两个方面：一是塑料在制造中未能全部除净水分，或在储存、运输过程中，由于包装或运输条件不当而吸收水分；二是来自压缩或压注过程中化学反应的副产物。

塑料中水分及挥发物的含量，在很大程度上直接影响塑件的物理、力学和介电性能。

塑料中水分及挥发物的含量大，在成型时产生内压，促使气泡产生或以内应力的形式暂存于塑料中，一旦压力除去后便会使塑件发生变形，降低其机械强度。

压制时，由于温度和压力的作用，有大多数水分及挥发物逸出。在逸出前，其占据着一定的体积，严重阻碍化学反应的有效进行，造成冷却后塑件的组织疏松；当挥发物气体逸出时，它们像一把利剑割裂塑件，使塑件产生龟裂，机械强度和介电性能降低。过多的水分及挥发物含量，使塑料流动性过大，容易溢料，成型周期长，收缩率增大，塑件容易发生翘曲、波纹及光泽不好等现象。反之，塑料中水分及挥发物的含量不足，会导致流动性不良，成型困难，不利于压锭。

水分及挥发物在成型时变成气体，必须排出模外，有的气体对模具有腐蚀作用，对人体也有刺激作用。为此，在模具设计时应对这种特征有所了解，并采取相应措施。

表 2-3 列出了常见塑料的成型工艺特性。

表 2-3　常见塑料的成型工艺特性

塑料名称	成型工艺特性
聚乙烯	①流动性好，溢边值为 0.02mm；收缩大，容易发生歪、翘、斜等变形； ②需要冷却时间长，成型效率不太高； ③模具温度对收缩率影响很大，缺乏稳定性； ④塑件上有浅侧凹，也能强行脱模
聚丙烯	①流动性好，溢边值为 0.03mm； ②容易发生翘曲变形，塑件应避免尖角、缺口； ③模具温度对收缩率影响大，冷却时间长； ④尺寸稳定性好
聚苯乙烯	①流动性好，溢边值为 0.03mm； ②塑件易产生内应力，顶出力应均匀，塑件需要后处理； ③宜用高料温、高模温、低压注射成型
聚氯乙烯	①热稳定性差，应严格控制塑料成型温度； ②流动性差，模具流道的阻力应小； ③塑料对模具有腐蚀作用，模具型腔表面应进行处理（镀铬）
聚甲基丙烯酸甲酯（PMMA）	①流动性中等偏差，宜用高压注射成型； ②不要混入影响透明度的异物，防止树脂分解，要控制料温、模温； ③模具流道的阻力应小，塑件尽可能有大的脱模斜度
ABS	①吸湿性强，原料要干燥； ②流动性中等，宜用高料温、高模温、高压注射成型，溢边值为 0.04mm； ③尺寸稳定性好； ④塑件尽可能有大的脱模斜度

续表

塑料名称	成型工艺特性
AS	①流动性好，成型效率高； ②成型部位容易产生裂纹，模具应选择适当的脱模方式，塑件应避免侧凹结构； ③不易产生溢料
聚酰胺	①吸湿性强，原料要干燥； ②流动性好，溢边值为 0.02mm； ③收缩大，要控制料温、模温，特别注意控制喷嘴温度； ④在型腔和主流道上易出现黏模现象
聚甲醛	①热稳定性差，应严格控制塑料成型温度； ②流动性中等，流动性对压力敏感，溢边值为 0.04mm； ③模具要加热，要控制模温
聚碳酸酯	①熔融温度高，需要高料温、高压注射成型； ②塑件易产生内应力，原料要干燥，顶出力应均匀，塑件需要后处理； ③流动性差，模具流道的阻力应小，模具要加热
聚苯醚	①流动性差，对温度敏感，冷却固化速度快，成型收缩小； ②宜用高速、高压注射成型； ③模具流道的阻力应小，模具要加热，要控制模温
聚砜	①流动性差，对温度敏感，凝固速度快，成型收缩小； ②成型温度高，宜用高压注射成型； ③模具流道的阻力应小，模具要加热，要控制模温
酚醛塑料	①适用于压塑成型，部分适用于传递成型，个别适用于注射成型； ②原料应预热、排气； ③模温对流动性影响大，超过 160℃时流动性迅速下降； ④硬化速度慢，硬化时放出热量大
氨基塑料	①适用于压塑成型、传递成型； ②原料应预热、排气； ③模温对流动性影响大，要严格控制温度； ④硬化速度快，装料、合模和加压速度要快
环氧树脂 （EP）	①适用于浇注成型、传递成型、封装电子元件； ②流动性好，收缩小； ③硬化速度快，装料、合模和加压速度要快； ④原料应预热，一般不需排气

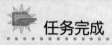 任务完成

1. 选择制件材料

根据连接座制件是电器产品的配套零件并且需求量大的要求，材料类型可确定为热塑性塑料。通过表 2-3 对多种热塑性塑料的性能与成型工艺条件进行比较，材料品种可选择丙烯ABS。

2. 分析制件材料性能

ABS 是由丙烯腈、丁二烯、苯乙烯共聚而成的，属热塑性非结晶型塑料，不透明。这三

种组分各自的特性，使 ABS 具有良好的综合力学性能。丙烯腈使 ABS 有良好的耐化学腐蚀性及表面硬度，丁二烯使 ABS 坚韧，苯乙烯使 ABS 有良好的加工和染色性能。

ABS 无毒、无味，呈微黄色，成型的制件有较好的光泽，密度为 $1.02\sim1.05\text{g/cm}^3$。ABS 有极好的抗冲击强度，且在低温下也不会迅速下降。ABS 具有良好的机械强度和一定的耐磨性、耐寒性、耐油性、耐水性、化学稳定性和电气性能。水、无机盐、碱和酸类对 ABS 几乎无影响，但在酮、醛、酯、氯代烃中 ABS 会溶解或形成乳浊液。ABS 不溶于大部分醇类及烃类溶剂，但与烃长期接触会软化溶胀。ABS 塑料表面受冰醋酸、植物油等的侵蚀会引起应力开裂。ABS 有一定的硬度和尺寸稳定性，易于成型加工，经过调色可配成任何颜色。ABS 的缺点是耐热性不高，连续工作温度为 70℃左右，热变形温度为 93℃左右，且耐气候性差，在紫外线作用下易变硬发脆。

根据 ABS 中三种组分之间比例不同，其性能也略有差异，从而可以适应各种不同的需要。根据使用要求的不同，ABS 可分为超高冲击型、高冲击型、中冲击型、低冲击型和耐热型等。

3. 分析制件的成型性能

ABS 在升温时黏度增高，所以成型压力较高，故制件上的脱模斜度宜稍大；ABS 易吸水，成型加工前应进行干燥处理；ABS 易产生熔接痕，模具设计时应注意尽量减小浇注系统对料流的阻力；在正常的成型条件下，其壁厚、熔料温度对收缩率影响极小。在要求制件精度高时，模具温度可控制在 50～60℃之间，而在强调制件光泽和耐热时，模具温度应控制在 60～80℃之间。

4. 结论

连接座制件为某电器产品配套零件，需求量大，要求外形美观、使用方便、质量轻、品质可靠。采用 ABS 材料，产品的使用性能基本能满足要求，但在成型时，要注意选择合理的成型工艺。

任务小结

在塑料材料中，性能相似的品种有很多。在选材过程中，以满足使用要求为前提，既要考虑到材料的成型加工性能，又要考虑到制品的综合成本。以最廉价的成本制造出能满足使用要求的产品，这才是最合理、最成功的选材之举。

知识链接

一、塑料材料的简易分辨法

交给设计人员的设计依据有很多种方式，但主要不外乎两种，一种是塑件图样；另一种是塑件（习惯称为样件）。对于前者，可根据相应资料确定塑料品种，要注意图样的技术要求，有些图样明确给出了浇口位置和形式、推出位置和方式，这些在模具设计时必须遵循。对于后者，可采用塑料材料不同的鉴别方法判定材料种类，表 2-4 列出了运用燃烧和气味判定塑料材料类别的简易分辨法。

表 2-4　塑料材料的简易分辨法

方法种类	燃烧的难易	离开火焰燃烧情况	火焰颜色	燃烧后的状态	气味	成型品的特征
PMMA	易	不熄灭	浅蓝色，上端为白光	熔融气泡	有花果、蔬菜等臭味	制品像玻璃般透明，但硬度低，紫外光照射发紫光，可弯曲
聚苯乙烯	易	不熄灭	橙黄色火焰，冒浓黑烟，空气飞沫	软化气泡	芳香气味	敲击时有金属性的声音，大多为透明成型品，薄膜似玻璃般透明，揉搓声更大
聚酰胺	慢慢燃烧	缓慢自熄	整体蓝色，上端黄色	熔融落滴并起泡	有羊毛和指甲燃焦味	有弹性，原料坚硬角质，制品表面有光泽，紫外光照射发紫白荧光
聚氯乙烯	软制品易燃，硬制品难燃	熄灭	上端黄色，底部绿色，冒白烟	软化可拉丝	有刺激性盐酸、氯气味	软质者类似橡胶，可调整各种硬度，外观为微黄色透明状产品，有一定光泽，膜透明并呈微黄色背景
聚丙烯	易	不熄灭	上端黄色，底部蓝色，有少量黑烟	熔融落滴，快速完全烧掉	特殊味（柴油味）	乳白色，外观似聚乙烯，但比聚乙烯硬，膜透明好、揉搓有声
聚乙烯	易	不熄灭	上端黄色，底部蓝色，无烟	熔融落滴	石油臭味（石蜡气味）	制品乳白色、有似蜡状手感，膜半透明
ABS	易	不熄灭	黄色，冒黑烟	软化无滴落	有烧焦气味	浅象牙色，表面光泽、坚硬
PSF	易	熄灭	略白色火焰	微膨胀破裂	硫磺味	硬且声脆
聚碳酸酯	慢慢燃烧	缓慢自熄	黄色，冒黑烟，空中有飞沫	熔融气泡	花果臭味	微黄色透明制品，呈硬而韧状态
聚甲醛	易	缓慢自熄	上端黄色，底部蓝色	熔融落滴	有甲醛气味和鱼腥味	表面光滑、有光泽，制品硬并有质密感
氟塑料	不燃烧	—	—	—	—	外观似蜡状，不亲水，光滑，手掐出划痕
饱和聚酯	易	—	中心黄色，边缘蓝色，有黑烟和飞沫	熔融落滴，并可拉丝	芳香气味	膜片透明
酚醛树脂	慢慢燃烧	熄灭	黄色	膨胀破裂、颜色变深	碳酸臭味、酚味	黑色或褐色
UF	难	熄灭	黄色，尾端青绿	膨胀破裂、白化	尿素味、甲醛味	颜色大多比较漂亮
MF	难	熄灭	浅黄色	膨胀破裂、白化	尿素味、氨味、甲醛味	表面很硬
UP	易	不熄灭	黄色黑烟	微膨胀破裂	苯乙烯气味	成品大多以玻璃纤维增强

注：表中"—"代表不存在。

　　另外，样件上也有许多设计信息，设计者应仔细观察，提取有用的设计信息，避免在设计上走弯路（能够生产出样件的模具必有其成功之处），这些信息包括分型面的位置、浇口的位置和形式、推出形式或推杆位置等。

　　选择与分析塑料原料是模具设计的第一步，模具设计者要熟悉所要生产的塑件。首先要对设计依据——产品图进行必要的检查，检查投影、公差等信息是否表达清楚，技术要求是否合理；了解塑件的使用状态和用途，找出那些直接影响塑件质量与应用的形状和相应的功能尺寸，明确表面质量的要求。应该考虑到塑件设计者并不一定是制模专家，这点认识是非常重要的。有时对塑件本身性能毫无影响的外形尺寸，在装配线上由于特定夹具的限制就转化为一个关键尺寸，而这点塑件设计者往往会忽略。

对塑件所用材料的成型特性要有一定的了解，包括流动性如何、结晶性如何、有无应力开裂及熔融破裂的可能；是否属于热敏性，注射成型过程中有无腐蚀性气体逸出；热性能如何，对模具温度有无特殊要求，对浇注系统、浇口形式有无选择限制等。除此之外，随着塑件尺寸精度要求越来越高，收缩率的选择对模具成败已成为一个重要因素。在确定塑件图和成型材料时，必须明确谁将承担选择收缩率的责任。现在流行的做法是由用户来选定材料和确定收缩率。由于目前的塑料牌号繁多，同一种类、不同牌号的塑料在收缩率上也略有差别，因而在选定材料时，切忌只定种类不定牌号的做法。

二、根据塑料制品用途选材的基本原则

1. 一般结构零件用塑料

一般结构零件通常只要求较低的强度和耐热性能，有时还要求外观漂亮，如罩壳、支架、连接件、手轮、手柄等。由于这类零件批量大，所以要求有较高的生产率和低廉成本，大致可选用的塑料有改性聚苯乙烯、低压聚乙烯、聚丙烯、ABS 等。其中前三种材料经过玻璃纤维增强后能显著地提高力学强度和刚性，还能提高热变形温度。在精密塑件中，普遍使用ABS，因为它具有好的综合性能。有时为了达到某一项较高性能指标，也采用一些较高品质的塑料，如尼龙 1010 和聚碳酸酯。

2. 耐磨损传动零件用塑料

这类零件要求有较高的强度、刚性、韧性、耐磨损和耐疲劳性及较高的热变形温度，如，各种轴承、齿轮、凸轮、蜗轮、蜗杆、齿条、辊子、万向节等。广泛使用的塑料为各种尼龙、聚甲醛、聚碳酸酯，其次是氯化聚醚、线形聚酯等。其中 MC 尼龙可在常压下于模具内快速聚合成型，用来制造大型塑件；各种仪表中的小模数齿轮可用聚碳酸酯制造；而氯化聚醚可用于腐蚀性介质中工作的轴承、齿轮及摩擦传动零件与涂层。

3. 自润滑零件用塑料

减摩自润滑零件一般受力较小，对力学强度往往要求不高，但运动速度较快，要求具有低的摩擦因数，如，活塞环、机械运动密封圈、轴承和装卸用的箱柜等。这类零件选用的材料为聚四氟乙烯和各种填充的聚四氟乙烯，以及用聚四氟乙烯粉末或纤维填充的聚甲醛、低压聚乙烯等。

4. 耐腐蚀零部件用塑料

塑料一般要比金属耐腐蚀性好，但如果既要求耐强酸或强氧化性酸，同时又要求耐碱，则首推各种氟塑料，如聚四氟乙烯、聚全氟乙丙烯、聚三氟乙烯及聚偏氟乙烯等。氯化聚醚既有较高的力学性能，同时又具有突出的耐腐蚀特性，这些塑料都优先适用于耐腐蚀零部件。

5. 耐高温零件用塑料

前面所讲的一般结构零件、耐磨损传动零件所选用的塑料，大都只能在 80~120℃温度下工作，当受力较大时，只能在 60~80℃温度下工作。能适应工程需要的新型耐热塑料，除了各种氟塑料外，还有聚苯醚、聚砜、聚酰亚胺、芳香尼龙等。它们大都可以在 150℃以上，有的还可以在 260~270℃温度下长期工作。

 思考题与练习

1. 塑料有哪些主要使用性能？
2. 列举日常生活中常用塑料制品的名称，并根据使用性能要求合理选择塑料种类，并注明塑料牌号，简述该塑料的特点和确定依据。
3. 常用塑料如何分类？塑料的各组成成分各自有何功能？
4. 如何分析聚碳酸酯塑料的成型工艺性？
5. 影响制件收缩的因素有哪些？
6. 热塑性塑料、热固性塑料的成型工艺性各自包括哪些？

学生分组，完成课题

1. 图 2-5 所示为电流线圈架，所选用材料为增强聚丙烯（GRPP）。试分析其材料使用性能和成型工艺性能（GRPP 性能查相关塑料材料手册）。

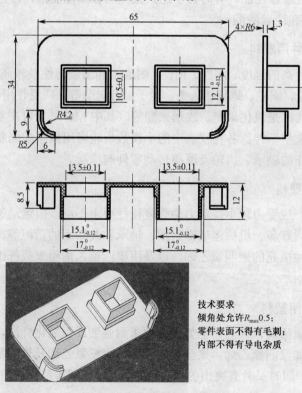

技术要求
倾角处允许 R_{max} 0.5；
零件表面不得有毛刺；
内部不得有导电杂质

图 2-5   电流线圈架三维图形

2. 某企业大批量生产塑料灯座，如图 2-6、2-7 所示，要求灯座具有足够的强度和耐磨性能，外表面无瑕疵、美观、性能可靠，试完成对塑件材料的选择及对材料使用性能和成型工艺性能的分析。

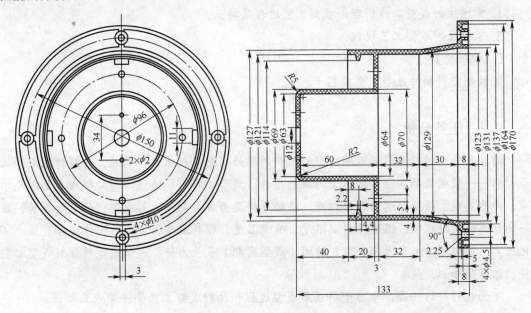

图 2-6　灯座二维图形

图 2-7　灯座三维图形

任务2　注射成型工艺

 任务描述

图 2-6 是一塑料制件——灯座，材料为聚碳酸酯，大批量生产，要求进行成型工艺性能分析并编制注射成型工艺卡片。

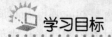 学习目标

【知识目标】

1. 掌握注射成型工作原理、成型工艺过程及特点。

2. 掌握注射成型工艺规程。

【技能目标】

能编制塑料制件注射成型工艺卡。

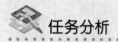 任务分析

灯座制件的材料为聚碳酸酯，塑料原料的原始状态是粒状或粉状的。要将粒状或粉状的原材料——聚碳酸酯加温熔融转变为液态塑料，然后才有可能通过注射成型模具制成尺寸标准、外形美观、强度合适的合格灯座。塑料原料变为成品制件，其成型过程是怎样的？在材料的形态转变过程中，温度（料筒温度、喷嘴温度、模具温度等）为多少才适合？压力（塑化压力、注射压力）多大为合理？时间（成型周期）多长为好？这就是塑料注射成型工艺条件所涉及的知识。

下面就针对该任务，学习塑料注射成型过程和注射成型工艺条件等专业知识。

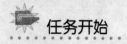 任务开始

基本概念

一、注射成型原理

注射成型又称注射模塑或注塑成型，它是在金属压铸法的基础上发展起来的一种成型方法，由于它与医用注射器工作原理基本相似，所以称为注射成型。这种方法主要用来成型热塑性塑料，近年来，某些热固性塑料也可采用此法成型。由于卧式螺杆式注射机应用范围较广，所以本节以螺杆式注射机为例。图 2-8 所示为卧式螺杆式注射机外形图。螺杆式注射机结构示意图如图 2-9 所示。将粒状或粉状的塑料加入到注射机的料斗 10，注射机螺杆 13 旋转将塑料旋入料筒 9，料筒 9 内塑料受加热器 8 加热逐渐熔融，成为黏性流体，螺杆 13 将塑料熔体推到料筒 9 端部，然后在注射液压缸 12 提供的注射压力作用下，塑料熔体经喷嘴 6 注入闭合的模具 5 型腔中，充满后经过保压、冷却定型后，动模和定模分离，注射机顶出液压缸 3 工作，推动模具 5 的推出机构将塑件从模具中取出，完成一个注射成型周期。以后就不断重复上述周期性的生产过程。

通常，一个成型周期从几秒至几分钟不等，时间的长短取决于塑件的大小、形状和厚度，模具的结构，注射机的类型及塑料品种和成型工艺条件等因素。

图 2-8　卧式螺杆式注射机外形

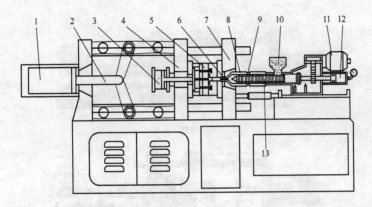

1—合模液压缸；2—锁模机构；3—液压缸；4—移动模板；5—模具；6—喷嘴；7—固定模板；

8—加热器；9—料筒；10—料斗；11—电动机；12—注射液压缸；13—螺杆

图 2-9　螺杆式注射机结构示意图

二、注射成型工艺过程

一个完整的注射成型工艺过程包括成型前的准备工作、注射过程及塑件后处理三个过程。

（1）成型前的准备工作

成型前的准备工作包括对原料外观的检验、工艺性能的测定、预热和干燥、注射机料筒的清洗、嵌件的预热及脱模剂的选用等。有时还需对模具进行预热。

①对塑料原料进行外观检验，即检查原料的色泽、细度及均匀度等，必要时还应对塑料的工艺性能进行测试，如果是粉料，有时还需要进行染色和造粒。

②吸湿性强的塑料，如聚酰胺、聚碳酸酯、ABS 等，成型前应进行充分的预热干燥，除去物料中过多的水分和挥发物，以防止成型后塑件出现气泡和银丝等缺陷。

③生产中如需改变塑料品种、调换颜色或发现成型过程中出现了热分解或降解反应，则应对注射机料筒进行清洗。

④对于有嵌件的塑料制件，由于金属与塑料的收缩率不同，嵌件周围的塑料容易出现收缩应力和裂纹，因此，成型前可对嵌件进行预热。

⑤为了使塑料制件容易从模具内脱出，有时还需要对模具型腔或模具型芯涂上脱模剂，常用的脱模剂有硬脂酸锌、液体石蜡和硅油等。

（2）注射过程

注射过程一般包括加料、塑化、充模、保压补缩、冷却定型和脱模等步骤，流程分解图如图 2-10 所示。

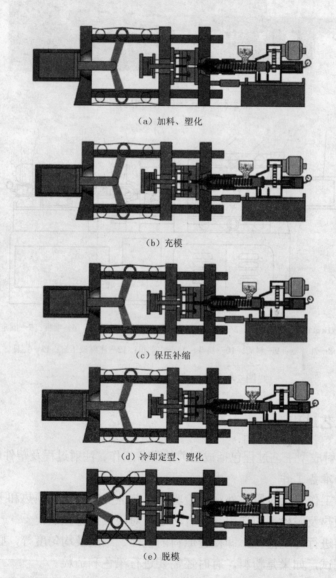

（a）加料、塑化

（b）充模

（c）保压补缩

（d）冷却定型、塑化

（e）脱模

图 2-10　螺杆式注射机成型工艺流程分解图

①加料。将粒状或粉状塑料加入到注射机的料斗中。

②塑化。对料筒中塑料进行加热，使其由固体颗粒转变成熔融状态并具有良好的可塑性，这一过程称为塑化。由于螺杆得到旋转，原料由料斗落入料筒，受料筒的传热和螺杆对塑料的剪切摩擦热作用而逐渐熔融塑化，同时熔料被螺杆压实并推向料筒前端。当螺杆头部的塑

料熔体压力达到能够克服注射活塞后退的阻力时，螺杆在转动的同时缓慢地向后移动，料筒前端的熔体逐渐增多，当退到预定位置与限位开关接触时，螺杆即停止转动和后退，完成塑化，如图 2-10（a）所示。

③充模。塑化好的熔体在注射压力作用下，螺杆推挤至料筒前端，经喷嘴和模具的浇注系统高速注射入模具型腔的过程称为充模，如图 2-10（b）所示。

④保压补缩。在模具中熔体冷却收缩时，螺杆迫使料筒中的熔料不断补充到模具中以补偿其体积的收缩，保持型腔中熔体压力不变，从而成型出形状完整、质地致密的塑件，这一阶段称为保压，如图 2-10（c）所示。

保压还有防止倒流的作用。保压结束后，为了给下次注射准备塑化熔料，注射机螺杆后退，料筒前端压力较低，此时若浇口未冻结，由于型腔内的压力比浇注系统流道内的压力高，导致熔料倒流，塑件产生收缩、变形及质地疏松等缺陷。一般保压时间较长，通常保压结束时浇口已经封闭，从而可以防止倒流。

⑤冷却定型。塑件在模内的冷却过程是指从浇口处的塑料熔体完全冻结时起到塑件从模腔内推出为止的全部过程。模具内的塑料在这一阶段内主要是进行冷却、凝固、定型，以使制件在脱模时具有足够的强度和刚度而不致发生破坏及变形（塑件冷却至热变形温度以下），如图 2-10（d）所示。

⑥脱模。塑件冷却到一定的温度即可开模，在推出机构的作用下将塑件推出模外，如图 2-10（e）所示。

注射成型工艺过程如图 2-11 所示。

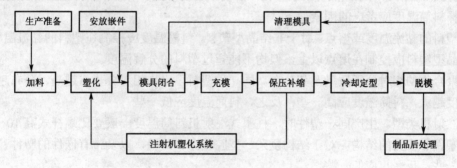

图 2-11　注射成型工艺过程

（3）塑件后处理

塑件后处理包括退火处理和调湿处理。

退火处理是指将塑件在定温的加热液体介质（如热水、热的矿物油、甘油、乙二醇和液体石蜡等）或热空气循环烘箱中静置一段时间，然后缓慢冷却。其目的是减少塑件内部产生的内应力，这在生产厚壁或带有金属嵌件的塑件时尤为重要。表 2-5 中列出了几种常用塑料的退火条件。

调湿处理是指将刚脱模的塑件放在热水中，隔绝空气，防止塑件的氧化，加快吸湿平衡速度，其目的是使塑件的颜色、性能及尺寸稳定。主要用于吸湿性很强又容易氧化的聚酰胺类塑件。

表 2-5　几种常用塑料的退火条件

塑　料	处理介质	温度（℃）	制品厚度（mm）	处理时间（min）
聚酰胺	油	130	12	15
ABS	空气或水	80～100	1	16～20
聚碳酸酯	空气或水	125～130	1	30～40
聚乙烯	水	100	>6	60
聚丙烯	空气	150	<6	15～30
聚苯乙烯	空气或水	60～70	<6	30～60
聚砜	空气或水	160	<6	60～180

三、注射成型工艺参数

注射成型工艺条件的三大参数是温度、压力和时间。

（1）温度

注射成型中需要控制的温度有料筒温度、喷嘴温度和模具温度。前两种温度关系到塑料的塑化和流动，后一种温度关系到塑料的流动和冷却。

1）料筒温度

料筒温度的分布，通常从料筒（后端）到喷嘴（前端）是由低到高，以利于塑料温度平稳的上升，达到均匀塑化的目的。若塑料的含水量较高时，也可适当提高料筒后端温度。由于螺杆式注射机螺杆的剪切摩擦热有助于塑化，前端温度也略低于中段，以防止塑料的过热分解。

选择料筒温度应考虑的因素如下。

①塑料的黏流温度或熔点。对于非结晶型塑料，料筒温度应控制在塑料的黏流温度以上，对于结晶型塑料应控制在熔点以上，但均不能超过塑料的分解温度。

②聚合物的相对分子质量及其分布。同一种塑料，平均相对分子量越高、分布越窄，则熔体黏度越大，料筒温度应高一些；反之，料筒温度应低一些。

③注射机类型。生产同一塑件时，柱塞式注射机料筒温度一般要比螺杆式高 10～20℃。

④塑件和模具的结构。对于结构复杂、型腔较深、薄壁，以及带有嵌件的塑件，料筒温度应高一些；反之，应低一些。

2）喷嘴温度

影响料筒和喷嘴温度的因素很多，在实际生产中可根据经验数据，结合实际条件，初步确定适当的温度，然后通过对制件的直观分析或熔体"对空注射"进行检查，进而对料筒和喷嘴温度进行调整。

为防止熔料在直通式喷嘴口发生"流涎"现象，喷嘴温度通常略低于料筒的最高温度。喷嘴低温产生的影响可以从塑料注射时所发生的摩擦热得到一定的补偿。喷嘴温度过低，将会造成熔料的过早凝固而将喷嘴堵死，或者过早使凝料注入模腔而影响塑件的质量。

3）模具温度

模具温度对熔体的流动、制件的内在性能及外观质量有很大的影响。

模具温度一般是用通入定温的冷却介质来控制的；也可以依靠熔料注入模具自然升温或自然散热达到平衡而保持一定的模温；在特殊情况下还可以采用电加热器加热模具来保持定

温。但无论采取哪种方法使模具保持定温，对塑料熔体而言都是冷却，因此模具温度应低于塑料的玻璃化温度或工业上常说的热变形温度，以保证塑料熔体凝固定型和脱模。

模具的温度取决于塑料的特性（有无结晶性）、制件的结构及尺寸、制件的性能要求及其成型工艺条件（温度、压力、注射速度、成型周期）等。选择模具温度还要考虑制件的壁厚。壁厚大的，模温一般应较高，以便于流动，减小内应力和防止制件出现凹陷等缺陷。

（2）压力

注射成型工艺过程中的压力包括塑化压力、注射压力和保压压力，它们直接影响塑料的塑化和充模成型的质量。

1）塑化压力（背压）

塑化压力是指采用螺杆式注射机时，螺杆头部熔体在螺杆转动后退时所受到的压力，又称背压。它的大小可以通过液压系统中的溢流阀来调整。在保证制件质量的前提下，可选用较低的塑化压力（通常不超过 6MPa）和螺杆转速。

2）注射压力

注射压力是指注射时注射机柱塞或螺杆头部对塑料熔体所施加的压力。它的作用是克服熔体从料筒流向型腔的流动阻力，使熔体具有一定的充模速率，并对熔体进行压实。

注射压力的大小取决于塑料品种、注射机类型、模具结构、塑料制品的壁厚及其他工艺条件，尤其是浇注系统的结构和尺寸。对一般热塑性塑料，注射压力为 40～130MPa；对于玻璃纤维增强的聚砜、聚碳酸酯等，注射压力则要求高些。

3）保压压力

熔体充满模具型腔后，需要一定的保压时间。保压的目的是对型腔内的熔体进行压实，使塑料紧贴于模壁以获得精确的形状，使不同时间和不同方向进入型腔同一部位的塑料熔合成一个整体，补充冷却收缩。

保压压力等于或略小于注射压力。保压压力高，可得到密度较高、尺寸收缩小、力学性能较好的塑件；但压力高，脱模后的塑件内残余应力较大，压缩强烈的塑件在压力解除后还会产生较大的回弹，可能卡在型腔内，造成脱模困难。

（3）时间（成型周期）

完成一次注射过程所需的时间称为成型周期，它包括以下各部分：

$$
成型周期
\begin{cases}
注射时间
\begin{cases}
充模时间（柱塞或螺杆前进时间）\\
保压时间（柱塞或螺杆停留在前进位置的时间）
\end{cases}\\
\left.
\begin{array}{l}
\\
模内冷却时间（柱塞后撤或螺杆转动后退的时间均在其中）
\end{array}
\right\}总冷却时间\\
其他时间（指开模、脱模、喷涂脱模剂、安放嵌件和合模时间）
\end{cases}
$$

成型周期直接影响劳动生产率和注射机使用效率。注射成型时，在保证质量的前提下，应尽量缩短成型周期中各个阶段的相关时间。在整个成型周期中，以注射时间和冷却时间最重要，其对塑件的质量均有决定性的影响。注射时间中的充模时间一般为 3～5s；注射时间中的保压时间是对型腔内塑料的压实时间，在整个注射时间内所占的比例较大，通常为 20～50s，特厚塑件可高达 5～10min。在浇口冻结前，保压时间的多少影响了塑件密度和尺寸精度。

保压时间的长短与塑件的结构尺寸、料温、模温及主流道和浇口的大小等有关。如果主流道和浇口的尺寸合理、工艺条件正常，通常以塑件收缩率波动范围最小的压实时间为最佳值。

冷却时间主要取决于塑件的厚度、塑料的热性能和结晶性能及模具温度等。冷却时间的长短应以脱模时塑件不引起变形为原则，一般为 30～120s。冷却时间过长，不仅延长生产周期，降低生产效率，对复杂塑件还会造成脱模困难。成型周期中的其他时间则与生产过程连续化和自动化的程度有关。

常用的热塑性塑料成型工艺参数见表 2-6。

四、注射成型的特点及应用

注射成型是热塑性塑料成型的一种主要方法。它能一次成型形状复杂、尺寸精度高、带有金属或非金属嵌件的塑件。注射成型的成型周期短、生产率高、易实现自动化生产。到目前为止，除氟塑料以外，几乎所有的热塑性塑料都可以用注射成型的方法成型，一些流动性好的热固性塑料也可以用注射方法成型。注射成型在塑料制件成型中占有很大的比例，半数以上塑件是注射成型生产的。

 任务完成

①带领学生参观注射成型的整个工艺过程，了解注射机的结构组成。

②工艺分析，编制工艺卡片。

通过专业知识的学习，对制件的成型工艺性能有一定的了解。

1. 分析制件的材料性能（查表 2-3 及塑料材料相关手册）

聚碳酸酯属热塑性非结晶型塑料，为无色透明粒料，密度为 $1.02～1.05g/cm^3$。

聚碳酸酯是一种性能优良的热塑性工程塑料，韧而刚，抗冲击性在热塑性塑料中名列前茅。成型的塑件可达到很好的尺寸精度并在很宽的温度范围内保持其尺寸的稳定性；成型收缩率恒定为 0.5％～0.8％；抗蠕变、耐磨、耐热、耐寒；脆化温度在−100℃以下，长期工作温度小于 130℃。聚碳酸酯吸水率较低，能在较宽的温度范围内保持较好的电性能。聚碳酸酯是透明材料，可见光的透明率接近 90％。其缺点是耐疲劳强度较差，成型后制件的内应力较大，容易开裂；不耐碱、酮、酯；水敏性强（含水量不得超过 0.2％），且吸水后会降解。用玻璃纤维增强聚碳酸酯则可克服上述缺点，使聚碳酸酯具有更好的力学性能、尺寸稳定性及更小的成型收缩率，并可提高耐热性和耐药性，降低成本。

2. 分析制件成型工艺性能

聚碳酸酯虽然吸水率较低，但在高温时对水分比较敏感，会出现银丝、气泡及强度下降现象，所以加工前必须进行干燥处理，而且最好采用真空干燥法。由于聚碳酸酯熔融温度高（超过 330℃才严重分解），熔体黏度大，流动性差（溢边值为 0.06mm），所以成型时要求有较高的温度和压力。其熔体黏度对温度十分敏感，冷却速度快，一般用提高温度的方法来增加熔融塑料的流动性。

3. 结论

①熔融温度高且熔体黏度大，对于大于 200g 的制件应用螺杆式注射机成型，喷嘴宜用

表2-6 常用的热塑性塑料成型工艺参数

名称		硬聚氯乙烯	软聚氯乙烯	低密度聚乙烯	高密度聚乙烯	聚丙烯	共聚聚丙烯	玻纤增强聚丙烯	苯乙烯	改性聚苯乙烯	丙烯腈-丁二烯-苯乙烯共聚物	丙烯腈-丁二烯-苯乙烯共聚物	丙烯腈-丁二烯-苯乙烯共聚物
代号		HPVC	SPVC	LDPE	HDPE	PP	PP	GRPP	PS	HIPS	ABS	耐热级 ABS	阻燃级 ABS
材料	收缩率（%）	0.5~0.7	1~3	1.5~4	1.3~3.5	1~2.5	1~2	0.6~1	0.4~0.7	0.4~0.7	0.4~0.7	0.4~0.7	0.4~0.7
	密度（g/cm³）	1.35~1.45	1.16~1.35	0.91~0.93	0.94~0.97	0.90~0.91	0.91	—	1.04~1.06	—	1.02~1.16	1.02~1.16	1.02~1.16
注射机	类型	螺杆式	螺杆式	螺杆式	螺杆式	螺杆式	螺杆式	螺杆式	螺杆式	螺杆式	螺杆式	螺杆式	螺杆式
	螺杆转速（r/min）	20~40	40~80	60~100	40~80	30~80	30~60	30~60	40~80	40~80	30~60	30~60	20~50
	喷嘴形式	直通式	直通式	直通式	直通式	直通式	直通式	直通式	直通式	直通式	直通式	直通式	直通式
温度（℃）	料筒：一区	150~160	140~150	140~160	150~160	150~170	160~170	160~180	140~160	150~160	150~170	180~200	170~190
	二区	165~170	155~165	150~170	170~180	180~190	180~200	190~200	170~180	170~190	180~190	210~220	200~210
	三区	170~180	170~180	160~180	180~200	190~205	190~220	210~220	180~190	180~200	200~210	220~230	210~220
	喷嘴	150~170	145~155	150~170	160~180	170~190	180~220	190~220	160~170	170~180	180~190	200~220	180~190
	模具	30~60	30~40	30~45	30~50	40~60	40~70	30~80	30~50	20~50	50~70	60~85	50~70
压力	注塑（MPa）	80~130	40~80	60~100	80~100	60~100	70~120	80~120	60~100	60~100	60~100	85~120	60~100
	保压 MPa	40~60	20~30	40~50	50~60	50~60	50~80	50~80	30~40	30~50	40~60	50~80	40~60
时间（s）	注塑	2~5	1~3	1~5	1~5	1~5	1~5	2~5	1~3	1~5	2~5	3~5	3~5
	保压	10~20	5~15	5~15	10~30	5~10	5~15	5~15	10~15	5~15	5~10	15~30	15~30
	冷却	10~30	10~20	15~20	15~25	10~20	10~20	10~20	5~15	5~15	5~15	15~30	15~30
	周期	20~55	10~38	20~40	25~60	15~35	15~40	15~40	20~30	15~30	15~30	30~60	30~60

续表

名称	硬聚氯乙烯	软聚氯乙烯	低密度聚乙烯	高密度聚乙烯	聚丙烯	共聚聚丙烯	玻纤增强聚丙烯	苯乙烯	改性聚苯乙烯	丙烯腈-丁二烯-苯乙烯共聚物	丙烯腈-丁二烯-苯乙烯共聚物	丙烯腈-丁二烯-苯乙烯共聚物
后处理 方法	—	—	—	—	—	—	—	红外线烘箱	—	红外线烘箱	红外线烘箱	—
后处理 温度(℃)	—	—	—	—	—	—	—	78~80	—	70	70~90	70~90
后处理 时间(h)	—	—	—	—	—	—	—	2~4	—	0.3~1	0.3~1	0.3~1
备注	—	—	—	—	—	—	—	材料预干燥0.5h以上	材料预干燥0.5h以上	材料预干燥0.5h以上	材料预干燥0.5h以上	材料预干燥0.5h以上
名称	丙烯腈-氯化聚乙烯-苯乙烯	苯乙烯-丁二烯-丙烯腈	有机玻璃	有机玻璃	聚甲醛	共聚聚甲醛	聚碳酸酯	聚碳酸酯	玻纤增强聚碳酸酯	聚砜	改性聚砜	玻纤增强聚砜
代号	ACS	AS(SAN)	PMMA	PMMA	POM	POM	PC	PC	GRPC	PSU	改性PSU	DRPSU
收缩率(%)	0.5~0.8	0.4~0.7	0.5~1.0	0.5~1.0	2~3	2~3	0.5~0.8	0.5~0.8	0.4~0.6	0.5~0.8	0.4~0.8	0.3~0.5
密度(g/cm³)	1.07~1.10	—	1.17~1.20	1.17~1.20	1.41~1.43	—	1.18~1.20	1.18~1.20	—	1.24	—	1.34~1.40
类型	螺杆式	螺杆式	柱塞式	螺杆式	柱塞式	螺杆式	柱塞式	螺杆式	螺杆式	螺杆式	螺杆式	螺杆式
螺杆转速(r/min)	20~30	20~50	20~30	20~30	20~40	20~40	20~30	20~40	20~30	20~30	20~30	20~30
喷嘴形式	直通式	直通式	直通式	直通式	直通式	直通式	直通式	直通式	直通式	直通式	直通式	直通式
温度(℃) 料筒 一区	160~170	170~180	180~200	180~200	170~180	170~190	260~290	240~270	260~280	280~300	260~270	290~300
二区	180~190	210~230	—	190~230	180~200	180~200	—	260~290	270~310	300~330	280~300	310~330
三区	170~180	200~210	210~240	180~210	170~190	170~190	270~300	240~280	260~290	290~310	260~280	300~320
喷嘴	160~180	180~190	180~210	180~200	170~180	170~180	240~250	230~250	240~270	280~290	250~260	280~300
模具	50~60	50~70	40~80	40~80	80~100	80~100	90~110	90~110	90~110	130~150	80~100	130~150

续表

名称		丙烯腈-氯化聚乙烯-苯乙烯	苯乙烯-丁二烯-丙烯腈	有机玻璃	有机玻璃	聚甲醛	共聚聚甲醛	聚碳酸酯	聚碳酸酯	玻纤增强聚碳酸酯	聚砜	改性聚砜	玻纤增强聚砜
压力	注塑压力(MPa)	80~120	80~120	80~130	80~120	80~130	80~120	100~140	80~130	100~140	100~140	100~140	100~140
	保压(MPa)	40~50	40~50	40~60	40~60	40~60	40~60	50~60	40~60	40~60	40~50	40~50	40~50
时间(s)	注塑	1~5	2~5	3~5	1~5	2~5	2~5	1~5	1~5	2~5	1~5	1~5	2~7
	保压	15~30	15~30	10~20	10~20	20~40	20~40	20~80	20~80	20~60	20~80	20~50	20~50
	冷却	15~30	15~30	15~30	15~30	20~40	20~40	20~50	20~50	20~50	20~50	20~40	20~40
	周期	40~70	40~70	35~55	35~55	40~80	40~80	40~120	40~120	40~110	50~130	40~100	40~100
后处理	方法	红外线烘箱	红外线烘箱	红外线烘箱	红外线烘箱	红外线烘箱	红外线烘箱	红外线烘箱	红外线烘箱	红外线烘箱	热风烘箱	热风烘箱	热风烘箱
	温度(℃)	70~80	70~90	60~70	60~70	140~150	140~150	100~110	100~110	100~110	170~180	70~80	170~180
	时间(h)	2~4	2~4	2~4	2~4	1	1	8~12	8~12	8~12	2~4	1~4	2~4
备注		材料预干燥0.5h以上	材料预干燥0.5h以上	材料预干燥1h以上	材料预干燥1h以上	材料预干燥2h以上	材料预干燥2h以上	材料预干燥6h以上	材料预干燥6h以上	材料预干燥6h以上	材料预干燥2~4h以上	材料预干燥2~4h以上	材料预干燥2~4h以上

敞开式延伸喷嘴并加热。应严格控制模具温度，一般在 70～120℃之间为宜。模具应采用耐磨钢制造，并进行淬火处理。

②水敏性强，加工前必须进行干燥处理，否则会出现银丝、气泡及强度显著下降现象。

③易产生应力集中，故应严格控制成型条件，制件成型后应经退火处理，以消除内应力。制件壁不宜厚，避免有尖角、缺口和金属嵌件造成应力集中，脱模斜度宜取 2°。

4. 编制制件的成型工艺卡

注射成型工艺条件的选择可查表 2-6。

采用螺杆式塑料注射机，螺杆转速为 20～40r/min。 材料预干燥 6h 以上。

（1）温度

料筒前端：240～270℃　　　　料筒中部：260～290℃　　　　料筒后端：240～280℃

喷　嘴：230～250℃　　　　模　具：90～110℃

（2）压力

注塑压力：80～130MPa　　　　保压压力：40～60MPa

（3）时间（成型周期）

注塑时间：1～5s　保压时间：20～80s　冷却时间：20～50s　成型周期：40～120s

（4）后处理

方法：红外线烘箱　　　温度：100～110℃　　　时间：8～12h

该制件的注射成型工艺卡见表 2-7。

表 2-7　灯座注射成型工艺卡片

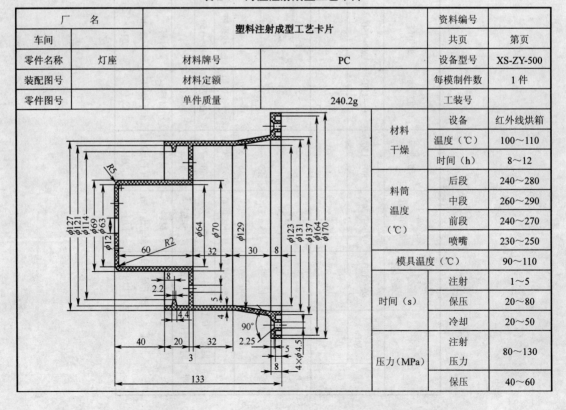

厂　　名		塑料注射成型工艺卡片		资料编号	
车间				共页	第页
零件名称	灯座	材料牌号	PC	设备型号	XS-ZY-500
装配图号		材料定额		每模制件数	1 件
零件图号		单件质量	240.2g	工装号	
				材料干燥	设备	红外线烘箱
					温度（℃）	100～110
					时间（h）	8～12
				料筒温度（℃）	后段	240～280
					中段	260～290
					前段	240～270
					喷嘴	230～250
				模具温度（℃）		90～110
				时间（s）	注射	1～5
					保压	20～80
					冷却	20～50
				压力（MPa）	注射压力	80～130
					保压	40～60

续表

后处理	温度（℃）	鼓风烘箱100～110		时间定额（min）	辅助	0.5
	时间（h）	8～12			单件	1～2
检验						
编制	校对	审核	组长	车间主任	检验组长	主管工程师

任务小结

注射成型工艺的核心问题，就是采用一切措施以得到塑化良好的塑料熔体，并把它注射到型腔中去，在控制条件下冷却定型，使塑件达到所要求的质量。影响注射成型工艺的是塑化流动和冷却的温度、压力及各个作用时间等重要参数。选择各个工艺参数是成型塑件的关键，只有把各个工艺参数选择得正确、合理，才能生产出合格的塑料制品。

知识链接

注射成型制件的常见缺陷及产生原因

1. 注射成型制件的常见缺陷

注射成型质量分为内部和外部质量两个方面。

内部质量即性能质量，包括制品内部组织结构形态（如结晶及取向等）、制品的密度、制品的物理力学性能及熔接痕强度，以及与塑料收缩特性有关的制品尺寸精度等。

外部质量即表面质量，包括表面粗糙度及表面缺陷等，常见的表面缺陷有凹陷、缩孔、气孔、流纹、暗斑、暗纹、发白、剥层、烧焦、变形翘曲、没有光泽、颜色不均、浇口裂纹、表面龟裂，以及溢料、飞边等。

注射成型制品的质量与注射成型时的温度、压力和时间三大工艺因素及模具条件有关。因此，内外部质量之间并不是相互独立无关的，经常是多种因素综合作用的结果。

塑料制品的成型过程是一个综合过程，其中任何一个环节和因素控制不当都会使制品质量受到影响。

在注射成型过程中，影响制品质量的原因大致可归纳为如下几个方面：模具设计及制造精度、成型工艺条件、成型材料、制品设计、注射机、成型前后的环境等。

2. 注射成型制件常见缺陷的产生原因与解决办法（见表2-8）

表2-8 注射成型制件常见缺陷的产生原因与解决办法

常见问题	解决问题的方法与顺序
主浇道黏模	抛光主浇道→喷嘴与模具中心重合→降低模具温度→缩短注射时间→增加冷却时间→检查喷嘴加热圈→抛光模具表面→检查材料是否被污染
塑件脱模困难	降低注射压力→缩短注射时间→增加冷却时间→降低模具温度→抛光模具表面→增大脱模斜度→减小镶块处间隙

续表

常见问题	解决问题的方法与顺序
尺寸稳定性差	改变料筒温度→增加注射时间→增大注射压力→改变螺杆背压→升高模具温度→降低模具温度→调节供料量→减小回料比例
表面波纹	调节供料量→升高模具温度→增加注射时间→增大注射压力→提高物料温度→增大注射速度→增大浇道与浇口的尺寸
塑件翘曲和变形	降低模具温度→降低物料温度→增加冷却时间→降低注射速度→降低注射压力→增加螺杆背压→缩短注射时间
塑件脱皮分层	检查塑料种类和级别→检查塑料是否被污染→升高模具温度→物料干燥处理→提高物料温度→降低注射速度→缩短浇口长度→减小注射压力→改变浇口位置→采用大孔喷嘴
银丝斑纹	降低物料温度→物料干燥处理→增大注射压力→增大浇口尺寸→检查塑料的种类和级别→检查塑料是否污染
表面光泽差	物料干燥处理→检查材料是否污染→提高物料温度→增大注射压力→升高模具温度→抛光模具表面→增大浇道与浇口尺寸
凹痕	调节供料量→增大注射压力→增加注射时间→降低物料温度→降低模具温度→增加排气孔→增大浇道与浇口尺寸→缩短浇道长度→改变浇口位置→降低注射压力→增大螺杆背压
气泡	物料干燥处理→降低物料温度→增大注射压力→增加注射时间→升高模具温度→降低注射速度→增大螺杆背压
塑料充填不足	调节供料量→增大注射压力→增加冷却时间→升高模具温度→增加注射速度→增加排气孔→增大浇道与浇口尺寸→缩短浇道长度→增加注射时间→检查喷嘴是否堵塞
塑件溢料	降低注射压力→增大锁模力→降低注射速度→降低物料温度→降低模具温度→重新校正分型面→降低螺杆背压→检查塑件投影面积→检查模板平直度→检查模具分型面是否锁紧
熔接痕	升高模具温度→提高物料温度→增加注射速度→增大注射压力→增加排气孔→增大浇道与浇口尺寸→减少脱模剂用量→减少浇口个数
塑件强度下降	物料干燥处理→降低物料温度→检查材料是否污染→升高模具温度→降低螺杆转速→降低螺杆背压→增加排气孔→改变浇口位置→降低注射速度
裂纹	升高模具温度→缩短冷却时间→提高物料温度→增加注射时间→增大注射压力→降低螺杆背压→嵌件预热→缩短注射时间
黑点及条纹	降低物料温度→喷嘴重新校正→降低螺杆转速→降低螺杆背压→采用大孔喷嘴→增加排气孔→增大浇道与浇口尺寸→降低注射压力→改变浇口位置

 思考题与练习

1. 注射成型工艺过程包括哪些？
2. 制件的后处理是指什么？后处理有何作用？
3. 注射成型需要控制的温度有哪些？如何确定？
4. 注射成型过程中的压力包括哪些？如何确定？
5. 注射成型过程中的时间（成型周期）包括哪几部分？如何确定？
6. 注射成型制件常见的缺陷有哪些？

学生分组，完成课题

1. 列举日常生活中常用塑料制品，并根据塑料种类、塑件结构等初步确定成型方式、成型工艺过程，并简述成型原理。

2. 试分析说明图 2-5 所示电流线圈架制件成型工艺过程，并编制注射成型工艺卡片。

 任务3 **压缩和压注成型工艺**

任务描述

现有一电器插头制件如图 2-12 所示，材料为酚醛塑料，大批量生产。任务要求：进行成型工艺性能分析，选择合适的成型方式，并编制出合理的制件成型工艺规程。

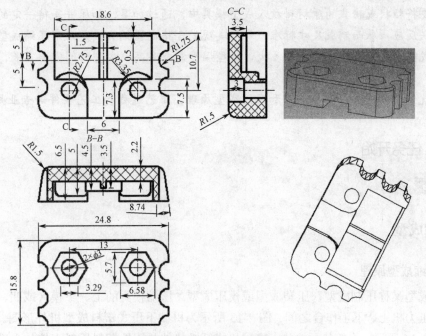

图 2-12 电器插头

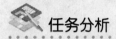

学习目标

【知识目标】

1. 掌握热固性塑料压缩、压注成型原理及成型特性。

2. 了解压缩、压注成型工艺及参数选择。

【技能目标】

1. 能选择压缩或压注成型方式。

2. 能编制压缩、压注成型工艺规程。

任务分析

根据图 2-12 给出的任务，已知该制件为电器产品，材料为热固性塑料——酚醛塑料（H161）。热固性塑料成型的一般方法为压缩或压注成型。但酚醛塑料的原始状态是粒状或粉状的，需要将粒状或粉状的原材料放入成型模具中，通过加温、加压并等待一定的时间，使之发生交联反应，从而制成尺寸标准、外形美观的合格电器插头。是采用压缩成型方式还是采用压注成型方式，成型压力需要多大，成型温度需要多高，成型时间需要多长，成型过程是怎样的，这些都属于成型工艺规程。

下面就针对该任务，学习压缩和压注成型原理、工艺过程和工艺条件等专业知识。

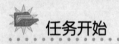

任务开始

基本概念

一、压缩成型

1. 压缩成型原理

压缩成型又称压制成型、压塑成型或模压成型。压缩模具的上、下模（或凹、凸模）通常安放在压力机上、下工作台之间。图 2-13 所示为机械下压式塑料成型机外形图。压缩成型原理如图 2-14 所示。将粉状、粒状、碎屑状或纤维状的热固性塑料原料直接加入敞开的模具加料室内，如图 2-14（a）所示；然后合模加热，当塑料成为熔融状态时，在合模压力的作用下，熔融塑料充满型腔各处，如图 2-14（b）所示；这时，型腔中的塑料产生化学交联反应使其逐步转变为不熔的硬化定型的塑料制件，最后打开模具将塑件从模具中取出，完成一个成型周期。以后就不断重复上述周期性的生产过程。

2. 压缩成型工艺过程

压缩成型工艺过程包括成型前的准备、压缩成型和压后处理等。流程分解图如图 2-15 所示。

（1）压缩成型前的准备

热固性塑料比较容易吸湿，储存时易受潮，所以在对塑料进行加工前应对其进行预热和干燥处理。又由于热固性塑料的比容比较大，因此，为了使成型过程顺利进行，有时要先对材料进行预压处理。

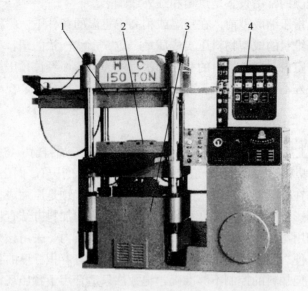

1—上工作台；2—下工作台；3—液压缸；4—控制面板

图 2-13 机械下压式塑料成型机外形图

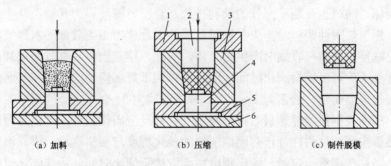

（a）加料　　　　　　　（b）压缩　　　　　　　（c）制件脱模

1—上模座；2—上凸模；3—凹模；4—下凸模；5—下模板；6—下模

图 2-14 压缩成型原理

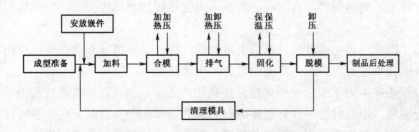

图 2-15 压缩成型工艺流程分解图

①预热与干燥。在成型前，应对热固性塑料进行加热。加热的目的有两个：一是对塑料进行预热，以便对压缩模提供具有一定温度的热料，使塑料在模内受热均匀，缩短模压成型周期；二是对塑料进行干燥，防止塑料中带有过多的水分和低分子挥发物，确保塑料制件的

成型质量。预热与干燥的常用设备是烘箱和红外线加热炉。

②预压。预压是指压缩成型前，在室温或稍高于室温的条件下，将松散的粉状、粒状、碎屑状、片状或长纤维状的成型物料压实成质量一定、形状一致的塑料型坯，使其能比较容易地放入压缩模加料室内。预压坯料的截面形状一般为圆形。经过预压后的坯料密度最好能达到塑件密度的80%左右，以保证坯料有一定的强度。是否要预压，视塑料原材料的组分及加料要求而定。

（2）压缩成型

模具装到压力机上后要进行预热。若塑料制件带有嵌件，加料前应将热嵌件放入模具型腔内一起预热。热固性塑料的压缩过程一般可分为加料、合模、排气、固化和脱模等几个阶段。

①加料。加料是在模具型腔中加入已预热的定量物料，这是压缩成型生产的重要环节。加料是否准确，直接影响到塑件的密度和尺寸精度。常用的加料方法有质量法、容积法和记数法三种。质量法需用衡器称物料的质量，然后加入到模具内，采用该方法可以准确地控制加料量，但操作不方便。容积法是使用具有一定容积或带有容积标度的容器向模具内加料，这种方法操作简便，但加料的控制不够准确。记数法只适合用于预压坯料。

②合模。加料完成后进行合模，即通过压力使模具内成型零部件闭合成与塑件形状一致的模腔。当凸模尚未接触物料之前，应尽量使闭模速度加快，以缩短模塑周期和避免塑料过早固化及过多降解。而在凸模接触物料之后，合模速度应放慢，以避免模具中嵌件和成型杆件的位移及损坏，同时也有利于空气的顺利排放。合模时间一般为几秒至几十秒不等。

③排气。压缩热固性塑料时，成型物料在模腔中会放出相当数量的水蒸气、低分子挥发物，以及在交联反应和体积收缩时产生的气体，因此，模具合模后有时还需卸压以排出模腔中的气体。排气不但可以缩短固化时间，而且还有利于提高塑件的性能和表面质量。排气的次数和时间应按需要而定，通常为1～3次，每次时间为3～20s。

④固化。压缩成型热固性塑料时，塑料进行交联反应固化成型的过程称为固化或硬化。硬化程度直接影响到塑件的性能，热固性塑料的硬化程度与塑料品种、模具温度、成型压力等因素有关。当这些因素一定时，硬化程度主要取决于硬化时间。最佳硬化时间应以交联适中，即硬化程度达到100%（塑料各种力学性能达到最佳状态）为准，一般为30s至数分钟不等。具体时间的长短需由试验或试模的方法确定，过长或过短对塑件的性能都会产生不利的影响。固化速率不高的塑料，有时不必将整个固化过程放在模内完成，脱模后用烘的方法来完成固化。

⑤脱模。固化过程完成以后，压力机将卸载回程，并将模具开启，推出机构将塑件推出模外。带有侧向型芯时，必须先将侧向型芯抽出才能脱模。

在大批量生产中为了缩短成型周期，提高生产效率，也可在制件硬化程度小于100%的情况下进行脱模，但此时必须注意制件应有足够的强度和刚度以保证它在脱模过程中不发生变形和损坏。对于硬化程度不足而提前脱模的塑件，必须将它们集中起来进行后处理。

（3）压后处理

塑件脱模以后的后处理主要是指退火处理，其主要作用是消除应力，提高稳定性，减少塑件的变形与开裂，进一步交联固化，可以提高塑件电性能和力学性能。退火规范应根据塑件材料、形状、嵌件等情况确定。厚壁和壁厚相差悬殊，以及易变形的塑件以采用较低温度和较长时间为宜；形状复杂、薄壁、面积大的塑件，为防止变形，退火处理时最好在夹具上进行。常用的热固性塑件退火处理规范可见表2-9。

表 2-9　常用的热固性塑件退火处理规范

塑 料 种 类	退火处理（℃）	保温时间（h）
酚醛塑料制件	80～100	4～24
酚醛纤维塑料制件	130～180	4～24
氨基塑料制件	70～80	10～12

3. 压缩成型工艺参数

压缩成型的工艺参数主要是指压缩成型压力、压缩成型温度和压缩时间。

（1）压缩成型压力

压缩成型压力是指压缩时压机通过凸模对塑料熔体充满型腔和固化时在分型面单位投影面积上施加的压力，简称成型压力，可采用以下公式进行计算：

$$p = \frac{p_b \pi D^2}{4A}$$

式中　p——成型压力（MPa），一般为 15～30MPa；

P_b——压力机工作液压缸表压力（MPa）；

D——压力机主缸活塞直径（m）；

A——塑件与凸模接触部分在分型面上的投影面积（m^2）。

施加成型压力的目的是促使物料流动充模，增大塑件密度，提高塑件的内在质量，克服塑料在成型过程中因化学变化释放的低分子物质及塑料中的水分等而产生的胀模力，使模具闭合，保证塑件具有稳定的尺寸、形状，减少飞边，防止变形。但过大的成型压力会降低模具寿命。

压缩成型压力的大小与塑件种类、塑件结构及模具温度等因素有关，一般情况下，塑料的流动性越小，塑件越厚及形状越复杂，塑料固化速度和压缩比越大，所需的成型压力也越大。常用塑料成型压力见表2-10。

（2）压缩成型温度

压缩成型温度是指压缩成型时所需的模具温度。它是使热固性塑料流动、充模，并最后固化成型的主要影响因素，决定了成型过程中聚合物交联反应的速度，从而影响塑料制件的最终性能。

热固性塑料受到温度作用时，其黏度或流动性会发生很大变化，这种变化是温度作用下的聚合物松弛（使黏度降低，流动性增加）和交联反应（引起黏度增大、流动性降低）这两类物理变化和化学变化的总结果。温度上升的过程，就是塑料从固体粉末逐渐熔化，黏度由大到小，然后交联反应开始，随着温度的升高，交联反应速度增大，聚合物熔体黏度则经历由减小到增大（流动性由增大到减小）的过程，因而其流动性随温度变化具有峰值。因此，在闭模后，迅速增大成型压力，使塑料在温度还不很高而流动性又较大时充满型腔各部分是非常重要的。温度升高使热固性塑料在模腔中的固化速度加快，固化时间缩短，因此高温有利于缩短模压周期，但过高的温度会因固化速度太快而使塑料流动性迅速下降，并引起充模不满，特别是模压形状复杂、壁薄、深度大的塑件，这种弊病最为明显；温度过高还可能引起物料变色，树脂和有机填料等的分解，使塑件表面颜色暗淡。同时高温下外层固化要比内层快得多，从而使内层挥发物难以排除，这不仅会降低塑件的力学性能，而且会使塑件发生肿胀、开裂、变形和翘曲等。因此，在压缩成型厚度较大的塑件时，往往不是提高温度，而是在降低温度的前提下延长压缩时间。但温度过低时不仅固化慢，而且效果差，也会造成塑件暗淡无光，这是由于固化不完全的外层受不住内层挥发物压力作用的缘故。常见热固性塑料的压缩成型温度见表 2-10。

表 2-10　热固性塑料的压缩成型温度和成型压力

塑 料 种 类	压缩成型温度（℃）	压缩成型压力（MPa）	塑 料 种 类	压缩成型温度（℃）	压缩成型压力（MPa）
三聚氰胺甲醛（MF）	140～180	14～56	邻苯二甲酸二丙烯酯（PDPO）	120～160	3.5～14
酚醛塑料	146～180	7～42	环氧树脂	145～200	0.7～14
脲甲醛塑料	135～155	14～56	有机硅塑料（DSMC）	150～190	7～56
聚酯塑料（UP）	85～150	0.35～3.5			

（3）压缩时间

热固性塑料压缩成型时，在一定压力和一定温度下保持一定的时间，才能使其充分固化，成为性能优越的塑件，这一时间称为压缩时间。压缩时间与塑料的种类（树脂种类、挥发物含量等）、塑件形状、压缩成型的工艺条件（温度、压力）及操作步骤（是否排气、预压、预热）等有关。压缩成型温度升高，塑料固化速度加快，所需压缩时间减少，因而压缩周期随模温提高而减少；压缩成型压力对模压时间的影响虽不及模压温度那么明显，但随压力增大，压缩时间也略有减少；由于预热减少了塑料充模和开模时间，所以压缩时间比不预热时要短。通常压缩时间还随塑件厚度而增加。

压缩时间的长短对塑件的性能影响很大，压缩时间太短，树脂固化不完全（欠熟），塑件物理和力学性能差，外表无光泽，脱模后易出现翘曲、变形等现象。但过分延长压缩时间会使塑件"过熟"，不仅延长成型时间，降低生产率，多消耗热能，而且树脂交联过度会使塑件收缩率增加，引起树脂和填料之间产生内应力，从而使塑件力学性能下降，严重时会使塑件破裂。一般的酚醛塑件，压缩时间为 1～2min，有机硅塑件达 2～7min。表 2-11 列出了酚醛塑料和氨基塑料的压缩成型工艺参数。

表 2-11　热固性塑料压缩成型的工艺参数

工 艺 参 数	酚 醛 塑 料			氨 基 塑 料
	一般工业用①	高压电绝缘用②	耐高频电绝缘用③	
压缩成型温度（℃）	150～165	160±10	185±5	140～155
压缩成型压力（MPa）	30±5	30±5	>30	30±5
压缩时间（min/mm）	1±0.2	1.5～2.5	2.5	0.7～1.0
①系以苯酚-甲醛线形树脂的粉末为基础的压缩粉；				
②系以甲酚-甲醛可溶性树脂的粉末为基础的压缩粉；				
③系以苯酚-苯胺-甲醛树脂和无机矿物为基础的压缩粉				

4. 压缩成型特点及应用

热固性塑料压缩成型与注射成型相比，其优点是可以使用普通压力机进行生产；压缩模没有浇注系统，结构比较简单；塑件内取向组织少，取向程度低，性能比较均匀，成型收缩率小等。利用压缩方法还可以生产一些带有碎屑状、片状或长纤维状填充料，流动性很差的塑料制件和面积很大、厚度较小的大型扁平塑料制件。压缩成型的缺点是成型周期长，生产环境差，生产操作多用手工进行而不易实现自动化，因此劳动强度大；塑件经常带有溢料飞边，高度方向的尺寸精度不易控制；模具易磨损，因此使用寿命较短。

压缩成型既可成型热固性塑件，也可以成型热塑性塑件，如日用仪表壳、电闸、电器开关、插座等。用压缩模成型热塑性塑件时，模具必须交替地进行加热和冷却，才能使塑料塑化和固化，故成型周期长，生产效率低，因此，它仅适用于成型光学性能要求高的有机玻璃镜片，适用于不宜高温注射成型的硝酸纤维汽车驾驶盘及一些流动性很差的热塑性塑件。

二、压注成型

1. 压注成型原理

压注成型又称传递成型，压注模具同压缩模具一样安放在压力机上、下工作台之间，也是热固性塑料的主要成型方法之一。压注成型原理如图 2-16 所示。压注成型时，将热固性塑料原料（塑料原料为粉料或预压成锭的坯料）装入闭合模具的加料室内，使其在加料室内受热塑化，如图 2-16（a）所示；塑化后熔融的塑料在压柱压力的作用下，通过加料室底部的浇注系统进入闭合的型腔，如图 2-16（b）所示；塑料在型腔内继续受热、受压，产生交联反应而固化成型，最后打开模具取出塑件，如图 2-16（c）所示。

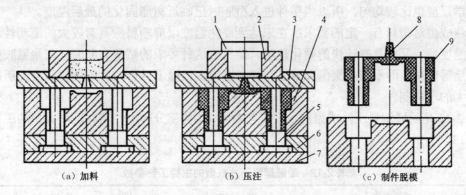

（a）加料　　　　　　　　　（b）压注　　　　　　　　　（c）制件脱模

1—压注柱塞；2—加料腔；3—上模座；4—凹模；5—凸模；

6—凸模固定板；7—下模座；8—浇注系统凝料；9—制件

图 2-16　压注成型原理

2. 压注成型工艺过程

压注成型工艺过程和压缩成型基本相同，它们的主要区别在于压缩成型过程是先加料后闭模，而压注成型则一般要求先闭模后加料。压注成型工艺过程如图 2-17 所示。

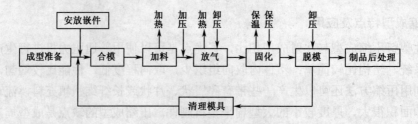

图 2-17　压注成型工艺过程

3. 压注成型工艺参数

压注成型工艺参数同压缩成型相比较，有一定区别。

（1）压注成型压力

由于浇注系统有压力消耗，压注成型的压力一般为压缩成型的 2～3 倍。压力随塑料种类、模具结构及塑件的形状不同而不同。酚醛塑料粉为 50～80MPa；纤维填料的塑料为 80～160MPa；环氧树脂、硅酮等低压封装塑料为 2～10MPa。

（2）模具温度

压注成型的模具温度通常要比压缩成型的温度低 15～30℃，一般为 130～190℃，这是因为塑料通过浇注系统时能从中获取一部分摩擦热。加料室和下模的温度要低一些，而中框的温度要高一些，这样可以保证塑料进入型腔畅通而又不会出现溢料现象，同时也可避免塑件出现缺料、起泡、接缝等缺陷。

（3）压注时间及保压时间

在一般情况下压注时间控制在加压后 15～30s 内将塑料充满型腔。保压时间与压缩成型比较，可以短一些，因为塑料在加热和压力作用下，通过浇口的料量少，加热迅速而均匀，塑料化学反应也比较均匀，所以当塑件进入型腔时已临近树脂固化的最后温度。

压注成型对塑料有一定的要求：在未达到硬化温度以前塑料应具有较大的流动性，而达到硬化温度后，又须具有较快的硬化速度。能符合这种要求的塑料有酚醛、三聚氰胺甲醛和环氧树脂等塑料。而不饱和聚酯和脲醛塑料，则应在低温下具有较大的硬化速度，所以不能成型较大的塑料制件。

表 2-12 是酚醛塑料压注成型的主要工艺参数。其他部分热固性塑料压注成型的工艺参数见表 2-13。

表 2-12　酚醛塑料压注成型的主要工艺参数

模具类型 物料状态 工艺参数	罐　式		柱　塞　式
	未　预　热	高　频　预　热	高　频　预　热
预热温度（℃）	—	100～110	100～110
成型压力（MPa）	160	80～100	80～100
充模时间（min）	4～5	1～1.5	0.25～0.33
固化时间（min）	8	3	3
成型周期（min）	12～13	4～4.5	3.5

表2-13　部分热固性塑料压注成型的主要工艺参数

塑　料	填　料	成型温度（℃）	成型压力（MPa）	压　缩　率	成型收缩率（%）
环氧双酚A模塑料	玻璃纤维	138～193	7～34	3.0～7.0	0.001～0.008
	矿物填料	121～193	0.7～21	2.0～3.0	0.002～0.01
环氧酚醛模塑料	矿物和玻纤	121～193	1.7～21		0.004～0.008
	矿物和玻纤	190～196	2～17.2	1.5～2.5	0.003～0.006
	玻璃纤维	143～165	17～34	6～7	0.0002
三聚氰胺	纤维素	149	55～138	2.1～3.1	0.005～0.15
酚醛	织物和回收料	149～182	13.8～138	1.0～1.5	0.003～0.009
聚酯（BMC、TMC①）	玻璃纤维	138～160			0.004～0.005
聚酯（SMC、TMC）	导电护套料②	138～160	3.4～1.4	1.0	0.0002～0.001
聚酯（BMC）	导电护套料	138～160		—	0.0005～0.004
醇酸树脂	矿物质	160～182	13.8～138	1.8～2.5	0.003～0.010
聚酰亚胺	50%玻纤	199	20.7～69	—	0.002
脲醛塑料	a-纤维素	132～182	13.8～138	2.2～3	0.006～0.014

①TMC指黏稠状模塑料；
②在聚酯中添加导电性填料和增强材料的电子材料工业用护套料

4. 压注成型特点及应用

压注成型与压缩成型有许多共同之处，两者的加工对象都是热固性塑料，但是压注成型与压缩成型相比又具有以下特点。

（1）成型周期短、生产效率高

塑料在加料室首先加料塑化，成型时塑料再以高速通过浇注系统挤入型腔，未完全塑化的塑料与高温的浇注系统相接触，使塑料升温快而均匀。同时熔料在通过浇注系统的窄小部位时受摩擦热使温度进一步提高，有利于塑料制件在型腔内迅速硬化，缩短了硬化时间。压注成型的硬化时间只相当于压缩成型的1/3～1/5。

（2）塑件的尺寸精度高、表面质量好

由于塑料受热均匀，交联硬化充分，改善了塑件的力学性能，使塑件的强度、电性能都得以提高。塑件高度方向尺寸精度较高，且飞边很薄。

（3）可以成型带有细小嵌件、较深侧孔及较复杂的塑件

由于塑料是以熔融状态压入型腔的，因此对细小型芯、嵌件等产生的挤压力比压缩模小。

（4）消耗原材料较多

由于浇注系统凝料的存在，并且为了传递压力，压注成型后总会有一部分余料留在加料室内，因此使原料消耗增多，小型塑件尤为突出，模具适宜多型腔结构。

（5）压注成型收缩率比压缩成型大

一般酚醛塑料压缩成型收缩率为0.8%左右，但压注时为0.9%～1%。而且由于物料在压力作用下定向流动，收缩具有方向性，因此影响塑件的精度，而对于粉状填料填充的塑件则影响不大。

（6）压注模的结构比压缩模复杂，工艺条件要求严格

由于压注时熔料是通过浇注系统进入模具型腔成型的，因此，压注模的结构比压缩模复杂，工艺条件要求严格，特别是成型压力较高，比压缩成型的压力要大得多，而且操作比较麻烦，制造成本也大，因此，只有用压缩成型无法达到要求时才采用压注成型。

压注成型适用于形状复杂、带有较多嵌件的热固性塑料制件的成型。

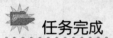 **任务完成**

①带领学生参观压缩成型和压注成型整个生产工艺过程，指导学生了解压机的结构组成及技术规范。

②工艺分析，编制压缩或压注成型工艺规程。

通过专业知识的学习，可以对图 2-12 所示的电器插头进行材料性能分析、结构工艺性能分析，选择成型方式并编制出该制件的压缩或压注成型工艺规程。

1. 材料分析（查塑料材料手册）

（1）材料性能分析

酚醛塑料是热固性塑料的一个品种，它是以酚醛树脂为基础而制得的。酚醛树脂通常由酚类化合物和醛类化合物缩聚而成，酚醛塑料本身很脆弱，呈琥珀玻璃态，所以必须加入各种纤维或粉末状填料后才能获得具有一定性能要求的酚醛塑料。本任务的制件是加木粉填充剂。

酚醛塑料与一般热塑性塑料相比，刚度好、变形小、耐热、耐磨，能在 150～200℃温度范围内长期使用。在水润滑条件下，酚醛塑料的摩擦因数极低，电绝缘性能优良，有一定的机械强度，工艺性好，价格便宜，可在隔热、绝缘、耐高压电等环境中使用，用于制造齿轮、轴瓦、导向轮、无声齿轮和轴承及用做电工结构材料和电气绝缘材料。木质层压塑料用于制造水润滑冷却下的轴承及齿轮等，石棉布层压塑料主要用于制造高温下工作的零件。

酚醛塑料的缺点是质脆，冲击强度差。

（2）成型性能分析

酚醛塑料具有良好的可塑性，压缩成型工艺性能良好，制件表面光亮度较高且力学性能和电绝缘性能优良，特别适合用做电器类零件的材料。该塑料的比体积 $V=1.8～2.8cm^3/g$，压缩比 $K=1.7～2.7$，密度 $\rho=1.4g/cm^3$，收缩率 $S=0.6\%～1\%$。该塑料虽成型性能较好，但收缩较大，方向性明显，模温对流动性影响较大，一般当温度超过 160℃时流动性迅速下降；硬化速度较慢，硬化时放出大量的热，厚壁、大型制件内部温度易过高，产生硬化不均、过热现象，故压制时应引起注意。

酚醛塑料在压注成型时，收缩较大，方向性明显，预热情况、成型温度、成型压力、保压时间及填料形式等对其收缩及收缩方向性均有影响。

2. 选择成型方式与制件结构工艺性能的分析

（1）选择成型方式

酚醛塑料属热固性材料，既可用压缩方法成型也可用压注方法成型。通过比较，压缩成型的材料利用率较高，在产品批量大时能节约材料、降低成本，同时制件的收缩率较小，本

任务采用压缩成型方法比较理想。

（2）制件结构工艺性能分析

从结构上来看，该制件为框形，上表面有两个六方形沉孔，下表面较复杂，有两个方槽，中间有一个长方形槽，另外有两个直径为 3mm 并与六方形沉孔同轴的通孔。该制件的最小壁厚为 0.5mm，满足该塑料的最小壁厚要求。制件的精度为 MT4 级，要求不高，表面质量也无特殊要求。从整体上分析该制件结构相对比较简单，精度要求一般，故容易压制成型。

1）制件厚度

该制件外形高度为 6.5mm（小于 50mm），查表 2-14 得粉状填料的酚醛塑料壁厚 t 为 0.7～2mm，取 $t = 1$mm。

表 2-14　热固性制件壁厚　　mm

塑料名称	制件外形高度		
	≤50	>50～100	>100
粉状填料的酚醛塑料	0.7～2.0	2.0～3.0	5.0～6.5
纤维状填料的酚醛塑料	1.5～2.0	2.5～3.5	6.0～8.0
氨基塑料	1.0	1.3～2.0	3.0～4.0
聚酯玻璃纤维填料的塑料	1.0～2.0	2.4～3.2	>4..8
聚酯无机物填料的塑料	1.0～2.0	3.2～4.8	>4.8

2）工艺圆角

外表面圆弧半径 $R' = 1.5 \times t = 2.25$mm，取 $R' = 2$mm；内表面圆弧半径 $R = 1.5$mm，$t = 1.5$mm。

3）脱模斜度

由于该制件高度尺寸不大，即长径比 $L/D = 6.5/24.8 < 2$，不影响脱模，可以不设脱模斜度。

成型孔的分布：制件孔最小直径 $d = 3$mm，最大孔深压制时为不通孔，$h_{max} = 2d = 6$mm，最小孔边壁厚度 $b = d = 3$mm $< \dfrac{24.8-13}{2} - 1.5 = 4.4$mm，均满足成型工艺要求。

成型孔尺寸：查表 2-15，制件孔孔径 $d = 3$mm，最小孔边壁厚度 $b = 1.5$～2mm。制件图尺寸均符合上述条件，满足成型工艺要求。

表 2-15　热固性制件孔间距、孔边距与孔径关系　　mm

孔径	≤1.5	>1.5～3	>3～6	>6～10	>10～18	>18～30
孔间距、孔边距	1～1.5	>1.5～2	>2～3	>3～4	>4～5	>5～7

3. 压缩成型工艺规程确定

该制件为大批量生产，用一模十六腔的固定式压缩模比较经济。由于制件零件有特殊的侧凹，故模具可采用整体式的凹模结构。其压缩成型工艺流程需经预热和压制两个过程，一般不需要进行后处理。

初步确定电器插座的压缩成型工艺规程，见表 2-16。

表 2-16　压缩成型工艺规程

厂　　名	塑料压缩成型工艺卡片					资料编号	
	零件名称	零件图号	装配图号		每模数量	共页	第页
车间	电器插座				16		
材料牌号　H161	操作条件		辅助材料		设备　45～48	工时定额	
零件质量（kg）	温度（℃）	名称	牌号	质量（kg）	工装代号		
毛料质量（kg）	压力（MPa）				工具		
毛料尺寸	相对湿度（%）				量具		
	保持时间				仪器		

零件草图：	主要工序
	1. 模具预热
	温度：（120±10）℃　　　时间：4～8 min
	2. 加料
	3. 加压闭模
	成型压力：30MPa　模具温度：（160±5）℃
	4. 排气
	1 次　　5s
	5. 固化保压
	成型时间：8min
检验技术条件：	6. 脱模

编制	校对	审核	车间主任	检验组长	主管工程师	

任务小结

选择塑件成型方法并制定合理的成型工艺规程，是一个综合考虑的复杂过程。首先应对塑件的材料性能和成型性能进行分析，才能选择其成型方式；然后还要对塑件的结构工艺性进行分析，反复比较和研究成型工艺参数，才能确定其成型工艺规程，最终编制出成型工艺卡片。

知识链接

一、压缩成型塑件成型缺陷分析（见表 2-17）

表 2-17　压缩成型塑件成型缺陷分析

序号	成型缺陷	产生原因	解决措施
1	表面不平或产生波纹	模塑粉流动性大；水分及挥发物含量大；保压时间短，模具加热不均	预热、预压，调整模塑料的流动性；改用较软的物料，延长保压时间；改进模具加热系统，增加物料
2	填充不足，有皱折	计量不足，物料流动性差；模塑压力不够，模温高	调节加料量和改用流动性好的物料，或用高密度物料；提早排气；增加模塑压力，降低模温（如果外部疏松，则加快闭模，尽快施高压；如果内部疏松，则低压慢慢闭模）
3	表面起泡、鼓泡和有气眼	物料中水分与挥发物含量太大；排气不够；模温过高或太低；模塑压力低或固化时间短；压缩比太大使包裹空气过多；模壁厚度不均衡或加热不均匀	物料先干燥或预热；增加排气次数或改进排气孔；适当调节模温，通常是降温以防烧焦；增加模塑压力和固化时间，物料预压成锭料并改进堆放方式；修整模具结构和加热系统
4	表面无光泽	模具表面粗糙度大、被污染；润滑剂质量差；脱模剂使用不当或用量大；模温过高或过低；物料吸湿或有挥发物质	研磨模具并镀铬，清洗模具；改变配方，少用脱模剂；调整模温（通常是降温）和固化时间，物料预热或改进排气；闭模速度稍慢，要在低压下保持一段时间
5	制件颜色不均或有雾斑	物料着色剂分散性差；树脂流动性差或物料变质；混入异物；固化程度不够	改进混合或更换物料；改变组分提高流动性；加强物料管理，严防混入杂物；改进预热条件，降低模温而延长固化时间
6	制件变色	模温太高	降低模温
7	表面呈现小斑点或小缝	物料中混入杂质，尤其是油类物质；模具清扫不彻底，留有毛边或杂物	物料加强保管，严防混入杂质、油类物质；物料过筛，仔细清扫模具
8	翘曲	塑料固化不足；保压时间短；塑料中水分或挥发物含量过大；物料流动性太大；闭模前物料在模腔内停留时间太长，物料固化速度太慢；模温过高或阴、阳两模表面温差太大，制件厚薄相差大，以致使收缩率不一致；制件结构的刚度差	延长固化时间，物料预热、预压锭；调整塑料的流动性；缩短物料在闭模前处于模腔内的时间，降低模温或调整阴、阳模的温差在范围内，改进制品设计
9	欠压（制件没完全成型，制件局部疏松）	加料量不足；模压太低；物料排气不畅；物料流动性太大或太小；闭模太快或排气太快，致使部分粉料吹出；闭模太慢或模温太高，导致大物料过早固化	调节加料量；提高模塑压力；开大排气孔；改进物料流动性或改变闭模速度、模温和压力（物料流动性大则减慢加压速度，反之则增大压力而降低模温），如果制品外部疏松则加速闭模，尽快用高压，如果是内部疏松则减慢低压闭模
10	黏模	保压时间短；温度低；水分或挥发物含量大，无润滑剂或用量不当；模具表面粗糙度大	延长保压时间；提高模温，降低模温；物料预热，加入适量润滑剂；增加模具表面粗糙度，清扫模具，用脱模剂
11	制件有裂纹	嵌件结构不正确，嵌件位置不当，嵌件太多；推出机构设计或制造不当；制件厚度相差大；物料挥发物和水分含量太大，制件在模内冷却时间太长；加热条件不当，固化不足	改进嵌件结构、模具结构，嵌件周围增加壁厚，选用收缩率小的物料；改进或修整顶出装置；改进制品设计；物料预热，缩短或免去在模内冷却时间，制品于 93℃ 的烘箱中热处理，增加制件的圆半径和肋条

序 号	成型缺陷	产 生 原 因	解 决 措 施
12	呈现流痕	挥发物太多；模温太高或物料太软或流动性差；预热时间太长，闭模速度太快	预热物料；降低模温；改进物料或模塑工艺；降低闭模速度和预热时间
13	表面呈橘皮状	物料在高压下闭模太快，物料流动性过大，物料水分大或颗粒太粗	减慢闭模速度；改用较软的树脂或进行较高温度预热；改用较细的物料，降低模温，在加高压前于低压下滞留2～3s
14	制件脱模时呈柔软状	塑料固化不够，物料水分大；润滑剂用量大	提高模温或延长固化时间；预热物料，少用润滑剂
15	毛边多而厚	加料量大，物料流动性差；模具设计不当或模板不平导致合模缝隙大或合模夹料；合模时导柱、导套夹料	减少加料，更换物料或降低模温；调节加料量，降低模温，提高压力，改进模具设计或修整模板和合模面；清除模具中的夹料
16	制品尺寸不合格	加料量不准；物料中水分或挥发物含量变化大；操作有误或控制条件变化；模具有损或物料不合格	调整加料量，预热物料；修改操作条件和模具；更换物料
17	脱模困难	模温和压力太高；加料量多；脱模剂效果差	降低模温和模压；减少加料量；使用合适的脱模剂
18	电性能差	物料水分含量大；固化程度差；物料中夹杂污物或油脂	物料预热，延长固化时间或提高模温；防止外来杂质
19	力学性能和化学性能差	物料固化程度差，模温低；模压低或加料量偏低	提高模温或延长固化时间；增加模压和加料量；高频预热；增加料量
20	制件有灼烧痕迹	预热温度过高使表皮过热；排气孔太小或孔眼堵塞；加压速度太快	降低预热温度和模温；开大排气孔；减慢闭模速度

二、压注成型塑件成型缺陷分析（见表2-18）

表2-18　压注成型塑件成型缺陷分析

序号	成型缺陷	产 生 原 因	解 决 措 施
1	表面起泡	固化时间长、熔体温度高；模温高或加热不均、浇口过小	缩短固化时间、降低熔体温度；调节模温、修整浇口和加热器
2	表面皱纹	物料过热或加热不均；工艺条件不当或充模速度太慢、浇口不合适	降低物料温度、调节加料腔和模具温度，使它们保持均匀；加快充模速度、修整浇口
3	流痕	物料温度低，成型压力高，模温高；流道和浇口截面过小	提高物料温度，降低成型压力和模温；修整浇注系统
4	光泽差	物料中挥发组分多；脱模剂用量大；加热条件不适当；模腔表面不光滑	更换物料或改进预热条件；减少脱模剂用量；改进加热条件；研磨或抛光模腔表壁
5	变色	物料过热；加热不均匀使局部过热	降低加热温度；改善加热条件和调整加热器
6	裂纹、碎裂	物料塑化不均匀；欠熟、过熟；制品壁厚太薄；制品凸起部位不易脱模	调整工艺条件，修整或改进模具结构
7	变形	物料塑化不均匀、固化条件不当；嵌件安放不合适	调整改善预热和加热条件；修改模具

续表

序号	成型缺陷	产生原因	解决措施
8	气眼	物料不合适；塑化不完全；局部过热	改换物料；调整改善预热和加热条件；降低模温
9	电性能下降	物料不合适；物料吸湿、混入异物；加热温度低；加热时间短	更换物料；改进预热措施；提高加热温度；延长加热时间
10	力学性能下降	物料不合适；成型压力低；嵌件、浇口的位置不合适	更换物料；提高成型压力；修改模具

 思考题与练习

1. 影响热固性塑料流动性的基本因素有哪些？
2. 压缩成型的工艺过程有哪些？
3. 压注成型与压缩成型相比较，在工艺参数的选择上有何区别？
4. 压注成型的工艺过程和压缩成型基本相似，但主要区别在哪里？

学生分组，完成课题

1. 如图 2-18 所示制件，材料为环氧树脂，大批量生产。试选择合适的成型方式，编制出合理的制件成型工艺规程。

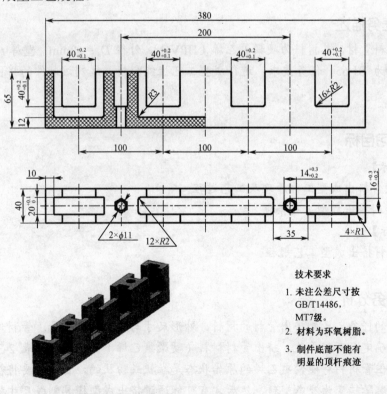

技术要求

1. 未注公差尺寸按 GB/T14486，MT7级。
2. 材料为环氧树脂。
3. 制件底部不能有明显的顶杆痕迹

图 2-18　制件图一

2. 如图 2-19 所示制件，材料为酚醛塑料，大批量生产。试选择合适的成型方式，编制出合理的制件成型工艺规程。

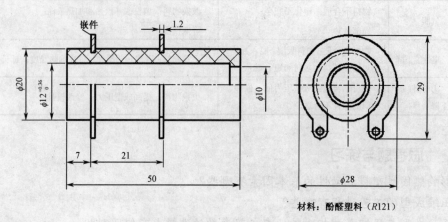

材料：酚醛塑料（R121）

图 2-19　制件图二

任务4　挤出成型工艺

任务描述

已知一塑料管材，其材料为硬聚氯乙烯（HPVC），外径 $D_s = 50mm$，壁厚 $t = 3.5mm$，管材挤出机型号为 SJ-65。任务要求：进行成型工艺性能分析并编制该制件的挤出成型工艺规程。

学习目标

【知识目标】

1. 了解塑件挤出成型工作原理及工艺过程。

2. 掌握塑料挤出成型工艺条件。

【技能目标】

能编制塑料挤出成型工艺规程。

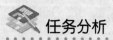

任务分析

根据给出的任务，已知挤出管材的材料、外形尺寸与挤出设备型号。管材外形尺寸与挤出设备型号已确定且不能更改，挤出管材材料（硬聚氯乙烯）的性能可从表 2-3 及塑料材料手册中了解，但管材材料硬聚氯乙烯的原始状态是粒状或粉状的，首先需要将粒状或粉状的原始材料加温熔融转变为液态塑料，然后才有可能通过挤出成型模具制成尺寸标准、外形美观、长度适中的合格管材。温度（机筒温度、机头温度、口模温度等）为多少才合适，塑料的挤出速率与管材的牵引速度多少才合理，这就涉及挤出成型工艺条件（温度、挤出速率、牵引速度等）。

下面就针对该任务，学习挤出成型原理、工艺过程和工艺条件方面的专业知识。

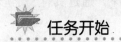

任务开始

基本概念

一、挤出成型原理、特点及应用

热塑性塑料的挤出成型原理如图 2-20 所示（以管材的挤出为例）。首先将粒状或粉状塑料加入料斗中（图中未画出），在旋转的挤出机螺杆的作用下，塑料沿螺杆的螺旋槽向前方输送，在此过程中，不断接受外加热和螺杆与物料之间、物料与物料之间及物料与料筒之间的剪切摩擦热，逐渐熔融呈黏流态，然后在挤压系统的作用下，塑料熔体通过具有一定形状的挤出模具（机头）口模及一系列辅助装置（定型、冷却、牵引、切割等装置），从而获得截面形状一致的塑料型材。

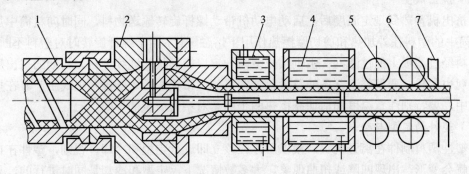

1—挤出机料筒；2—机头；3—定径装置；4—冷却装置；5—牵引装置；6—塑料管；7—切割装置

图 2-20　挤出成型原理

挤出成型所用的设备为挤出机，其所成型的塑件均为具有恒定截面形状的连续型材。挤出成型工艺还可以用于塑料的着色、造粒和共混等。

挤出成型能连续成型，生产量大、生产率高、成本低。所成型的塑件，几何形状简单，截面形状不变，所以模具结构也较简单，制造维修方便。塑件的内部组织均衡紧密、尺寸比较稳定准确。挤出成型的适应性强，除氟塑料外，几乎所有的热塑性塑料都可采用挤出成型，部分热固性塑料也可采用挤出成型。变更机头口模，产品的截面形状和尺寸可相应改变，这样就能生产出各种不同规格的塑料制件。挤出成型所用设备结构简单、操作方便、使用广泛，管材、棒材、板材、薄膜、电线电缆和异型截面型材等都可以采用挤出成型方法成型。

二、挤出成型工艺过程

热塑性塑料的挤出成型工艺过程可分为三个阶段。

第一阶段塑化：塑料原料在挤出机内的机筒温度和螺杆的旋转压实及混合作用下由粉状或粒状转变成黏流态物质（常称干法塑化），或固体塑料在机外溶解于有机溶剂中而成为黏流态物质（常称湿法塑化），然后加入到挤出机的料筒中。通常采用干法塑化方式。

第二阶段成型：黏流态塑料熔体在挤出机螺杆螺旋力的推挤作用下，通过具有一定形状的口模而得到截面与口模形状一致的连续型材。

第三阶段定型：通过适当的处理方法，如定径处理、冷却处理等，使已挤出的塑料连续型材固化为塑料制件。

现较详细的介绍热塑性塑料的干法塑化挤出成型工艺过程。

（1）原料的准备

挤出成型用的大部分是粒状塑料，粉状用的很少，因为粉状塑料含有较多的水分，将会影响挤出成型的顺利进行，同时影响塑件的质量。例如，出现气泡、表面灰暗无光、皱纹、流痕等，物理性能和力学性能也随之下降，而且粉状物料的压缩比大，不利于输送。当然，不论是粉状物料还是粒状物料，都会吸收一定的水分，所以在成型之前应进行干燥处理，将原料的水分控制在 0.5% 以下。原料的干燥一般是在烘箱或烘房中进行的。此外，在准备阶段还要尽可能除去塑料中存在的杂质。

（2）挤出成型

将挤出机预热到规定温度后，启动电动机带动螺杆旋转输送物料，同时向料筒中加入塑料。料筒中的塑料在外加热和剪切摩擦热作用下熔融塑化，由于螺杆旋转时对塑料不断推挤，迫使塑料经过滤板上的过滤网，由机头成型为一定口模形状的连续型材。初期的挤出质量较差，外观也欠佳，要调整工艺条件及设备装置直到正常状态后才能投入正式生产。在挤出成型过程中，要特别注意温度和剪切摩擦热两个因素对塑件质量的影响。

（3）塑件的定型与冷却

热塑性塑料制件在离开机头口模以后，应该立即进行定型和冷却，否则，塑件在自重力作用下就会变形，出现凹陷或扭曲现象。大多数情况下，定型和冷却是同时进行的，只有在挤出各种棒料和管材时，才有一个独立的定径过程，而挤出薄膜，单丝等无须定型，仅通过冷却便可。挤出板材与片材，有时还通过一对压辊压平，也有定型与冷却作用。管材的定型方法可用定径套、定径环或定径板等，也有采用能通水冷却的特殊口模来定径的，但不管哪种方法，都是使管坯内外形成压力差，使其紧贴在定径套上而冷却定型。

冷却一般采用空气冷却或水冷却，冷却速度对塑件性能有很大影响。硬质塑件（如聚苯乙烯、低密度聚乙烯和硬聚氯乙烯等）不能冷却得过快，否则容易造成残余内应力，并影响塑件的外观质量；软质或结晶型塑料件则要求及时冷却，以免塑件变形。

（4）塑件的牵引、卷取和切割

塑料制件自口模挤出后，一般都会因压力突然解除而发生离模膨胀现象，而冷却后又会发生收缩现象，从而使塑件的尺寸和形状发生改变。此外，由于塑件被连续不断地挤出，自质量越来越大，如果不加以引导，则会造成塑件停滞，使塑件不能顺利挤出。因此，在冷却的同时，要连续均匀地将塑件引出，这就是牵引。

牵引过程由挤出机的辅机之一——牵引装置来完成。牵引速度要与挤出速度相适应，一般是牵引速度略大于挤出速度，以便消除塑件尺寸的变化值，同时对塑件进行适当的拉伸可提高质量。不同的塑件牵引速度不同，通常薄膜和单丝可以快些，牵引速度大，塑件的厚度和直径减小，纵向抗断裂强度增高，扯断伸长率降低。对于挤出硬质塑件的牵引速度则不能大，通常需将牵引速度定在一定范围内，并且要十分均匀，不然就会影响其尺寸均匀性和力学性能。

通过牵引的塑件可根据使用要求在切割装置上裁切（如棒、管、板、片等），或在卷取装置上绕制成卷（如薄膜、单丝、电线电缆等）。此外，某些塑件，如薄膜等有时还需进行后处理，以提高尺寸稳定性。

图 2-21 所示为常见的管材挤出成型机及挤出工艺过程示意图。

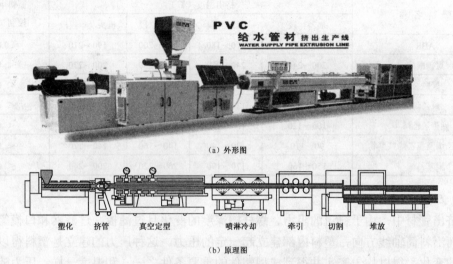

（a）外形图

（b）原理图

图 2-21　管材挤出成型机及挤出工艺过程示意图

三、挤出成型工艺参数

挤出成型工艺参数包括温度、压力、挤出速度、牵引速度等。

（1）温度

温度是挤出过程得以顺利进行的重要条件之一。塑料从加入料斗到最后成为塑料制件，经历了一个极为复杂的温度变化过程。严格讲，挤出成型温度应指塑料熔体的温度，但该温度却在很大程度上取决于料筒和螺杆的温度。这是因为塑料熔体的热量除一部分来源于料筒中混合剪切时产生的摩擦热以外，大部分是料筒外部的加热器所提供的，因此，在实际生产中为了检测方便起见，经常用料筒温度近似表示成型温度。

料筒和塑料温度在螺杆各段是有差异的，要满足这种要求，料筒就必须具有加热、冷却和温度调节等一系列装置。一般来说，对挤出成型温度进行控制时，加段料的温度不宜过高，而压缩段和均化段的温度则可取高一些，具体的数值应根据塑料种类和塑件情况而定。机头和口模处的温度相当于注射成型时的模温，通常，机头温度必须控制在塑料热分解温度以下，而口模处的温度可比机头温度低一些，但应保证塑料熔体具有良好的流动性。实际上，在挤出过程中，即使是稳定挤出，温度也是随时间的变化而变化的，温度随时间的不同而产生波动，并且这种波动往往具有一定的周期性。习惯上，把沿着塑料流动方向上的温度波动称为轴向温度波动，另外，在沿着与塑料流动方向垂直的截面上，各点的温度值也是不同的，即有径向温差。

上述温度波动和温差，都会给塑件质量带来十分不良的后果，使塑件产生残余应力，各点强度不均匀，表面灰暗无光。产生这种波动和温差的因素很多，如加热冷却系统不稳定，螺杆转速变化等，但以螺杆设计和选用的好坏影响最大。表 2-19 是热塑性塑料挤出成型时的温度参数。

表 2-19　热塑性塑料挤出成型时的温度参数

塑 料 名 称	挤出温度（℃）				原料中水分控制（%）
	加 料 段	压 缩 段	均 化 段	机头及口模段	
ABS	160～170	170～180	180～200	190～210	≤0.025
聚碳酸酯	200～240	240～250	230～250	200～220	< 0.5
聚酰胺	250～260	260～270	260～280	220～240	< 0.3
聚乙烯	90～120	130～160	160～180	160～200	< 0.3
硬聚氯乙烯	100～120	150～170	160～180	170～180	< 0.2
软聚氯乙烯及氯乙烯共聚物	90～110	130～140	140～160	140～170	< 0.2
聚苯乙烯	150～160	170～190	200～220	200～240	< 0.1

（2）压力

在挤出管材中，由于料流的阻力、螺杆槽深度的变化且过滤板、过滤网和口模等产生阻碍，因而沿料筒轴线方向，塑料内部建立起一定的压力。这种压力的建立是塑料得以经历物理状态的变化，得以均匀密实并得到成型塑料的重要条件之一。和温度一样，压力随时间的变化也会产生周期性波动，这种波动对塑料件质量同样有不利影响，如局部疏松、表面不平、弯曲等。螺杆、料筒的设计，螺杆转速的变化，加热冷却系统的不稳定都是产生压力波动的原因。为了减小压力波动，应合理控制螺杆转速，保证加热和冷却装置的温控精度。

（3）挤出速度

挤出速度是指单位时间内挤出机头和口模中挤出的塑化好的物料量或塑件长度，它表示挤出生产能力的高低。影响挤出速度的因素很多，如机头、螺杆和料筒的结构，螺杆转速，加热冷却系统结构和塑料的性能等。在挤出机的结构和塑料品种及塑件类型已确定的情况下，挤出速度仅与螺杆转速有关，因此，调整螺杆转速是控制挤出速度的主要措施。螺杆转速与挤出机规格有关，挤出机规格越大，挤出螺杆直径越大，螺杆转速就越小，其关系见表 2-20。

表 2-20　单螺杆塑料挤出机螺杆直径与转速关系

管材外径（mm）	≤10	10～63	40～90	63～125	110～180	125～250	200～400
螺杆直径（mm）	30	45	65	90	120	150	200
螺杆转速（r/min）	20～120	17～102	15～90	12～72	8～48	7～42	5～30

挤出速度在生产过程中也存在波动现象，对产品的形状和尺寸精度有显著不良影响。为了保证挤出速度均匀，应设计与生产的塑件相适应的螺杆结构和尺寸，严格控制螺杆转速及挤出温度，防止因温度改变而引起的挤出压力和熔体黏度变化导致挤出速度的波动。

（4）牵引速度

挤出成型主要生产长度连续的塑料制件，因此必须设置牵引装置。从机头和口模中挤出的塑件，在牵引力作用下将会发生拉伸取向。拉伸取向程度越高，塑件沿取向方位的拉伸强度也越大，但冷却后长度收缩也越大。通常，牵引速度可与挤出速度相当。牵引速度与挤出速度的比值称为牵引比，其值必须等于或大于1。通常牵引速度与挤出机规格有关，挤出机规格越大，挤出螺杆直径越大，牵引速度就越小（见表2-21）。

表2-21　牵引速度与挤出机规格的关系

机头公称直径（mm）	10～63	40～90	63～125	110～180	125～250	200～400
螺杆直径（mm）	45	65	90	120	150	200
牵引速度（m/min）	0.4～2	0.3～1.5	0.3～1.5	0.2～1	0.2～1	0.2～1
管材外径（mm）	10～63	40～90	63～125	110～180	125～250	200～400

表2-22、表2-23、表2-24分别为塑料管材、塑料异型材与塑料电缆的挤出成型工艺参数。

表2-22　塑料管材的挤出成型工艺参数

工艺参数 ＼ 塑料管材	硬聚氯乙烯	软聚氯乙烯	低密度聚乙烯	ABS	聚酰胺1010	聚碳酸酯
管材外径（mm）	95	31	24	32.5	31.3	32.8
管材内径（mm）	85	25	19	25.5	25	25.5
管材壁厚（mm）	5±1	3	2±1	3±1	—	—
机筒温度（℃） 后段	100～110	90～100	90～100	160～165	250～260	200～240
机筒温度（℃） 中段	140～150	120～130	110～120	170～175	260～270	240～250
机筒温度（℃） 前段	160～170	130～140	120～130	175～180	260～280	230～255
机头温度（℃）	160～170	150～160	130～135	170～180	220～240	200～220
口模温度（℃）	160～180	170～180	130～140	170～175	200～210	200～210
螺杆转速（r/min）	12	20	16	10.5	15	10.5
口模内径（mm）	90.7	32	24.5	33	44.8	33
芯棒外径（mm）	79.7	25	19.1	26	38.5	26
稳流定型段长度（mm）	120	60	60	50	45	87
拉伸比	1.04	1.2	1.1	1.02	1.5	0.97
真空定径套内径（mm）	96.5	—	25	33	31.7	33
定径套长度（mm）	300	—	160	250	—	250
定径套与口模间距（mm）	—	—	—	25	20	20

表2-23　塑料异型材挤出成型工艺条件

产品名称	机身温度（℃）				机头温度（℃）	螺杆转速（r/min）	冷却定型方式
	1	2	3	4			
楼梯扶手（硬质）	110～130	150～160	160～170	170～180	175～185	10～30	喷淋冷却
楼梯扶手（半硬质）	100～120	120～140	140～160	140～160	170～180	30	喷淋冷却
电线槽（硬质）	115～140	165～170	175～190	175～190	185～190	15～25	滑动定型
中空门窗（硬质）	110～130	110～130	160～170	170～180	180～190	4～10	真空定径

表 2-24　塑料电缆挤出成型工艺条件

原材料		机身温度（℃）			机头温度（℃）	螺杆直径（mm）	螺杆长径比
		1	2	3			
聚氯乙烯电线电缆	绝缘级	150	170	180	175～185	40～50	16～20
	护层级	140	150	160	155～165	40～50	16～20
交联聚乙烯		150	160	170	180	45～65	18～20
聚丙烯电线电缆		140～160	180～200	220～240	200～210	45～65	18～20

 任务完成

①带领学生参观挤出成型的整个工艺过程，了解挤出机及辅机的结构组成和各个参数。

②工艺分析，编制挤出成型工艺规程。

根据上面所学的知识，对任务描述中的聚氯乙烯硬管进行成型工艺性能分析并编制其挤出成型工艺规程。在编制工艺规程前，首先要确定材料的性能。该管材的性能分析如下所述。

1. 塑料性能分析（查塑料材料手册）

（1）基本性能

聚氯乙烯树脂为白色或浅黄色粉末，形同面粉，造粒后为透明块状，类似明矾，其密度为 $1.38～1.43g/cm^3$。

聚氯乙烯机械强度高，有较好的电气绝缘性能，可以用做低频绝缘材料，耐酸碱的抵抗力极强，其化学稳定性也较好。

由于聚氯乙烯的热稳定性较差，长时间加热会导致分解，放出氯化氢气体，使聚氯乙烯变色，所以其应用范围较窄，使用温度一般在 –15～55℃ 之间。

（2）成型工艺性能

聚氯乙烯无定型料，吸湿性小，但为了提高流动性及防止产生气泡，宜先进行干燥预处理。

聚氯乙烯的流动性差，热敏性强，过热时极易分解，特别是在高温下与钢、铜等金属接触更易分解，分解温度为 200℃，分解时产生腐蚀及刺激性气体，所以必须加入稳定剂和润滑剂，并严格控制成型温度及熔料的滞留时间。

成型温度范围小，必须严格控制料温，模具应有冷却装置。注射成型时采用带预塑化装置的螺杆式注射机，其模具浇注系统应粗短，浇口截面宜大，不得有死角滞料。模具内表面应镀铬。

2. 编制管材挤出成型工艺规程

（1）温度

根据选用的材料（硬聚氯乙烯），查表 2-22，可得

机身温度：　后段 100～110　　中段 140～150　　前段 160～170℃

机头（机颈）温度：160～170℃　　口模温度：160～180℃

（2）挤出速度

根据管材外径 D_s＝50mm，挤出机螺杆直径为 65mm，则挤出机螺杆转速可通过查表 2-20

取 20r/min。

（3）牵引速度

根据管材外径 $D_s=50$ mm，查表 2-21 可得牵引速度为 0.3～1.5m/min。

塑料管材挤出成型工艺规程见表 2-25。

表 2-25　塑料管材挤出成型工艺规程

工艺参数 塑料管材	管材外径（mm）	管材内径（mm）	管材壁厚（mm）	机筒温度（℃）			机头温度（℃）	口模温度（℃）	螺杆转速 r/min	牵引速度 r/min
				后段	中段	前段				
硬聚氯乙烯	50	43	3.5	100～110	140～150	160～170	160～170	160～180	20	0.3～1.5

任务小结

制定挤出成型工艺规程，首先是挤出机的选择，挤出机的螺杆长径比越大，塑料的塑化质量越好，制品的性能就越好，所以挤出机的螺杆长径比最好是大于 20:1，一般来说，螺杆长径比在 25:1 是比较理想的；其次是机筒、机头及口模的温度选择要恰当，最后是挤出速度和牵引速度要协调好。在制品质量满足要求的前提下，挤出速度应尽量调快一些，这样才能提高劳动生产率。当然，提高挤出速度，其牵引速度及各段的温度也要作相应调整。

知识链接

一、聚氯乙烯硬管的挤出成型缺陷及其解决措施（见表 2-26）

表 2-26　聚氯乙烯硬管的挤出成型缺陷及其解决措施

序　号	成型缺陷	产生原因	解决措施
1	管材表面： 有分解黑点	①机筒和机头温度过高； ②机头和多孔板未清理干净； ③机头或分流器设计不合理，有死角； ④物料中有分解黑点； ⑤物料热稳定性差，配方不合理； ⑥控制仪表失灵	①降低温度并检查温度计是否失灵； ②清理机头和多孔板； ③改进机头或分流器结构； ④改换合格的成型物料； ⑤检查聚合物质量，改进配方； ⑥检修仪表
2	管材表面： 有黑色条纹	①机筒或机头温度过高； ②多孔板未清理干净	①降低机筒或机头温度； ②重新清理多孔板
3	管材表面： 无光泽	①口模温度过低； ②口模温度过高、表壁光亮度低且粗糙	①提高口模温度； ②降低口模温度、对口模抛光
4	管材表面： 有皱纹	①口模四周温度不均匀； ②冷却水太热； ③牵引太慢	①检查加热装置； ②开大冷却水； ③调快牵引速度
5	管材内壁： 粗糙	①芯棒温度偏低； ②机筒温度过低； ③螺杆温度太高	①提高芯棒温度； ②提高机筒温度； ③螺杆通水冷却

序　号	成型缺陷	产　生　原　因	解　决　措　施
6	管材内壁：有裂纹	①物料中有杂质； ②芯棒温度太低； ③机筒温度低； ④牵引速度太快	①调换使用无杂质的物料； ②提高芯棒温度； ③提高机筒温度； ④调慢牵引速度
7	管材内壁：有气泡	物料受潮或吸湿	对物料进行干燥预处理
8	管材壁厚：不均匀	①口模、芯棒未对中； ②机头温度不均匀，出料有快有慢； ③牵引速度不稳定； ④内压定径时，管坯内压缩空气不稳定	①调整口模与芯棒的同轴度； ②检查加热装置及螺杆转速； ③检修牵引装置； ④检查空压机，使其供气稳定
9	管材内壁：凸凹不平	①螺杆温度太高； ②螺杆转速太快	①降低螺杆温度或对螺杆通水冷却； ②降低螺杆转速
10	管材弯曲	①管壁厚度不均匀； ②机头各处温度不均匀； ③冷却定型装置与牵引装置不同轴； ④冷却水槽两端孔位不同轴	①重新调整口模和芯棒； ②检查加热装置； ③重新调整安装冷却定型装置与牵引装置； ④重新调整冷却水槽，使其两端孔位同轴

二、板、片材挤出成型缺陷及其解决措施（见表 2-27）

表 2-27　板、片材挤出成型缺陷及其解决措施

序　号	成型缺陷	产　生　原　因	解　决　措　施
1	板、片材断裂	①机筒或机头温度偏低； ②模唇开度太小； ③牵引速度太快	①适当提高成型温度； ②调节模唇位置、增大开度； ③调节三辊压光机或牵引装置的速度
2	板、片材表面出现气泡	物料吸湿、受潮或有易挥发物	对物料进行干燥预处理
3	板、片材厚度不均匀	①物料塑化不均匀； ②机头、口模温度不均； ③流动阻力不均； ④模唇开度不均匀； ⑤牵引速度不均匀； ⑥压光辊间距不均	①找出塑化不均匀的原因，并解决； ②检修加热装置，调节机头、口模温度； ③调节阻力棒各处位置； ④检修模唇位置调节装置，调节模唇开度； ⑤检修三辊压光机和牵引装置； ⑥检修压光辊间距
4	板、片材纵向产生连续线条纹路	①模唇受损（黏结、划伤等）； ②口模内有杂质堵塞； ③压光辊表面受损	①研磨、抛光模唇表面； ②清理口模； ③更换压光辊辊筒
5	板、片材表面出现黑色或变色的线条斑点	①成型温度偏高，物料发生分解； ②机头内有死角，发生滞料降解； ③杂质阻塞机头流道、物料分解； ④压光辊表面有析出物黏结	①调节机头、口模温度； ②检修机头，去除死角； ③清理机头； ④清洗压光辊，检验塑料配方有无问题

续表

序　号	成型缺陷	产　生　原　因	解　决　措　施
6	板、片材表面出现成簇横向抛物线状隆起	①口模温度中间高、两侧低；②螺杆转速过快；③模唇开度不均匀；④阻力棒调节不正常	①检查加热装置、调节口模温度，使其中间低、两侧高；②调节螺杆转速；③调节模唇各处开度，使其保持出料均匀；④重新调节阻力棒各处位置
7	板、片材表面出现横向排骨状纹路	①压光辊间堆料太多；②压光辊温度不均匀；③压光辊温度过高；④压光辊压力过大	①降低螺杆转速或提高压光辊转速或提高牵引速度；②检修压光辊温控系统，使辊温均匀；③适当降低压光辊温度；④增大三辊间距，减小辊间压力
8	板、片材表面凹凸不平或光泽不好	①机头、口模温度偏低；②压光辊表面粗糙；③压光辊温度偏低；④模唇流道太短；⑤模唇表面粗糙；⑥物料吸湿受潮；⑦挤出速度快、牵引速度慢，板、片材冷却不下来	①适当提高机头、口模温度；②更换辊筒，或研磨、抛光辊筒表面；③适当提高压光辊温度；④更换模唇，增大模唇流道长度；⑤研磨、抛光模唇表面；⑥对物料进行干燥处理；⑦调节螺杆转速和牵引速度，使二者相互适应

 思考题与练习

1. 挤出成型的工艺过程是怎样的？
2. 挤出成型有什么特点？挤出成型与注射成型有哪些不同？
3. 挤出成型的工艺参数有哪些？

学生分组，完成课题

1. 已知塑料管材材料为低密度聚乙烯，外径 $D_s=24$，壁厚 $t=2.5$，管材挤出机型号为 SJ-45。试编制该制件的挤出成型工艺规程。

2. 已知塑料管材料为软质聚氯乙烯，外径 $D_s=31$，壁厚 $t=3$，管材挤出机型号为 SJ-45。试编制该制件的挤出成型工艺规程。

 塑件的结构工艺性

 任务描述

图 2-1 所示为塑料连接座，通过本模块任务 1 的学习，已选择制件材料为 ABS，并对制件材料性能与成型工艺性能进行了分析。任务要求：通过下面的学习，对塑件的结构工艺性有充分的了解，分析连接座制件的结构工艺性是否合理，能对不合理处进行修改。

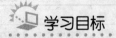

学习目标

【知识目标】

1. 熟悉塑件尺寸公差国标的使用方法及相关规定。
2. 熟悉塑件结构设计原则。
3. 了解塑件局部结构设计的规则。

【技能目标】

1. 具有合理确定塑件精度，并按国标标注塑件尺寸公差的能力。
2. 会分析塑件结构工艺性。
3. 初步具有根据塑件结构工艺性优化塑件结构的能力。

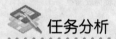

任务分析

连接座外形比较简单，没有螺纹、金属嵌件与文字符号标记等特殊结构。对其进行结构工艺性分析，主要考虑壁厚、圆角与脱模斜度等结构，对侧凹结构要特别注意，尽量不要采用侧抽芯装置。

下面针对该任务，学习塑件结构工艺性方面的专业知识。

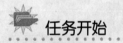

任务开始

基本概念

要想获得合格的塑件制件，除合理选用原材料外，还必须考虑塑件的结构工艺性。塑件的结构工艺性与模具设计有直接关系，只有塑件设计满足成型工艺性要求，才能设计出合理的模具结构，以防止成型时产生气泡、缩孔、凹陷及开裂等缺陷，以达到提高生产率和降低成本的目的。在进行塑件结构工艺性设计时，必须遵循以下几个原则。

①在设计塑件时，应考虑原料的成型工艺性，如流动性、收缩率等。

②在保证使用性能、物理与力学性能、电性能、耐化学腐蚀性能和耐热性能等的前提下，力求结构简单，壁厚均匀，使用方便。

③在设计塑件时应同时考虑其成型模具的总体结构，使模具型腔易制造，抽芯和推出机构简单。

④当设计的塑件外观要求较高时，应先通过造型，而后逐步绘制图样。

塑料制件结构工艺性设计的主要内容包括尺寸和精度、表面粗糙度值、塑件形状、壁厚、斜度、加强肋、支承面、圆角、孔、螺纹、齿轮、嵌件、文字、符号及标记等。

一、尺寸及其精度

塑件尺寸的大小取决于塑料的流动性。在注射成型和压注成型中，流动性差的塑料（如布基塑料、玻璃纤维增强塑料等）及薄壁塑件等的尺寸不能设计得过大。大而薄的塑件在塑料尚未充满型腔时已经固化，或勉强充满但料的前锋已不能很好熔合而形成冷接缝，影响塑件的外观和结构强度。注射成型的塑件尺寸要受到注射机的注射量、锁模力和模板尺寸的限制；压缩和压注成型的塑件尺寸要受到压机最大压力和压机工作台面最大尺寸的限制。

塑件的尺寸精度是指所获得的塑件尺寸与产品图中尺寸的符合程度，即所获塑件尺寸的准确度。影响塑件尺寸精度的因素很多，首先是模具的制造精度和模具的磨损程度，其次是塑料收缩率的波动，以及成型时工艺条件的变化、塑件成型后的时效变化和模具的结构形状等。因此，塑件的尺寸精度往往不高，应在保证使用要求的前提下尽可能选用低精度等级。

目前，我国已颁布了工程塑料模塑塑料件尺寸公差的国家标准（GB/T 14486—1993），见表 2-28。模塑件尺寸公差的代号为 MT，公差等级分为 7 级，每一级又可分为 A、B 两部分，其中 A 部分为不受模具活动部分影响尺寸的公差，B 部分为受模具活动部分影响尺寸的公差（例如，由于受水平分型面溢边厚薄的影响，压缩件高度方向的尺寸）；该标准只规定标准公差值，上、下偏差可根据塑件的配合性质来分配。

表 2-28　塑件公差数值表（GB/T 14486—1993）　　　　mm

公差等级	公差种类	基本尺寸												
		>0~3	3~6	6~10	10~14	14~18	18~24	24~30	30~40	40~50	50~65	65~80	80~100	100~120
		标注公差的尺寸公差值												
MT1	A	0.07	0.08	0.09	0.10	0.11	0.12	0.14	0.16	0.18	0.20	0.23	0.26	0.29
	B	0.14	0.16	0.18	0.20	0.21	0.22	0.24	0.26	0.28	0.30	0.33	0.36	0.39
MT2	A	0.10	0.12	0.14	0.16	0.18	0.20	0.22	0.24	0.26	0.30	0.34	0.38	0.42
	B	0.20	0.22	0.24	0.26	0.28	0.30	0.32	0.34	0.36	0.40	0.44	0.48	0.52
MT3	A	0.12	0.14	0.16	0.18	0.20	0.24	0.28	0.32	0.36	0.40	0.46	0.52	0.58
	B	0.32	0.34	0.36	0.38	0.40	0.44	0.48	0.52	0.56	0.60	0.66	0.72	0.78
MT4	A	0.16	0.18	0.20	0.24	0.28	0.32	0.36	0.42	0.48	0.56	0.64	0.72	0.82
	B	0.36	0.38	0.40	0.44	0.48	0.52	0.56	0.62	0.68	0.76	0.84	0.92	1.02
MT5	A	0.20	0.24	0.28	0.32	0.38	0.44	0.50	0.56	0.64	0.74	0.86	1.00	1.44
	B	0.40	0.44	0.48	0.52	0.58	0.64	0.70	0.76	0.84	0.94	1.06	1.20	1.34
MT6	A	0.26	0.32	0.38	0.46	0.54	0.62	0.70	0.80	0.94	1.10	1.28	1.48	1.72
	B	0.46	0.52	0.58	0.68	0.74	0.82	0.90	1.00	1.14	1.30	1.48	1.68	1.92
MT7	A	0.38	0.48	0.58	0.68	0.78	0.88	1.00	1.14	1.32	1.54	1.80	2.10	2.40
	B	0.58	0.68	0.78	0.88	0.98	1.08	1.20	1.34	1.52	1.74	2.00	2.30	2.60
		未注公差的尺寸允许偏差												
MT5	A	±0.10	±0.12	±0.14	±0.16	±0.19	±0.22	±0.25	±0.28	±0.32	±0.37	±0.43	±0.50	±0.57
	B	±0.20	±0.22	±0.24	±0.26	±0.29	±0.32	±0.35	±0.38	±0.42	±0.47	±0.53	±0.60	±0.67

未注公差的尺寸允许偏差													
MT6	A	±0.13	±0.16	±0.19	±0.23	±0.27	±0.31	±0.35	±0.40	±0.47	±0.55	±0.64	±0.74	±0.86
	B	±0.23	±0.26	±0.29	±0.33	±0.37	±0.41	±0.45	±0.50	±0.57	±0.65	±0.74	±0.84	±0.96
MT7	A	±0.19	±0.24	±0.29	±0.34	±0.39	±0.44	±0.50	±0.57	±0.66	±0.77	±0.90	±1.05	±1.20
	B	±0.29	±0.34	±0.39	±0.44	±0.49	±0.54	±0.60	±0.67	±0.76	±0.87	±1.00	±1.15	±1.30

公差等级	公差种类	标注公差的尺寸公差值											
		120~140	140~160	160~180	180~200	200~225	225~250	250~280	280~315	315~355	355~400	400~450	450~500
MT1	A	0.32	0.36	0.40	0.44	0.48	0.52	0.56	0.60	0.64	0.70	0.78	0.86
	B	0.42	0.46	0.50	0.54	0.58	0.62	0.66	0.70	0.74	0.80	0.88	0.96
MT2	A	0.46	0.50	0.54	0.60	0.66	0.72	0.76	0.84	0.92	1.00	1.10	1.20
	B	0.56	0.60	0.64	0.70	0.76	0.82	0.86	0.94	1.02	1.10	1.20	1.30
MT3	A	0.64	0.70	0.78	0.86	0.92	1.00	1.10	1.20	1.30	1.44	1.60	1.74
	B	0.84	0.90	0.98	1.06	1.12	1.20	1.30	1.40	1.50	1.64	1.80	1.94
MT4	A	0.92	1.02	1.12	1.24	1.36	1.48	1.62	1.80	2.00	2.20	2.40	2.60
	B	1.12	1.22	1.32	1.44	1.56	1.68	1.82	2.00	2.20	2.40	2.60	2.80
MT5	A	1.28	1.44	1.60	1.76	1.92	2.10	2.30	2.50	2.80	3.10	3.50	3.90
	B	1.48	1.64	1.80	1.96	2.12	2.30	2.50	2.70	3.00	3.30	3.70	4.10
MT6	A	2.00	2.20	2.40	2.60	2.90	3.20	3.50	3.80	4.30	4.70	5.30	6.00
	B	2.20	2.40	2.60	2.80	3.10	3.40	3.70	4.00	4.50	4.90	5.50	6.20
MT7	A	2.70	3.00	3.30	3.70	4.10	4.50	4.90	5.40	6.00	6.70	7.40	8.20
	B	3.10	3.20	3.50	3.90	4.30	4.70	5.10	5.60	6.20	6.90	7.60	8.40
未注公差的尺寸允许偏差													
MT5	A	±0.64	±0.72	±0.80	±0.88	±0.96	±1.05	±1.15	±1.25	±1.40	±1.55	±1.75	±1.95
	B	±0.74	±0.82	±0.90	±0.98	±1.06	±1.15	±1.25	±1.35	±1.50	±1.65	±1.85	±2.05
MT6	A	±1.00	±1.10	±1.20	±1.30	±1.45	±1.60	±1.75	±1.90	±2.15	±2.35	±2.65	±3.00
	B	±1.10	±1.20	±1.30	±1.40	±1.55	±1.70	±1.85	±2.00	±2.25	±2.45	±2.75	±3.10
MT7	A	±1.35	±1.50	±1.65	±1.85	±2.05	±2.25	±2.45	±2.70	±3.00	±3.35	±3.70	±4.10
	B	±1.45	±1.60	±1.75	±1.95	±2.15	±2.35	±2.55	±2.80	±3.10	±3.45	±3.80	±4.20

　　塑件公差等级的选用与塑料品种及装配情况有关，一般配合部分尺寸精度高于非配合部分的尺寸精度，且受到塑料收缩率波动的影响，小尺寸易达到较高的精度。塑件的精度要求越高，模具的制造精度也越高，模具加工的难度与成本也增高，同时塑件的废品率也会增加。因此，在塑料成型工艺一定的情况下，按照表 2-29 合理选用精度等级。

　　对孔类尺寸可取表中数值冠以（+）号，对轴类尺寸可取表中数值冠以（-）号，对中心距尺寸可取表中数值之半冠以（±）号。

表 2-29 精度等级的选用

类别	塑料品种	公差等级		
		标注公差尺寸		未注公差尺寸
		高精度	一般精度	
1	聚苯乙烯（PS） 聚丙烯（PP、无机填充料填充） ABS 丙烯腈-苯乙烯共聚物（AS） 聚甲基丙烯酸甲酯（AMMA） 聚碳酸酯（PC） 聚醚砜（PESU） 聚砜（PSU） 聚苯醚（PPO） 聚苯硫醚（PPS） 硬聚氯乙烯（HPVC） 聚酰胺（PA、玻璃纤维填充） 聚对苯二甲酸丁二醇酯（PBTP、玻璃纤维填充） 聚邻苯二甲酸二丙烯酯（PDAP） 聚对苯二甲酸乙二醇酯（PETP、玻璃纤维填充） 环氧树脂（EP） 酚醛塑料（PF、无机填料填充） 氨基塑料和氨基酚醛塑料（VF/MF 无机填料填充）	MT2	MT3	MT5
2	醋酸纤维素塑料（CA） 聚酰胺（PA、无填料填充） 聚甲醛（≤150mm POM） 聚对苯二甲酸丁二醇酯（PBTP、无填料填充） 聚对苯二甲酸乙二醇酯（PETP、无填料填充） 聚丙烯（PP、无填料填充） 氨基塑料和氨基酚醛塑料（VF/MF 有机填料填充） 酚醛塑料（PF、有机填料填充）	MT3	MT4	MT6
3	聚甲醛（＞150mm POM）	MT4	MT5	MT7
4	软聚氯乙烯（SPVC） 聚乙烯（PE）	MT5	MT6	MT7

二、表面粗糙度

塑件的外观要求越高，表面粗糙度值应越小。保证在成型时从工艺上尽可能避免冷疤、云纹等疵点，主要是取决于模具型腔表面粗糙度值。一般模具表面粗糙度值要比塑件的要求低 1～2 级。塑料制件的表面粗糙度值 R_a 一般为 0.8～0.2μm。模具在使用过程中，由于型腔磨损而使表面粗糙度值不断加大，所以应随时给以抛光复原。透明塑件要求型腔和型芯的表面粗糙度值相同，而不透明塑件则根据使用情况决定它们的表面粗糙度值。

三、形状

塑件的内外表面形状应尽可能保证有利于成型。由于侧抽芯或瓣合凹模或凸模不但使模具结构复杂，制造成本提高，而且还会在分型面上留下飞边，增加塑件的修整量。因此，塑件设计时应尽可能避免侧向凹凸，如果有侧向凹凸，则在模具设计时应在保证塑件使用要求的前提下，适当改变塑料制件的结构，以简化模具的结构。表 2-30 所示为改变塑件形状以利于成型的典型实例。

表 2-30　改变塑件形状以利模具成型的典型实例

序号	不　合　理	合　理	说　明
1	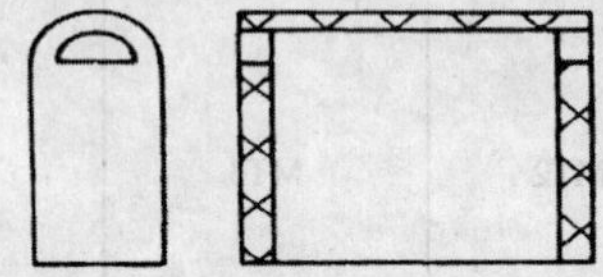	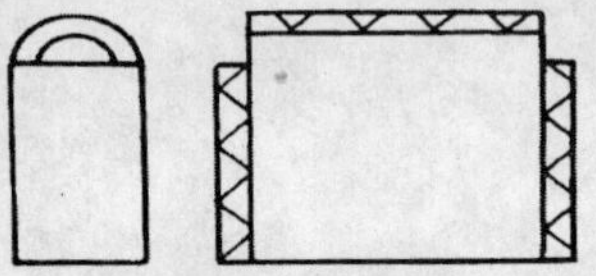	将左图侧孔容器改为右图侧凹容器，则不需采用侧抽芯或瓣合分型的模具
2		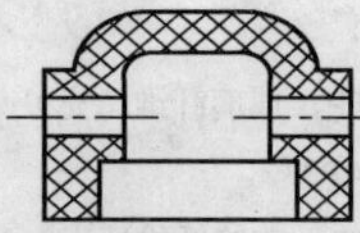	应避免塑件表面横向凹台，以便于脱模
3	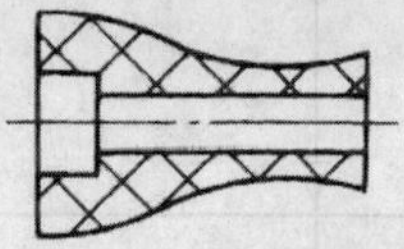	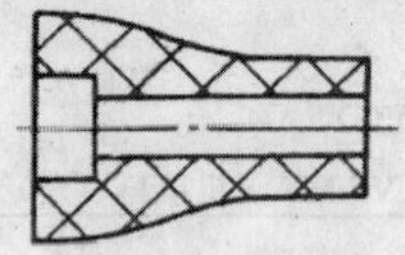	塑件外侧凹，必须采用瓣合凹模，使塑料模具结构复杂，塑件表面有接缝
4	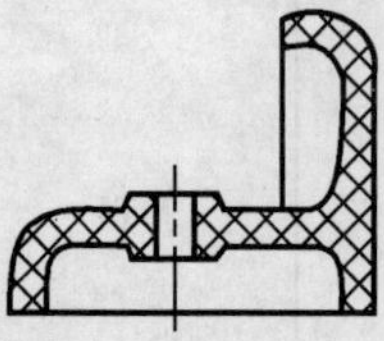	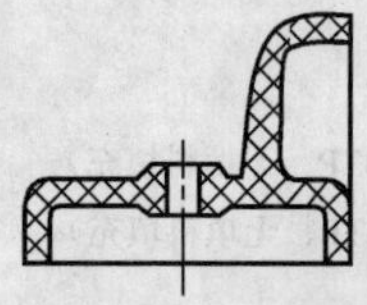	塑件内侧凹，抽芯困难
5			改变制件形状避免侧孔抽侧型芯
6	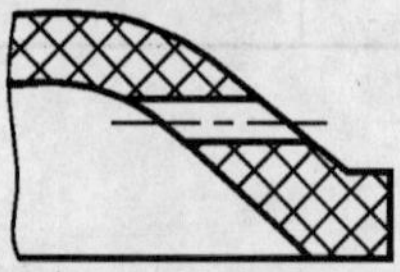	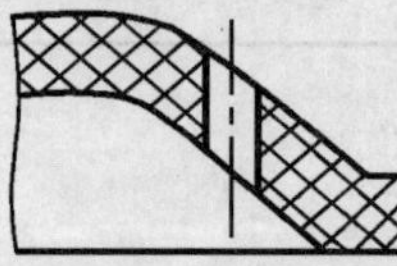	将横向侧孔改为垂直向孔，可免侧抽芯机构

塑件内侧凹凸较浅允许带有圆角时，则可以用整体凸凹模采用强制脱模的方法使塑件从凸凹模上脱下，如图 2-22（a）所示。但此时塑件在脱模温度下应具有足够的弹性，以使塑件在强制脱下时不会变形，如聚乙烯、聚丙烯、聚甲醛等能适应这种情况。塑件外侧凹凸也可以强制脱模，如图 2-22（b）所示。但是，多数情况下塑件的侧向凹凸不可以强制脱模，此时应采用侧向分型抽芯结构的模具。

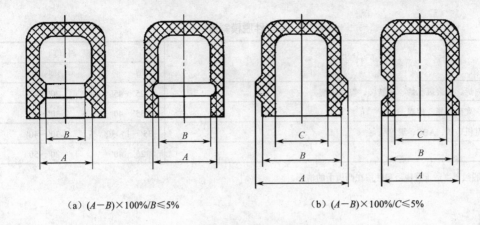

（a）$(A-B)\times 100\%/B\leqslant 5\%$ （b）$(A-B)\times 100\%/C\leqslant 5\%$

图 2-22 可强制脱模的侧向凹凸

四、斜度

　　塑件冷却时的收缩会使它包紧住模具型芯或型腔中的凸起部分，因此，为了便于从塑件中抽出型芯或从型腔中脱出塑件，防止脱模时拉伤塑件，在设计时，必须使塑件内外表面沿脱模方向留有足够的斜度，在模具上称为脱模斜度，如图 2-23 所示。脱模斜度取决于塑件的形状、壁厚及塑料的收缩率。通常塑件外表面的脱模斜度 α 应小于内表面的脱模斜度 α'。一般脱模斜度取 $30'\sim 1°30'$。成型型芯长或型腔深，则斜度应取偏小值；反之可选用偏大值。塑件高度不大（通常小于 $2\sim 3\mathrm{mm}$）时可不设计脱模斜度。当使用上有特殊要求时，脱模斜度可采用外表面（型腔）为 $5'$，内表面（型芯）为 $10'\sim 12'$。沿脱模方向有几个孔或呈矩形槽而使脱模阻力增大时，宜采用较大的脱模斜度。侧壁带有皮革花纹时应留有 $4°\sim 6°$ 的斜度。在一般情况下，若斜度不妨碍塑件的使用，则可将斜度值取大些。有时为了使塑件留在凹模内或凸模上，往往有意地减小凹模的脱模斜度而增大凸模的脱模斜度或者相反。热固性塑料一般较热塑性塑料收缩率要小一些，故脱模斜度也相应小一些。一般情况下，脱模斜度不包括在塑件的公差范围内。表 2-31 为常用塑件的脱模斜度。

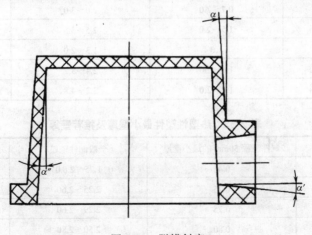

图 2-23 脱模斜度

表 2-31　塑件脱模斜度

塑 料 名 称	脱模斜度	
	型 腔	型 芯
聚乙烯、聚丙烯、软聚氯乙烯、聚酰胺、氯化聚醚	25′～45′	20′～45′
硬聚氯乙烯、聚碳酸酯、聚砜	35′～40′	30′～50′
聚苯乙烯、有机玻璃、ABS、聚甲醛	35′～1°30′	30′～40′
热固性塑料	25′～40′	20′～50′

注：本表所列脱模斜度适于开模后塑件留在凸模上的情形。

五、壁厚

　　塑料制件的壁厚对塑件质量有很大的影响，壁厚过小，成型时流动阻力大，大型复杂的塑件就难以充满型腔。塑件壁厚的最小尺寸应满足以下几方面要求：具有足够的强度和刚度；脱模时能承受推出机构的推力而不变形；能承受装配时的紧固力。塑料制件规定有最小壁厚值，它随塑料品种和塑件大小不同而异。壁厚过大，不但会造成原料的浪费，而且对热固性塑料的成型来说增加了模压时间，并易造成固化不完全；对热塑性塑料则增加了冷却时间，降低了生产率，另外也会影响产品质量，如产生气孔、缩孔、凹陷等缺陷。

　　热固性塑料的小型塑件，壁厚取 1.6～2.5mm，大型塑件取 3.2～8mm。布基酚醛塑料等流动性差者取较大值，但一般不宜大于 10mm。脆性塑料如矿物填充的酚醛塑料壁厚应不小于 3.2mm。表 2-32 为根据外形尺寸推荐的热固性塑件壁厚值。热塑性塑料易于成型薄壁塑件，最小壁厚能达到 0.25mm，但一般不宜小于 0.6～0.9mm，常取 2～4mm。各种热塑性塑料壁厚常用值见表 2-33。

表 2-32　热固性塑件壁厚　　　　　　　　　　mm

塑 料 名 称	塑件外形高度		
	～50	>50～100	>100
粉状填料的酚醛塑料	0.7～2.0	2.0～3.0	5.0～6.5
纤维状填料的酚醛塑料	1.5～2.0	2.5～3.5	6.0～8.0
氨基塑料	1.0	1.3～2.0	3.0～4.0
聚酯玻璃纤维填料的塑料	1.0～2.0	2.4～3.2	>4.8
聚酯无机物填料的塑料	1.0～2.0	3.2～4.8	>4.8

表 2-33　热塑性塑件最小壁厚及推荐壁厚　　　　　mm

塑 料 种 类	制件流程 50mm 的最小壁厚	一般制件壁厚	大型制件壁厚
聚酰胺	0.45	1.75～2.6.0	>2.4～3.2
聚苯乙烯	0.75	2.25～2.60	>3.2～5.4
改性聚苯乙烯	0.75	2.29～2.60	>3.2～5.4
有机玻璃	0.80	2.50～2.80	>4.0～6.5
聚甲醛	0.80	2.40～2.60	>3.2～5.4

续表

塑 料 种 类	制件流程 50mm 的最小壁厚	一般制件壁厚	大型制件壁厚
软聚氯乙烯	0.85	2.25～2.50	>2.4～3.2
聚丙烯	0.85	2.45～2.75	>2.4～3.2
氯化聚醚	0.85	2.35～2.80	>2.5～3.4
聚碳酸酯	0.95	2.60～2.80	>3.0～4.5
硬聚氯乙烯	1.15	2.60～2.80	>3.2～5.8
聚苯醚	1.20	2.75～3.10	>3.5～6.4
聚乙烯	0.60	2.25～2.60	>2.4～3.2

同一塑料件的壁厚应尽可能一致，否则会因冷却或固化速度不同而产生附加内应力，使塑件产生翘曲、缩孔、裂纹甚至开裂。塑件局部过厚，外表面会出现凹痕，内部会产生气泡。表 2-34 为改善塑件壁厚的典型实例。如果结构要求必须有不同壁厚时，不同壁厚的比例不应超过 1:3，且应采用适当的修饰半径以减缓厚薄过渡部分的突然变化。

表 2-34　改善塑件壁厚的典型实例

序号	不 合 理	合 理	说 明
1	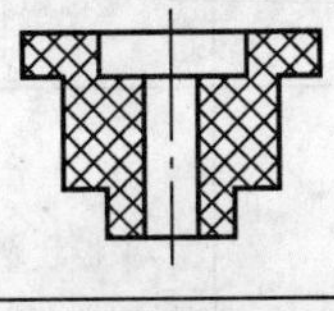	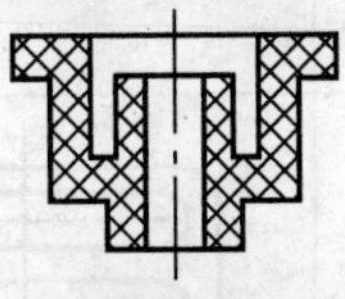	
2	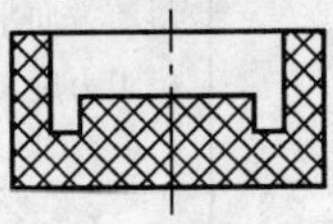	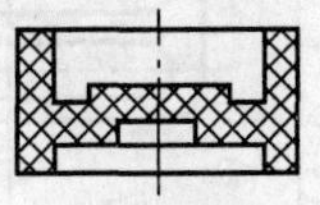	左图壁厚不均匀，易产生气泡及使塑件变形；右图壁厚均匀，改善了成型工艺条件，有利于保证质量
3	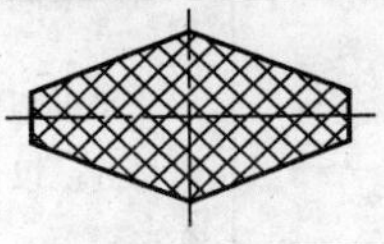	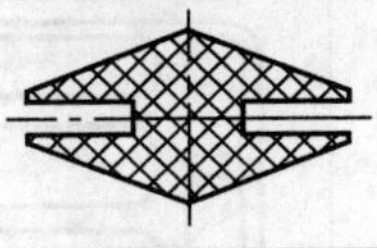	
4	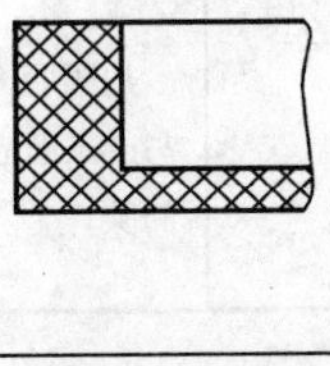	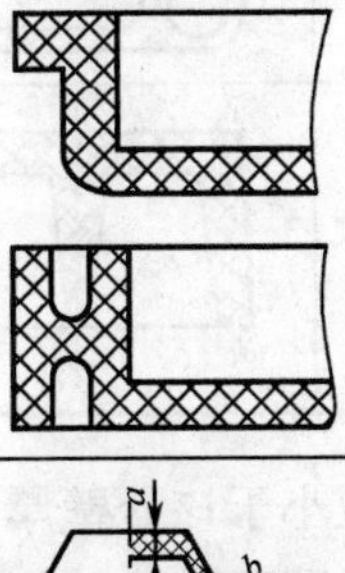	
5	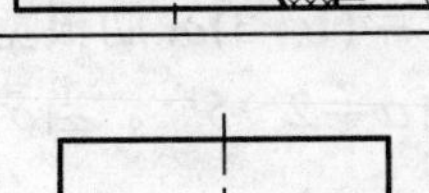	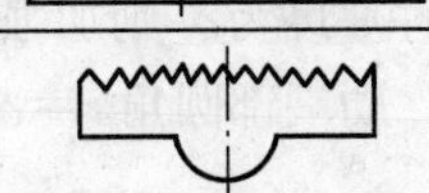	平顶塑件，采用侧浇口进料时，为避免平面上留有熔接痕，必须保证平面进料通畅，故 $a>b$
6	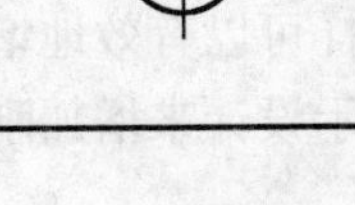	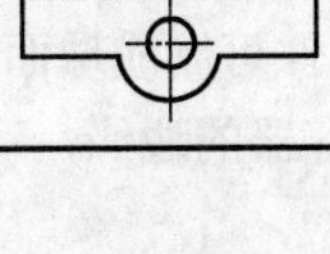	壁厚不均塑件，可在易产生凹痕表面采用波纹形式或在壁厚处开设工艺孔，以掩盖或消除凹痕

六、加强肋及其他防变形结构

　　加强肋的主要作用是增加塑件强度和避免塑件变形翘曲。用增加壁厚的办法来提高塑件的强度，常常是不合理的，且易产生缩孔或凹陷，此时可采用加强肋以增加塑件强度。表 2-35 所示为加强肋设计的典型实例。

表 2-35　加强肋设计的典型实例

序号	不　合　理	合　理	说　明
1	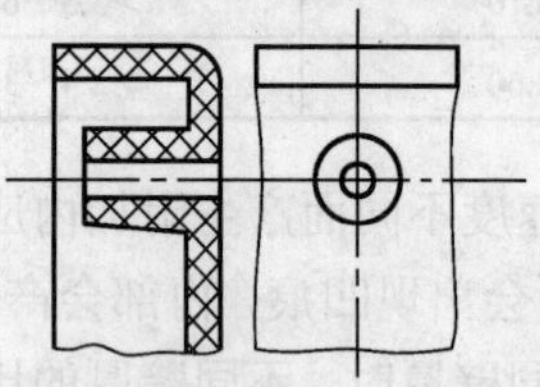	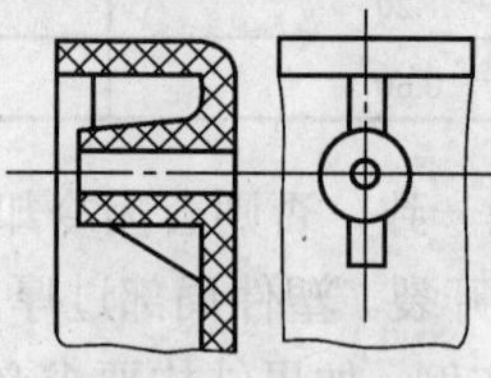	增设加强肋后，可提高塑件强度，改善料流状况
2	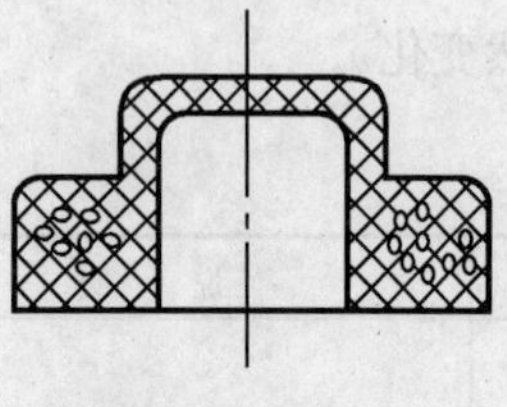	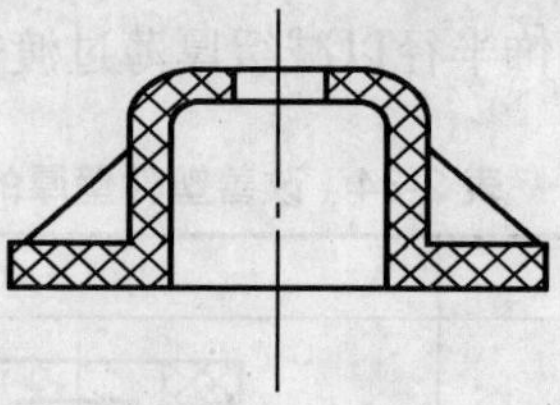	采用加强肋，既不影响塑件强度，又可避免因壁厚不匀而产生的缩孔
3	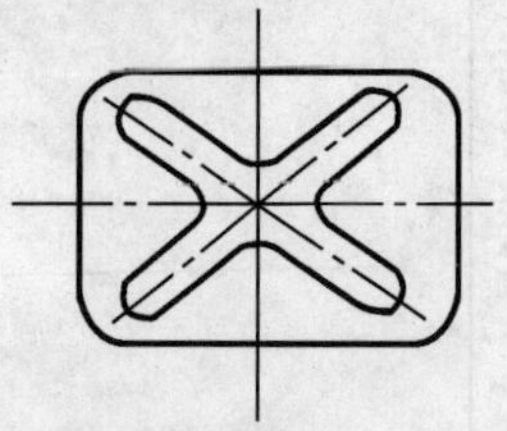	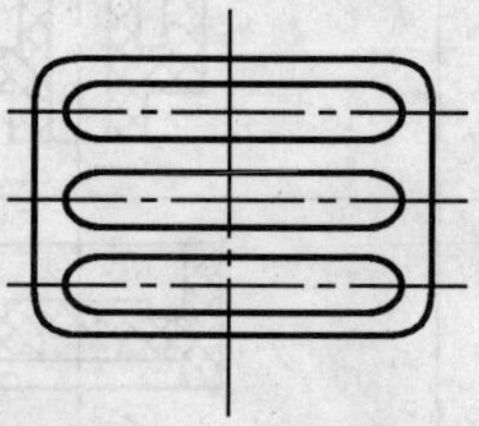	平板状塑件，加强肋应与料流方向平行，以免造成充模阻力过大和降低塑件韧性
4	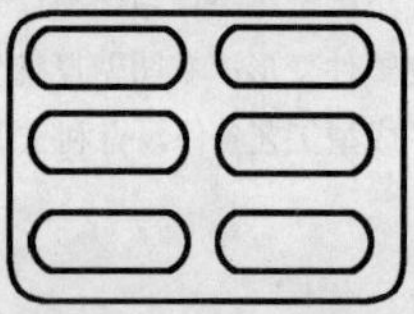	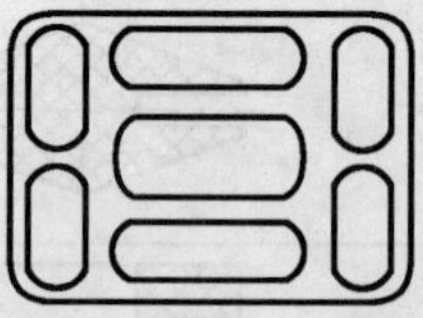	非平板塑件，加强肋应交错排列，以免塑件产生翘曲变形
5	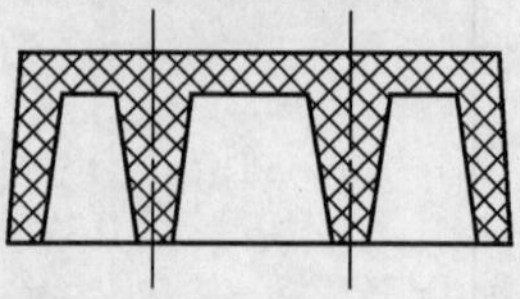	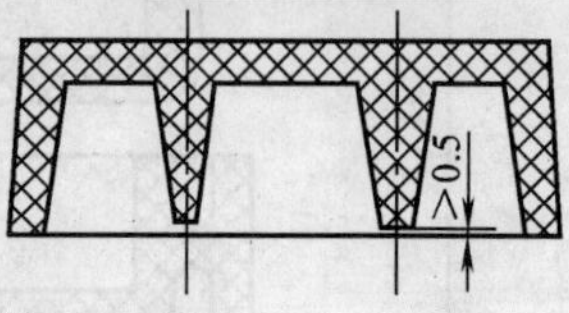	加强肋应设计得矮一些，与支承面应有大于 0.5mm 的间隙

　　加强肋不应设计得过厚，一般应小于该处壁厚，否则在其对应的壁上会产生凹陷。加强肋必须有足够的斜度，肋的底部应呈圆弧过渡。加强肋以设计得矮一些、多一些为好。加强肋的典型结构如图 2-24 所示，若塑件厚度为 δ，则加强肋的高度 $L=(1\sim3)\delta$；肋根宽 $b=(1/4\sim1)\delta$；肋根过渡圆角 $R=(1/8\sim1/4)\delta$，肋端部圆角 $r=\delta/8$；收缩角 $\alpha=2\sim5°$。当 $\delta\leqslant2mm$ 时，取 $b=\delta$。

　　除了采用加强肋外，薄壳状的塑件可制成球面或拱曲面，这样可以有效地增加刚性和减少变形，如图 2-25 所示。对于薄壁容器的边缘，可按图 2-26 所示设计来增加刚性和减少变形。矩形薄壁容器采用软塑料（如聚乙烯）时，侧壁易出现内凹变形，如果事先把塑件侧壁设计得稍许外凸，使变形后正好平直，则较为理想，但这是很困难的。因此，在不影响使用的情况下，可将塑件各边均设计成向外凸出的弧形，使变形不易看出。

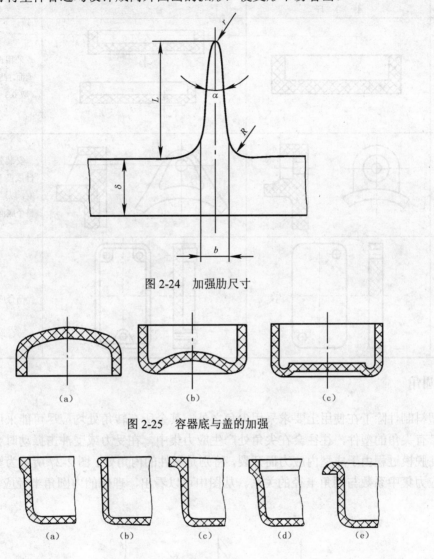

图 2-24　加强肋尺寸

图 2-25　容器底与盖的加强

（a）　　　　　（b）　　　　　（c）　　　　　（d）　　　　　（e）

图 2-26　容器边缘的增强

七、支承面及凸台

以塑件的整个底面作为支承面是不合理的，因为塑件稍许翘曲或变形就会使底面不平。通常采用的是底脚（三点或四点）支承或边框支承，如表 2-36 中序号 1 所列。

凸台是用来增强孔或装配附件的凸出部分的。设计凸台时，除应考虑前面所述的一般问题外，在可能情况下，凸台应当位于边角部位，其几何尺寸应小，高度不应超过其直径的两倍，并应具有足够的脱模斜度。设计固定用的凸台时，除应保证有足够的强度以承受紧固时的作用力外，在转折处不应有突变，连接面应局部接触，如表 2-36 中序号 2、3 所列。

表 2-36　支承面和固定凸台的结构

序号	不 合 理	合 理	说 明
1			采用凸边或底脚作支承面，凸边或底脚的高度 s 取 0.3～0.5mm
2			安装紧固螺钉用的凸台或凸耳应有足够的强度，以避免突然过渡和用整个底面作支承面
3			凸台应位于边角部位

八、圆角

塑料制件除了在使用上要求采用尖角之外，其余所有转角处均应尽可能采用圆角过渡，因为带有尖角的塑件，往往会在尖角处产生应力集中，在受力或受冲击振动时会发生破裂，甚至在脱模过程由于成型内应力而开裂，特别是塑件的内角处。图 2-27 所示为塑件受应力作用时应力集中系数与圆角半径的关系。从图中可以看出，理想的内圆角半径应为壁厚的 1/3 以上。

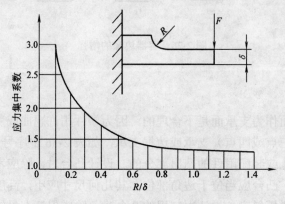

图 2-27　R/δ 与应力集中系数的关系

塑件的转角处采用圆弧过渡，不仅避免了应力集中，提高了强度，而且还可使塑件变得美观，有利于塑料充模时的流动。此外，有了圆角，模具在淬火或使用时不致因应力集中而开裂。但是，采用圆角会使凹模型腔加工复杂化，使钳工劳动量增大。通常，内壁圆角半径应是壁厚的一半，而外壁圆角半径可为壁厚的 1.5 倍，一般圆角半径不应小于 0.5mm，如图 2-28 所示。壁厚不等的两壁转角可按平均壁厚确定内、外圆角半径。对于塑件的某些部位，在成型必须处于分型面、型芯与型腔配合处等位置时，则不便制成圆角，而采用尖角。

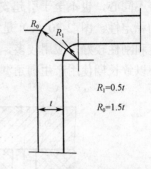

$R_1=0.5t$

$R_0=1.5t$

图 2-28 塑件壁厚 t 与圆角的关系

九、孔的设计

塑件上孔的形状是多种多样的，常见的有通孔、不通孔、形状复杂的孔等。理论上说，可用模具上的型芯成型任何形状的孔，但成型复杂的孔，其模具制造困难，成本较高，因此，在塑件上设计孔时应考虑便于模具的加工制造。

孔应设置在不易削弱塑件强度的地方。相邻两孔之间和孔与边缘之间应保留适当距离。热固性塑件两孔之间及孔与边缘之间的关系见表 2-37，当两孔直径不一样时，按小的孔径取值。热塑性塑件两孔之间和孔与边缘之间的关系可按表 2-37 中所列数值的 75%确定。塑件上固定用孔和其他受力孔的周围可设计一凸边或凸台来加强，如图 2-29 所示。

表 2-37 热固性塑件孔间距、孔边距与孔径关系   mm

孔径 d	~1.5	>1.5~3	>3~6	>6~10	>10~18	>18~30
孔间距 b 孔边距	1~1.5	>1.5~2	>2~3	>3~4	>4~5	>5~7

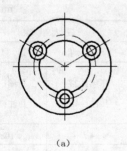

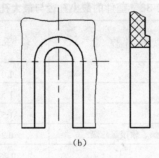

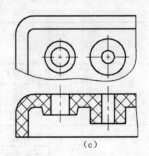

（a）   （b）   （c）

图 2-29 孔的加强

塑件上的孔的成型方法的介绍如下所述。

（一）通孔

通孔成型方法如图 2-30 所示。图 2-30（a）是由一端固定的型芯来成型，这时在孔的一端有不易修整的横向飞边（见图 2-30（a）中 A 处），由于型芯单支点固定，孔较深时或孔较小时型芯易弯曲；图 2-30（b）是由一端固定的两个型芯来成型，同样有横向飞边，由于不易保证两型芯的同轴度，则应使其中一个型芯的径向尺寸比另一个大 0.5～1mm，这样即使稍有不同心，也不至于引起安装和使用上的困难，其特点是型芯长度缩短了 1/2，增加了型芯的稳定性；图 2-30（c）是由一端固定，另一端导向支承的双支点型芯来成型，其优点是强度和刚性较好，应用较多，尤其是轴向精度要求较高的情况，但导向部分因导向误差易磨损，以致长期使用产生圆角漏料，出现纵向飞边（见图中 B 处）。

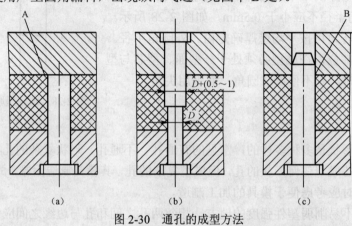

图 2-30 通孔的成型方法

（二）不通孔

不通孔只能用一端固定的单支点型芯来成型，因此其深度应比通孔浅。根据经验，注射成型或压注成型时，孔深应不超过孔径的 4 倍；压缩成型时，孔的深度应浅些，平行于压缩方向的孔深一般不超过孔径的 2.5 倍，垂直于压缩方向的孔深一般不超过孔径的 2 倍。直径小于 1.5mm 的孔或深度太大的孔最好用成型后再机械加工的方法获得。若能在成型时在钻孔的位置上压出定位浅孔，则会给后加工带来很大的方便。

各种塑料适宜成型的最小孔径和最大孔深见表 2-38。

表 2-38 塑件的最小孔径与最大孔深   mm

成 型 方 法	塑 料 名 称	最小孔径 d	最 大 孔 深	
			不 通 孔	通 孔
压缩成型与压注成型	压塑粉	1.0	压缩：$2d$ 压注：$4d$	压缩：$4d$ 压注：$8d$
	纤维塑料	1.5		
	碎布塑料	1.5		
注射成型	聚酰胺、聚乙烯、软聚氯乙烯	0.2	$4d$	$10d$
	有机玻璃	0.25	$3d$	$8d$
	氯化聚醚 聚甲醛、聚苯醚	0.3	$3d$	$8d$
	硬聚氯乙烯	0.25		
	改性聚苯乙烯	0.3		
	聚碳酸酯、聚砜	0.35	$2d$	$6d$

（三）异形孔

对于斜孔或形状复杂的孔可采用拼合的型芯来成形，以避免侧向抽芯，图2-31为几种常见的例子。

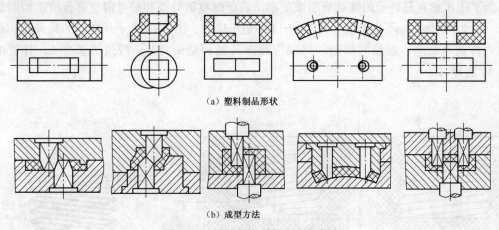

（a）塑料制品形状

（b）成型方法

图 2-31　用拼合的型芯成形复杂孔

十、螺纹设计

塑件上的螺纹可以在成型时直接成型，也可以用后加工的办法机械加工成型，在经常装拆和受力较大的地方，则应该采用金属的螺纹嵌件。塑件上的螺纹应选用螺牙尺寸较大者，螺纹直径较小时不宜采用细牙螺纹（见表 2-39），特别是用纤维或布基作填料的塑料成型的螺纹，其螺牙尖端部分常常被强度不高的纯树脂所充填，如螺牙过细将会影响使用强度。

表 2-39　螺纹选用范围

螺纹公称直径（mm）	螺 纹 种 类				
	公制标准螺纹	1 级细牙螺纹	2 级细牙螺纹	3 级细牙螺纹	4 级细牙螺纹
<3	+	−	−	−	−
3～6	+	−	−	−	−
6～10	+	+	−	−	−
10～18	+	+	+	−	−
18～30	+	+	+	+	−
30～50	+	+	+	+	+

注：表中"＋"号表示能选用螺纹。

成型塑料螺纹的精度不能要求太高，一般低于 3 级。塑料螺纹的机械强度比金属螺纹机械强度低 5～10 倍。成型过程中螺距易变化，因此，一般塑件螺纹的螺距不小于 0.7mm，注射成型螺纹直径不小于 2mm，压缩成型螺纹直径不小于 3mm。如果模具的螺纹螺距未加上收缩值，则塑料螺纹与金属螺纹的配合长度就不能太长，一般不大于螺纹直径的 1.5 倍（或 7～8 牙），否则会因收缩引起塑件上的螺距小于与之相旋合的金属螺纹的螺距，造成连接时塑件上螺纹的损坏及连接强度的降低。

螺纹直接成型的方法：采用螺纹型芯或螺纹型环在成型之后将塑件旋下；外螺纹采用瓣合模成型，工效高，但精度较差，还带有不易除尽的飞边；要求不高的螺纹（如瓶盖螺纹）用软塑料成型时，可强制脱模，这时螺牙断面最好设计得浅一些，且呈圆形或梯形断面。

为了防止螺孔最外圈的螺纹崩裂或变形，应使螺纹最外圈和最里圈留有台阶，如图 2-32 所示，图 2-32（a）是不正确的，图 2-32（b）是正确的。图 2-33 所示外螺纹的最外圈和最里圈也同样留有台阶，螺纹的始端和终端应逐渐开始和结束，有一段过渡长度 L，其值可按表 2-40 选择。

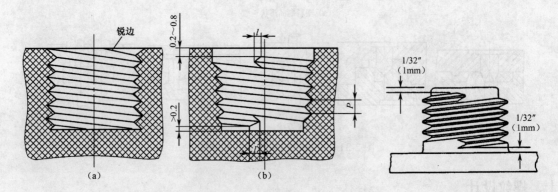

图 2-32　塑件内螺纹的正误形状　　　　图 2-33　塑件外螺纹的始端和末端台阶

表 2-40　塑件上螺纹始末过渡部分长度　　　　　　　　　　　　mm

螺 纹 直 径	螺 距 P		
	<0.5	>0.5	>1
	始末过渡部分长度尺寸 L		
≤10	1	2	3
>10~20	2	3	4
>20~34	2	4	6
>34~52	3	6	8
>52	3	8	10

注：始末部分长度相当于车制金属螺纹型芯或型腔时的退刀长度。

在同一螺纹型芯或型环上有前后两段螺纹时，应使两段螺纹旋向相同，螺距相等，否则无法将塑件从螺纹型芯或型环上旋下来。当螺距不等或旋向不同时，就需采用两段型芯或型环组合在一起的形式，成型后分段旋下。

十一、齿轮设计

由于塑料齿轮具有质量轻、弹性模量小、在相同制造精度下比钢和铸铁齿轮传动噪声小等特点，所以近年来在机械电子工业中的应用越来越广泛。目前，在精度和强度要求不太高的机构中，经常见到塑料齿轮传动，其常用的塑料有聚酰胺、聚甲醛、聚碳酸酯及聚砜等。

为了使塑件适应注射成型工艺，保证轮缘、辐板和轮毂有相应的厚度，因此，要求轮缘

宽度 t_1 至少为全齿高 t 的 3 倍。辐板厚度 H_1 应不大于轮缘厚度 H，轮毂厚度 H_2 应不小于轮缘厚度 H 并相当于轴孔直径 D，最小轮毂外径 D_1 为 D 的 1.5～3 倍，如图 2-34 所示。由于齿轮承受的是交变载荷，所以应尽量避免截面的突然变化，各表面相接或转折处应尽可能用大圆角过渡，以减小尖角处的应力集中和成型时应力的影响。为了避免装配时产生应力，轴和孔应尽可能采用过渡配合而不采用过盈配合，并用销钉固定或半月形孔配合的形式传递扭矩，如图 2-35 所示。

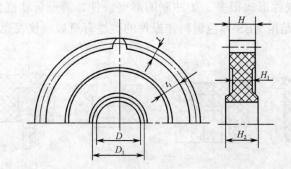

图 2-34　齿轮各部尺寸

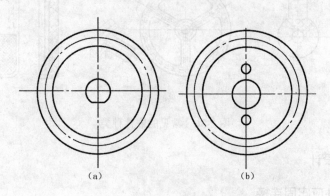

（a）　　　　　　　　　　（b）

图 2-35　塑料齿轮固定形式

对于薄型齿轮，厚度不均匀能引起齿型歪斜，若采用无毂无轮缘的齿轮则可以很好地改善这种情况。但如果在辐板上有大的孔时，因孔在成型时很少向中心收缩，将会使齿轮歪斜；若轮毂和轮缘之间采用薄肋时，则能保证轮缘向中心收缩。

由于塑件的收缩率较大，所以，一般只宜用收缩率相同的塑料齿轮相互啮合工作。

十二、嵌件设计

（一）嵌件的用途及形式

若在塑料内镶入金属零件或玻璃及已成形的塑件等形成牢固不可卸的整体，则此镶入件称为嵌件。塑件中镶入嵌件的目的或者是为了增加塑件局部的强度、硬度、耐磨性、导磁导电性等；或者是为了提高精度、增加塑件的尺寸和形状的稳定性；或者是为了满足某些对塑件的特殊性能要求。采用嵌件往往会增加塑件的成本，使模具结构复杂，同时成型时在模具中安装嵌件会降低塑件的生产率，使生产难以实现自动化，因此，塑件设计时应慎重合理地选择嵌件结构。图 2-36 所示为几种常见的金属嵌件的形式。图 2-36（a）所示为圆筒形螺纹嵌件，有通孔和不通孔两种。带螺纹孔的嵌件是常见的形式，它用于经常拆卸或受力较大的场合及导电部位的螺纹连接；图 2-36（b）所示为带台阶的圆柱形嵌件；图 2-36（c）所示为片状嵌件，常用做塑件内导体、焊片等；图 2-36（d）所示为细杆状贯穿嵌件，汽车方向盘即为特例。

其他特种用途的嵌件形式很多，如冲制的薄壁嵌件、薄壁管状嵌件等。非金属嵌件如图 2-36（e）所示，它是用 ABS 黑色塑料作嵌件的改性有机玻璃仪表壳。

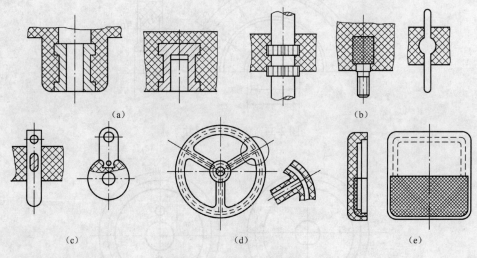

图 2-36　常见的嵌件种类

（二）嵌件的设计

1. 嵌件与塑件应牢固连接

为了防止嵌件受力时在塑件内转动或拔出，嵌件的表面必须设计适当的凹凸状。菱形滚花是最常用的形状，如图 2-37（a）所示，其抗拉和抗扭的力都较大；在受力大的场合还可以在嵌件上开环状沟槽，小型嵌件上的沟槽，其宽度应不小于 2mm，深度可取 1～2mm。嵌件较长时，为了减小塑料沿轴向收缩产生的内应力，可采用直纹滚花，并制出环形沟槽，以免受力时被拔出，如图 2-37（b）所示；图 2-37（c）所示为六角形嵌件，因易在尖角处产生应力集中，故较少采用；图 2-37（d）所示为片状嵌件，可以用孔眼、切口或局部折弯来固定；图 2-37（e）所示的薄壁管状嵌件可采用边缘翻边固定；针状嵌件可用砸扁其中一段或折弯等方法固定，如图 2-37（f）所示。

2. 嵌件在模内应可靠定位

安放在模具内的嵌件，在成型过程中要受到料流的冲击，因此有可能发生位移和变形，同时塑料还可能挤入嵌件上预留的孔或螺纹中，影响嵌件的使用，因此必须可靠定位。图 2-38 所示为外螺纹嵌件在模内固定的形式，图 2-38（a）利用嵌件上的光杆部分和模具配合；

图 2-38（b）采用一凸肩配合的形式，即可增加嵌件插入后的稳定性，又可阻止塑料流入螺纹中；图 2-38（c）所示嵌件上有一凸出的圆环，在成型时圆环被压紧在模具上而形成密封环，以阻止塑料的溢入。

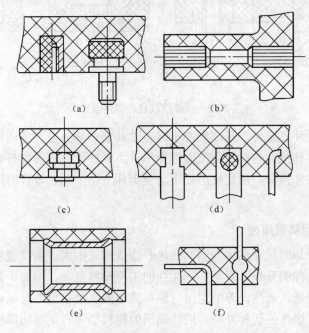

图 2-37　嵌件在塑件内的固定

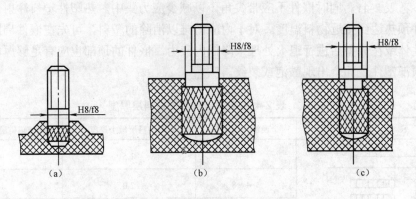

图 2-38　外螺纹嵌件在模内的定位

图 2-39 所示为内螺纹嵌件在模内固定的形式。当注射压力不大，且螺牙很细小（M3.5mm以下）时，内螺纹嵌件也可直接插在模具内的光杆上，塑料可能挤入一小段螺纹牙缝内，但并不妨碍多数螺纹牙，这样安放嵌件可使操作大为简便。图 2-39（a）所示为嵌件直接插在模内的圆形光杆上的形式；图 2-39（b）和图 2-39（c）所示为用一凸出的台阶与模具上的孔相配合的形式，以增加定位的稳定性和密封性；图 2-39（d）所示为采用内部台阶与模具上的插入杆配合。

嵌件在模具内安装的配合形式常采用 H8/f8，配合长度一般为 3～5mm。

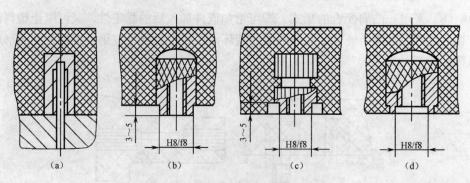

图 2-39　内螺纹嵌件在模内的定位

无论是杆形还是环形嵌件，其高度都不宜超过其定位部分直径的两倍，否则，塑料熔体的压力不但会使嵌件移位，有时还会使嵌件变形。当嵌件过高或为细长杆状或片状时，应在模具上设支柱以免嵌件弯曲，但支柱的使用会使塑件上留下孔，设计时应考虑该孔不影响塑件的使用。

3. 嵌件周围的塑料层厚度

由于金属嵌件冷却时尺寸变化与塑料的热收缩值相差很大，致使嵌件周围产生很大的内应力，甚至会造成塑件的开裂。对某些刚性强的工程塑料更甚，但对于弹性大的、收缩率较小的塑料应力值应较低。当然，若能选用与塑料线膨胀系数相近的金属嵌件，内应力值也可以降低。为防止带有嵌件的塑件开裂，嵌件周围的塑料层应有足够的厚度，但由于上述各种因素的影响，很难建立一个嵌件直径与塑料层厚度的详尽关系，对于酚醛及相类似的热固性塑料，可参考表 2-41。同时嵌件不应带尖角，以减少应力集中。热塑性塑料注射成型时，应将大型嵌件预热达到接近物料温度。对于内应力难以消除的塑料，可先在嵌件周围包覆一层高聚物弹性体或在成型后进行退火处理来降低内应力。嵌件的顶部也应有足够厚的塑料层，否则嵌件顶部塑件表面会出现鼓泡或裂纹。

表 2-41　金属嵌件周围塑料层厚度　　　　　　　　　　　　　　　　　mm

图　　例	金属嵌件直径 D	周围塑料层最小厚度 C	顶部塑料层最小厚度 H
	≤4	1.5	0.8
	>4~8	2.0	1.5
	>8~12	3.0	2.0
	>12~16	4.0	2.5
	>16~25	5.0	3.0

生产带嵌件的塑料制件会降低生产效率，使塑件的生产不易实现自动化，因此在设计塑件时，能避免的嵌件应尽可能不用。

为了减小嵌件造成的内应力，使塑件不致破裂，也可采用成型以后再压入嵌件的方法。

这种嵌件应在脱模后趁热进行，以利用塑件后收缩来增加紧固性。近年来，还有利用超声波使嵌件周围的热塑性塑料层软化而压入嵌件的。

十三、铰链

利用某些塑料（如聚丙烯）的分子高度取向的特性，可将带盖容器的盖子和容器通过铰链结构直接成型为一个整体（见图 2-40），这样既省去了装配工序，又可避免金属铰链的生锈。常见铰链截面形式如图 2-40 所示。

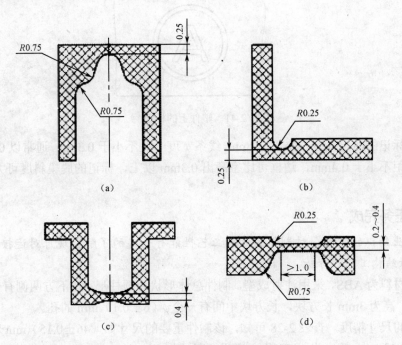

图 2-40 常见塑料铰链截面形式

十四、文字、符号及标记

由于装潢或某些特殊要求，塑件上常常要求有标记、符号等，但必须使文字、符号等的设置不致引起脱模困难。

塑件的标记、符号有凸形和凹形两种。标记、符号在塑件上为凸形时，在模具上就为凹形；标记、符号在塑件上为凹形时，则在模具上就为凸形。模具上的凹形标记、符号易于加工，文字可用刻字机刻制，图案等可用手工雕刻或电加工等。模具上的凸形标记、符号难以加工，直接作出凸形一般需要采用电火花、电铸或冷挤压成型。另外，有时为了便于更换标记、符号，也可以在模内镶入可成型标记、符号部分的镶件，但这种方法会在塑件上留下凹或凸的痕迹。

图 2-41 所示为凹坑凸字的形式，即在与塑件有文字地方对应的模具上镶上刻有字迹的镶块，为了避免镶嵌的痕迹，可将镶块周围的结合线作为边框，则凹坑里的凸字无论在模具研

磨抛光还是塑件使用时，都不会因碰撞而损坏。

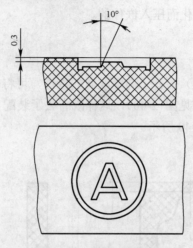

图 2-41　塑件上的标记

塑件上标记的凸出高度不小于 0.2mm，线条宽度一般不小于 0.3mm，通常以 0.8mm 为宜。两条线的间距不小于 0.4mm，边框可比字高出 0.3mm 以上，标记的脱模斜度可大于 10°。

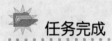 **任务完成**

通过专业知识的学习，对制件的结构工艺性能有一定的了解，现可对连接座制件（见图 2-1）进行结构工艺性分析。

该制件材料为 ABS，采用注射成型。制件总体形状为圆柱形，在下方两侧有长为 24mm、宽为 16mm、高为 3mm 长方块，长方块中间有一个 ϕ（6±0.1）mm 的孔。

①制件的尺寸精度。查表 2-28 可知，该制件重要的尺寸如（46±0.15）mm 精度为 MT2级，ϕ（6±0.1）mm 精度为 MT3 级，次重要尺寸如（11±0.15）mm，ϕ20mm，ϕ28mm 精度等级为 MT2～MT4 级。

查表 2-29 可知采用 ABS 为原料的制件，高精度等级为 MT2 级，未注精度为 MT5 级。

②制件的表面粗糙度。该制件表面粗糙度要求为 R_a1.6μm，可以实现。

③形状。该制件的内外表面形状有利于成型。

④脱模斜度。查表 2-31 可知，材料为 ABS 的制件，其型腔脱模斜度一般为 35′～1°30′，型芯脱模斜度为 30′～40′。而该制件要求的脱模斜度为 1°，满足要求。

⑤壁厚。制件的壁厚大小一样，都是 3mm，比较均匀，有利于制件的成型。

⑥加强肋。该制件高度较小，壁厚适中，可不设加强肋。

⑦支承面和凸台。该制件无整体支承面和凸台。

⑧圆角。该制件内外表面连接处有圆角。

⑨孔。该制件在两侧长方块处各有 ϕ（6±0.1）mm 的孔，成型方便。

⑩侧孔和侧凹。该制件有一个 8mm×10mm 非封闭状侧孔，因可以采用主型芯成型侧孔，所以不采用侧向抽芯机构。

⑪金属镶嵌件。该制件无金属镶嵌件。

⑫螺纹。该制件无螺纹。

⑬文字、符号及标记。该制件无文字、符号及标记。

通过以上分析可见，该制件结构属于中等复杂程度，结构工艺性合理，不需对制件的结构进行修改；虽然制件尺寸精度偏高，但对应的模具零件尺寸加工精度能够保证。注射时在工艺参数控制得较好的情况下，制件的成型要求可以得到保证。

任务小结

对塑件的结构工艺性进行分析，是模具设计的前期工作，这对模具设计的成功与否至关重要。通过对塑件进行工艺性分析，不利于成型的各个不合理因素得以剔除和修改，使模具设计更加优化。

思考题与练习

1. 影响塑件尺寸精度的因素有哪些？

2. 塑件的壁厚不均会使塑件产生哪些缺陷？

3. 塑料螺纹设计要注意哪些方面？

4. 嵌件设计时应注意哪几个问题？

学生分组，完成课题

1. 给出有台阶的通孔成型三种形式的结构简图。

2. 分析图 2-5 和图 2-6 所示塑件的结构工艺性，并对不合理结构进行修改。

模块三　注射成型模具设计

如何学习

塑料注射成型模具设计是一项综合运用有关基本知识的技术工作，它与塑料性能、成型工艺、制件设计、成型设备等紧密相联。因此，学习设计塑料注射模具时应由浅入深、循序渐进地了解常用塑料的性能及用途、注射成型工艺的基本原理及特点、制件结构设计的基本原则、成型设备的主要技术规范等内容，注意理论与实践相结合，重视所安排的实训教学各环节，以掌握塑料注射成型模具的设计技能。

什么是注射成型模具

注射成型模具简称注塑模，是指在注射成型过程中，用于成型塑料制件，使产品具有所要求的形状和尺寸、满足使用性能的模具。它是型腔模的一种类型，是安装在注射机上完成注射成型工艺所使用的工艺装备。

任务1　注射模具结构类型及标准模架的选用

任务描述

注射成型模具是安装在注射机上完成注射成型工艺所使用的工艺装备，注射成型模具的种类很多，如图 3-1 所示。

（a）单分型面注射模　　　　　　　　　（b）多分型面注射模

图 3-1　注射成型模具外形图

（c）塑料椅注射模   （d）瓶盖注射模

图 3-1 注射成型模具外形图（续）

　　塑料注射成型模具的结构对制件的成型有极其关键的作用，而模架的选择则依据模具结构、型腔的分布和流道等因素，是模具结构设计的基础。

　　图 3-2 是一电池盒盖，将其注射成型，任务要求：选择模具结构和标准模架。

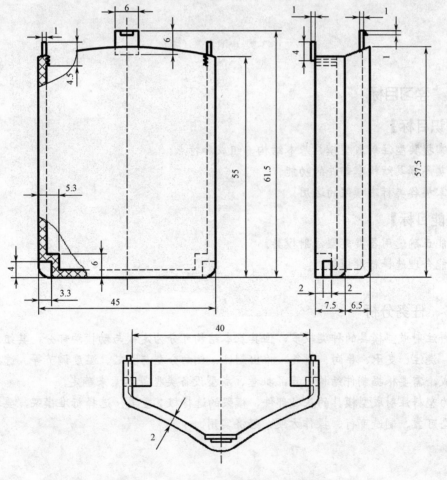

图 3-2 电池盒盖

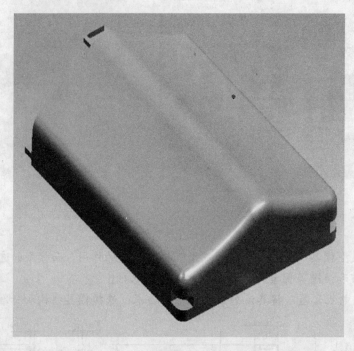

图 3-2　电池盒盖（续）

 学习目标

【知识目标】

1. 掌握典型注射成型模具基本结构、组成和特点。

2. 熟悉模具结构零部件的功能。

3. 掌握各类标准模架的运用。

【技能目标】

1. 能正确选用各类典型注射模具。

2. 能合理选择标准模架。

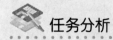 任务分析

　　塑料注射成型模具的种类较多，但其基本结构可分为定模与动模两部分，其组成部件分为成型、浇注、支承、导向、排气、推出制件、侧向分型与抽芯、温度调节等。选择模具的结构组成，需要根据制件结构、产品批量、成型设备类型等因素来确定。

　　作为塑料注射成型模具的基础部件，模架的选择极其重要。选择标准模架，要求结构合理、成型可靠、制造可行、操作方便、经济实用。

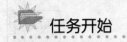 任务开始

基本概念

一、注射模的分类及组成

1. 注射模的分类

注射模的种类很多，通常可按以下方式分类。

①按成型的塑料材料，可分为热塑性塑料注射模和热固性塑料注射模。

②按注射机的类型，可分为立式注射机用注射模、卧式注射机用注射模、角式注射机用注射模。

③按注射模结构特征，可分为单分型面注射模、双分型面注射模、侧向分型与抽芯注射模、有活动镶件的注射模、推出机构在定模一侧的注射模、自动卸螺纹注射模和无流道注射模具等。

④按浇注系统的结构形式，可分为普通浇注系统注射模、热流道浇注系统注射模。

⑤按成型技术，可分为普通注射模、精密注射模、气体辅助成型注射模、共注射成型注射模、热固性塑料注射模、低发泡注射模、反应注射模等。

2. 注射模具的组成

注射模具类型不同，其结构和复杂程度各不相同，但其基本结构都是由定模和动模两部分组成的。其中定模安装在注射机的固定模板上，动模安装在注射机的移动模板上，由注射机的开合模系统带动动模运动，完成动、定模的开合及塑件的推出。

按模具上各个部分的功能和作用来分，注射模具一般由以下几个部分组成，如图3-3所示。

（1）成型零部件

成型零部件是指组成模具型腔、直接成型塑件的零件。凸模（型芯）成型塑件的内表面形状、凹模（型腔）成型塑件的外表面形状，合模后凸模和凹模便构成了模具的型腔。图3-3所示的模具中，模腔是由动模板1、定模板2、凸模7等组成的。

（2）浇注系统

熔融塑料从注射机喷嘴进入模具型腔所流经的通道称为浇注系统。浇注系统由主流道、分流道、浇口及冷料穴等组成，它直接影响到塑件能否成型及塑件质量的好坏。

（3）合模导向机构

合模导向机构是指保证动、定模合模时正确对合和推出机构运动平稳的机构。为了确保动、定模之间的正确导向，需要在动、定模部分采用导柱、导套（见图3-3中的8、9）或在动、定模部分设置互相吻合的内外锥面定位导向。推出机构的导向通常由推板导柱和推板导套（见图3-3中的16、17）来完成。

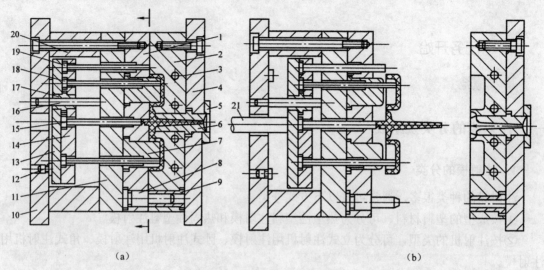

1—动模板；2—定模板；3—冷却水道；4—定模座板；5—定位圈；6—浇口套；7—凸模；8—导柱；

9—导套；10—动模座板；11—支承板；12—限位柱（支承钉）；13—推板；14—推杆固定板；

15—拉料杆；16—推板导柱；17—推板导套；18—推杆；19—复位杆；20—垫块；21—注射机顶杆

图 3-3　注射模结构

（4）侧向分型与抽芯机构

塑件上的侧向如有凹凸形状、孔和凸台，就需要有侧向的凸模或成型块来成型。在模具分型或塑件被推出之前，必须先拔出侧向凸模（侧向型芯）或侧向成型块，然后才能顺利脱模。带动侧向凸模或侧向成型块移动的机构称为侧向分型与抽芯机构。

（5）推出机构

推出机构是指模具分型后将塑件从模具中推出的装置。一般情况下，推出机构由推杆、复位杆、推杆固定板、推板、主流道拉料杆及推板导柱和推板导套等组成。图 3-3 中的推出机构由推板 13、推杆固定板 14、拉料杆 15、推板导柱 16、推板导套 17、推杆 18 和复位杆 19 组成。

（6）温度调节系统

为了满足注射工艺对模具的温度要求，必须对模具的温度进行控制，所以模具常常设有冷却或加热的温度调节系统。冷却系统一般在模具上开设冷却水道（见图 3-3 中的 3），加热系统则在模具内部或四周安装加热元件。

（7）排气系统

在注射过程中，排气系统是为了将型腔内的空气及塑料制品在受热和冷凝过程中产生的气体排出去而开设的气流通道。排气系统通常是在分型面处开设排气槽，有的也可利用活动零件的配合间隙排气。

（8）支承零部件

用来安装固定或支承前述的各部分机构的零部件均称为支承零部件，它们是注射模的基本骨架，与合模导向机构组装起来可以构成注射模架（已标准化）。任何注射模均可以这种标准模架为基础，再添加成型零部件和其他必要的功能结构件来形成。

二、典型注射模具结构

1. 单分型面注射模

单分型面注射模又称二板式注射模，这种模具在动模板和定模板之间只有一个分型面，其典型结构如图 3-3 所示，其工作原理及工作过程如下所述。

合模时，在导柱 8 和导套 9 的引导下动模与定模正确对合，并在注射机提供的锁模力作用下，动、定模紧密贴合；注射时，塑料熔体从注射机喷嘴射出，经模具浇注系统进入型腔，经过保压（补缩）和冷却（定型）等过程后开模；开模时，由注射机开合模系统带动动模后退，分型面被打开，塑件因冷却收缩而包紧在凸模 7 上并随动模一起后退，同时浇注系统在拉料杆 15 的作用下，离开主流道；当动模移动一定距离后，注射机顶杆 21 推动推板 13、推杆 18 和拉料杆 15 分别将塑件和浇注系统凝料从凸模 7 和冷料穴中推出，从而完成塑件与动模的分离，即塑件被推出，至此完成一次注射过程。合模时，推出机构由复位杆 19 复位，准备下一次注射。

这种模具是注射模中最简单、最基本的一种形式，对成型塑件的适应性很强，因而应用十分广泛。设计这类模具，注意事项包括以下几方面。

（1）分流道位置的选择

分流道开设在分型面上，既可单独开设在动模一侧或定模一侧，也可开设在动、定模分型面的两侧。如果开设在分型面的两侧，必须注意合模时流道的对中拼合。

（2）塑件的留模方式

由于注射机的推出机构一般设在动模一侧，分型后应尽量使塑件留在动模一侧。为此，一般将包紧力大的凸模或型芯设在动模一侧，包紧力小的凸模或型芯设在定模一侧。

（3）拉料杆的设置

为了将主流道凝料从模具浇口套中拉出，避免下一次成型时堵塞流道，动模一侧必须设有拉料杆。

（4）导柱的设置

导柱既可设置在动模一侧也可设置在定模一侧，可根据模具结构的具体情况而定，通常设置在型芯凸出分型面最长的那一侧。需要指出的是，标准模架的导柱一般都设置在动模一侧。

（5）推杆的复位

推杆有多种复位方法，常用的机构由复位杆复位和弹簧复位两种形式。

总之，单分型面注射模是一种最基本的注射模结构，根据塑件的具体成型要求，单分型面的注射模也可增添其他的部件，如嵌件、螺纹型芯或活动型芯等，在这种基本形式的基础上可演变出其他各种复杂的结构。

2. 双分型面注射模

在单分型面注射模的动、定模之间增加一个可以相对移动的中间板，就形成了有两个可以分开的分型面，即双分型面注射模。如图 3-4 所示，其中件 12 即为中间板，它常用于点浇口形式的注射模，增加的一个分型面是为了拉断点浇口，取出浇注系统的凝料。

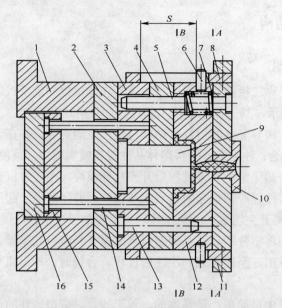

1—模脚；2—支承板；3—动模板（型芯固定板）；4—推件板；5—导柱；6—限位销；7—弹簧；8—定距拉板；
9—型芯；10—浇口套；11—定模板；12—中间板；13—导柱；14—推杆；15—推杆固定板；16—推板

图 3-4　双分型面注射模

双分型面注射模的工作原理和过程如下所述。

合模及注射过程同单分型面注射模一样。开模时，动模后移，由于弹簧 7 的作用，迫使中间板与动模一起后移，即 A-A 分型面分型，主流道凝料随之拉出；当限位销 6 后移距离为 S 后与定距拉板 8 接触，中间板 12 停止移动，动模继续后移，B-B 分型面分型，由于塑件因冷却收缩而包紧在型芯 9 上，浇注系统凝料就在浇口处自行拉断而与塑件分离，然后在 A-A 分型面之间自行脱落或人工取出；动模继续后移，当动模移动一定距离后，注射机的顶杆推动推板 16 时，推出机构开始工作，塑件由推件板 4 从型芯 9 上推出，由 B-B 分型面取出。

双分型面注射模在定模部分必须设置顺序定距分型装置。图 3-4 所示机构为弹簧分型拉板定距式，此外还有多种形式，其工作原理和过程均基本相同，所不同的是定距方式和实现 A-A 分型面先分型的措施不一样。

由于双分型面注射模在开模过程中要进行两次分型，必须采取顺序定距分型机构，即定模部分先分开一定距离，然后主分型面分型。一般 A 分型面分型距离为

$$S = S' + (3 \sim 5)'$$

式中　S——A 分型面分型距离（mm）；

　　　S'——浇注系统凝料在合模方向上的长度（mm）。

双分型面注射模的结构复杂、制造成本较高，适用于点浇口形式的注射模。

图 3-5 所示为弹簧分型拉杆定距式双分型面注射模。其工作原理与弹簧分型拉板定距式双分型面注射模基本相同，所不同的是定距方式不一样，拉杆式定距是采用拉杆端部的螺母来限定中间板的移动距离。

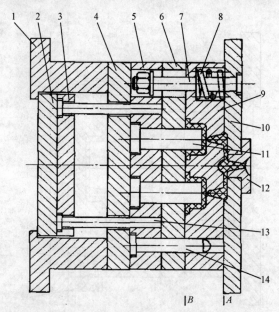

1—模脚；2—推板；3—推杆固定板；4—支承板；5—动模板；6—推件板；7—定距导柱拉杆；

8—弹簧；9—中间板；10—定模板；11—型芯；12—浇口套；13—推杆；14—导柱

图 3-5　弹簧分型拉杆定距式双分型面注射模

图 3-6 是导柱定距式双分型面注射模，在导柱上开定距槽，并通过定距钉 7 来达到限制中间板移动距离的目的。分型时，在顶销 14 作用下 A 分型面分型，塑件和浇注系统凝料随动模一起后移，当定距钉 7 与定距导柱 8 上的槽端相接触时，限制了中间板 10 的移动，A 分型面分型结束，B 分型面分型，塑件因冷却收缩而包紧在型芯 12 上随动模一起移动，点浇口拉断，最后推杆 4 推动推件板使塑件从型芯 12 上脱下。

3. 侧向分型与抽芯注射模

当塑件侧壁有孔、凹槽或凸起时，其成型零件必须制成可侧向移动的零件，否则塑件无法脱模。带动侧向成型零件进行侧向移动的整个机构称为侧向分型与抽芯机构。斜导柱侧向分型与抽芯注射模是比较常用的侧向分型与抽芯结构形式，如图 3-7 所示。

其工作过程和原理如下所述。

开模时，在分型面分型的同时，在斜导柱 10 的作用下，滑块 11 随动模后退的同时在动模板 4 的导滑槽内向外侧移动，即实现侧抽芯，直至侧型芯与塑件完全脱开。抽芯动作完成时，滑块 11 则由定位装置限制在挡块 5 上，塑件则因冷却收缩而包紧在型芯 12 上随动模后移；当动模移动一定距离后，注射机的顶杆推动推板 20 时，推出机构开始工作，塑件会被推出。合模时，斜导柱使滑块向内移动，合模结束，侧型芯完全复位，最后楔紧块 9 将其锁紧。

斜导柱侧向分型与抽芯注射模根据斜导柱与滑块的组合形式不同可以有四种形式：斜导柱安装在定模，滑块设置在动模；斜导柱安装在动模，滑块设置在定模；斜导柱与滑块同安装在动模；斜导柱与滑块同安装在定模。

斜导柱侧向分型与抽芯注射模的特点是机构紧凑、抽芯动作安全可靠、加工制造方便，因而广泛使用在顺侧向抽芯的注射模中。

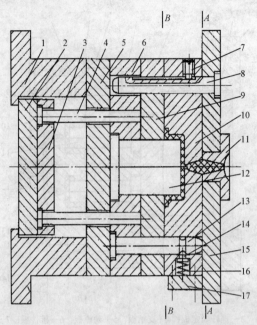

1—模脚；2—推板；3—推杆固定板；4—推杆；5—支承板；6—动模板；7—定距钉；8—定距导柱；9—推件板；
10—中间板；11—浇口套；12—型芯；13—导柱；14—顶销；15—定模板；16—弹簧；17—压块

图 3-6　导柱定距式双分型面注射模

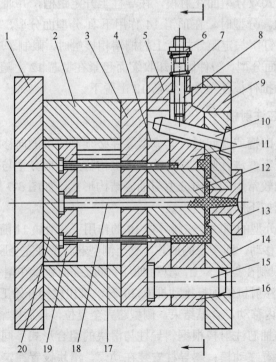

1—动模座板；2—垫块；3—支承板；4—动模板；5—挡块；6—螺母；7—弹簧；8—滑块拉杆；9—楔紧块；10—斜导柱；
11—滑块；12—型芯；13—浇口套；14—定模板；15—导柱；16—动模板；17—推杆；18—拉料杆；19—推杆固定板；20—推板

图 3-7　斜导柱侧抽芯注射模

4. 带有活动镶块和嵌件的注射模

由于塑件的某些特殊结构，要求注射模设置活动凸模、活动凹模、活动镶块、活动螺纹型芯或螺纹型环等可活动的成型零部件，这些成型零部件称为活动镶块。镶块是构成模具的零件。如图 3-8 所示，塑件内侧的凸台，采用活动镶块 3 成型。开模时，塑件与流道凝料同时留在活动镶块 3 上，随动模一起运动，当动模和定模分开一定距离后，由推出机构的推杆 9 将活动镶块 3 随同塑件一起推出模外，然后由人工或其他装置使塑件与镶块分离。这种模具要求推杆 9 完成推出动作后能先回程，以便合模前将活动镶块重新装入动模，型芯座 4 上的锥孔保证了镶块定位准确、可靠。这类模具的生产效率不高，常用于小批量或试生产。

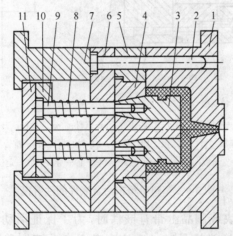

1—定模座板（兼凹模）；2—导柱；3—活动镶块；4—型芯座；

5—动模板；6—支承板；7—模脚；8—弹簧；9—推杆；10—推杆固定板；11—推板

图 3-8　带有活动镶件的注射模

在塑料制品内嵌入其他零件形成不可拆卸的连接，所嵌入的零件称为嵌件。塑件中嵌入嵌件是为了增强塑料制品局部的强度、硬度、耐磨性、导电性、导磁性，增加制品的尺寸和形状的稳定性，提高精度，或是为了降低塑料的消耗及满足其他各种要求。嵌件的材料有金属、玻璃、木材和已成型的塑料等。

图 3-9 所示为带粉末冶金嵌件的塑料齿轮注射模。为了嵌件的准确定位，以保证塑件同轴度要求，嵌件 5 与嵌件杆 6 的配合精度较高。为了使塑件被推管 7 推出型腔后容易取出，并为了嵌件容易套入嵌件杆，嵌件与嵌件杆末端的配合间隙应大些。同时为了保证塑件同轴度要求，应注意定模板 2、动模板 17 等零件上相关型孔的位置精度要求。

另外，活动镶块是构成模具的成型零件，为简化模具结构而设计；而嵌件是塑件的一部分，附加给塑件一些特殊的功能。二者在成型前都要装入模具，成型后连同塑件一起取出模具。脱模后镶块必须与塑件分离重新装入模具，嵌件是塑件的一部分，留在塑件中。

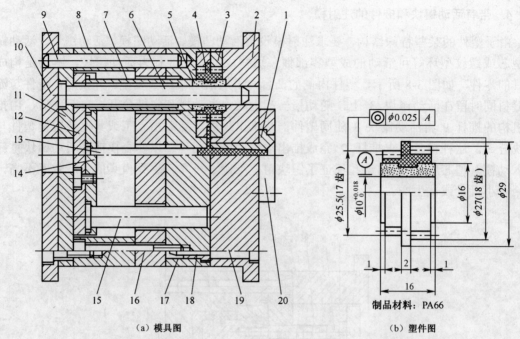

（a）模具图　　　　　　　　　　　（b）塑件图

制品材料：PA66

1—主流道衬套；2—定模板；3、4—型腔镶件；5—嵌件；6—嵌件杆；7—推管；8—垫块；
9—圆柱销；10—动模座板；11—固定板；12—推板；13—拉料杆；14—推管固定板；15—复位杆；
16—支承板；17—动模板；18—导套；19—导柱；20—定位圈

图 3-9　塑料带粉末冶金嵌件的注射模

当模具上带有活动镶块或制品上带有嵌件时，为了保证活动镶块和嵌件在注射成型过程中不发生位移，在设计这类模具时，应认真考虑活动镶块和嵌件的可靠、准确定位问题。

5. 角式注射机用注射模

角式注射机用注射模又称直角式注射模。这类模具的结构特点是主流道、分流道开设在分型面上，而且主流道截面的形状一般为圆形或扁圆形，注射方向与合模方向垂直，特别适合一模多腔、塑件尺寸较小的注射模具，模具结构如图 3-10 所示。开模时塑件包紧在型芯 10 上，与主流道凝料一起留在动模一侧随动模向后移动，经过一定距离以后，推出机构开始工作，推件板 11 将塑件从型芯 10 上推下。为防止注射机喷嘴与主流道端部的磨损和变形，主流道的端部一般镶有镶块 7。

对带有内外螺纹的制品，当采用自动卸螺纹时，在模具结构设计时，应设置可转动的螺纹型芯和螺纹型环，利用注射机的往复运动和旋转运动，使专门的原动机件（如电机、液压电机等）的传动装置与模具连接，开模后带动螺纹型芯或螺纹型环转动，使制品脱出。图 3-11 所示为直角式注射机上使用的自动卸螺纹注射模。螺纹型芯的旋转由注射机开合模丝杆带动，使模具与制品分离。为了防止螺纹型芯与制品一起旋转，一般要求制品外形具有防转结构。图 3-11 所示为利用制品顶面的凸出图案来防止制品随螺纹型芯的转动而转动，以使制品与螺纹型芯分开。开模时，在分型面 *A-A* 分开的同时，螺纹型芯 1 由注射机的开合模丝杆带动而旋转，从而拧出制品，此时制品暂时还留在型腔内不动。当螺纹型芯在制品内尚有一个螺距时，定距螺钉 4 使分型面 *B-B* 分开，制品即被带出型腔，继续开模（开合模丝杆继续旋转），制品全部脱离螺纹型芯或型腔。

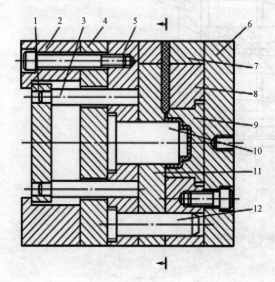

1—推板；2—垫块；3—推杆；4—支承板；
5—型芯固定板；6—定模座板；7—镶块；8—定模板；
9—凹模；10—型芯；11—推件板；12—导柱

图 3-10　直角式注射机用注射模

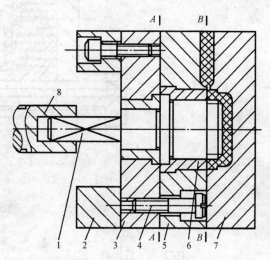

1—螺纹型芯；2—垫块；3—支承板；4—定距螺钉；
5—动模板；6—衬套；7—定模板；8—注射机开合模丝杆

图 3-11　自动卸螺纹的注射模

6. 定模设置推出机构的注射模

有时因制品的特殊要求或受制品形状的限制，开模后的制品将留在定模上（或有可能留在定模上），则应在定模一侧设置推出机构。开模时，由动模通过拉板或链条带动推出机构将制品推出。图 3-12 所示为定模一侧设推出机构的注射模，由于制品的特殊形状，开模后制品留在定模上。在定模一侧设置推件板 7，开模时由设在动模一侧的拉板 8 带动推件板 7，将制品从型芯 11 上脱下。

7. 热流道注射模

热流道注射模在每次注射成型后，只需取出制品，而流道的料不用取出，让流道里的料始终处于一种熔融状态，实现了无废料加工，大大节约了塑料用量，并且有利于成型压力的传递，保证了产品质量，缩短了成型周期，提高了劳动生产率，同时容易实现自动化操作。图 3-13 所示为加热流道的注射模。塑料从注射机喷嘴 21 进入模具后，在流道中被加热保温，使其仍保持熔融状态，每一次注射完毕，仅是型腔内的塑件冷凝成型，流道内的熔体不冷凝，取出塑件后又可继续注射。这种模具结构较复杂，造价高，模温控制要求严格，仅适用于大批量生产的场合。

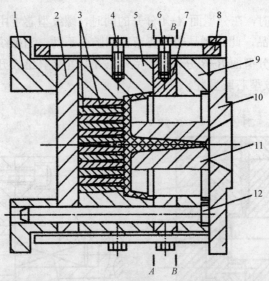

1—模脚；2—支承板；3—成型镶块；4—拉板紧固螺钉；5—动模板；6—定距螺钉；7—推件板；

8—拉板；9—定模板；10—定模座板；11—型芯；12—导柱

图 3-12　定模一侧设推出机构的注射模

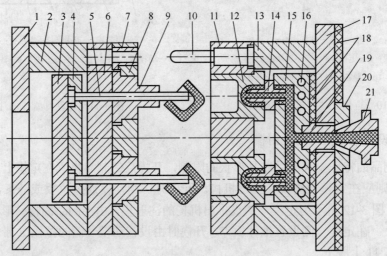

1—动模座板；2、13—垫块；3—推板；4—推杆固定板；5—推杆；6—支承板；7—导套；8—动模板；

9—凸模；10—导柱；11—定模板；12—凹模；14—喷嘴；15—热流道板；16—加热器孔道；

17—定模座板；18—绝热层；19—浇口套；20—定位圈；21—注射机喷嘴

图 3-13　加热流道的注射模

三、标准模架的选用

模架是设计、制造塑料注射模的基础部件，常见的注射模架如图 3-14 所示。为了缩短模具制造周期，组织专业化生产，我国于 1988 年完成了《塑料注射模中小型模架》和《塑料注射模大型模架》等国家标准的制定，后经多次修正和完善，由国家技术监督局审批、发布实施。

模具的标准化在不同的国家和地区存在一些差别，主要是在品种和名称上有区别，但模架所具有的结构基本上是一样的。广东珠江三角洲，以及中国港、台地区按浇口的形式将模架分为大水口模架和小水口模架两类（水口即浇口）。大水口模架指采用除点浇口以外的其他浇口形式的模具所选用的模架；小水口模架指采用点浇口形式的模具所选用的模架。

选择标准模架，可以简化模具的设计与制造，节约模具制造时间和费用，同时也会提高模具中易损零件的互换性，便于模具的维修。不仅如此，而且能在标准模架的基础上实现模具制图的标准化、模具结构的标准化及工艺规范的标准化。标准模架外形如图3-15所示。

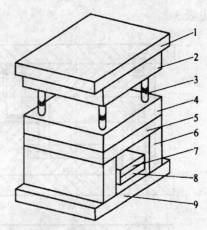

1—定模座板；2—定模板；3—导柱及导套；
4—动模板；5—动模支承板；6—垫块；
7—推杆固定板；8—推板；9—动模座板

图3-14 常见的注射模架

图3-15 标准模架外形图

1. 标准模架

（1）中小型模架标准（GB/T 12556—1990）

国家标准中规定，中小型模架的周界尺寸范围不大于560mm×900mm。

①基本型。基本型分为A1、A2、A3、A4共4个品种，如图3-16所示。基本型模架的组成、功能及用途见表3-1。

②派生型。派生型分为P1～P9共9个品种，如图3-17所示，其模架的组成、功能及用

途见表 3-2。

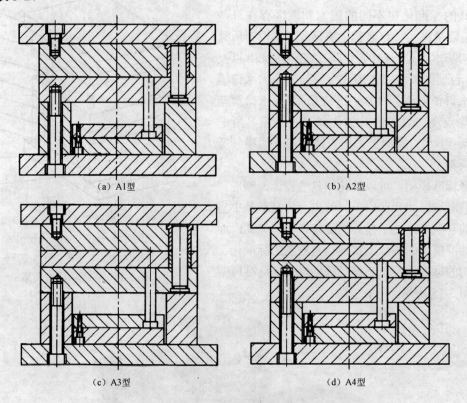

（a）A1型　　　　　　　　　　（b）A2型

（c）A3型　　　　　　　　　　（d）A4型

图 3-16　中小型模架 4 种基本型

表 3-1　基本型模架的组成、功能及用途

型　号	组成、功能及用途
中小型模架 A1 型（大型模架 A 型）	定模采用两块模板，动模采用一块模板，无支承板，用推杆推出制件的机构组成模架。适用于立式与卧式注射机，分型面一般设在合模面上，可设计成多型腔注射模
中小型模架 A2 型（大型模架 B 型）	定模和动模均采用两块模板，有支承板，用推杆推出制件的机构组成模架。适用于立式和卧式注射机，用于直浇道，采用斜导柱侧向抽芯、单型腔成型，其分型面可在合模面上，也可设置斜滑块垂直分型脱模式机构的注射模
中小型模架 A3、A4 型（大型模架 P1、P2 型）	A3 型（P1 型）的定模采用两块模板，动模采用一块模板，它们之间设置一块推件板连接推出机构，用于推出制件，无支承板； A4 型（P2 型）的定模和动模均采用两块模板，它们之间设置一块推件板连接推出机构，有支承板； A3、A4 型均适合立式与卧式注射机，脱模力大，适用于薄壁壳体型制件，以及表面不允许留有顶出痕迹的制件

注：1. 定、动模座可根据使用要求选用有肩或无肩形式。

　　2. 根据使用要求选用导向零件和它们的安装形式。

　　3. A1～A4 是以直浇口为主的基本型模架，其功能及通用性强，是国标使用模架中具有代表性的结构。

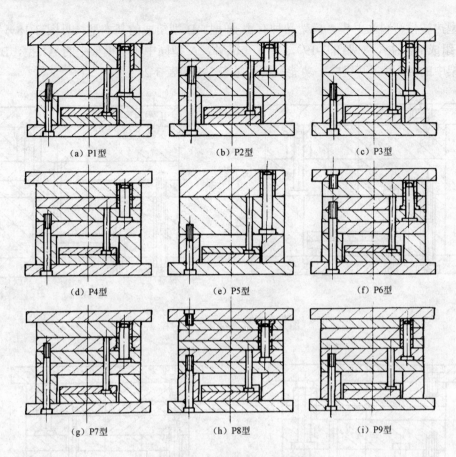

图 3-17　派生型中小型注射模

表 3-2　派生型模架的组成、功能及用途

型　号	组成、功能及用途
中小型模架 P1～P4 型（大型模架 P3、P4 型）	P1～P4 型由基本型 A1～A4 型对应派生而成，结构形式上的不同点在于去掉了 A1～A4 型定模板的固定螺钉，使定模部分增加了一个分型面，多用于点浇口形式的注射模。其功能和用途符合 A1～A4 型的要求
中小型模架 P5 型	由两块模板组合而成，主要适用于直接浇口、简单整体型腔结构的注射模
中小型模架 P6～P9 型	其中 P6 与 P7，P8 与 P9 是互相对应的结构，P7 和 P9 相对于 P6 和 P8 只是去掉了定模座板上的固定螺钉。这些模架均适合复杂结构的注射模，如定距分型自动脱落浇口式注射模等

注：1. 派生型 P1～P4 型模架组合尺寸系列和组合要素均与基本型相同。

　　2. 其模架结构以点浇口、多分型面为主，适用于多动作的复杂注射模。

　　另外，标准中，以定、动模座板有肩、无肩划分，又增加了 13 个品种，总计共 26 个模架品种。这些模具规格基本上覆盖了注射容量为 10～4000cm³ 注射机用的各种中小型热塑性和热固性塑料注射模具。

　　（2）大型模架标准（GB/T 12555—1990）

　　大型模架标准中规定的周界尺寸范围为（630mm×630mm）～（1250mm×2000mm），适用于大型热塑性塑料注射模。模架品种有由 A 型、B 型组成的基本型（见图 3-18），以及由 P1～P4 组成的派生型（见图 3-19），共 6 个品种，A 型同中小型模架中的 A1 型，B 型同中小型模架中的 A2 型，其组成、功能及用途见表 3-1 和表 3-2。

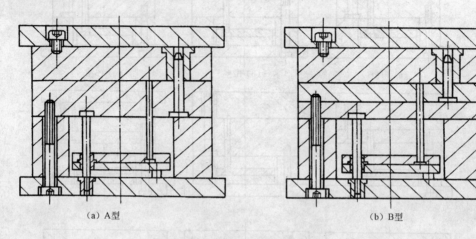

（a）A 型　　　　　　　　　　　（b）B 型

图 3-18　基本型大型注射模

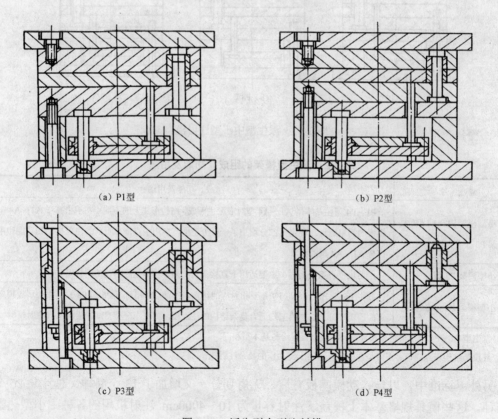

（a）P1 型　　　　　　　　　　　（b）P2 型

（c）P3 型　　　　　　　　　　　（d）P4 型

图 3-19　派生型大型注射模

2. 模架尺寸组合系列的标记方法

①塑料注射模中小型模架规格的标记（见图 3-20）。导柱安装形式用代号 Z 和 F 来表示，

Z 表示正装形式，即导柱安装在动模中，导套安装在定模中；F 表示反装形式，即导柱安装在定模中，导套安装在动模中。代号后还有下标序号 1，2，3，分别表示所用导柱的形式，1 表示采用直导柱，2 表示采用带肩导柱，3 表示采用带肩定位导柱。

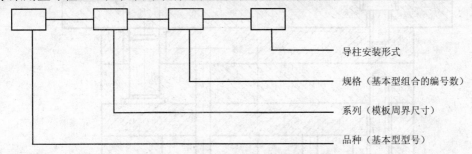

图 3-20 塑料注射模架规格标记

A2-100160-03-Z2 表示采用 A2 型标准注射模架，模板周界尺寸 $B \times L$ 为 100mm×160mm，规格编号为 03，即模板 A 厚度为 12.5mm，模板 B 厚度为 20mm，导柱安装采用 Z2 形式（规格编号查有关技术手册）。

②大型模架的尺寸组合系列与标记方法。塑料注射模大型模架的尺寸组合原则与中小型模架相同。

塑料注射模大型模架规格的标记方法和中小型模架标记方法类似，只是模板尺寸 $B \times L$ 的表示少了一个"0"，也可以理解为其长度单位不是毫米而是厘米，并且不表示导柱安装方式。

A-80125-26 表示采用基本型 A 型结构，模板周界尺寸 $B \times L$ 为 800mm×1250mm，规格编号为 26，即模板 A 厚度为 160mm，模板 B 厚度为 100mm（规格编号查有关技术手册）。

3. 标准模架的选用

标准模架的选用取决于制件尺寸的大小、形状、型腔数、浇注形式、模具的分型面数、制件脱模方式、推板行程、定模和动模的组合形式、注射机规格，以及模具设计者的设计理念等有关因素。

标准模架的尺寸系列很多，应选用合适的尺寸。如果选择的尺寸过小，就有可能使模具强度、刚度不够，而且会引起螺孔、销孔、导套（导柱）的安放位置不够；选择尺寸过大的模架，不仅会使成本提高，还有可能使注射机型号增大。

塑料注射模基本型模架系列由模板的 $B \times L$ 决定，如图 3-21 所示。除了动、定模板的厚度需由设计者从标准中选定外，模架的其他有关尺寸在标准中都已规定。

选择模架的关键是确定型腔模板的周界尺寸（长×宽）和厚度。要确定模板的周界尺寸，就要确定型腔到模板边缘之间的壁厚。

模板厚度主要由型腔的深度来确定，并考虑型腔底部的刚度和强度是否足够。如果型腔底部有支承板，型腔底部就不需要太厚。支承板厚度同样可以运用计算方法来确定，但在实际工作中会使用不方便，通常使用的方法是查表或用经验公式来确定。另外，确定模板厚度还要考虑到整幅模架的闭合高度、开模空间等与注射机之间相适应的问题。

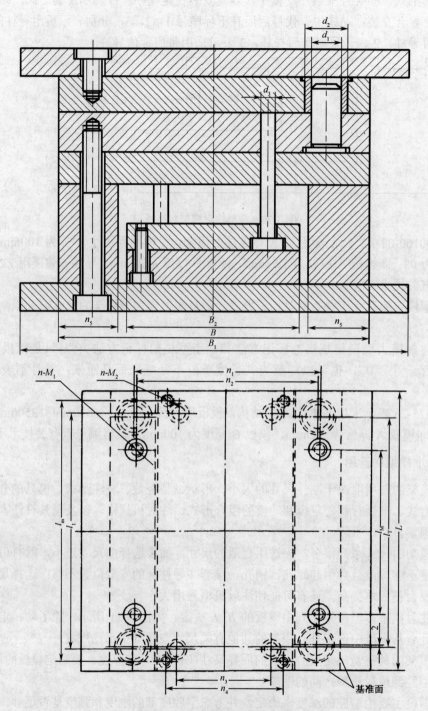

图 3-21　中小型标准模架参数

模架选择步骤如下所述。

（1）确定模架组合形式

根据制件成型所需要的结构来确定模架的结构组合形式。

（2）确定型腔侧壁厚和支撑板厚度

确定模板的壁厚，可用理论计算法（后续任务涉及），也可查表 3-3，还可根据经验数据（后续任务列出）来计算或确定。支承板厚度可查表 3-4 确定。

表 3-3　型腔侧壁厚度 S 的经验数据

型腔压力（MPa）	型腔侧壁厚度 S（mm）
<29（压缩）	$0.14L+12$
<49（压缩）	$0.16L+15$
<49（注射）	$0.20L+17$

注：型腔为整体，$L>100$mm 时，表中值需乘以 0.85～0.90。

表 3-4　支承板厚度 h 的经验数据

B（mm）	h		
	$b\approx L$	$b\approx 1.5L$	$b\approx 1.5L$
<102	$(0.12\sim0.13)b$	$(0.1\sim0.11)b$	$0.08b$
102～300	$(0.13\sim0.15)b$	$(0.11\sim0.12)b$	$(0.08\sim0.09)b$
300～500	$(0.15\sim0.17)b$	$(0.12\sim0.13)b$	$(0.09\sim0.1)b$

注：当压力 $P>49$MPa、$L\geq1.5b$ 时，取表中数值乘以 1.25～1.35；当压力 $P<49$MPa、$L\geq1.5b$ 时，取表中数值乘以 1.5～1.6。

（3）计算型腔模板周界

型腔模板的长宽如图 3-22 所示，整体式模板尺寸可以按以下公式计算。

型腔模板的长度：$L=S'+A+t+A+S'$

型腔模板的宽度：$N=S+B+t+B+S$

式中　L——型腔模板长度；

N——型腔模板宽度；

S'、S——模板长度、宽度方向侧壁厚度；

A——型腔长度；

B——型腔宽度；

t——型腔间壁厚，一般取壁厚 S 尺寸的 1/3 或 1/4。

（4）确定模板周界尺寸

由步骤（3）计算出的模板周界尺寸不太可能与标准

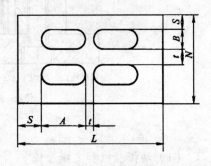

图 3-22　型腔模板的长宽

模板尺寸相等，所以必须将计算出的数据向标准尺寸"靠拢"，一般向较大值修整。另外，在修整时需考虑到在模板长、宽位置上应有足够的空间安装其他零件，如果不够的话，需要增加模板长度和宽度尺寸。

（5）确定模板厚度

根据型腔深度得到模板厚度，并按照标准尺寸进行修整。

（6）选择模架尺寸

根据确定下来的模具周边尺寸，配合模板所需要厚度，查标准，选择模架。

（7）检验所选模架

对所选模架还需检查模架与注射机之间的关系，如闭合高度、开模空间等，如果不合适，还需重新选择。

四、模架结构零部件的设计

1. 模架的主要组成零件

塑料模模架包括定模座板、定模板、动模板、推板、垫板、动模座板及导向机构等零件，如图 3-23 所示。塑料模的模架零件起装配、定位和安装作用。

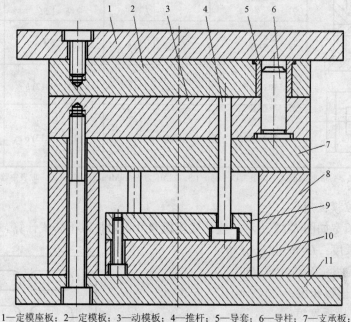

1—定模座板；2—定模板；3—动模板；4—推杆；5—导套；6—导柱；7—支承板；
8—垫块；9—推杆固定板；10—推板；11—动模座板

图 3-23　常用标准模架结构

（1）动模座板和定模座板

动模座板和定模座板是动模和定模的基座，也是塑料模与成型设备连接的模板。为保证注射机喷嘴中心与注射模浇口套中心重合，注射模定模座板上的定位圈与注射机定模固定座板上的定位孔有配合要求，如图 3-24 所示。

定模座板、动模座板在注射机上安装时要可靠，常用螺钉或压板紧固，如图 3-25 所示。

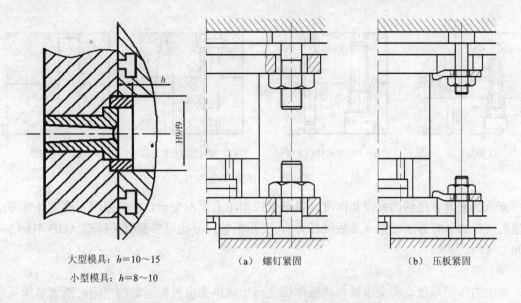

大型模具：$h=10\sim15$
小型模具：$h=8\sim10$

　　　图 3-24　模具的定位结构　　　　　　　图 3-25　模座板在注射机上的安装

注射模的动模座板和定模座板尺寸可参照 GB 4169.8—2006 中 A 型选用。

（2）动模板和定模板

动模板和定模板的作用是固定凸模、凹模、导柱、导套等零件，所以又称固定板。注射模具的类型及结构不同，动模板和定模板的工作条件也有所不同。为了保证凹模、凸模等零件固定稳固，动模板和定模板应有足够的厚度。

固定板与凸模或凹模的基本连接方式如图 3-26 所示。

动模板和定模板的尺寸可参照标准模板（GB 4169.8—2006 中 B 型）选用。

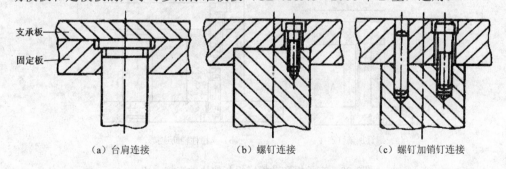

（a）台肩连接　　　　　　（b）螺钉连接　　　　　（c）螺钉加销钉连接

图 3-26　固定板与凸模或凹模的连接方式

（3）支承板

支承板是垫在固定板背面的模板。它的作用是防止凸模、凹模、导柱或导套等零件脱出，增强这些零件的稳固性并承受凹模和凹模等传递来的成型压力。

支承板与固定板的连接方式如图 3-27 所示。

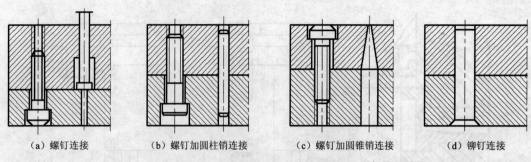

（a）螺钉连接　　（b）螺钉加圆柱销连接　　（c）螺钉加圆锥销连接　　（d）铆钉连接

图 3-27　支承板与固定板的连接方式

支承板应具有足够的强度和刚度，以承受成型压力而不变形。它的强度和刚度计算方法与型腔底板的计算方法相似（见后续任务）。支承板的尺寸也可参照有关标准（GB 4169.8—2006）选用。

（4）垫块

垫块的作用是使动模支承板与动模座板之间形成供推出机构运动的空间，或调节模具总高度以适应成型设备上模具安装空间对模具总高度的要求。

垫块与支承板和动模座板组装方法如图 3-28 所示。所有垫块的高度应一致，否则会由于动、定模轴线不重合造成导柱、导套局部过度磨损。

对于大型模具，为了增强动模的刚度，可在动模支承板和动模座板之间采用支撑柱，如图 3-28（b）所示。这种支撑柱起辅助支承作用。如果推出机构设有导向装置，则导柱也能作为支撑柱起到辅助支撑作用。

垫块和支撑柱的尺寸可参照有关标准（GB 4169.6—2006）选用。

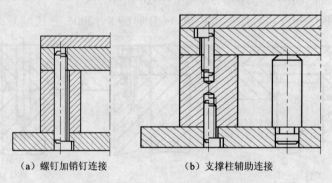

（a）螺钉加销钉连接　　　　（b）支撑柱辅助连接

图 3-28　支承板和动模座板与垫块的连接方式

2. 合模导向装置

合模导向装置是保证动、定模或上、下模合模时，正确地定位和导向的零件。合模导向装置主要有导柱导向和锥面定位两种形式，通常采用导柱导向定位，如图 3-29 所示。

（1）导向装置的作用

①导向作用。开模时，首先是导向零件接触，引导动、定模或上、下模准确闭合，避免型芯先进入型腔而造成成型零件的损坏。

②定位作用。模具闭合后，保证动、定模或上、下模位置正确，保证型腔的形状和尺寸精度。导向装置在模具装配过程中也会起到定位作用，便于模具的装配和调整。

③承受一定的侧向压力。塑料熔体在充模过程中可能产生单向侧向压力或受成型设备精度低的影响，工作过程中导柱将承受一定的侧向压力。

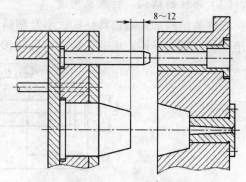

图 3-29　导柱导向结构

（2）导向零件的设计原则

①导向零件应合理均匀地分布在模具的周围或靠近边缘的部位，其中心至模具边缘应有足够的距离，以保证模具的强度，防止压入导柱和导套时发生变形。

②根据模具的形状和大小，一副模具一般需要 2～4 个导柱。对于小型模具，无论是圆形还是矩形的，通常只有两个直径相同且对称分布的导柱，如图 3-30（a）、（d）所示。如果模具的凸模与型腔合模有方位要求，则用两个直径不同的导柱，如图 3-30（b）、（e）所示；也可采用不对称导柱形式，如图 3-30（c）所示。对于大中型模具，为了简化加工工艺，可采用 3 个或 4 个直径相同的导柱，但分布位置不对称，或导柱位置对称但中心距不同，如图 3-30（f）所示。

③导柱先导部分应做成球状或带有锥度；导套前端应倒角；导柱工作部分长度应比型芯端面高出 8～12mm，以确保其导向与引导作用，如图 3-29 所示。

④导柱与导套应有足够的耐磨性，多采用低碳钢渗碳淬火处理，其硬度为 HRC50～55，也可采用 T8 或 T10 碳素工具钢，经淬火处理。导柱工作部分表面粗糙度值为 $R_a0.4$，固定部分为 $R_a0.8$；导套内外圆柱面表面粗糙度值取 $R_a0.8$。

⑤各导柱、导套（导向孔）的轴线应保证平行，否则将影响合模的准确性，甚至损坏导向零件。

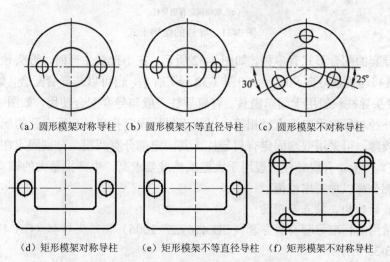

（a）圆形模架对称导柱　（b）圆形模架不等直径导柱　（c）圆形模架不对称导柱

（d）矩形模架对称导柱　（e）矩形模架不等直径导柱　（f）矩形模架不对称导柱

图 3-30　导柱的布置形式

（3）导柱的结构、特点及用途

导柱的结构形式随模具结构大小及塑料制件生产批量的不同而不同。塑料注射模常用的标准导柱有带头导柱、单端固定有肩导柱和双端固定有肩导柱，如图 3-31 所示。

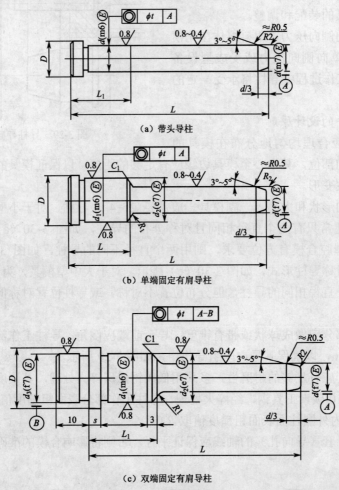

（a）带头导柱

（b）单端固定有肩导柱

（c）双端固定有肩导柱

图 3-31　导柱的结构形式

导柱与导套的配合形式有多种，如图 3-32 所示。在小批量生产时，带头导柱通常不需要导套，导柱直接与模板导向孔配合，如图 3-32（a）所示，也可以与导套配合，如图 3-32（b）、（c）所示。带头导柱一般用于简单模具。有肩导柱一般与导套配合使用，如图 3-32（d）、（e）所示，导套外径与导柱固定端直径相等，以便于导柱固定孔和导套固定孔的配合加工。如果导柱固定板较薄，可采用双端固定有肩导柱，其固定部分有两段，分别固定在两块模板上，如图 3-32（f）所示。有肩导柱一般用于大型或精度要求高、生产批量大的模具。根据需要，导柱的导滑部分可以加工出油槽。

（4）导套的结构、特点及用途

注射模常用的标准导套有直导套（GB 4169.2—2006）和带头导套（GB 4169.3—2006）两类，如图 3-33 所示。

直导套的固定方式如图 3-34 所示，图 3-34（a）所示为开缺口固定，图 3-34（b）所示为开环形槽固定，图 3-34（c）所示为侧面开孔固定。

导套的配合精度：直导套采用 H7/r6 过盈配合镶入模板，带头导套采用 H7/m6 或 H7/k6 过渡配合镶入模板。

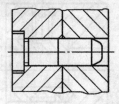
（a）带头导柱与模板导向孔直接配合

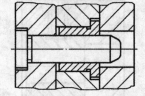
（b）带头导柱与带头导套配合

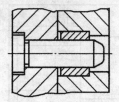
（c）带头导柱与直导套配合

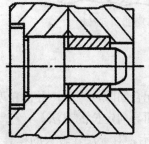
（d）有肩导柱与直导套配合

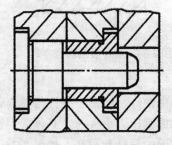
（e）有肩导柱与带头导套配合

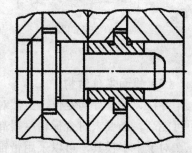
（f）导柱与导套分别固定在两块模板中配合

图 3-32　导柱与导套的配合形式

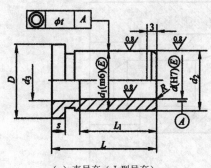
（a）直导套（Ⅰ型导套）

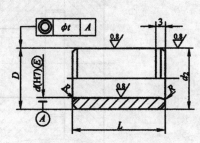
（b）单端固定带头导套（Ⅱ型导套）

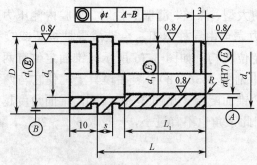
（c）双端固定带头导套（Ⅱ型导套）

图 3-33　导套的结构形式

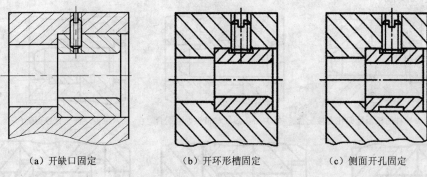

（a）开缺口固定　　　　　（b）开环形槽固定　　　　　（c）侧面开孔固定

图 3-34　直导套的固定方式

（5）锥面定位结构

导柱、导套导向定位，虽然对中性好，但由于导柱与导套有配合间隙，因此，导向精度不可能高。当要求对合模精度很高或侧压力很大时，必须采用锥面导向定位的方法。

对于中小模具，可以采用带锥面的导柱和导套，如图 3-35 所示。对于尺寸较大的模具，必须采用动、定模板各自带锥面的导向定位机构与导柱、导套配合使用。

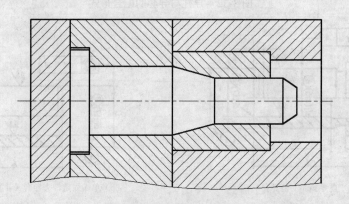

图 3-35　带锥面的导柱和导套

在成型精度要求高的大型、深腔、薄壁塑件时，型腔内侧压力可能引起型腔或型芯的偏移，如果这种侧向压力完全由导柱承担，会造成导柱折断或咬死，这时除了设置导柱导向外，还应增设锥面定位机构，如图 3-36 所示。锥面定位有两种形式：一种是锥面间留有间隙，将淬火镶块［见图 3-36（b）］装在模具上，使它与两锥面配合，制止型腔或型芯的偏移；另一种是两锥面配合［见图 3-36（c）］，锥面角度越小越有利于定位，但会增大所需的开模阻力，因此锥角也不宜过小，一般取 5°～20°，配合高度在 15mm 以上，两锥面都要淬火处理。

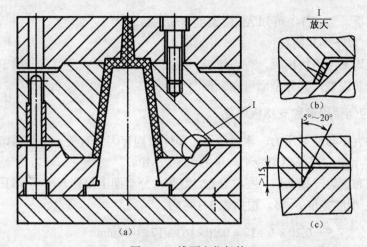

图 3-36　锥面定位机构

对于圆形型腔有两种导向定位设计方案，如图 3-37 所示。

图 3-37（a）所示为型腔模板环抱动模板的结构，成型时，在型腔内塑料熔体的压力下，型腔侧壁向外开，使定位锥面出现间隙；图 3-37（b）所示为动模板环抱型腔模板的结构，成型时，在胀模力的作用下，定位锥面会贴得更紧，型腔模块无法向外涨开，在分型面上不会形成间隙，这是合理的结构，是理想的选择。

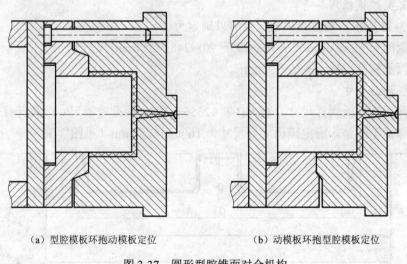

（a）型腔模板环抱动模板定位　　　　　　（b）动模板环抱型腔模板定位

图 3-37　圆形型腔锥面对合机构

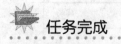任务完成

电池盒盖模架的选择

1. 确定模架组合形式

电池盒盖塑件为薄壳类塑件，一模两腔，采用侧浇口，因此可以选用图 3-16 中 A1～A4 单分型面模架，考虑到企业现有加工手段（有大量数控加工设备），采用镶件型芯，镶件型

芯底部需要支撑板，查表 3-1 可知 A2 模架可以满足要求。

A2 模架具有以下结构特征：

定模和动模均采用两块模板，有支撑板；适用于立式与卧式注射机，用于直浇道，可采用斜导柱侧向抽芯成型，其分型面可在合模面上。

2. 确定型腔侧壁厚度和支撑板厚度

型腔压力的大小与注射压力、流道结构、塑件结构等因素有关，型腔内熔体的平均压力查表可知，ABS 塑料注射成型型腔平均压力为 34.2MPa。

该塑件型腔布置为一模两腔，左右分布，型腔在分型面上投影尺寸为 163mm×45mm，即长度 L=163mm，型腔宽度 b=45。根据表 3-3 可得

$$S = 0.20 \times L + 17 = 0.20 \times 163 + 17 \approx 50mm$$

式中　S——型腔的侧壁厚度（mm）；

　　　L——型腔在分型面投影长度。

由于 L>100mm，实际型腔壁厚为(0.85～0.90)S，即 42.5～45mm，初选择 S=45mm。

支撑板厚度 h 可查表 3-4 得知，由于 b=45mm，B=b+2S=135，位于 102～300，所以支撑板厚度 h=0.13～0.15mm，b=(0.13～0.15)×45=5.9～6.8mm

可作为模具规格选定的参考依据如下所述。

（1）计算型腔模板周界

根据图 3-38 所示，整体式模板尺寸可以确定为

型腔模板的长度：L=163+2S=163+(85～90)=248～253mm

型腔模板的宽度：N=45+2S=135mm

（2）模板周界尺寸

根据上面计算模板周界尺寸，查 GB/T 12556—1990 标准模板尺寸，将计算出的数据向标准尺寸"靠拢"修整。确定模板周界尺寸为 160mm×250mm（见图 3-38）。

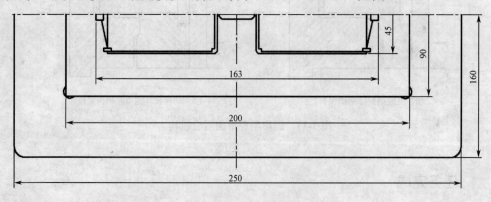

图 3-38　模板尺寸

3. 确定模板厚度

电池盒盖塑件为薄壳类塑件，塑件高度为 14mm，型腔设计在定模一侧，型腔深度大于 20mm 即可，按照标准尺寸进行修整。

4. 选择模架类型

根据已确定下来的模具周边尺寸，配合模板所需要厚度查 GB/T 12556—1990 标准模架规格：A2-160×250-26-Z1。

模架具体尺寸如图 3-39 所示，模具外形尺寸为长 L=250mm、宽 B=60mm、高 H=174mm。

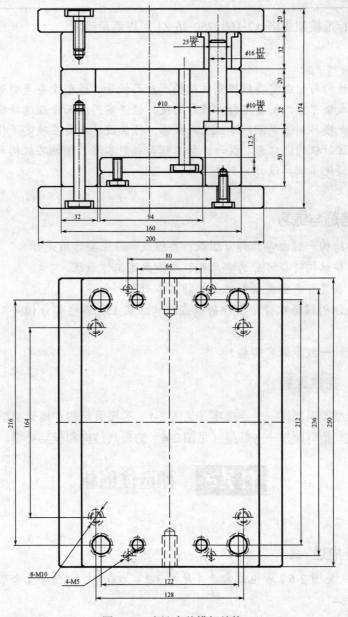

图 3-39 电池盒盖模架结构

5. 检验所需模架

成型电池盒盖制件初选 XS-Z-30 型号的柱塞式注射机，设备主要技术参数可查表，校核所选模架与注塑机之间的关系，见表 3-5。

表 3-5   模架与注塑机之间关系的校核

设 备 参 数		模 架 规 格		校 核 结 论
最大合模行程（mm）	160	取件所需空间（mm）	52	适 合
最大模厚（mm）	180	模具闭合高度（mm）	174	适 合
最小模厚（mm）	60			

结论：选用标准模架规格 A2-160×250-26-Z1 可以满足要求。

任务小结

选择模具的结构与组成需要根据制件结构、产品批量、成型设备类型等因素来确定，要求其结构合理、成型可靠、制造可行、操作简便、经济实用。而合理选择模架可以有效地简化设计工作，减少模具制造周期，降低生产成本；模具设计人员在确定了模架规格后，仅需要选择适合所用注射机的浇口套，设计、加工模具成型零件、侧抽芯机构和开设冷却管道等工作即可，大大简化了模具设计、制造工作。

 思考题与练习

1. 注射模具结构一般由哪几部分组成？各组成部分主要作用是什么？

2. 注射模具按结构特征可分为哪几类？举例叙述工作原理。

3. 合模导向装置有哪些类型？主要起什么作用？

4. 单分型面注射模与双分型面注射模在结构组成上有哪些部分相同？哪些部分不同？请举例说明。

5. 模架选择的一般步骤有哪些？

学生分组，完成课题

1. 试确定成型塑料制件——连接座（见图 2-1）的模具结构和模架类型。

2. 试确定成型塑料制件——灯座（见图 2-6）的模具结构和模架类型。

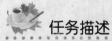

任务2   初选注射机

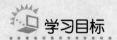 任务描述

以成型灯座（见图 2-6）和电池盒盖（见图 3-2）为载体，训练学生合理选择成型设备的能力。

学习目标

【知识目标】

1. 了解注射机的分类、工作原理及技术参数。

2. 掌握注射模具与成型设备的关系。

【技能目标】

1. 能合理选择注射机。

2. 能初步判断所选择的注射机与模具的适应性。

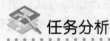

注射机是塑料注射成型的设备，又称注塑机，它能在一定的成型工艺条件下，利用塑料成型模具将塑料加工成为各种不同用途的塑料制品。由于塑料工业的飞速发展，注射机也由单一品种向系列化、标准化、自动化、专用化、高速、高效、节能、省料方向发展，成为塑料机械制造业中增长速度最快、产量最高的品种之一。尽管注射机的品种很多，但是无论是哪种注射机，其基本功能都有两个：一是加热塑料，使其熔融；二是对熔融塑料施加高压，使其射出而充满型腔。

合理选择注射机首先要了解注射机的结构、分类和主要参数，使所设计的模具能与注射机相适应。

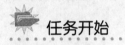

基本概念

一、注射机的结构

一台通用型注射机主要包括注射系统、合模系统、液压控制系统和电器控制四部分，其他还包括加热冷却系统、润滑系统、安全保护与监测系统等，如图 3-40 所示。

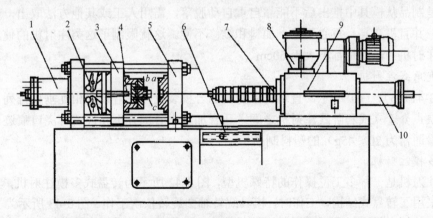

1—合模液压缸；2—锁模机构；3—移动模板；4—顶杆；5—固定模板；6—控制台；

7—料筒及加热器；8—料斗；9—定量供料装置；10—注射缸

图 3-40 注射机的结构

注射系统包括料斗、料筒、加热器、计量装置、螺杆（注塞式注射机为柱塞和分流梭）

及其驱动装置、喷嘴等，其作用是将固态的塑料均匀地塑化成熔融状态并以足够的速度和压力将塑料熔体注入到闭合的型腔中去。

合模系统的作用有三点：一是在成型时提供足够的夹紧力使模具锁紧；二是实现模具的开闭动作；三是开模时推出模内制件。合模系统主要由前后固定板、移动模板、拉杆、合模油缸、连杆机构、调模机构及推出机构等组成。锁模可采用液压机械联合作用方式，也可采用全液压式；顶出机构也有机械式和液压式两种，液压式推出有单点推出和多点推出两种。

液压控制和电器控制系统的作用是保证注射成型按照预定的工艺要求（压力、速度、时间、温度）和程序准确运行。液压控制系统是注射机的动力系统，电器控制系统则是控制各个液压缸完成开启、闭合注射机和推出等动作的系统。

二、注射机的分类

国内外塑料机械工业发展日新月异，注射机类型日益增多，分类方法也趋于多样化。下面介绍常用的几种。

1. 按外形结构特征分类

外形结构对生产操作、生产效率和模具设计均有影响，按外形特征（注射装置和合模装置的相对位置）可分为卧式、立式、直角式和多模注射机四种。

（1）卧式注射机

如图 3-40 所示，卧式注射机是最常见的形式。其合模装置和注射装置的轴线呈水平一线排列。它具有机身低、易于操作和维修、自动化程度高、安装校平容易等特点。目前大部分注射机采用这种形式。

（2）立式注射机

如图 3-41（a）所示，注射机的合模装置与注射装置的轴线呈垂线一线排列。此类注射机的优点是设备占地面积小，模具拆卸方便，嵌件与活动型芯安装容易且不易倾斜或坠落。不足之处是制品从模具中推出后不能靠自重自动脱落，需用人工或其他方法取出，难以实现自动操作，并且机身高，重心不稳，加料和维修不便。这就限制了这类注射机的使用范围，通常立式注射机的注射量都不大于 $60cm^3$。

（3）直角式注射机

如图 3-41（b）、（c）所示，直角式注射机的合模装置与注射装置相互垂直排列。此类注射机的优缺点介于立式和卧式注射机之间。适合加工中心部分不允许留有浇口痕迹、小注射量（注射量通常为 20～45g）的塑料制品。

（4）多模注射机

多模注射机是一种多工位操作的特殊机型，图 3-42 所示为转盘式多模注射机，其特点是合模装置采用了转盘式结构，工作时，模具绕转轴 2 旋转依次工作。图 3-43 所示为平转式多模注射机，其特点是注射装置采用了旋转式结构，工作时注射系统绕转轴转动依次对各个合模装置上所安装的模具进行注射。此类注射机充分发挥了注射装置的塑化能力，缩短了生产周期，提高了生产效率，适合加工冷却成型时间长或安放嵌件需较长时间的大批量塑料制品。但因合模系统庞大、复杂，合模装置的锁模力往往较小。这种注射机在塑胶鞋底等大批量生产制品中应用较多。

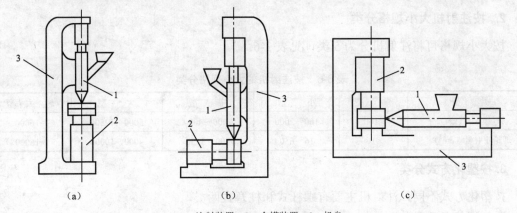

1—注射装置；2—合模装置；3—机身

图 3-41 立式注射机和直角式注射机

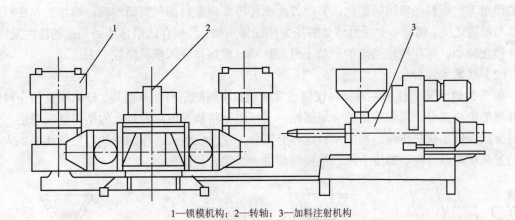

1—锁模机构；2—转轴；3—加料注射机构

图 3-42 转盘式多模注射机

图 3-43 平转式多模注射机

2. 按注射机大小规格分类

按大小规格可将注射机分为 5 类，见表 3-6。

表 3-6　按注射机的大小规格分类

类　型	微　型	小　型	中　型	大　型	超 大 型
锁 模 力（kN）	<160	160～2000	2000～4000	5000～12500	>16000
理论注射量（cm³）	<16	16～630	800～3150	4000～10000	>16000

3. 按塑化方式分类

按塑化方式不同，注射机主要有螺杆式和柱塞式两类。

（1）螺杆式注射机

螺杆式注射机如图 2-8、2-9 所示，螺杆的作用是送料、压实、塑化与传压。当螺杆在料筒内旋转时，逐步将塑料压实、排气。一方面在料筒的传热及螺杆与塑料之间的剪切摩擦发热的作用下，塑料逐步熔融塑化；另一方面螺杆不断将塑料推向料筒前端，熔体积存在料筒顶部与喷嘴之间，螺杆本身受到熔体的压力而缓慢后退。当积存的熔体达到预定的注射量时，螺杆停止转动，并在液压油缸的驱动下向前移动，将熔体注入模具型腔中去。

（2）柱塞式注射机

如图 3-44 所示，柱塞在料筒内仅做往复运动，将熔融塑料注入模具。分流梭是装在料筒靠前端的中心部分，形如鱼雷的金属部件，其作用是将料筒内流经该处的塑料分成薄层，使塑料分流，以加快热传递。同时塑料熔体分流后，在分流梭表面流速增加，剪切速率加大，剪切发热使料温升高、黏度下降，塑料得到进一步混合和塑化。

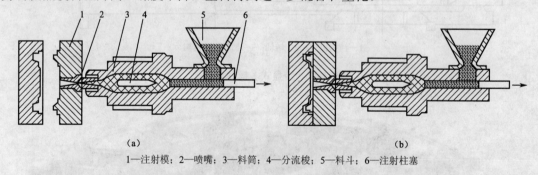

1—注射模；2—喷嘴；3—料筒；4—分流梭；5—料斗；6—注射柱塞

图 3-44　柱塞式注射机成型原理图

塑料在料筒内受到料筒壁和分流梭两方面传来的热量加热而塑化成熔融状态。由于塑料的导热性很差，如果塑料层太厚，则它的外层熔融塑化时，内层尚未塑化，若要使塑料的内层也熔融塑化，塑料的外层就会因受热时间过长而分解，因此，柱塞式结构不宜用于加工流动性差、热敏性强的塑料制品，而且注射量不宜过大，通常为 30～60g。

立式注射机和直角式注射机多为注射量在 60cm³ 以下的小型柱塞式结构，而卧式注射机的结构多为螺杆式结构。

螺杆式注射机和柱塞式注射机二者相互比较，螺杆式注射成型具有以下特点。

①塑化效果好。由于螺杆转动的剪切和料筒加热复合作用，使得塑料的混合比较均匀，

提高了塑化效果，成型工艺得到了较大改善，因而能注射成型较复杂、高质量的塑件。

②注射量大。由于螺杆注射机塑化效果好、塑化能力强，可以快速塑化。对于热敏性和流动性差的塑料，以及大中型塑料制品，一般可用螺杆式注射机注射成型。

③生产周期短、效率高。

④容易实现自动化生产。

螺杆式注射成型的缺点是所用的注射设备价格较高，注射模具的结构复杂，生产成本高，不适合单件小批量塑件的生产。

4. 按合模装置的特征分类

按合模装置的特征注射机可分为液压式（见图 3-45）、液压机械式（见图 3-46）和机械式。

液压式合模装置是利用液压动力与液压元件等来实现模具的启闭及锁紧的，在大、中、小型机上都已得到广泛应用。液压机械式是液压和机械联合来实现模具的启闭及锁紧的，常用于中小型机上。机械式合模装置是利用电动机械、机械传动装置等来实现模具的启闭及锁紧的，目前应用较少。

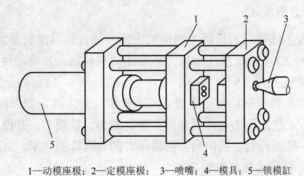

1—动模座极；2—定模座极；　3—喷嘴；4—模具；5—锁模缸

图 3-45　液压式合模装置

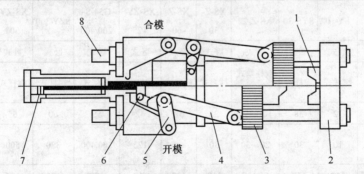

1—模具；2—定模座极；3—动模座极；4—前连杆；5—后连杆；6—十字连杆；7—锁模缸；8—调模拉杆

图 3-46　液压机械式合模装置

三、注射机规格及其技术参数

注射机型号标准表示法主要有注射量、锁模力、注射量和锁模力同时表示三种方法。国际上趋于用注射量与锁模力来表示注射机的主要特征。

1. 注射量表示法

注射机注射量是指在空注射条件下，注射螺杆或柱塞作一次最大注射行程时，注射装置所能达到的最大注射量。这种表示方法比较直观，规定了注射机成型制件的质量或体积范围。由于注射量与加工塑料的性能、状态有着密切的关系，所以注射量表示法不能直接判断规格的大小。

我国常用的卧式注射机型号有 XS-ZY-30、XS-ZY-60、XS-ZY-500 等。其中 XS 表示塑料成型机械；Z 表示注射成型；Y 表示螺杆式（无 Y 表示柱塞式）；30、60、500 等表示注射机的最大注射量（cm^3 或 g）。

2. 锁模力表示法

锁模力表示法是用注射机最大锁模力（kN）来表示注射机规格的方法，这种表示法直观、简单，可间接反映出注射机成型制件面积的大小。锁模力表示法不能直接反映注射机注射量的大小，也就不能反映注射机全部加工能力及规格大小。

3. 注射量和锁模力表示法

注射量和锁模力表示法是目前国际上通用的表示方法，是用注射量为分子，锁模力为分母表示设备的规格。如 XZ-63/50 型注射机，X 表示塑料机械，Z 表示注射机，63 表示注射机容量为 $63cm^3$ 时，锁模力为 50kN×10kN。

注射机的主要技术参数包括注射、合模、综合性能三个方面，如公称注射量、螺杆直径及有效长度、注射行程、注射压力、注射速度、塑化能力、锁模力、开模力、开模合模速度、开模行程、模板尺寸、推出行程、推出力、空循环时间、机器的功率、机器的体积和质量等。

部分国产注射机主要技术规格见表 3-7。

表 3-7　常用国产注射机主要技术规格

型　号	SY-10	SYS-30	XS-Z-22	XS-Z-30	XS-Z-60	XS-ZY-125	G54-S-200/400	SZY-300	XS-ZY-500	XS-ZY-1000	XS-ZY-4000
结构形式	立式	立式	卧式	卧式	卧式	卧式	卧式	卧式	卧式	卧式	卧式
注射方式	螺杆式	螺杆式	双柱塞式（双色）	柱塞式	柱塞式	螺杆式	螺杆式	螺杆式	螺杆式	螺杆式	螺杆式
螺杆（柱塞）直径	22	28	20,25	28	38	42	55	60	65	85	130
最大注射量（cm^3 或 g）	10	30	20，30	30	60	125	200,400	320	500	1000	4000
注射压力（MPa）	150	157	75,117	119	122	119	109	125	104	121	106
锁模力（kN）	150	500	250	250	500	900	2540	1400	3500	4500	10000
最大成型面积（cm^2）	45	130	90	90	130	320	645	—	1000	1800	3800
模具最大厚度（mm）	180	200	180	180	200	300	406	355	450	700	1000
模具最小厚度（mm）	100	70	60	60	70	200	165	130	300	300	700
最大开模行程（mm）	120	80	160	160	180	300	260	340	500	700	1100

续表

型　号			SY-10	SYS-30	XS-Z-22	XS-Z-30	XS-Z-60	XS-ZY-125	G54-S-200/400	SZY-300	XS-ZY-500	XS-ZY-1000	XS-ZY-4000
喷嘴	球半径（mm）		12	12	12	12	12	12	18	12	18	18	20
	孔半径（mm）		2.5	3	2	4	4	4	4	4	5	7.5	10
定位圈直径（mm）			55	55	63.5	63.5	55	100	125	125	150	150	300
顶出	中心顶出孔直径（mm）		30	50			50						
	两侧顶出	孔直径（mm）			16	20		22			24.5	20	90
		孔距（mm）			170	170		230			530	850	1200
模板尺寸（mm×mm）			300×360	330×440	250×280	250×280	330×440	420×450	532×634	520×620	750×850		1500×1590
机器外形尺寸（mm×mm）					2340×850×1460	2340×850×1460	3160×850×1550	3340×750×1550	4700×1400×1800	5300×940×1815	6500×1300×2000	7670×1740×2380	11500×3000×4500

四、注射机有关工艺参数的校核

设计注射模时，设计者首先需要确定模具的结构、类型和一些基本的参数和尺寸，如模具的型腔个数、需用的注射量、塑件在分型面上的投影面积、成型时需用的合模力、注射压力、模具的厚度、安装固定尺寸及开模行程等。这些数据都与注射机的有关性能参数密切相关，如果两者不相匹配，则模具无法使用。为此，必须对两者之间有关的数据进行校核，并通过校核来设计模具与选择注射机型号。

（一）型腔数量的确定和校核

模具设计的第一步就是确定型腔数量。型腔数量与注射机的塑化速率、最大注射量及锁模力等参数有关，此外，还受塑件的精度和生产的经济性等因素影响。下面介绍根据注射机性能参数确定型腔数量的几种方法，用这些方法可以校核初定的型腔数量能否与注射机规格相匹配。

①由注射机料筒塑化速率确定型腔数量：

$$n \leqslant \frac{KMt/3600 - m_2}{m_1} \tag{3-1}$$

式中　K——注射机最大注射量的利用系数（0.8）；

　　　M——注射机的额定塑化量（g/h 或 cm^3/h）；

　　　t——成型周期（s）；

　　　m_2——浇注系统所需塑料质量或体积（g 或 cm^3）；

　　　m_1——单个塑件的质量或体积（g 或 cm^3）。

②按注射机的最大注射量确定型腔数量：

$$n \leqslant \frac{Km_N - m_2}{m_1} \tag{3-2}$$

式中　m_N——注射机允许的最大注射量（g 或 cm^3）。

其他符号意义同前。

③按注射机的额定锁模力确定型腔数：

$$n \leqslant \frac{F - pA_2}{pA_1} \tag{3-3}$$

式中　F——注射机的额定锁模力（N）；

A_1——单个塑件在模具分型面上的投影面积（mm^2）；

A_2——浇注系统在模具分型面上的投影面积（mm^2）；

p——塑料熔体对型腔的成型压力（MPa），其大小一般是注射压力的 80%。

需要指出的是，在用上述三式确定型腔数量或进行型腔数量校核时，还必须考虑注射机安装模板尺寸的大小（能装多大的模具）、成型塑件的尺寸精度及模具的生产成本等。一般来说，型腔数量越多，塑件的精度越低（经验认为，每增加一个型腔，塑件的尺寸精度便降低 4%～8%），模具的制造成本越高。

（二）注射量校核

模具型腔能否充满与注射机允许的最大注射量密切相关，设计模具时，应保证注射模内所需熔体总量在注射机实际的最大注射量的范围内。根据生产经验，注射机的最大注射量是其允许最大注射量（额定注射量）的 80%，由此有

$$nm_1 + m_2 \leqslant 80\%m \tag{3-4}$$

式中　m——注射机允许最大注射量（g 或 cm^3）。

其他符号意义同前。

在利用上式校核时应注意，柱塞式注射机和螺杆式注射机所标定的允许最大注射量是不同的。国际上规定柱塞式注射机允许的最大注射量是以一次注射聚苯乙烯的最大克数为标准的；而螺杆式注射机允许最大注射量是以螺杆在料筒中的最大推出容积（cm^3）为标准时间。

（三）塑件在分型面上的投影面积与锁模力校核

注射成型时，塑件在模具分型面上的投影面积是影响锁模力的主要因素，其数值越大，需要的锁模力也就越大。如果这一数值超过了注射机允许使用的最大成型面积，则成型过程中将会出现胀模溢料现象。因此，设计注射模时必须满足

$$nA_1 + A_2 < A \tag{3-5}$$

式中　A——注射机允许使用的最大成型面积（mm^2）。

其他符号意义同前。

注射成型时，模具所需的锁模力与塑件在分型面上的投影面积有关，为了可靠地锁模，不使成型过程中出现溢料现象，应使塑料熔体对型腔的成型压力与塑件和浇注系统在分型面上的投影面积之和的乘积小于注射机额定锁模力，即

$$(nA_1 + A_2)p < F \tag{3-6}$$

式中符号意义同前。

（四）注射压力的校核

注射压力的校核是核定注射机的最大注射压力能否满足该塑件成型的需要，塑件成型所需要的压力是由注射机类型、喷嘴形式、塑料流动性、浇注系统和型腔的流动阻力等因素决定的。例如，螺杆式注射机，其注射压力的传递比柱塞式注射机好，因此，注射压力可取得小一些；流动性差的塑料或细长流程塑件注射压力应取得大一些。设计模具时，可参考各种塑料的注射成型工艺确定塑件的注射压力，再与注射机额定压力相比较。

（五）模具与注射机安装模具部分相关尺寸的校核

不同型号的注射机其安装模具部分的形状和尺寸各不相同，设计模具时应对其相关尺寸加以校核，以保证模具能顺利安装。需校核的主要内容有喷嘴尺寸、定位圈尺寸、模具的最大厚度与最小厚度及安装螺钉孔等。

（1）喷嘴尺寸

注射机喷嘴头一般为球面，其球面半径应与相接触的模具主流道始端凹下的球面半径相适应。注射机喷嘴前端孔径 d 和球面半径 r 与模具主流道衬套的小端直径 D 和球面半径 R，如图 3-47（a）、（b）所示，一般应满足下列关系：

$$R=r+(1\sim2)$$
$$D=d+(0.5\sim1)$$

以保证注射成型时在主流道衬套处不形成死角，无熔料积存，并便于主流道凝料的脱模，如图 3-47（c）所示。而图 3-47（d）所示配合是不良的。

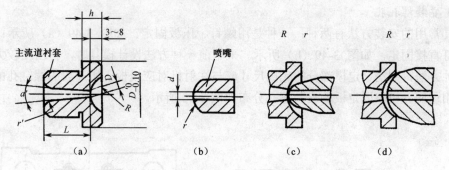

图 3-47 主流道衬套及其与注射机喷嘴的关系

有的直角式注射机喷嘴头为平面，这时模具与其相接触面也应作成平面。

（2）定位圈尺寸

模具安装在注射机上必须使模具中心线与料筒、喷嘴的中心线重合，因此，注射机定模固定板上设有一定位孔，要求模具的定位部分也设计一个与主流道同心的凸台，即定位圈，并要求定位圈与注射机定模板上的定位孔之间采用一定的配合。

（3）模具厚度

模具厚度 H（又称闭合高度）必须满足

$$H_{min}<H<H_{max} \tag{3-7}$$

式中　H_{min}——注射机允许的最小模厚，即动、定模板之间的最小开距；

　　　　H_{max}——注射机允许的最大模厚。

模具厚度与注射机的关系，如图 3-48 所示。

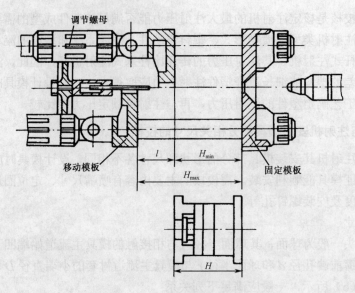

图 3-48　模厚与注射机的关系

国产机械锁模的角式注射机对模具的最小厚度没有限制。在校核模具厚度的同时，应考虑模具外形尺寸（长×宽）与注射机模板尺寸和拉杆间距相适应，校核其能否穿过拉杆间的空间装到模板上。

（4）安装螺孔孔

模具常用的安装方法有两种：一种是用螺钉、压板固定，如图 3-49（a）所示；另一种是用螺钉直接固定，如图 3-49（b）所示。采用前一种方法设计模具时，自由度较大；若采用后一种方法，则动、定模部分的底极尺寸应与注射机对应模板上所开放的螺钉孔的尺寸和位置要相适应。模座固定板的安装螺孔分布如图 3-50 所示。

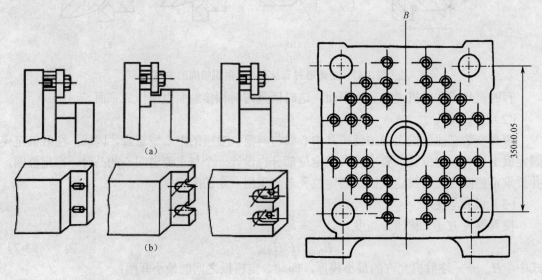

图 3-49　模具固定的方式　　　　　　　图 3-50　模座固定板的安装螺孔分布

（六）开模行程的校核

开模行程（合模行程）S 指模具开合过程中动模固定板的移动距离。它的大小直接影响模具所能成型的塑件高度。太小则不能成型高度较大的塑件，因为成型后，塑件无法从动、定模之间取出。设计模具时必须校核所选注射机的开模行程，以便使其与模具的开模距离相适应。下面分三种情况加以讨论。

（1）注射机最大开模行程 S_{max} 与模厚无关时的校核

这主要是指液压和机械联合作用的锁模机构，使用这种锁模机构的注射机有 XS-Z-30、XS-ZY-60、XS-ZY-125、XS-ZY-350、XS-ZY-500、XS-ZY-1000 和 G54-S200/400 等，它们的开模距离均由连杆机构的冲程或其他机构（如 XS-ZY1000 注射机中的闸杆）的冲程所决定，不受模具厚度的影响，其开模距离用下述方法校核。

1）对于单分型面注射模（见图 3-51）

$$S_{max} \geqslant S = H_1 + H_2 + (5\sim10)\text{mm} \tag{3-8}$$

式中　H_1——推出距离（脱模距离）（mm）；

　　　H_2——包括浇注系统凝料在内的塑件高度（mm）。

2）对于双分型面注射模（见图 3-52）

$$S = H_1 + H_2 + a + (5\sim10)\text{mm} \tag{3-9}$$

式中　a——取出浇注系统凝料必须的长度（mm）。

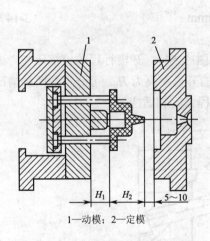

1—动模；2—定模

图 3-51　单分型面注射模开模行程　　　　图 3-52　双分型面注射模开模行程

（2）注射机最大开模行程（S_{max}）与模具厚度有关时的校核

这主要是指合模系统为全液压式的注射机（如 XS-ZY-250 等）和带有丝杆传动合模系统的直角式注射机（如 SYS-45 和 SY-60 等），它们的最大开模行程直接与模具厚度有关，即

$$S_{max} = S_k - H_M \tag{3-10}$$

式中　S_k——注射机动模板和定模板的最大间距（mm）；

　　　H_M——模具厚度（mm）。

如果单分型面注射模或双分型面注射模在上述两类注射机上使用时，则可分别用下面两种方法校核模具所需的开模距离是否与注射机的最大开模距离相适应。

1）对于单分型面注射模（见图 3-53）

$$S_{max}=S_k-H_M \geqslant H_1+H_2+(5\sim10)mm \tag{3-11}$$

或

$$S_k \geqslant H_M+H_1+H_2+(5\sim10)mm \tag{3-12}$$

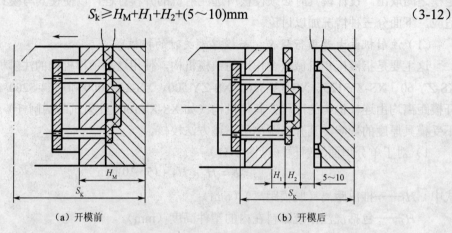

（a）开模前   （b）开模后

图 3-53 直角式单分型面注射模的开模行程

2）对于双分型面注射模

$$S_{max}=S_k-H_M \geqslant H_1+H_2+a+(5\sim10)mm \tag{3-13}$$

或

$$S_k \geqslant H_M+H_1+H_2+a+(5\sim10)mm \tag{3-14}$$

（3）具有侧向抽芯时的最大开模行程校核

当模具需要利用开模动作完成侧向抽芯动作时（见图 3-54），开模行程的校核还应考虑为完成抽芯动作所需增加的开模行程。设完成抽芯动作的开模距离为 H_c，可分下面两种情况校核该模具所需的开模行程是否与注射机的最大开模行程 S_{max} 相适应。

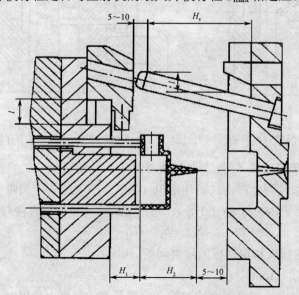

图 3-54 有侧向抽芯时注射模的开模行程

①当 $H_c > H_1 + H_2$ 时，可用 H_c 代替前述各校核式中的 $H_1 + H_2$，其他各项保持不变。

②当 $H_c < H_1 + H_2$ 时，H_c 对开模行程没有影响，仍用上述各公式进行校核。

除了上述介绍的三种校核情况之外，注射成型带有螺纹的塑件且需要利用开模运动完成脱卸螺纹的动作时，如果要校核注射机最大开模行程，还必须考虑从模具中旋出螺纹型芯或型环所需的开模距离。

（七）顶出装置的校核

各种型号注射机开合模系统中采用的顶出装置和最大顶出距离不尽相同，设计的模具必须与其相适应。通常是根据开合模系统顶出装置的顶出形式、顶出杆直径、顶出杆间距（注射机多顶出杆的情况）和顶出距离等，校核模具内的推杆位置是不是合理，推杆长度能否达到足以将塑件脱模出来的效果。国产注射机的顶出装置大致可分为以下几类。

（1）中心顶出杆机械顶出

如卧式 XS-Z-60、ZS-ZY-350、立式 SYS-30、直角式 SYS-45 及 SYS-60 等型号注射机。

（2）两侧双顶杆机械顶出

如卧式 XS-Z-30、XS-ZY-125 等型号注射机。

（3）中心顶出杆液压顶出与两侧顶出杆机械顶出联合作用

如卧式 XS-ZY-250、XS-ZY-500 等型号注射机。

（4）中心顶杆液压顶出与其他开模辅助油缸联合作用

如卧式 XS-ZY-1000 注射机。

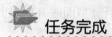 **任务完成**

初选注射机规格通常依据注射机允许的最大注射量、锁模力及塑件外观尺寸等因素确定。习惯上，其中一个作为设计依据，其余都作为校核依据。本任务以成型制件——灯座（见图 2-6）为例，选择成型所需注射机规格。

（一）成型灯座塑件所需成型设备的初步选择

1. 依据最大注射量初选设备

通常应保证制品所需注射量不大于注射机允许的最大注射量的 80%，否则就会造成制品形状不完整、内部组织疏松或制品强度下降等缺陷；而过小，则注射机利用率偏低，浪费电能，而且塑化长时间处于高温状态可导致塑料分解变质，因此，应注意注射机能处理的最小注射量，最小注射量通常应大于额定注射量的 20%。

①计算塑件的体积：

$$V = 200.17 \text{cm}^3 \text{（过程略）}$$

②计算塑件的质量

计算塑件的质量是为了选择注射机及确定模具型腔数。由手册查得聚碳酸酯塑料密度为 1.2g/cm³，所以，塑件的质量为

$$M = 200.17 \times 1.2 = 240.2\text{g}$$

根据塑件形状及尺寸（外形为回转体，最大直径为ϕ170mm、高度为133mm，尺寸较大），同时对塑件原材料的分析得知聚碳酸酯熔体黏度大，流动性较差，所以灯座塑件成型采用一模一件的模具结构。

塑件成型每次需要注射量（含凝料的质量，初步估算为10g）为250g。

③计算每次注射进入型腔的塑料总体积：

$$V = M/1.2 = 250/1.2 = 208.33cm^3$$

根据注射量，查表3-7或模具设计手册，初步选XS-ZY-500型号的螺杆式注射机，满足注射量不大于注射机允许的最大注射量的80%的要求。

设备主参数见表3-8。

表3-8　注射机主要技术参数

项目	设备参数	项目	设备参数
额定注射量（cm³）	500	最大开模行程（mm）	500
螺杆直径（mm）	65	最大模厚（mm）	450
注射压力（MPa）	104	最小模厚（mm）	300
注射行程（mm）	200	喷嘴圆弧半径（mm）	18
锁模力（kN）	3500	喷嘴孔直径（mm）	5
拉杆空间（mm）	1000		

2. 依据最大锁模力初选设备

当熔体充满型腔时，注射压力在模腔内所产生的作用力会使模具沿分型面胀开，为此，注射机的锁模力必须大于模腔内熔体对动模的作用力，以避免发生溢料和胀模现象。

同样以成型制件——灯座（见图2-6）为例，根据成型所需锁模力初选所需注射机规格。

①单个塑件在分型面上投影面积：

$$A_1 = 85 \times 85 \times \pi = 22698mm^2$$

②成型时熔体塑料在分型面上投影面积：

由于聚碳酸酯熔体黏度大，流动性差，所以灯座塑件成型采用一模一件的模具结构，即

$$A = A_1 \approx 22698mm^2$$

③成型时熔体塑料对动模的作用力：

$$F = Ap = 22698 \times 80/1000 \approx 1816kN$$

从安全角度考虑，则

$$F = Ap/k = 1816/0.8 \approx 2270kN$$

式中　P——塑料熔体对型腔的平均压力，聚碳酸酯成型温度较高，查表2-6可知成型聚碳酸酯塑件所需的注射压力为80～130MPa，取值100MPa，平均成型压力$P = 100 \times 80\% = 80MPa$；

　　　k——安全系数（0.8）。

④初选注射机根据锁模力必须大于模腔内熔体对动模的作用力的原则，查表3-7，初选XS-ZY-500型号的卧式螺杆式注射机，主要参数见表3-7。

（二）电池盒盖塑件成型工艺编制与设备的选择

成型塑料制件——电池盒盖（见图 3-2），要求材料为 ABS，大批量生产，试根据前面所学相关知识完成以下工作任务：

①原材料——ABS 性能分析；

②选择成型方式及成型工艺流程；

③确定成型工艺参数并编制成型工艺卡片；

④分析制件的结构工艺性；

⑤确定成型设备规格。

1. 原材料——ABS 性能分析

（1）分析制件材料使用性能

ABS 属热塑性非结晶型塑料，不透明。ABS 是由丙烯腈、丁二烯、苯乙烯共聚而成的，这三种组分各自的特性，使 ABS 具有良好的综合力学性能。丙烯腈使 ABS 有良好的耐化学腐蚀性及表面硬度，丁二烯使 ABS 坚韧，苯乙烯使它有良好的加工和染色性能。

ABS 无毒、无味，呈微黄色，成型的制件有较好的光泽，密度为 $1.02\sim1.05\mathrm{g/cm^3}$。ABS 有极好的抗冲击强度，且在低温下也不迅速下降。ABS 有良好的机械强度和一定的耐磨性、耐寒性、耐油性、耐水性、化学稳定性和电气性能。水、无机盐、碱和酸类对 ABS 几乎无影响，但在酮、醛、酯、氯代烃中 ABS 会溶解或形成乳浊液。ABS 不溶于大部分醇类及烃类溶剂，但与烃长期接触会软化溶胀。ABS 塑料表面受冰醋酸、植物油等的侵蚀会引起应力开裂。ABS 有一定的硬度和尺寸稳定性，易于成型加工，经过调色可配成任何颜色。

ABS 的缺点是耐热性不高，连续工作温度为 70℃左右，热变形温度为 93℃左右，且耐气候性差，在紫外线作用下易变硬发脆。

根据 ABS 中三种组分之间的比例不同，其性能也略有差异，从而可以适应各种不同的需要。根据使用要求的不同，ABS 可分为超高冲击型、高冲击型、中冲击型、低冲击型和耐热型等。

（2）分析塑料成型工艺性能

查表 2-3 及相关资料可知：ABS 属无定形塑料，流动性中等；在升温时黏度增高，所以成型压力较高，故制件上的脱模斜度宜稍大；ABS 易吸水，成型加工前应进行干燥处理，预热干燥温度为 80～100℃，时间为 2～3h；ABS 易产生熔接痕，模具设计时应注意减小浇注系统对料流的阻力；在正常的成型条件下，其壁厚、熔料温度对收缩率影响极小，在要求制件精度高时，模具温度可控制在 50～60℃，而在强调制件光泽和耐热性时，模具温度应控制在 60～80℃；如需解决夹水纹，需提高材料的流动性，采用高料温、高模温，或者改变浇注口位置等方法；成型耐热级或阻燃级材料，生产 3～7 天后模具表面会残存塑料分解物，导致模具表面发亮，需对模具进行及时清理，同时模具表面需增加排气位置。

（3）总结

电池盒盖制件为某电器产品配套零件，要求具有足够的强度和耐磨性能，中等精度，外表面无瑕疵、美观、性能可靠。采用 ABS 材料，产品的使用性能基本能满足要求，但在成型时，要注意选择合理的成型工艺。

2. 确定成型方式及成型工艺流程

（1）塑件成型方式的选择

所生产的制品选择 ABS 工程塑料，属于热塑性塑料，制品需要大批量生产。虽然注射成型模具结构较为复杂、成本较高，但生产周期短、效率高，容易实现自动化生产，大批量生产模具成本对于单件成本影响不大。而压缩成型、压注成型主要用于生产热固性塑件和小批量生产热塑性塑料；挤出成型主要用于成型具有恒定截面形状的连续型材；气动成型用于生产中空的塑料瓶、罐、盒、箱类塑件。所以图 3-2 所示电池盒盖塑件应选择注射成型生产。

（2）注射成型工艺过程的确定

一个完整的注射成型工艺过程包括成型前的准备、注射过程及塑件后处理三个过程。

1）成型前的准备

①对 ABS 原料进行外观检验：检查原材料，要求色泽一致、细度均匀。

②ABS 是吸湿性强的塑料，成型前应进行充分的预热干燥，湿度应小于 0.03%，建议干燥条件为 90～110℃，时间为 2～3h。除去物料中过多的水分和挥发物，以防止成型后塑件出现气泡和银丝等缺陷。

③生产开始如需改变塑料品种、调换颜色或发现成型过程中出现了热分解或降解反应，则应对注射机料筒进行清洗。

④为了使塑料制件容易从模具中脱出，模具型腔或型芯还需涂上脱模剂，根据生产现场实际条件选用硬脂酸锌、液体石蜡或硅油等。

2）注射过程一般包括加料、塑化、充模、保压补缩、冷却定型和脱模等步骤。

具体工艺参数见模块二任务 2 的内容。

3）塑件后处理

由于塑件壁厚较薄，精度要求不高，在夏季，电池盒盖塑件没有进行后处理，在冬季潮湿环境下有个别塑件发生翘曲变形，所以采用以下退火处理工艺。

①热水。将水加热到 50～80℃，将产品放进去 15～20min。

②烘箱。把产品放入红外线烘箱里，把烘箱温度调节到 70～90℃，时间为 15～20min。

注意：经退火的产品从热液体拿出来后要摆平让它自然冷却，不可以采取用冷水速冷的方法。

3. 确定成型工艺参数并编制成型工艺卡片

注射成型工艺条件选择可查表 2-6。

采用螺杆式塑料注射机，螺杆转速为 30～60r/min，材料预干燥 2h 以上。

（1）温度

料筒一区：150～170℃，料筒二区：180～190℃，料筒三区：200～210℃。

喷嘴：180～190℃，模具：60～80℃。

（2）压力

注射压力：60～100MPa，保压压力：40～60MPa。

（3）时间（成型周期）

注射时间：2～5s，保压时间：5～10s，冷却时间：5～15s，成型周期：20～50s。

（4）后处理

方法：红外线烘箱，温度：70～90℃，时间：18～30min。

电池盒盖的注射成型工艺卡片见表3-9。

表 3-9　电池盒盖注射成型工艺卡片

厂　名		塑料注射成型工艺卡片		资料编号	
车间				共页	第页
零件名称	电池盒盖	材料牌号	ABS	设备型号	XS-ZY-30
装配图号		材料定额		每模制件数	2件
零件图号		单件质量	7.4g	工装号	
			材料干燥	设备	红外线烘箱
				温度（℃）	90～110
				时间（h）	2～3
			料筒温度	料筒一区	150～170
				料筒二区	180～190
				料筒三区	200～210
				喷嘴	180～190
			模具温度（℃）		60～80
			时间	注射（s）	2～5
				保压（s）	5～10
				冷却（s）	5～15
			压力（MPa）	注射压力	60～100
				保压压力	40～60
				塑化压力	2～6
后处理	温度（℃）	红外线烘箱70～90		时间定额	辅助（min）	0.5
	时间（min）	18～30			单件（min）	0.5～1
检验					
编制	校对	审核	组长	车间主任	检验组长	编制

如选用柱塞式注射机，由于塑化效率较差，料筒各段温度应适当偏上限值。

4. 分析制件的结构工艺性

制件总体形状为长方形薄壳类零件，如图 3-55 所示，基本尺寸为 45mm×57.5mm，壁厚 2mm，在端部凸台上有一个三角形倒扣，高为 1mm，端部两侧各有一 4mm×1mm 的外凸块，底部两侧对称分布有 4mm×5.3mm×4mm 的内凸台，成型时需要考虑抽芯机构。

图 3-55　电池盒盖三维图

（1）塑件的尺寸精度

该塑件要求具有中等精度（一般精度），外表面无瑕疵、美观、性能可靠。重要的尺寸有 45mm、57.5mm、55mm 等，查表 2-29 可知精度为 MT3 级，次重要尺寸有 4mm、5.3mm、6mm 等，精度为 MT5 级（公差标注略）。

（2）塑件的表面粗糙度

ABS 注射成型时，表面粗糙度的范围为 Ra0.1～1.6μm，而该塑件表面粗糙度无要求，取为 Ra0.8。

（3）脱模斜度

查表 2-31 可知，材料为 ABS 的塑件，其型腔脱模斜度一般为 35′～1°30′，型芯脱模斜度为 35′～40′，而该塑件为开口薄壳类零件，深度较浅且大圆弧过度，脱模容易，因而不需考虑脱模斜度。

（4）壁厚

塑件的厚度较薄且均匀为 2mm，利于塑件的成型。

（5）加强肋

该塑件高度较小，壁厚适中，使用过程中承受压力不大，可不设加强肋。

（6）支撑面和凸台

该塑件无整体支撑面和凸台。

（7）圆角

该塑件内、外表面连接处有圆角，有利于塑件的成型。

（8）孔

该塑件没有孔。

（9）侧孔和侧凹

该塑件有一个 4mm×5.3mm×4mm 的内凸台，因而需要采用侧向抽芯侧孔。

（10）金属嵌件

该塑件无金属嵌件。

（11）螺纹、自攻螺纹孔

该塑件无螺纹、自攻螺纹孔。

（12）铰链

该塑件无铰链结构。

（13）文字、符号及标记

该塑件无文字、符号及标记。

通过以上分析可见，该塑件结构属于中等复杂程度，结构工艺性合理，不需对塑件的结构进行修改；塑件尺寸精度中等，对应的模具零件的尺寸加工容易保证。注射时在工艺参数控制得较好的情况下，塑件的成型要求可以得到保证。

5. 确定成型设备规格

初选注射机规格通常依据注射机允许的最大注射量、锁模力及塑件外观尺寸等因素确定。习惯上，其中一个作为设计依据，其余都作为校核依据。

（1）根据最大注射量初选设备

通常保证制品所需注射量不大于注射机允许的最大注射量的80%，否则就会造成制品的形状不完整、内部组织疏松或制品强度下降等缺陷；而过小，则注射机利用率偏低，浪费电能，而且塑料长时间处于高温状态可导致塑件的分解和变质，因此，应注意注射机能处理的最小注射量，最小注射量通常应大于额定注射量的20%。

以成型制件——电池盒盖（见图3-2）为例，初选成型所需注射机规格。

①单个塑件体积：

$$V=7.16\text{cm}^3\text{（过程略）}$$

②单个塑件质量：

$$M=V\rho=7.33\text{g}$$
$$\text{ABS 塑料密度 }\rho=1.03\text{g/cm}^3$$

由于塑件尺寸较小，基本尺寸为 45mm×57.5mm，且为长方形薄壳类零件，所以生产中通常选用一模两腔，加上凝料的质量（初步估算约为8g）。

③塑件成型每次需要注射量为

$$2M+8\approx23\text{g}$$

④根据注射量，查表3-7选择 XS-Z-30 型号的柱塞式注射机，满足注射量不大于注射机允许的最大注射量的80%。

⑤设备主要参数见表3-10。

表3-10 注射机主要技术参数

项　目	设 备 参 数	项　目	设 备 参 数
额定注射量（cm³）	30	最大开模行程（mm）	160
螺杆直径（mm）	28	最大模厚（mm）	180
注射压力（MPa）	119	最小模厚（mm）	60
注射行程（mm）	130	喷嘴圆弧半径（mm）	12
锁模力（kN）	250	喷嘴孔直径（mm）	4

（2）依据最大锁模力初选设备

当熔体充满型腔时，注射压力在模腔内所产生的作用力会使模具沿分型面胀开，为此，注射机的锁模力必须大于模腔内熔体对动模的作用力（胀模力），以避免发生溢料和胀模现象。

同样以成型制件——电池盒盖（见图 3-2）为例，根据成型所需锁模力初选注射机。

①单个塑件在分型面上的投影面积：

$$A_1 \approx 45 \times 58 = 2610 \text{mm}^2$$

②成型时熔体塑料在分型面上的投影面积：

由于塑件是长方形薄壳类零件，所以生产中通常选用一模两腔，初选估算凝料在分型面上的投影面积约为 600mm²。

$$A = 2 \times A_1 + A_{凝} = 2 \times 2610 + 600 = 5820 \text{mm}^2$$

③成型时熔体塑料对动模的作用力：

$$F = Ap \approx 199 \text{kN}$$

式中　p——塑料熔体对型腔的平均成型压力，成型 ABS 塑件型腔所需的平均成型压力 $p=34.2$MPa。

④根据锁模力必须大于模腔内熔体对动模的作用力的原则查表 3-7，选择 XS-Z-30 型号的柱塞式注射机，设备主参数见表 3-10。

任务小结

注射机的初步选择一般根据注射机的料筒塑化速率、最大注射量及锁模力来确定。我们可以依据其中一个参数来初步确定注射机，其余参数都作为校核项目。另外，还要对注射机的注射压力、开模行程和顶出装置进行校核及对模具在注射机上的安装位置和尺寸进行校核，这样，才能确认模具与注射机是否相互适应。

 思考题与练习

1. 影响塑件尺寸精度的因素有哪些？
2. 注射模是否与所使用的注射机相互适应，应该从哪几个方面进行校核？

学生分组，完成课题

现有一塑料制件——连接座，如图 2-1 所示。该连接座制件为某电器产品配套零件，需求量大，要求外形美观、使用方便、质量轻、品质可靠。要求完成以下内容：

①合理选择制件的材料并分析塑料性能；
②选择成型方式及成型工艺过程；
③确定成型工艺参数并编制成型工艺卡片；
④分析制件的结构工艺性；
⑤确定成型设备规格。

任务3　分型面的确定与浇注系统设计

任务描述

前面任务所选案例——灯座（见图2-6）材料为聚碳酸酯，大批量生产。要求外形美观、使用方便、品质可靠。要求在模具初步设计中完成以下任务。

1. 确定型腔数目及型腔布局。
2. 选择分型面。
3. 设计浇注系统。
4. 设计排气、引气系统。

学习目标

【知识目标】

1. 掌握型腔数量的确定方法及分布原则。
2. 掌握分型面的选择原则。
3. 掌握注射模浇注系统的设计方法。
4. 掌握注射模排气与引气系统的设计原则。

【技能目标】

1. 会确定型腔数目。
2. 具有合理选择分型面的能力。
3. 具有设计浇注系统的能力。
4. 具有设计排气与引气系统的能力。

任务分析

根据灯座的外形尺寸，既可选择一模一腔（模具简单，但生产效率较低），也可选择一模多腔（模具复杂，但生产效率高）；而根据灯座的结构形状与性能要求，其注射成型时制件的位置、分型面位置与浇注系统等也可以有多种选择方案。

本任务通过对确定型腔数目、模具分型面、浇注系统和排气系统相关知识的学习，以所选案例——灯座为载体，训练学生的设计能力。

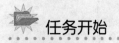

基本概念

一、型腔数量的确定及型腔布置

1. 型腔数量的确定

在模块三任务 2 中，已介绍了由注射机料筒塑化速率、最大注射量及额定锁模力来确定型腔数量。型腔数量的多少，直接影响塑件的精度和生产的经济性。通常小批量生产，采用单型腔模具；大批量生产，采用多型腔模具。

与多型腔模具相比，单型腔模具有以下优点。

（1）塑料制件的形状和尺寸始终一致

在多型腔模具中很难达到这一要求，因此如果生产的零件要求很小的尺寸公差时，采用单型腔模具也许更为适宜。

（2）工艺参数易于控制

单型腔模具因仅需根据一个塑件调整成型工艺条件，所以工艺参数易于控制。多型腔模具，即使各型腔的尺寸是完全相同的，同模生产的几个塑件因成型工艺参数的微小差别而使得其尺寸和性能也往往各不一样。

（3）模具的结构简单紧凑，设计自由度大

单型腔模具的推出机构、冷却系统和模具分型面的技术要求，在大多数情况下都能满足而不必综合考虑。

此外，单型腔模具还具有制造成本低、制造周期短等优点。

当然，对于长期大批量生产而言，多型腔模具是更为有益的形式，它可以提高生产效率，降低塑件的生产成本。如果注射的塑件非常小而又没有与其相适应的设备，则采用多型腔模具是最佳选择。现代注射成型生产中，大多数小型塑件的成型模具是多型腔的。

在设计实践中，有先确定注射机的型号，再根据所选用的注射机的技术规范及塑件的技术经济要求，计算能够选择的型腔数目的方式；也有根据经验先确定型腔数目，然后根据生产条件，如注射机的有关技术规范等进行校核计算，看所选定的型腔数目是否满足要求方式。但无论采用哪种方式，一般考虑的要点都有以下几点。

（1）塑料制件的批量和交货周期

如果必须在相当短的时间内注射成型大批量的产品，则使用多型腔模具可有独特的优越条件。

（2）质量控制要求

塑料制件的质量控制要求是指尺寸、精度、性能及表面粗糙度要求等。如前所述，每增加一个型腔，由于型腔的制作误差和成型工艺误差的影响，塑件的尺寸精度要降低约 4%～8%，因此多型腔模具（$n>4$）一般不能生产高精度塑件，高精度塑件宁可一模一腔，以保证质量。

（3）成型的塑件品种与塑件的形状及尺寸

塑件的材料、形状尺寸与浇口的位置和形式有关，同时也对分型面和脱模的位置有影响，因此确定型腔数目时应考虑这方面的因素。

（4）塑料制件的成本

除去塑件的原材料费用后，塑件的成型加工总成本可用以下经验公式计算：

$$C=N\frac{Yt}{n}+C_0+C_1+n\,C_2$$

式中　C——塑件的成型加工总费用（元）；

　　　N——塑件的生产批量总数；

　　　Y——单位时间的加工费用（元/min）；

　　　t——成型周期（min）；

　　　n——型腔数目；

　　　C_0——与型腔数目无关的那部分费用（元）；

　　　C_1——准备时间及试模时原料的费用（元）；

　　　C_2——每一型腔所需费用（元）。

从经济效益角度出发，应使 C 取最小值，即令 $dC/dn=0$，设 C_0、C_1 为常数，则最佳的型腔数目计算式为

$$n=\sqrt{\frac{NYt}{C_2}}$$

（5）所选用的注射机的技术规范

根据注射机的额定注射量及额定锁模力求型腔数目，详见模块三任务2。

因此，根据上述要点所确定的型腔数目，既要保证最佳生产经济性，技术上又要充分保证产品的质量，也就是应该保证塑料制件最佳的技术经济性。

2．一模多腔模具的型腔排列

型腔在模板上通常采用圆形排列、H 形排列、直线形排列及复合排列等。设计时应注意以下几点。

①应尽可能采用平衡式（从主流道到各型腔，分流道和浇口的各段长度、截面形状与尺寸均对应相同）排列，以便构成平衡式浇注系统，保证制品质量的均一和稳定。

②型腔布置和浇口开设部位应力求对称，以防模具受偏载而出现溢料现象，如图 3-56（a）所示的布置比图 3-56（b）所示的布置合理。

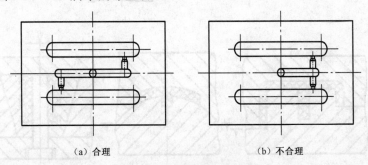

（a）合理　　　　　　　　（b）不合理

图 3-56　型腔布置力求对称

③尽可能使型腔排列得紧凑，以减小模具的外形尺寸。图 3-57（a）所示的布置优于图 3-57（b）所示的布置。

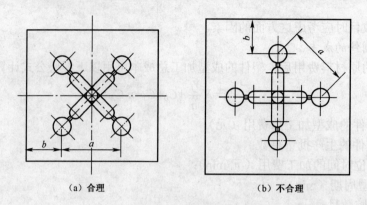

(a) 合理   (b) 不合理

图 3-57 型腔布置力求紧凑

二、分型面的设计

将模具适当地分成两个或几个可以分离的主要部分，这些可以分离部分的接触表面分开时能够取出塑件及浇注系统凝料，当成型时又必须接触封闭，这样的接触表面称为模具的分型面。分型面是决定模具结构形式的重要因素，它与模具的整体结构和模具的制造工艺有密切关系，并且直接影响着塑料熔体的流动充填特性及塑件的脱模，因此，分型面的选择是注射模设计中的一个关键。

1. 分型面的形式

注射模有的只有一个分型面，有的有多个分型面。分模后取出塑件的分型面称为主分型面，其余分型面称为辅助分型面。分型面的位置及形式如图 3-58 所示。图 3-58（a）所示为平直分型面；图 3-58（b）所示为倾斜分型面；图 3-58（c）所示为阶梯分型面；图 3-58（d）所示为曲面分型面；图 3-58（e）所示为瓣合分型面。

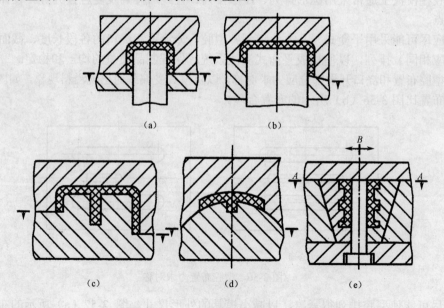

(a)   (b)

(c)   (d)   (e)

图 3-58 分型面的形式

2. 分型面的选择

如何确定分型面，需要考虑的因素比较复杂。由于分型面受到塑件在模具中的成型位置、浇注系统设计、塑件的结构工艺性及精度、嵌件位置、形状，以及推出方法、模具的制造、排气、操作工艺等多种因素的影响，因此在选择分型面时应综合分析比较，从几种方案中选出较为合理的方案。选择分型面时一般应遵循以下几项基本原则。

（1）分型面应选在塑件外形最大轮廓处

当已经初步确定塑件的分型方向后，分型面应选在塑件外形最大轮廓处，即通过该方向上塑件的截面积最大，否则塑件无法从型腔中脱出。

（2）确定有利的留模方式，便于塑件顺利脱模

通常分型面的选择应尽可能使塑件在开模后留在动模一侧，这样有助于动模内设置的推出机构动作，否则在定模内设置推出机构往往会增加模具整体的复杂性。如图 3-59 所示，按图 3-59（a）所示分型时，塑件收缩后包在定模型芯上，分型后会留在定模一侧，这样就必须在定模部分设置推出机构，增加了模具结构的复杂性；若按图 3-59（b）所示分型，分型后，塑件会留在动模上，依靠注射机的顶出装置和模具的推出机构可推出塑件。有时即使分型面的选择可以保证塑件留在动模一侧，但不同的位置仍然会对模具结构的复杂程度及推出塑件的难易程度产生影响，如图 3-60 所示。按图 3-60（a）所示分型时，虽然塑件分型后留在动模上，但当孔间距较小时，便难以设置有效的推出机构，即使可以设置，所需脱模力大，且会增加模具结构的复杂性，也很容易产生不良后果，如塑件翘曲变形等；若按图 3-60（b）所示分型，因只需在动模上设置一个简单的推件板作为脱模机构即可，故较为合理。

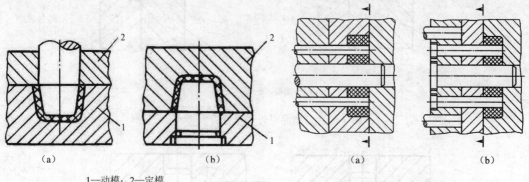

　　（a）　　　　　　　　（b）　　　　　　　　　（a）　　　　　　（b）

1—动模；2—定模

图 3-59　分型面对脱模的影响一　　　　　　图 3-60　分型面对脱模的影响二

（3）保证塑件的精度要求

与分型面垂直方向的高度尺寸，若精度要求较高，或同轴度要求较高的外形或内孔，为保证其精度，应尽可能设置在同一半模具型腔内。如果塑件上精度要求较高的成型表面被分型面分割，就有可能由于合模精度的影响引起形状和尺寸上不允许的偏差，塑件因达不到所需的精度要求而造成废品。如图 3-61 所示，按图 3-61（a）所示分型时，两部分齿轮分别在动、定模内成型，则因合模精度影响导致塑件的同轴度不能满足要求；若按图 3-61（b）分型，则能保证两部分齿轮的同轴度要求。

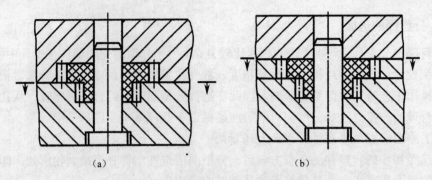

图 3-61 分型面对塑件精度的影响

（4）满足塑件的外观质量要求

选择分型面时应避免对塑件的外观质量产生不利的影响，同时需考虑分型面处所产生的飞边是否容易修整清除，当然，在可能的情况下应避免分型面处产生飞边。如图 3-62 所示，按图 3-62（a）分型时，圆弧处产生的飞边不易清除且会影响塑件的外观；若按 3-62（b）分型，则所产生的飞边易清除且不影响塑件的外观。如图 3-63 所示，按图 3-63（a）分型时，易产生飞边；若按图 3-63（b）分型，虽然配合处要制出 2°～3° 的斜度，但没有飞边产生。

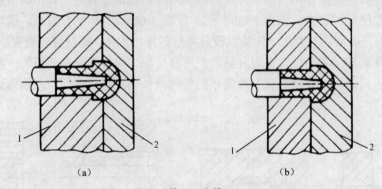

1—动模；2—定模

图 3-62 分型面对外观质量的影响一

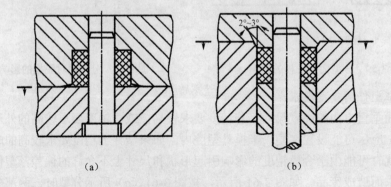

图 3-63 分型面对外观质量的影响二

（5）便于模具加工制造

为了便于模具加工制造，应尽量选择平直分型面或易于加工的分型面。如图3-64所示，图3-64（a）采用平直分型面，在推管上制作出塑件下端的形状，这种推管加工困难，装配时还要采用止转措施，同时还会因受侧向力作用而损坏；若按图3-64（b）采用阶梯分型面则加工方便。再如图3-65所示，按图3-65（a）分型时，型芯和型腔加工均很困难；若按图3-65（b）所示采用倾斜分型面，则加工较容易。

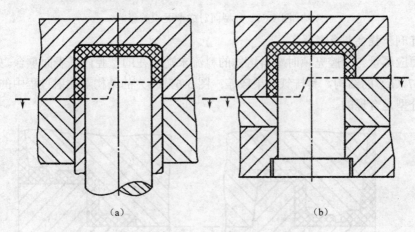

（a） （b）

图3-64 分型面对模具加工的影响一

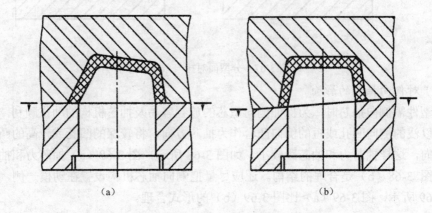

（a） （b）

图3-65 分型面对模具加工的影响二

（6）对成型面积的影响

注射机一般都规定其相应模具所允许使用的最大成型面积及额定锁模力，注射成型过程中，当塑件（包括浇注系统）在合模分型面上的投影面积超过允许的最大成型面积时，将会出现胀模溢料现象，这时注射模成型所需的合模力也会超过额定锁模力。因此，为了可靠地锁模以避免胀模溢料现象的发生，选择分型面时应尽量减小塑件（型腔）在合模分型面上的投影面积。如图3-66所示，按图3-66（a）分型时，塑件在合模分型面上的投影面积较大，锁模的可靠性较差；若采用图3-66（b）分型，塑件在合模分型面上的投影面积比图3-66（a）小，保证了锁模的可靠性。

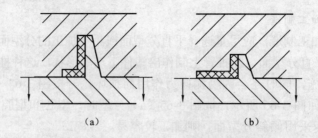

图 3-66 分型面对成型面积的影响

（7）有利于提高排气效果

分型面应尽量与型腔充填时塑料熔体的料流末端所在的型腔内壁表面重合。如图 3-67 所示，图 3-67（a）的结构，其排气效果较差；图 3-67（b）的结构对注射过程中的排气有利，因此这样分型是合理的。

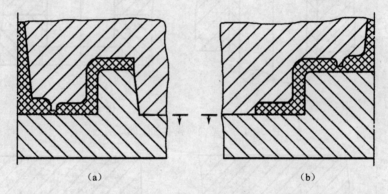

图 3-67 分型面对排气效果的影响

（8）对侧向抽芯的影响

当塑件需侧向抽芯时，为保证侧向型芯的放置容易及抽芯机构的动作顺利，选定分型面时，应以浅的侧向凹孔或短的侧向凸台作为抽芯方向，将较深的凹孔或较高的凸台放置在开合模方向，这样抽芯力和抽芯距较小。如图 3-68 所示，图 3-68（a）抽芯力和抽芯距大，不合理；图 3-68（b）是合理的结构。还应尽量把侧向抽芯机构设置在动模一侧，便于抽芯，如图 3-69 所示，图 3-69（a）比图 3-69（b）的形式合理。

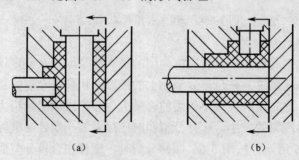

图 3-68 分型面对侧向抽芯的影响一

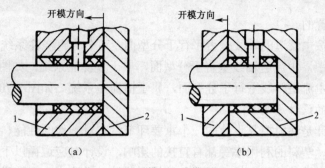

1—动模；2—定模

图 3-69　分型面对侧向抽芯的影响二

以上阐述了选择分型面的一般原则及部分示例，在实际设计中，不可能全部满足上述原则，一般应抓住主要矛盾，在此前提下确定合理的分型面。

三、浇注系统设计

浇注系统是指模具中由注射机喷嘴到型腔之间的一段进料通道，其设计的好坏直接影响到塑件的质量及成型效率。浇注系统的作用是将塑料熔体均匀地送到每个型腔，并将注射压力有效地传送到型腔的各个部位，以获得形状完整、质量优良的塑件。浇注系统分为普通流道浇注系统和热流道浇注系统两类。

1. 普通浇注系统的组成及设计原则

（1）普通浇注系统的组成

普通浇注系统一般由主流道、分流道、浇口和冷料穴四部分组成。常见的注射模具浇注系统如图 3-70 所示。

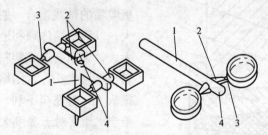

（a）卧式或立式注射机上注射模浇注系统　　（b）直角式注射机上注射模浇注系统

1—主流道；2—分流道；3—浇口；4—冷料穴

图 3-70　浇注系统的组成

主流道是从注射机喷嘴与模具接触处开始到分流道或型腔为止的塑料熔体的流动通道。

分流道是主流道末端与浇口之间塑料熔体的流动通道。

浇口是连接分流道与型腔的塑料熔体通道，一般情况下是浇注系统中截面尺寸最小的部位。

冷料穴一般设置在主流道末端，有时分流道的末端也设置冷料穴。冷料穴是为储存料流中的前锋冷料而设置的。

普通浇注系统按主流道的轴线是否平行于分型面，可分为直浇注系统和横浇注系统。在卧式和立式注射机中，主流道轴线垂直于分型面，属于直浇注系统，如图 3-70（a）所示。在角式注射机中，主流道轴线平行于分型面，属于横浇注系统，如图 3-70（b）所示。

（2）浇注系统的设计原则

浇注系统的设计是注射模具设计的一个重要环节，它对塑件的性能、尺寸精度、成型周期，以及模具结构、塑料的利用率等都有直接的影响，设计时应遵循以下原则。

①充分考虑塑料熔体的流动性和塑件的结构工艺性。设计浇注系统时，应利用塑料熔体的流动特征和塑件的结构工艺性，进行相应的校核，以保证塑料熔体以尽可能低的表观黏度和较快的速度充满模具的整个型腔。

②热量和压力损失要小。尽量缩短浇注系统长度，减少流道的弯折。

③确保均衡进料。尽可能使模具的各个型腔同时进料，同时充满，保证塑件质量。

④排气性好。浇注系统应顺利平稳地引导塑料熔体充满型腔，使浇注系统和型腔内原有的气体排出，避免因排气不良而造成气泡、烧焦等成型缺陷。

⑤塑料耗量要少。在满足各型腔充满的前提下，浇注系统的容积应尽量小，以减少塑料耗量，降低生产成本。

⑥便于修整浇口以保证塑件外观质量　浇口不允许开设在对外观有严重影响的部位，而应开设在次要隐蔽的地方。浇口的开设应使浇注系统凝料与塑件易于分离，且浇口痕迹易于清除修整。

2. 普通浇注系统的设计

（1）主流道设计

主流道一般位于模具中心线上，它与注射机喷嘴的轴线重合。主流道一般设计得比较粗大，以利于熔体顺利地向分流道流动。但不能太大，否则会造成塑料消耗增多；反之，主流道也不宜太小，否则熔体流动阻力增大，压力损失大，对充模不利。因此，主流道尺寸必须恰当。通常对于黏度大的塑料或尺寸较大的塑件，主流道截面尺寸应设计得大些；对于黏度小的塑料或尺寸较小的制品，主流道截面尺寸可设计得小一些。

在卧式或立式注射机用模具中，主流道垂直于分型面。常见的注射模具浇注系统如图 3-71 所示，与注射机喷嘴的连接如图 3-45 所示，其设计要点如下所述。

①主流道需设计成锥角为 $\alpha=2°\sim6°$ 的圆锥形，表面粗糙度 $Ra\leqslant0.8\mu m$，抛光时沿轴向进行，以便于浇注系统凝料从中顺利拔出。

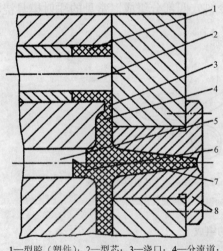

1—型腔（塑件）；2—型芯；3—浇口；4—分流道；
5—拉料杆；6—冷料穴；7—主流道；8—浇口套

图 3-71　常见的注射模具浇注系统

②为使塑料熔体完全进入主流道而不溢出，主流道与注射机喷嘴的对接处应设计成半球形凹坑（见图 3-45）；同时为便于凝料的取出，其半径 $R=r+(1\sim2)$，其小端直径 $D=d+(0.5\sim1)$，通常 D 取 $3\sim6$mm（见表 3-11）。主流道长度由定模板厚度确定，一般 L 不超过 60mm，否则凝料难以取出。主流道大端与分流道相接处应有过渡圆角，通常 $r'=1\sim3$mm，以减小料流转向时的阻力。

表 3-11　主流道小端直径 D 的推荐值　　　　　　　　　　　mm

塑料品种	注射机最大注射量（g）						
	10	30	60	125	250	500	1000
聚乙烯、聚苯乙烯	3	3.5	4	4.5	4.5	5	5
ABS、PMMA	3	3.5	4	4.5	4.5	5	5
聚碳酸酯、聚砜	3.3	4	4.5	5	5	5.5	5.5

③由于主流道要与高温塑料和喷嘴反复接触和碰撞，所以，主流道部分常设置可拆卸的主流道衬套（俗称浇口套），尤其当主流道需要穿过几块模板时更应设置主流道衬套，否则在模板接触面可能溢料，致使主流道凝料难以取出。

④为使所安装模具与注射机对中，模具上应设有定位圈，注射机固定模板定位孔与模具定位圈取较松动的间隙配合 H11/b11 或 0.1mm 的小间隙。

⑤主流道衬套的结构形式如图 3-72 所示，图 3-72（a）所示为将浇口套与定位圈设计成整体式，一般用于小型模具；图 3-72（b）和图 3-72（c）所示为将浇口套和定位圈设计成两个零件，然后配合固定在模板上。

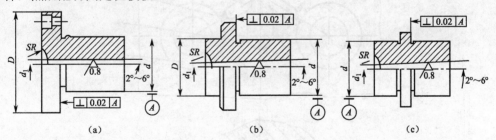

图 3-72　浇口套的结构形式

浇口套的安装固定如图 3-73 所示。浇口套用螺钉紧固于定模座板上，如图 3-73（a）所示。图 3-73（b）和图 3-73（c）所示为将浇口套与定位圈设计成两个零件的形式，以台阶的形式固定在定模座板上。中小型模具定位圈高度一般取 $8\sim10$mm，大型模具定位圈高度一般取 $12\sim15$mm。

浇口套一般选用碳素工具钢如 T8A、T10A 等，热处理要求为 HRC52~56，浇口套与定模板的配合可采用 H7/m6。

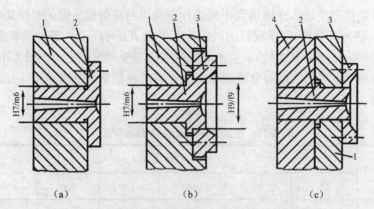

（a）　　　　　　　（b）　　　　　　　（c）

1—定模座板；2—浇口套；3—定位圈；4—定模板

图 3-73　浇口套的固定形式

（2）冷料穴与拉料杆的设计

冷料穴是用来存储注射间隙期间喷嘴产生的冷凝料头和最先注入模具浇注系统的温度较低的部分熔体，以防止这些冷料进入型腔而影响制品质量，并使熔体顺利充满型腔。

直角式注射机用注射模具的冷料穴，通常为主流道的延长部分，如图 3-74 所示。

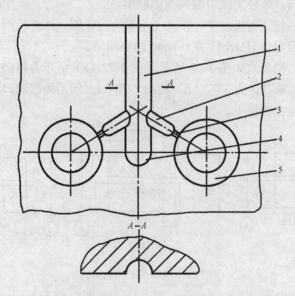

1—主流道；2—分流道；3—浇口；4—冷料穴；5—型腔

图 3-74　直角式注射机用模具的浇注系统

卧式注射机用模具的冷料穴，一般都设在主流道的正对面的动模上（见图 3-75）或分流道末段［见图 3-70（a）］。冷料穴中常设有拉料结构，以便开模时将主流道凝料拉出，根据拉料方式的不同，常见的冷料穴与拉料杆结构有以下几种。

①底部带有拉料杆的冷料穴。这种冷料穴的底部设有拉料杆，如图 3-75 所示。其中图 3-75（a）为"Z"形拉料杆的冷料穴，应用较普遍，其拉料杆和推杆固定在推杆固定

板上，但当塑件被推出后，作轴向移动时不能采用，如图 3-76（a）所示。图 3-75（b）、（c）是带球头形、菌头形拉料杆的冷料穴，其拉料杆固定在型芯固定板上，凝料在推件板推出塑件的同时从拉料杆上强制脱出，如图 3-76（b）所示，因而一般用于推件板脱模的注射模中。图 3-75（d）所示为分流锥形拉料杆，尖锥还能起到分流作用，但无储存冷料的作用，它靠塑料收缩的包紧力将主流道凝料拉住。分流锥形拉料杆常用于单型腔模成型带有中心孔的制品。

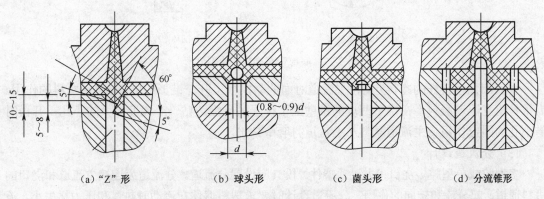

（a）"Z"形　　　　（b）球头形　　　　（c）菌头形　　　　（d）分流锥形

图 3-75　卧式注射机用模具的冷料穴

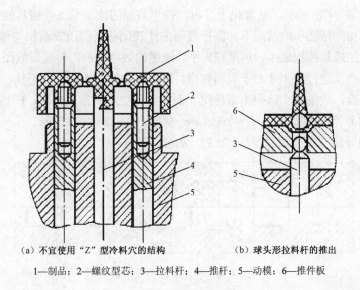

（a）不宜使用"Z"型冷料穴的结构　　　　（b）球头形拉料杆的推出

1—制品；2—螺纹型芯；3—拉料杆；4—推杆；5—动模；6—推件板

图 3-76　模具的冷料穴

②底部带有推杆的冷料穴。这类冷料穴的底部设有一推杆，推杆安装在推杆固定板上，如图 3-77 所示。图 3-77（a）所示为倒锥孔冷料穴，图 3-77（b）所示为圆环槽冷料穴，开模时倒锥或圆环槽起拉料作用，然后利用推杆强制推出凝料。很显然，这两种结构形式适用于韧性塑料，由于在取下凝料时无须做横向移动，故易实现自动化生产。

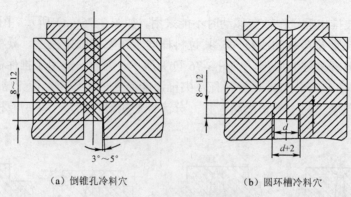

（a）倒锥孔冷料穴　　　　（b）圆环槽冷料穴

图 3-77　底部带有推杆的冷料穴

③底部无拉料杆的冷料穴。在主流道对面的动模板上开一锥形凹坑，起容纳冷料的作用。为了拉出主流道凝料，在锥形凹坑的锥壁上平行于另一锥边钻一个深度不大的小孔，开模时借小孔的固定作用将主流道凝料从主流道衬套中拉出。

（3）分流道设计

多型腔或单型腔多浇口（大尺寸塑件）模具应设置分流道。分流道为连接主流道和浇口的进料通道，起分流和转向的作用。分流道设计时要求塑料熔体在流动时热量和压力损失小，流道凝料少，各型腔能均衡进料。为便于分流道的加工和凝料脱模，分流道大都设置在分型面上。

①分流道的截面形状及尺寸。常用的分流道截面形状为圆形、正方形、梯形、U 形、半圆形及矩形等，如图 3-78 所示。从理论上分析，圆形截面的流道总比任何其他形状截面的流道更可取，因为在相同截面积的情况下，圆形截面的比表面积（流道表面积与体积之比）最小，塑料熔体与模具的接触面积最小，热量损失小，流道的效率最高，但圆形截面分流道因其要以分型面为界分成两半进行加工才利于凝料脱出，所以这种加工的工艺性不佳，且模具闭合后难以保证两半圆对准，故生产实际中不常使用。而在实际生产中常用梯形、U 形及半圆形截面。

梯形截面的分流道截面尺寸　$H=(2/3)B$，$\alpha=5°\sim10°$，$B=4\sim12\text{mm}$。

U 形截面的分流道截面尺寸　$H=1.25R_1$，$R_1=0.5B$，$\alpha=5°\sim10°$

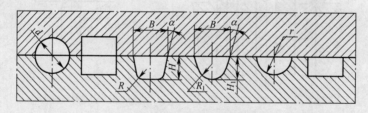

图 3-78　分流道的截面形状

究竟采用哪一种截面的分流道，既要考虑各种塑料注射成型的需要，又要考虑制造的难易程度。从传热面积考虑，热固性塑料的注射模宜用矩形截面分流道，而热塑性塑料宜用圆形截面分流道；从压力损失考虑，圆形截面分流道最好；从加工方便考虑，宜采用梯形、矩形截面分流道。

分流道截面尺寸应按塑件制品的体积、制品形状和壁厚、塑料品种、注射速率、分流道长度等因素确定。若截面过小，在相同注射压力下，会使充模时间延长，制品易出现缺料等缺陷；截面过大，会积存较多空气，制品容易产生气泡，而且流道凝料增多，冷却时间增长。

圆形截面分流道直径一般为 $d=(2\sim12)$ mm。流动性很好的聚乙烯、聚酰脂等，可取较小截面，当分流道很短时，其直径可取 2mm；对流动性差的聚碳酸酯、聚砜等，应取较大截面直径，可达 12mm。

常用的分流道截面及其尺寸见表 3-12，表面粗糙度 Ra 一般为 1.6μm 即可，这样，流道内外层流速较低，容易冷却而形成固定表皮层，有利于流道保温。

表 3-12　常用的分流道横截面及其尺寸　　　　　　　　　　　　mm

圆形截面	d	5	6	7	8	9	10	11	12
U形截面	R_1	2.5	3	0.5	4	4.5	5	5.5	6
	H_1	6	7	8.5	10	11	12.5	13.5	15
梯形截面	B	5	6	7	8	9	10	11	12
	R	1~5	1~5	1~5	1~5	1~5	1~5	1~5	1~5
	H	3.5	4	4.5	5	6	6.5	7	8

分流道和浇口的连接处采用斜面和圆弧过渡，有利于熔体的流动，降低料流的阻力。

②分流道的布置形式。分流道的布置有平衡式和非平衡式两种。平衡式布置指从主流道到各型腔各段通道的长度、截面形状、尺寸都对应相同，如图 3-79 所示。这种布置形式的优点是容易实现均衡送料和各型腔同时充满，使各型腔的塑件力学性能基本一致，但是这种形式的分流道比较长。图 3-79（a）～图 3-79（d）所示型腔为圆形排列，图 3-79（e）、（f）所示型腔为 H 形排列。为了获得精度较高的塑料制品，多型腔注射模除达到料流平衡外，还必须达到热平衡。

非平衡式布置是指从主流道到各型腔浇口的分流道的长度不相等的布置形式，不利于均衡进料，如图 3-80 所示。这种布置形式在型腔较多时，可缩短流道的总长度，但为了实现各个型腔同时充满的要求，必须将浇注口开成不同的尺寸。有时往往需要多次修改，才能达到各型腔同时充满的目的。所以，精度要求特别高的塑件不宜采用非平衡式布置。

（4）浇口的设计

浇口也称进料口，是连接分流道与型腔的熔体通道。浇口是浇注系统中最关键的部分，浇口的设计与位置的选择恰当与否，直接关系到塑件的质量。按浇口截面尺寸大小的结构特点，浇口可分为限制性浇口和非限制性浇口两类；按浇口位置可分为中心浇口和边缘浇口；按浇口的形状可分为扇形、盘形、轮辐式、薄片式、点浇口、潜伏式、护耳式等。

点浇口是典型的限制性浇口之一，运用范围较广，主要是由于它有以下特点。

①塑料熔体通过限制性浇口时，流动速率增加，使熔体的表观黏度降低，有利于充模。

②塑料熔体通过限制性浇口时，受到剪切、摩擦作用大，产生的热能使塑料熔体的温度升高，有利于熔体的流动。

③浇口截面尺寸小，易控制浇口凝固时间，防止倒流。同时有利于控制补料时间，减小制品的内应力。

④对一模多腔或采用多浇口进料的模具，各浇口调整比较容易，便于实现各浇口的平衡进料。

⑤取浇口容易，浇口的痕迹小，制品的外观好。

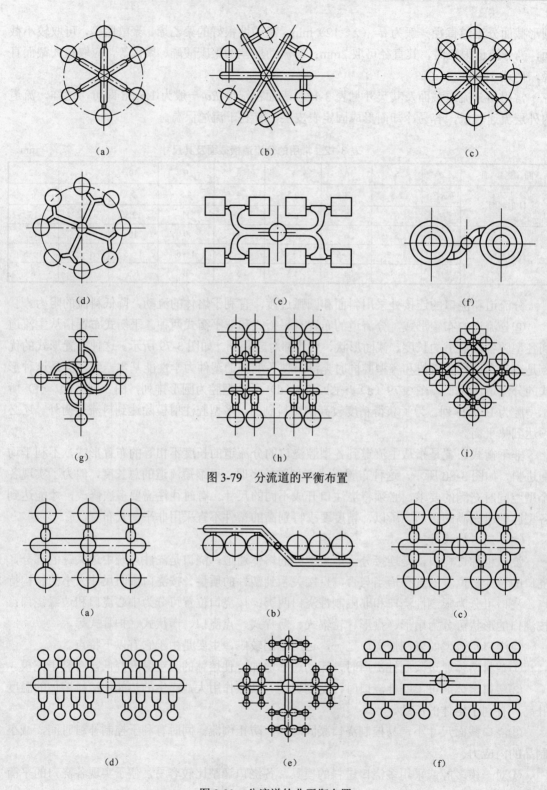

图 3-79 分流道的平衡布置

图 3-80 分流道的非平衡布置

非限制性浇口是整个浇注系统中截面尺寸最大的部位，它主要对中大型筒类、壳类塑件型腔起引料和进料后的施压作用。

1）浇口的形式、尺寸及特点。浇口的形式很多，尺寸也各不相同，常见的浇口形式、尺寸及特点见表 3-13。

表 3-13　浇口的形式、尺寸及特点

序号	名　称	简　图	尺寸（mm）	特　点
1	直接浇口（主流道型浇口、非限制型浇口）		$\alpha=2°\sim4°$	塑料流程短，流动阻力小，进料速度快，适用于高黏度类大而深的塑件（尼龙、聚砜等）。浇口凝固时间长，去浇口不方便
2	侧浇口（边缘浇口、矩形浇口、标准浇口）		$B=1.5\sim5$ $h=0.5\sim2$ $L=0.5\sim2$ $r=0.5\sim2$	浇口流程短、截面小、去除容易，模具结构紧凑，加工维修方便，能方便地调整充模时剪切速率和浇口的冻结时间，使浇口修整和凝料去除方便，适用于各种形状的塑件
3	扇形浇口		$h_2=0.25\sim1.6$ W_2 为塑件长度的 1/4 $L=(1\sim1.3)h_2$	浇口中心部分与两侧的压力损失基本相等，塑件的翘曲变形小，型腔排气性好。适用于宽度较大的薄片塑件。但浇口去除较困难，浇口痕迹明显

序号	名　称	简　　图	尺寸（mm）	特　点
4	平缝式浇口		h=0.20～1.5 L=1.2～1.5	适用于大面积扁平塑件，进料均匀，流动状态好，避免熔接痕
5	盘形浇口		h=0.25～1.6 L=0.8～1.8	适用于圆筒形或中间带孔的塑件。进料均匀，流动状态好，避免熔接痕
6	轮辐浇口		h=0.5～2 宽度 b=0.6～6.4 L=0.8～1.8	浇口去除方便，适用范围同盘形浇口，但塑件可能留有熔接痕
7	点浇口（橄榄形、菱形浇口）		见图	截面小，塑件剪切速率高，开模时浇口可自动拉断，适用于盒形及壳体类塑件
8	潜伏式浇口（隧道式）		α=40°～60° β=10°～20° L=2～3	属点浇口的变异形式，浇口可自动切断，塑件表面不留痕迹，模具结构简单。不适用于强韧的塑料或脆性塑料

续表

序 号	名 称	简 图	尺寸（mm）	特 点
9	护耳式浇口	1—耳槽；2—浇口；3—主流道；4—分流道	$L \leq 150$ $H=1.5b_0$ b_0=分流道直径 $t_0=(0.8 \sim 0.9)$壁厚 $L_0=150 \sim 300$	具有点浇口的优点，可有效地避免喷射流动，适用于热稳定性差、黏度高的塑料

浇口的设计是十分重要的，断面形状常为矩形或圆形，浇口尺寸通常根据经验估算，浇口断面积为分流道断面积的 3%～9%，浇口的长度为 1～1.5mm。在设计时往往先取较小的浇口尺寸以便试模后逐步加以修正。

另外，不同的浇口形式对塑料熔体的充填特性、成型质量及塑件的性能会产生不同的影响。各种塑料因其性能的差异而对不同形式的浇口会有不同的适应性，设计模具时可参考表 3-14 所列常用塑料所适应的浇口形式。

表 3-14　常用塑料所适应的浇口形式

塑料种类 \ 浇口尺寸	直接浇口	侧浇口	平缝浇口	点浇口	潜伏浇口	环形浇口
硬聚氯乙烯	☆	☆				
聚乙烯	☆	☆		☆		
聚丙烯	☆	☆		☆		
聚碳酸酯	☆	☆				
聚苯乙烯	☆	☆		☆		
橡胶改性苯乙烯					☆	
聚酰胺	☆	☆		☆	☆	
聚甲醛	☆	☆		☆	☆	☆
丙烯腈-苯乙烯	☆	☆				
ABS	☆	☆		☆	☆	
丙烯酸脂	☆	☆				

注："☆"表示塑料适用的浇口形式。

2）浇口位置的选择原则。浇口设计很重要的一方面是位置的确定，浇口位置选择不当会使塑件产生变形、熔接痕、凹陷、裂纹等缺陷。一般来说，浇口位置选择要遵循以下原则。

①浇口位置的设置应使塑料熔体填充型腔的流程最短、料流变向最少。

②浇口位置的设置应避免熔体破裂。小浇口正对着一个宽度比较大的型腔，则高速的料流流过浇口时，由于受到很高的剪切力作用，将会产生喷射和蠕动（蛇形流）等熔体断裂现象，如图 3-81（a）所示。这些喷出的高度定向的细丝或断裂物很快冷却变硬，与后进入型腔的熔体不能很好地熔合而使制品出现明显的熔接痕。有时熔体直接从型腔一端喷到型腔的另一端，造成折叠，使制品形成波纹状痕迹。此外，喷射还会使型腔中空气难以排出，形成气泡。克服上述缺陷的办法是加大浇口截面尺寸或采用护耳式浇口，或采用冲击型浇口，即浇口设置在正对型腔壁或粗大型芯的方位，使高速料流直接冲击在型腔和型芯壁上，从而改变流向，降低流速，平稳地充满型腔，使熔体破裂的现象消失，如图 3-81（b）所示。

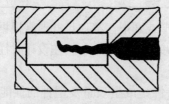 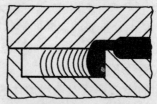

（a）产生喷射　　　　　　　　　　　　（b）熔体前端平稳流入

图 3-81　浇口位置与喷射

③应有利于排气和补缩。要避免从容易造成气体滞留的方向开设浇口。如果这一要求不能充分满足，在塑件上不是出现缺料、气泡就是出现焦斑现象，同时熔体充填时也不顺畅，虽然有时可用排气系统来解决，但在选择浇口位置时应先行加以考虑。浇口设在壁厚处，有利于补缩，可避免缩孔、凹痕产生。当制品的壁厚相差较大时，为了有效地传递压力、防止缩孔，浇口的位置应开设在制品截面最厚处，以利于熔体填充及补料。

④避免塑件变形。大平面型塑料件，只用中心浇口，塑件会因内应力较大而翘曲变形，而采用多个点浇口，就可以克服翘曲变形缺陷。

⑤减少或避免产生熔接痕，提高熔接痕的强度。由于浇口位置的原因，塑料熔体充填型腔时会造成两股或两股以上的熔体料流地汇合，汇合之处温度最低，在塑件上会形成熔接痕，降低塑件的熔接强度，影响塑件外观，在成型玻璃纤维增强塑料制件时尤其严重。如无特殊需要，最好不要开设一个以上的浇口，以免增加熔接痕。

⑥应考虑高分子取向对塑料制品性能的影响。塑料熔体在充填模具型腔期间，会在流动方向上出现聚合物分子和填料的取向。垂直于流向和平行于流向之处的强度及应力引起的开裂倾向是有差别的，往往垂直于流向的方位强度低，容易产生应力开裂，在选择浇口位置时，应充分注意这一点。对于大型平板类塑件，若仅采用一个中心浇口或一个侧浇口，制品会因分子定向所造成的各向收缩异性而翘曲变形。若改用多点浇口或平缝式浇口，则可有效地克服这种翘曲变形。

⑦考虑塑件受力状况。塑件浇口处残余应力大、强度差，故浇口位置不能设置在塑件承受弯曲载荷或受冲击力的部位。

⑧防止型芯变形。对有细长型芯的模具，应避免偏心进料，以防止型芯产生弯曲变形。

⑨校核流动比。对于高黏度塑料和大型、薄壁塑件，确定浇口位置时要进行流动比校核。流动比是指熔体在模具中进行最长距离的流动时，其各段料流通道的流程长度 L_i 与其对应截

面厚度 t_i 比值之和，流动比 ϕ 按下式计算：

图 3-82（a）所示为直接浇口进料的塑件，其流动比 $\phi = L_1/t_1 + L_2/t_2 + L_3/t_3$；

图 3-82（b）所示为侧浇口进料的塑件，其流动比 $\phi = L_1/t_1 + L_2/t_2 + L_3/t_3 + 2 \times L_4/t_4 + L_5/t_5$。

式中　L_i——各段料流通道的流程长度（mm）；

　　　t_i——各段流道的厚度或直径（mm）；

　　　ϕ——塑料的流动比。

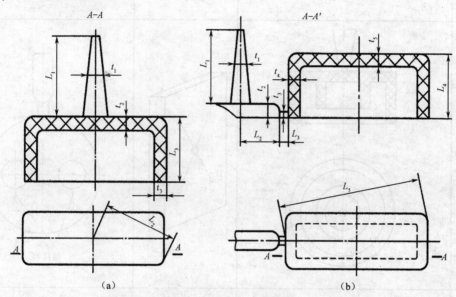

图 3-82　流动比计算图例

若流动比超过允许值时会出现充型不足，这时应调整浇口位置或增加浇口数量。表 3-15 是几种常用塑料的极限流动比 ϕ，供设计模具时参考。

表 3-15　部分常用塑料的注射压力与极限流动比

塑料名称	注射压力（MPa）	流动比 ϕ	塑料名称	注射压力（MPa）	流动比 ϕ
聚乙烯	147	280～250	聚碳酸酯	127.4	160～120
	68.6	240～200		117.6	150～120
	49	140～100		88.2	130～90
聚丙烯	117.6	280～240	聚甲醛	98	210～110
	68.6	240～200	软聚氯乙烯	88.2	280～200
	49	140～100		68.6	240～160
聚苯乙烯	88.2	300～260	硬聚氯乙烯	127.4	170～130
聚酰胺 6	88.2	320～200		117.6	160～120
聚酰胺 66	88.2	130～90		88.2	140～100
	127.4	160～130		68.6	110～70

上述这些原则在应用时常常会产生某些不同程度的相互矛盾，应分清主次因素，以保证成型性能及成型质量、得到优质产品为前提，综合分析权衡，从而根据具体情况确定出比较合理的浇口位置。表3-16列出了浇口位置选择的对比示例，供模具设计时借鉴。

表 3-16 浇口位置的对比示例

序号	1	2	3
选择合理	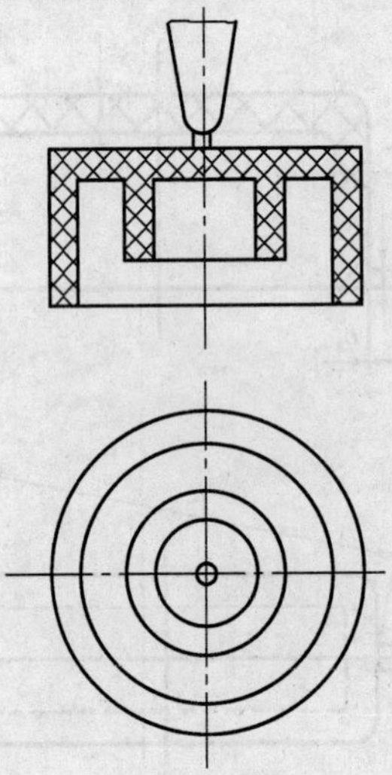	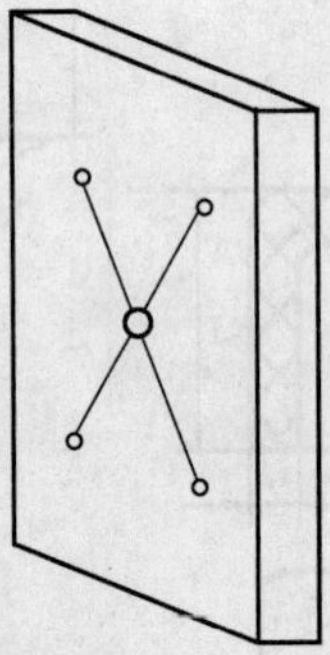	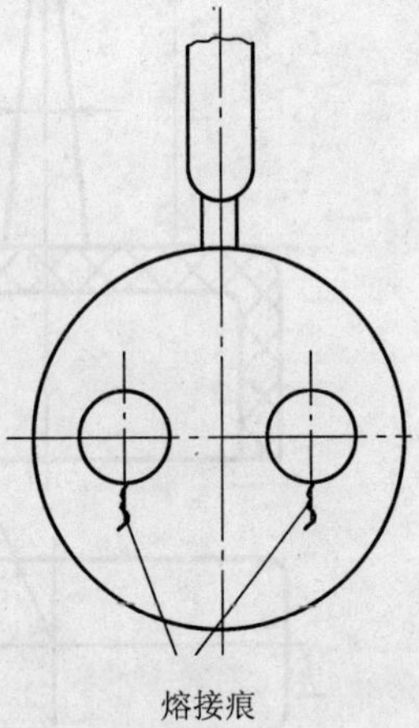
选择不合理	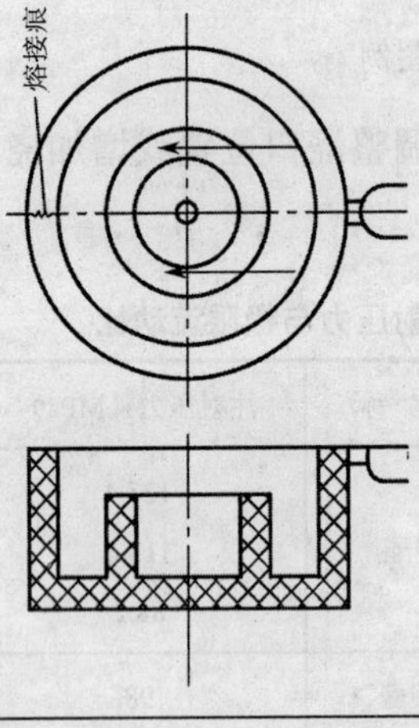	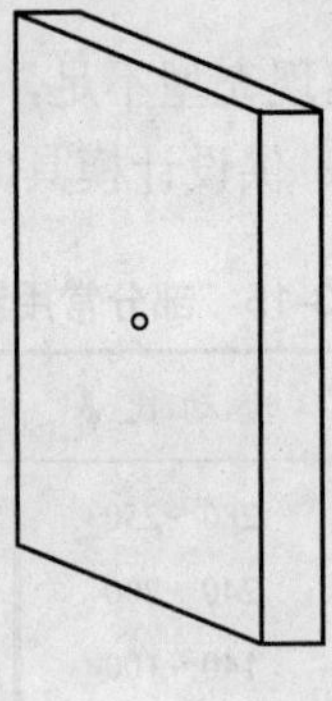	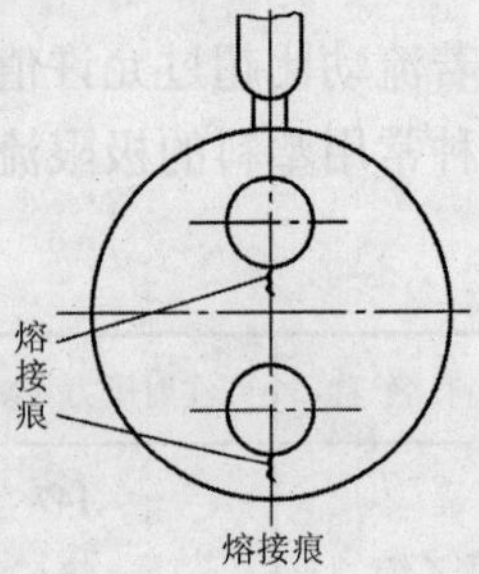
说明	盒罩形塑件顶部壁薄，采用中心位置的点浇口可减少熔接痕，有利于排气，可避免顶部缺料或塑料碳化	对底面积较大又浅的壳体塑件或平板状大面积塑件应兼顾内应力和翘曲变形问题，采用多点进料较为合理	浇口位置应考虑熔接痕的方位，下图熔接痕与小孔连成一线，使强度大为削弱

续表

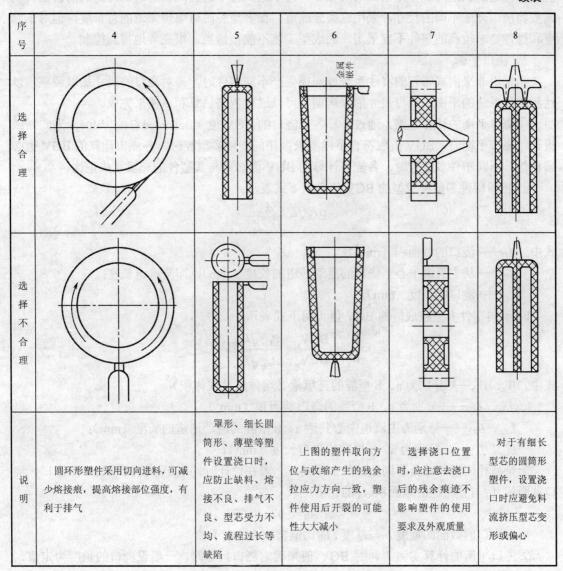

序号	4	5	6	7	8
选择合理					
选择不合理					
说明	圆环形塑件采用切向进料，可减少熔接痕，提高熔接部位强度，有利于排气	罩形、细长圆筒形、薄壁等塑件设置浇口时，应防止缺料、熔接不良、排气不良、型芯受力不均、流程过长等缺陷	上图的塑件取向方位与收缩产生的残余拉应力方向一致，塑件使用后开裂的可能性大大减小	选择浇口位置时，应注意去浇口后的残余痕迹不影响塑件的使用要求及外观质量	对于有细长型芯的圆筒形塑件，设置浇口时应避免料流挤压型芯变形或偏心

（5）浇注系统的平衡

中小型塑件的注射模具已广泛使用一模多腔的形式，设计时应尽量保证所有的型腔同时得到均一的充填和成型。一般在塑件形状及模具结构允许的情况下，应将从主流道到各个型腔的分流道设计成长度相等、形状及截面尺寸相同（这时型腔布局为对称平衡式）的形式，否则就需要通过调节浇口尺寸使各浇口的流量及成型工艺条件达到一致，这就是浇注系统的平衡。

1）型腔布局与分流道的平衡

分流道的布置形式分平衡式和非平衡式两类。平衡式是指从主流道到各个型腔的分流道，其长度、截面形状和尺寸均对应相等，这种设计可直接达到各个型腔均衡进料的目的，在加工时，应保证各对应部位的尺寸误差控制在 1%以内；非平衡式是指由主流道到各个型腔的分流道的长度可能不是全部对应相等，为了达到各个型腔均衡进料同时充满的目的，就需要将浇口开成不同的尺寸，采用这类分流道，在多型腔时可缩短流道的总长度，但对于精度和性能要求较高的塑件不宜采用，因成型工艺不能很恰当、很完善地得到控制。

2）浇口平衡

当采用非平衡式布置的浇注系统或同模生产不同塑件时，需对浇口的尺寸加以调整，以达到浇注系统的平衡。浇口尺寸的平衡调整可以通过粗略估算和试模来完成。

①浇口平衡的计算思路。通过计算各个浇口的 BGV 值（Balanced Gate Value）来判断或设计。浇口平衡时，BGV 值应符合下述要求：相同塑件多型腔时，各浇口计算的 BGV 值必须相等；不同塑件多型腔时，各浇口计算的 BGV 值必须与其塑件的充填量成正比。

a. 相同塑件多型腔成型的 BGV 值可用下式表示：

$$BGV = \frac{A_G}{\sqrt{L_R L_G}}$$

式中　A_G——浇口的截面积（mm^2）；

L_R——从主流道中心至浇口的流动通道的长度（mm），即分流道长度；

L_G——浇口的长度（mm）。

b. 不同塑件多型腔成型的 BGV 值可用下式表示：

$$\frac{W_a}{W_b} = \frac{BGV_a}{BGV_b} = \frac{A_{Ga}\sqrt{L_{Rb}}L_{Gb}}{A_{Gb}\sqrt{L_{Ra}}L_{Ga}}$$

式中　W_a、W_b——分别为 a、b 型腔的充填量（熔体质量或体积）；

A_{Ga}、A_{Gb}——分别为 a、b 型腔的浇口截面积（mm^2）；

L_{Ra}、L_{Rb}——分别为主流道中心到达 a、b 型腔的流动通道的长度（mm）；

L_{Ga}、L_{Gb}——分别为 a、b 型腔的浇口长度（mm）。

无论是相同塑件还是不同塑件的多型腔，一般在设计时均取矩形浇口或圆形点浇口，浇口截面积 A_G 与分流道的截面积 A_R 的比值应取

$$A_G : A_R = 0.07 \sim 0.09$$

矩形浇口的截面的宽度 b 与厚度 t 的比值常取 $b:t=3:1$。

②浇口平衡的计算实例。利用 BGV 值来确定浇口尺寸时，一般设浇口的长度为定值，通过改变调节浇口的宽度和厚度（改变宽度的方法更为适宜）来谋求浇口的平衡。

例　如图 3-83 所示为相同塑件 10 个型腔的模具流道分布图，各浇口均为矩形狭缝，且各段分流道直径相等，分流道直径 $d_R=5.08mm$，各浇口长度 $L_G=1.27mm$，为保证浇注系统的平衡，应如何确定浇口的尺寸？

解

由图 3-83 分析，从排列位置上看，2A、2B、4A、4B 对称相同，3A、3B、5A、5B 对称相同，1A、1B 对称相同，为避免两端和中间浇口的截面尺寸相差过大，可先求出 2A、2B、4A、4B 这两组浇口的截面尺寸，以此为基准再求另三组浇口的截面尺寸。

a. 分流道圆形截面积 A_R。

$$A_R=(d_R/2)^2\pi=\left(\frac{5.08}{2}\right)^2\pi=20.27\text{mm}^2$$

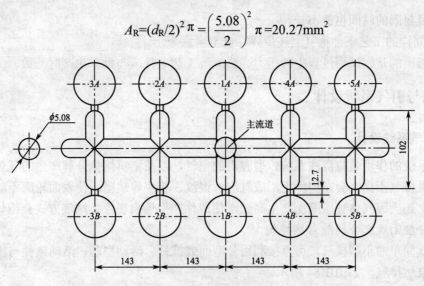

图 3-83　浇口平衡计算示例

b. 基准浇口 2A、2B、4A、4B 这两组浇口的截面尺寸。

由

$$A_{G2,4}=0.07A_R=3t^2=1.42\text{mm}^2$$

求得

$$t_{2,4}=0.69\text{mm}\qquad b_{2,4}=3t=2.07\text{mm}$$

c. 其他三组浇口的截面尺寸。根据 BGV 值相等的原则得

$$\text{BGV}=\frac{A_{G1}}{\sqrt{\dfrac{102}{2}\times1.27}}=\frac{A_{G3,5}}{\sqrt{2\times143+\dfrac{102}{2}\times1.27}}=\frac{1.42}{\sqrt{143+\dfrac{102}{2}\times1.27}}=0.08$$

$$A_{G1}=3t_1^2=0.73\text{mm}^2\qquad t_1=0.49\text{mm}\qquad b_1=3t_1=1.47\text{mm}$$

$$A_{G3,5}=3t_{3,5}^2=1.87\text{mm}^2\qquad t_{3,5}=0.79\text{mm}\qquad b_{3,5}=3t_{3,5}=2.37\text{mm}$$

表 3-17 列出了各浇口的截面尺寸计算结果。

表 3-17　达到浇口平衡的各浇口尺寸　　　　　　　　　　　　　mm

型腔号 浇口尺寸	1A、1B	2A、2B	3A、3B	4A、4B	5A、5B
长度 L_G	1.27	1.27	1.27	1.27	1.27
宽度 b	1.47	2.07	2.37	2.07	2.37
厚度 t	0.49	0.69	0.79	0.69	0.79

③浇口平衡的试模步骤。目前，模具生产常采用试模的方法来达到浇口平衡，其步骤如下所述。

a. 首先将各浇口的长度和厚度加工成对应相等的尺寸。

b. 试模后检查每个型腔的塑件质量，后充满的型腔其塑件端部会产生补缩不足的微凹。

c. 将后充满的型腔浇口的宽度略为修大，尽可能不改变浇口厚度，因为浇口厚度不一，

则浇口冷凝封固的时间也就不一。

　　d. 用同样的工艺条件重复上述步骤，直至满意为止。

　　需要指出的是，试模过程中的压力、温度等工艺条件应与批量生产时一致。

四、排气与引气系统设计

1. 排气系统设计

　　排气系统的作用是将浇注系统、型腔内的空气，以及塑料熔体分解产生的气体及时排出模外。如果排气不良，会在塑件上形成气泡、银纹、接痕等缺陷，使表面轮廓不清，甚至充不满型腔，还会因气体被压缩而产生高温，使塑件产生焦痕现象。排气方式介绍如下所述。

　　（1）分型面及配合间隙自然排气

　　对形状简单的小型模具，可直接利用分型面或推杆、活动型芯、活动镶件与模板的间隙配合进行自然排气，如图 3-84 所示。

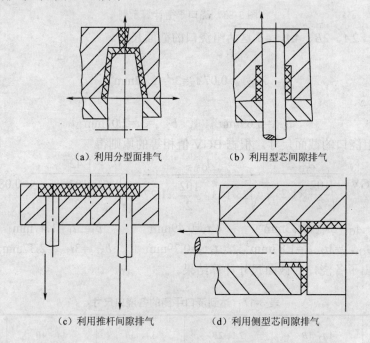

（a）利用分型面排气　　　　（b）利用型芯间隙排气

（c）利用推杆间隙排气　　　　（d）利用侧型芯间隙排气

图 3-84　间隙配合自然排气

　　（2）加工排气槽排气

　　1）分型面上开设排气槽

　　分型面上开设排气槽是注射模排气的主要形式。分型面上开设排气槽的形式与尺寸如图 3-85 所示。通常在分型面的型腔一侧开设排气槽，槽深 h 为 $0.01 \sim 0.03$mm，槽宽为 $1.5 \sim 6$mm，以不产生飞边为限，排气槽深度与塑料流动性有关（见表 3-18）。排气槽最好开设在靠近嵌件、制品壁最薄和最后充满的部位，以防止熔接痕的产生。排气口不应正对操作工人，以防熔体喷出而发生工伤事故。排气槽做成曲线形状，且逐渐增宽，以降低气体溢出时的速度，防止熔料从排气槽喷出而引发人身事故。

2）配合间隙加工排气槽

对于中小型模具，除了利用分型面及配合间隙自然排气外，可以将型腔最后充满的地方做成组合式结构，在过盈配合面上加工出如图 3-86 所示排气槽。排气槽一般为 0.03～0.04mm，视成型塑料的流动性好差而定。

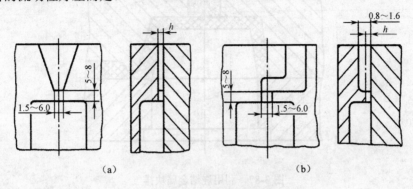

图 3-85　分型面上的排气槽

表 3-18　分型面上排气槽的深度

塑料品种	深　度	塑料品种	深　度
聚乙烯	0.02	聚酰胺	0.01
聚丙烯	0.01～0.02	聚碳酸酯	0.01～0.03
聚苯乙烯	0.02	聚甲醛	0.01～0.03
ABS	0.03	丙烯酸共聚物	0.03

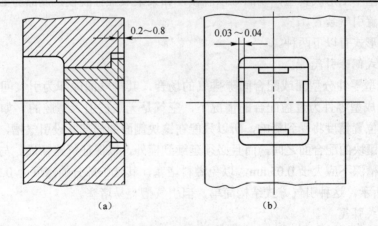

图 3-86　配合间隙尺寸

（3）烧结金属块排气

若型腔最后充满部位不在分型面上，且附近又无配合间隙可排气时，可在型腔最后充满部位放置一块烧结金属块（简称排气塞，用多孔粉末冶金渗透排气），并在烧结金属块开设排气通道，如图 3-87 所示。烧结金属块应有足够的承压能力，表面粗糙度应满足塑件外观要求。

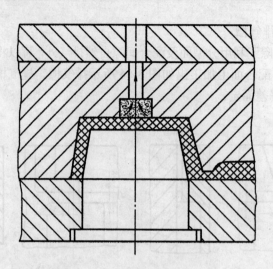

图 3-87　利用烧结金属块排气

（4）强制性排气

在气体滞留区设置排气杆或利用真空泵抽气，这种做法很有效，只是会在塑件上留有杆件等痕迹，因此排气杆应设置在塑件内侧。

2. 引气系统设计

排气是制品成型的需要，而引气则是制品脱模的需要。

对于一些大型深壳塑料制品，注射成型后，型腔内气体会被排除，这时制品内腔表面与型芯表面之间基本上形成真空，制品难以脱模，如果采取强行脱模，制品势必变形或损坏，因此，必须设置引气装置。

常见引气形式有以下两种。

（1）相拼式侧隙引气

在利用成型零件分型面或配合间隙排气的场合，其排气间隙即为引气间隙。但在镶块或型芯与其他成型零件为过盈配合的情况下，空气是无法被引入型腔的，如果配合间隙放大，则镶块的位置精度将受到影响，所以只能在镶块侧面的局部开设引气槽，引气槽不单单开设在型腔与镶块的配合面之间，而且必须延续到模外，以保证气路畅通。与制品接触的部分，引气槽的槽深不应大于 0.05mm，以免溢料堵塞，其延长部分的深度为 0.2～0.8mm，如图 3-88（a）所示。这种引气方式结构简单，但引气槽容易堵塞。

（2）气阀式引气

这种引气方式主要依靠阀门的开启与关闭，如图 3-88（b）所示。开模时制品与型芯之间的真空力将阀门吸开，空气便能引入。当熔体注射充模时，由于熔体的压力将阀门紧紧压住，处于关闭状态。由于接触面为锥形，所以不产生缝隙。这种引气方式比较理想，但阀门的锥面加工要求较高。当型腔内不具有镶块时，气阀的顶部可做成与型腔平齐，作为型腔的一部分。引气阀不仅可装在型腔上，还可装在型芯上，或在型腔、型芯上同时安装，具体根据制品脱模需要和模具结构而定。

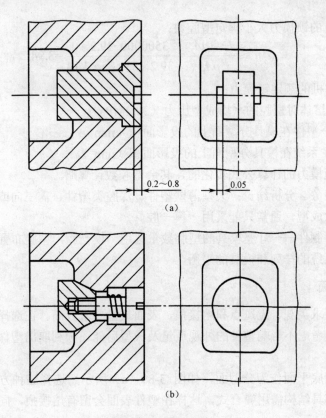

图 3-88　引气装置

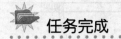 **任务完成**

根据任务要求，成型塑料制件——灯座（见图 2-6），结合模块三任务 2 的训练，继续完成以下任务。

①确定型腔数目及型腔布局。

②选择分型面。

③设计浇注系统。

④设计排气、引气系统。

1. 确定型腔数及布置

根据模块三任务 2 初选 XS-ZY-500 型号的螺杆式注射机，注射机主要技术参数见表 3-8。

（1）按注射机的最大注射量确定型腔数：

$$n \leqslant \frac{Km_N - m_2}{m_1} = \frac{0.8 \times 500 - 10}{200.2} = 1.95$$

式中　K ——最大注射量的利用系数（0.8）；

　　　m_N——注射机的最大注射量（cm^3）；

　　　m_2——浇注系统及飞边体积或质量（cm^3）；

　　　m_1——单个塑件的体积或质量（cm^3）。

（2）按注射机的锁模力大小确定型腔数：

$$n \leqslant \frac{F - pA_2}{pA_1} = \frac{3500000 - 39.2 \times 0}{39.2 \times 85 \times 85 \times 3.14} = 3.94$$

式中　F——注射机的额定锁模力；

　　　p——塑料熔体对型腔的平均成型压力（39.2MPa）；

　　　A_1——单个塑件在模具分型面上的投影面积（mm²）；

　　　A_2——浇注系统在模具分型面上的投影面积（mm²）。

上式是根据锁模力的计算公式转化的，其余型腔数计算略。

结合模块三任务2分析结论：大型薄壁塑件、深腔类塑件、需三向或四向长距离抽芯塑件等，为保证塑件成型，通常只能采用一模一腔。

所以成型塑料制件——灯座模具的型腔数量选用一模一腔，型腔布置在模具的中间，这样也有利于注射系统的排列和模具的平衡。

2．选择分型面

该塑件外形要求美观、无斑点和熔接痕，表面质量要求较高。在选择分型面时，根据分型面的选择原则，考虑不影响塑件的外观质量及成型后能还顺利取出塑件，有两种分型面的选择方案。

①选塑件小端底平面作为分型面，如图 3-89（a）所示。选择这种方案，侧向抽芯机构设在定模部分，模具结构需用瓣合式，这样在塑件表面会留有熔接痕，同时增加了模具结构的复杂程度。

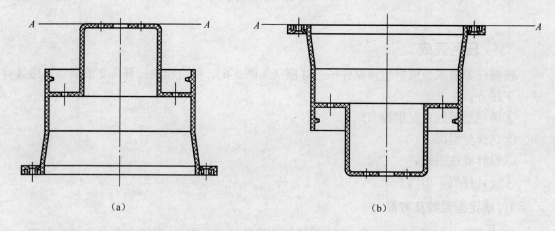

图 3-89　分型面的选择

②选塑件大端底平面作为分型面，如图 3-89（b）所示。采用这种方案，侧向抽芯机构设在动模部分，模具结构也较为简单。所以，选塑件大端底平面作为分型面较为合适。

3．浇注系统的设计

（1）主流道设计

根据模块三任务2计算结果（见表3-8）可得 XS-ZY-500 型注射机喷嘴的有关尺寸：喷嘴球半径 r =18mm，喷嘴孔直径 d =5mm。

根据模具主流道与喷嘴的关系，主流道衬套的球面半径 $R=r+(1\sim2)=18+(1\sim2)$mm，取主流道球面半径 $R=20$mm；小端直径 $D=d+(0.5\sim1)=5+(0.5\sim1)$mm，取主流道的小端直径 $D=5.5$mm。

为了便于将凝料从主流道中拔出，将主流道设计成圆锥形，其锥角为 $\alpha=2°\sim6°$，表面粗糙度 $R_a\leqslant0.4\mu m$，抛光时沿轴向进行，以便于浇注系统凝料从其中顺利拔出。同时为了使熔料顺利进入分流道，在主流道出料端设计 $r'=3$mm 的圆弧过渡。

（2）分流道的设计

分流道的形状及尺寸与塑件的体积、壁厚、形状的复杂程度、注射速率等因素有关。该塑件的体积比较大，塑件原料选用黏度较大的聚碳酸酯，但形状不算太复杂，且壁厚均匀，可考虑采用多点进料方式，缩短分流道长度，有利于塑件的成型和外观质量的保证。本任务从便于加工的方面考虑，采用截面形状为半圆形的分流道。查《新编塑料模具设计手册》得分流道半径 $R=6$mm，分流道长度取决于浇口位置，末端延伸一部分起冷料穴作用。

（3）浇口设计

①浇口形式的选择。由于该塑件外观质量要求较高，浇口的位置和大小应以不影响塑件的外观质量为前提，可选择的浇口形式有几种方案，其分析见表3-19。

表3-19　浇口形式选择

类　型	图　示	特征分析
潜伏式浇口		它从分流道处直接以隧道式浇口进入型腔。浇口位置在塑件内表面，不影响其外观质量。但采用这种浇口形式会增加模具结构的复杂程度
轮辐式浇口		轮辐式浇口是中心浇口的一种变异形式，采用几股料进入型腔，缩短了流程，去除浇口时较方便，模具结构较潜伏式浇口的模具结构简单。但易产生熔接痕，且有浇口痕迹
点浇口		点浇口又称针浇口或菱形浇口。采用这种浇口，可获得外观清晰、表面光泽的塑件。在模具开模时，浇口凝料会自动拉断，有利于自动化操作。由于浇口尺寸较小，浇口凝料去除后，在塑件表面残留痕迹也很小，基本上不影响塑件的外观质量。同时，采用四个点浇口进料，流程短而进料均匀。由于浇口尺寸较小，剪切速率会增大，塑料黏度降低，提高流动性，有利于充模。但是模具需要设计成双分型面，以便脱出浇注系统凝料，增加模具结构的复杂程度，但能保证塑件的成型要求

综合对塑料成型性能、浇口和模具结构进行分析比较，确定成型该塑件的模具采用点浇口（多点进料）形式。

②进料位置的确定。根据塑件外观质量的要求及型腔的安放方式，进料位置设置在塑件大端底部。

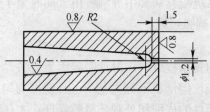

图3-90　点浇口尺寸

③浇口尺寸的确定。查表3-13可知点浇口尺寸要求，依次设计浇口尺寸：点浇口直径 $d=1.2mm$，长度 $l=1.5mm$，内圆锥锥角 $\alpha_1=16°$，内圆锥与浇口过渡处 $R=2mm$。浇口尺寸如图3-90所示。

4. 排气和引气系统设计

由于该塑件整体较薄，排气量较小，同时，采用点浇口模具结构，属于中小型模具，可以用分型面间隙排气。塑件中部有4个高2.2mm、长11mm的内凸台，需采用抽芯机构，底部有3个通孔，即2个 $\phi2mm$ 和 $\phi12mm$，因此可以利用推杆、活动型芯、活动镶件与模板的配合间隙进行排气，其配合间隙不能超过0.04mm，一般为0.03～0.04mm。

该塑件虽然属于薄壳深腔类塑件，但塑件底部有3个通孔，即2个 $\phi2mm$ 和 $\phi12mm$，在开模及脱模过程中不会形成真空负压现象，因此不需要设计引气系统。

任务小结

通常在模具结构设计之前先要确定型腔数目、模具分型面，设计浇注系统和排气系统。型腔数量的确定受诸多因素的约束，合理计算型腔数量是保证塑件质量、降低生产成本、充分发挥设备生产潜力的前提条件。分型面是决定模具结构的重要因素，通常浇注系统的分流道开设在动定模的分型面上，因此分型面的选择与浇注系统的设计是密切相关的；分型面确定后，塑件在模具中的位置也就确定了。在设计注射模时应同时考虑排气和引气系统的设计。排气是制品成型的需要，而引气则是制品脱模的需要。

知识链接

热流道浇注系统

热流道浇注系统也称无流道浇注系统。热流道浇注系统与普通浇注系统的区别在于整个生产过程中，浇注系统内的塑料始终处于熔融状态，压力损失小，没有浇注系统凝料，实现无废料加工，省去了去除浇口的工序。

热流道浇注系统成型塑件时，要求塑件原材料的性能有较强的适应性。

①热稳定性好。塑料的熔融温度范围宽，黏度变化小，对温度变化不敏感，在较低的温度下具有较好的流动性，在较高温度下也不易热分解。

②对压力敏感。不加注射压力时塑料熔体不流动，但一施加较低的注射压力就流动。

③固化温度和热变形温度较高。塑件在比较高的温度下即可快速固化，缩短成型周期。

④比热容小。既能快速冷凝，又能快速熔融。

目前热流道注射成型中应用最多的是聚乙烯、聚丙烯、聚苯乙烯等。

热流道可以分为绝热流道和加热流道两种。

1. 绝热流道

绝热流道注射模的主流道和分流道做得相当粗大，这样，就可以利用塑料比金属导热差的特性让靠近流道表壁的塑料熔体因温度较低而迅速冷凝成一个固化层，它起着绝热作用，而流道中心部位的塑料仍然保持熔融状态，熔融的塑料在固化层内流动而顺利充填模具型腔，以满足连续注射的要求。

（1）单型腔绝热流道

单型腔绝热流道是最简单的绝热流道，也称井坑式喷嘴或绝热主流道。这种形式的绝热流道在注射机喷嘴与模具入口之间装有一个主流道杯，杯外采用空气隙绝热。杯内有截面较大的储料井（为塑件体积的 1/3～1/2），如图 3-91 所示。井坑式喷嘴只适用于成型周期较短（每分钟不少于 3 次）的单型腔模具。主要用于 PE、PP 等塑料的成型。主流道杯尺寸的推荐值见表 3-20。

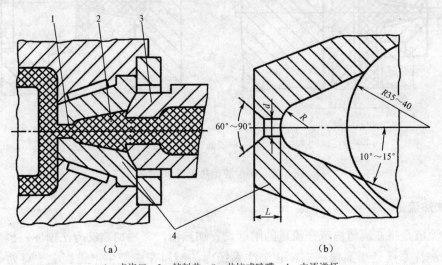

1—点浇口；2—储料井；3—井坑式喷嘴；4—主流道杯

图 3-91　井坑式喷嘴

（2）多型腔绝热流道

多型腔绝热流道的主流道、分流道特别粗大，且截面形状多设计为圆形。分流道直径一般在 16～32mm 之间选择，成型周期长、塑件大的取大值，最大可达 74mm。如图 3-92 所示，多型腔绝热流道主要有直接浇口式如图 3-92（a）所示、点浇口式如图 3-92（b）所示两种类型。这两种形式的绝热流道，在注射机开机之前或停机后，必须把分流道两侧的模板打开，取出冷料并清理干净。

表 3-20　主流道杯尺寸

主流道杯尺寸				
塑件质量（g）	成型周期（s）	d（mm）	R（mm）	L（mm）
3～6	6～75	0.8～1.0	3.5	0.5
6～15	9～10	1.0～1.2	4.0	0.6
15～40	12～15	1.2～1.6	4.5	0.7
40～50	20～30	1.5～2.5	5.5	0.8

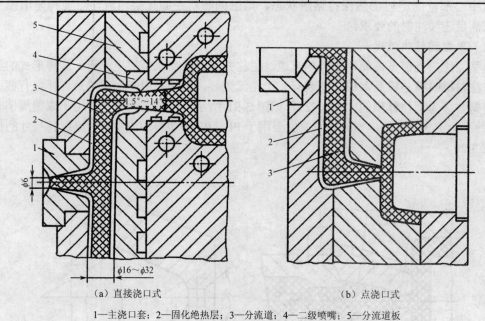

（a）直接浇口式　　　　　　　　　　（b）点浇口式

1—主浇口套；2—固化绝热层；3—分流道；4—二级喷嘴；5—分流道板

图 3-92　多型腔绝热流道示意图

2. 加热流道

加热流道是指在流道内或在流道的附近设置加热器，利用加热的方法使注射机喷嘴到浇口之间的浇注系统处于高温状态，让浇注系统内的塑料在成型生产过程中一直处于熔融状态，保证注射成型的正常进行。加热流道注射模不像绝热流道那样在使用前或使用后必须清除分流道中的凝料，生产前只要把浇注系统加热到规定的温度，分流道中的凝料就会熔融，注射工作就可开始。因此，加热流道浇注系统的应用比绝热流道广泛。

（1）延伸喷嘴

将注射机的喷嘴加长延伸到与模具浇口部位直接接触的一种特别喷嘴，喷嘴上装有加热器，使浇口处塑料始终保持在熔融状态。延伸喷嘴只适合单型腔模具结构，为避免喷嘴的热量过多地向型腔板传递，使温度难以控制，造成喷嘴温度下降、熔体凝固或使模温上升、浇口难以冻结，必须采取绝热措施。常见的绝热方法有塑料绝热和空气绝热两种。

塑料绝热的通用式延伸喷嘴如图 3-93 所示，头部为球状，延伸喷嘴 4 与浇口套 1 间留有不大的间隙，在第一次注射时该间隙被塑料充满，从而起到绝热作用。浇口一般采用直径为 0.75～1.2mm 的点浇口，这种浇口与井坑式喷嘴相比，浇口不易堵塞，应用范围广，但不适用于热稳定性较差的塑料成型。

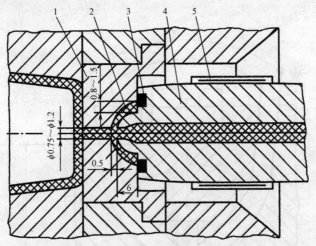

1—浇口套；2—塑料绝热层；3—聚四氟乙烯垫片；4—延伸喷嘴；5—加热圈

图 3-93　通用式延伸喷嘴（塑料绝热）

空气层绝热的延伸式喷嘴如图 3-94 所示，延伸喷嘴 2 直接与浇口套 4 接触，喷嘴与浇口套 4 之间、浇口套 4 与型腔模板 5 之间除了必要的定位接触外，都留有厚约 1mm 的间隙，以减小模板间的接触面积。由于与喷嘴头部接触处的型腔壁很薄，为防止被喷嘴顶坏或变形，在喷嘴与浇口套 4 之间应设置环形支撑面。

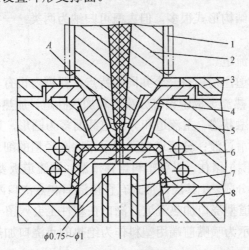

1—加热圈；2—延伸喷嘴；3—定位圈；4—浇口套；5—型腔模板；6—型芯；7—冷却水管；8—推件板

图 3-94　空气层绝热的延伸式喷嘴

（2）半绝热流道

半绝热流道是介乎于绝热流道和加热流道之间的一种流道形式。如果设计合理，可将注射间歇时间延长到 2～3min。常用的有带加热探针的半绝热流道与加热器的半绝热流道两种。

图 3-95 所示为带加热探针的半绝热流道示意图，在浇口始端和分流道之间加设一加热探针，该探针一直延伸到浇口中心，这样可以有效地将浇口附近的塑料加热，以保证浇口在较长的注射间歇时间内不发生冻结固化。加热探针可用导热性良好的铍青铜制造，其内部的加热元件可用变压器控制。

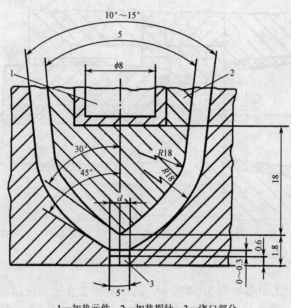

1—加热元件；2—加热探针；3—浇口部分

图 3-95　半绝热流道（加热探针）

（3）多型腔热流道

多型腔热流道模具的结构形式很多，但大概可归纳为两类：一类为外加热式；另一类为内加热式。

①外加热式多型腔热流道。

外加热式多型腔热流道注射模有一个共同的特点，即模内设有一块可用加热器加热的热流道板，如图 3-96 所示。热流道板中设有分流道和加热孔道，加热孔道内插入加热元件，使流道中的塑料始终保持熔融状态。主流道和分流道截面多为圆形，其直径为 5～15mm；分流道内壁应光滑，转折处圆滑过渡；分流道端孔需采用比孔径粗的细牙螺纹管塞或铜制密封垫圈（或聚四氟乙烯密封垫圈）堵住，以免塑料熔体泄漏；热流道板要利用绝热材料（如石棉）或空气间隙与模具其余部分隔热。其浇口形式有直接浇口和点浇口两种，最常用的是点浇口。图 3-97（a）所示为主流道型浇口加热流道，浇口在塑件上会残留一段料头，脱模后还得把它去除。图 3-97（b）所示为喷嘴前端用塑料作为绝热的点浇口加热流道，喷嘴采用铍青铜制造。

②内加热式多型腔热流道。

内加热式多型腔热流道的所有流道均采用内加热方式而不采用外加热，在喷嘴与整个流道中都设有管式加热器，由于加热器安装在流道中央部位，流道中的塑料熔体可以阻止加热器向模具散热，塑料熔体在加热器外围流动并始终保持熔融状态，如图 3-98 所示。喷嘴外侧温度最低，形成一层凝固层起绝热作用。内加热式多型腔热流道的优点是加热效率高、热损失少、可减小加热器的功率，其缺点是塑料熔体在环形流道内的流动阻力大，同时塑料易产生局部过热现象。

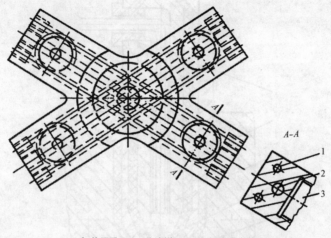

1—加热器孔；2—分流道；3—二级喷嘴安装孔

图 3-96 热流道板结构示例

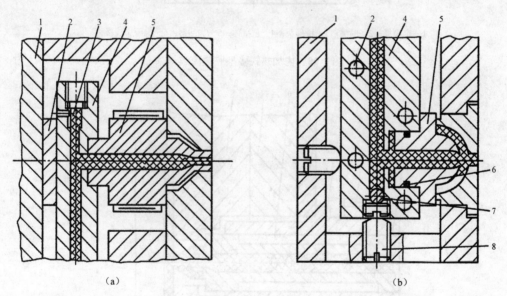

（a） （b）

1—定模座板；2—垫块；3—加热器；4—热流道板；5—二级喷嘴；6—胀圈；7—流道密封钢球；8—定位螺钉

图 3-97 外加热式多型腔热流道示例

（4）二级喷嘴

采用导热性优良的铍青铜或具有类似导热性能的其他合金制造二级喷嘴，是为了缩小热流道板与浇口之间的温差，以尽量使整个浇注系统保持温度一致，同时以防浇口在注射间隔冻结固化，如图 3-99 所示。图 3-98 同时也属于二级喷嘴的一种结构。

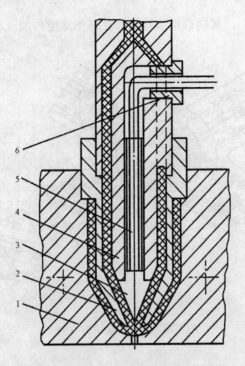

1—定模板；2—喷嘴；3—锥形头；4—鱼雷体；5—加热器；6—电源引线接头

图 3-98　内加热式多型腔热流道

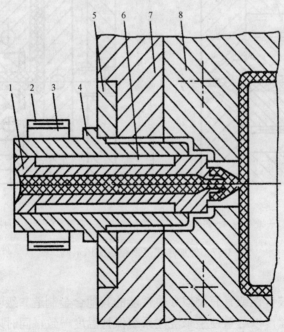

1—热管内管；2—外加热圈；3—传热铝套；4—热管外壳；5—定位环；6—传热介质；7—定模座板；8—定模板

图 3-99　热管加热的热流道喷嘴（主流道衬套）

（5）阀式浇口热流道

在注射成型熔融黏度很低的塑料（如聚酰脂）时，为避免浇口处出现流涎和拉丝现象，常采用阀式浇口热流道，如图 3-100 所示。在注射和保压阶段，浇口处的针形阀 9 在熔体的压力下开启，针形阀 9 后端的压簧 5 被压缩，塑料熔体通过浇口进入型腔，保压结束后靠压簧的弹力将针形阀 9 关闭，以避免塑料熔体从浇口流出。这种形式的热流道也需要加设热流道板。

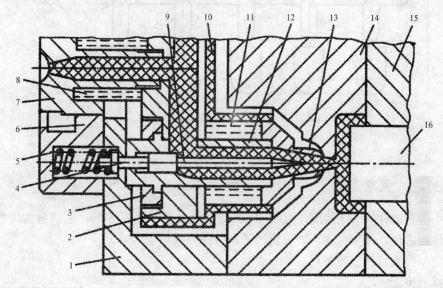

1—定模座板；2—分流道板；3—热流道喷嘴压环；4—活塞杆；5—压簧；6—定位圈；7—浇口套；8—加热器；
9—针形阀；10—隔热层；11—加热器；12—热流道喷嘴体；13—热流道喷嘴头；14—定模板；15—推件板；16—凸模

图 3-100　弹簧阀式浇口热流道

 思考题与练习

1. 确定型腔数目的方法有哪些？如何优化确定？

2. 什么是分型面？分型面的选择原则有哪些？

3. 普通浇注系统由哪几部分组成？各部分的设计要求是什么？

4. 浇口有哪些基本类型和特点？各自的应用场合是什么？

5. 型腔布置时应注意哪些问题？

6. 什么是浇注系统的平衡？在实际生产中，如何调整浇注系统的平衡？

7. 图 3-101 所示为相同塑件一模 10 个型腔的模具流道非平衡式分布示意图，各浇口截面为矩形扁槽，各段分流道的直径均为 4mm，每一个矩形浇口长度为 1.5mm，为了保证浇注系统的平衡进料，应如何确定矩形浇口的截面尺寸？

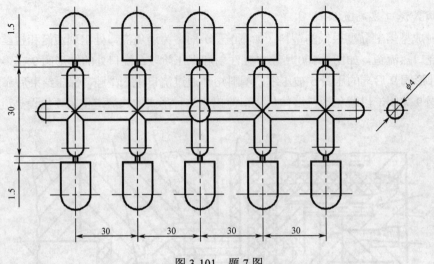

图 3-101　题 7 图

学生分组，完成课题

有两个塑料制件——连接座（见图 2-1）和电池盒盖（见图 3-2），需求量大，均要求外形美观、使用方便、品质可靠。试分析讨论，分别完成以下内容。

①确定型腔数目及型腔布局。

②选择分型面。

③设计浇注系统。

④设计排气、引气系统。

任务4　成型零件设计

任务描述

前面任务所选案例——灯座（见图 2-6），材料为聚碳酸酯，大批量生产，要求外形美观、使用方便、品种可靠。要求完成注射模具成型零件的设计，其内容包括以下几个方面。

1. 成型零件结构设计。

2. 成型零件尺寸计算。

3. 成型零件尺寸校核。

学习目标

【知识目标】

1. 掌握成型零件工作部分尺寸计算及公差标注。

2. 掌握各种型腔和型芯的结构特点、适用范围、装配要求。

3. 了解成型零件强度、刚度的计算方法及其校核。

【技能目标】

1. 会计算成型零件工作部分的尺寸,并能标注尺寸公差。

2. 会设计成型零件的结构。

3. 能分析型腔和底板的受力情况,运用公式和查表选择数据,确定型腔壁厚和底板厚度。

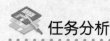 任务分析

直接与塑料接触构成制件形状的零件称为成型零件,其中构成制件外形的成型零件称为型腔或凹模,构成制件内部形状的成型零件称为型芯或凸模。塑料制件注射成型后的结构和尺寸精度,主要取决于注射模具成型零件的结构和尺寸。

灯座的外形虽然属于回转体,但外形结构有一定的复杂程度,对型腔和型芯的尺寸计算也有一定的复杂性。由于塑料有收缩性,型腔和型芯的制作与装配会有误差,型腔和型芯在注射过程中会出现磨损,因此在设计计算模具的型腔和型芯时,要参照有关技术参数综合考虑。

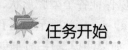 任务开始

基本概念

成型零件的设计

模具中的成型零件决定塑件的几何形状和尺寸,包括凹模、型芯、镶块、成型杆和成型环等。成型零件工作时,直接与塑料接触,要承受塑料熔体的高压、料流的冲刷,脱模时与塑件还发生摩擦等,因此,成型零件不仅要求有正确的几何形状、较高的尺寸精度和较小的表面粗糙度值,而且还要求有合理的结构和较高的强度、刚度及较好的耐磨性。

一、成型零件的结构设计

(一)凹模(或型腔)

凹模是成型塑件外表面的主要零件,按其结构不同,可分为整体式和组合式两类。

1. 整体式凹模

整体式凹模是用整块材料加工而成的,如图 3-102 所示。它的特点是牢固,使用中不易发生变形,不会使塑件产生拼接线痕迹。但由于加工困难,热处理不方便,整体式凹模常用在形状简单的中、小型模具上。

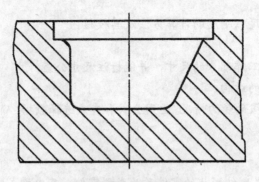

图 3-102　整体式凹模

2. 组合式凹模

组合式凹模是指凹模由两个以上零件组合而成。按组合方式的不同，可分为整体嵌入式、局部镶嵌式、底部镶拼式、侧壁镶拼式和四壁拼合式等形式。

（1）整体嵌入式凹模

小型塑件用多型腔模具成型时，各单个凹模采用机械加工、冷挤压、电加工等各种方法加工制成，然后压入模板中，这种结构加工效率高，拆装方便，可以保证各个型腔形状、尺寸一致。凹模与模板的装配及配合如图 3-103 所示。其中图 3-103（a）～（c）所示为通孔凸肩式，凹模带有凸肩，从下面嵌入凹模固定板，再用垫板螺钉紧固。如果凹模镶件是回转体，而型腔是非回转体，则需要用销钉或键来止转定位。图 3-103（b）所示为销钉定位，结构简单，拆装方便；图 3-103（c）所示为键定位，接触面大，止转可靠；图 3-103（d）所示为通孔无台肩式，凹模嵌入固定板内用螺钉与垫板固定；图 3-103（e）所示为非通孔的固定形式，凹模嵌入固定板后直接用螺钉固定在固定板上，为了不影响装配精度，使固定板内部的气体充分排除及拆装方便，常常在固定板下部设计有工艺通孔，这种结构可省去垫板。

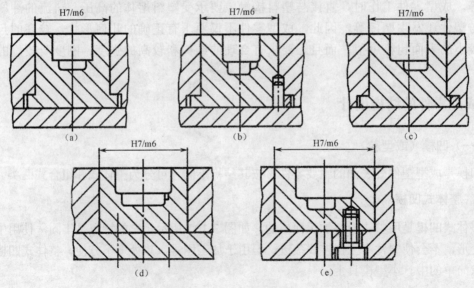

图 3-103　整体嵌入式凹模

（2）局部镶嵌式凹模

对于型腔的某些部位，或对特别容易磨损、需要经常更换的部位，为了加工上的方便，可将该局部作成镶件，再嵌入凹模，如图 3-104 所示。

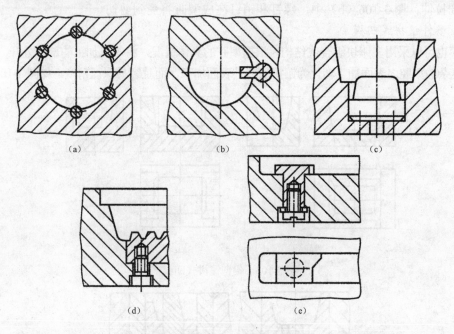

图 3-104　局部镶嵌式凹模

（3）底部镶拼式凹模

为了便于机械加工、研磨、抛光和热处理，形状复杂的型腔底部可以设计成镶拼式，如图 3-105 所示。图 3-105（a）所示为在垫板上加工出成型部分再镶入凹模的结构，

图 3-105（b）～图 3-105（d）所示为型腔底部镶入镶块的结构。

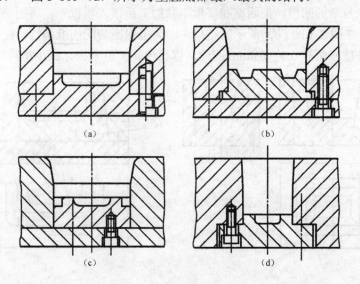

图 3-105　底部镶拼式凹模

（4）侧壁镶拼式凹模

侧壁镶拼结构如图 3-106 所示。这种结构一般很少采用，这是因为在成型时，熔融塑料的成型压力使螺钉和销钉产生变形，从而达不到产品的要求。图 3-106（a）中，螺钉在成型时将受到拉伸；图 3-106（b）中，螺钉和销钉在成型时将受到剪切。

（5）多件镶拼式凹模

凹模也可以采用多镶块组合式结构，根据型腔的具体情况，将难以加工的部位分开，这样就可以把复杂的型腔内表面加工转化为镶拼块的外表面加工，而且容易保证精度，如图 3-107 所示。

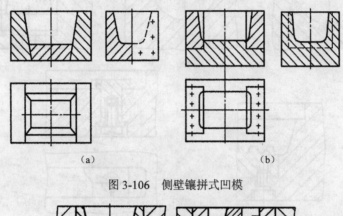

（a）　　　　　　　　　　　　　（b）

图 3-106　侧壁镶拼式凹模

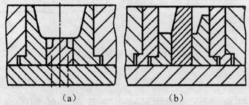

（a）　　　　　（b）

图 3-107　多件镶拼式凹模

（6）四壁拼合式凹模

大型和形状复杂的凹模，把四壁和底板单独加工后镶入模板中，再用垫板螺钉紧固，如图 3-108 所示。在图 3-108（b）所示的结构中，为了保证装配的准确性，侧壁之间采用扣锁连接；连接处外壁应留有 0.3～0.4mm 间隙，以使内侧接缝紧密，减少塑料挤入。

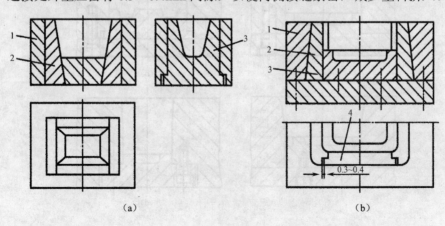

（a）　　　　　　　　　　　　　　（b）

图 3-108　四壁拼合式凹模

综上所述，采用组合式凹模，简化了复杂凹模的加工工艺，减小了热处理变形，拼合处有间隙利于排气，便于模具维修，节省了贵重的模具钢。为了保证组合式型腔尺寸精度和装配的牢固，减少塑件上的镶拼痕迹，对于镶块的尺寸、形状位置公差要求较高，组合结构必须牢靠，镶块的机械加工工艺性要好。因此；选择合理的组合镶拼结构是非常重要的。

（二）凸模和型芯

凸模和型芯均是成型塑件内表面的零件。凸模一般是指成型塑件中较大的、主要内形的零件，又称主型芯；型芯一般是指成型塑件上较小孔槽的零件。

1. 主型芯的结构

主型芯按结构可分为整体式和组合式两种，如图 3-109 所示。其中，图 3-109（a）所示为整体式，结构牢固，但不便加工，消耗的模具钢多，主要用于工艺试验模或小型模具上的形状简单的型芯。在一般的模具中，型芯常采用如图 3-109（b）～（d）所示的结构。这种结构是将型芯单独加工，在镶入模板中。图 3-109（b）所示为通孔凸肩式，凸模用台肩和模板连接，再用垫板、螺钉紧固，连接牢固，是最常用的方法。对于固定部分是圆柱面而型芯有方向性的场合，可采用销钉或键来止转定位；图 3-109（c）所示为通孔无台肩式，图 3-109（d）所示为不通孔的结构。

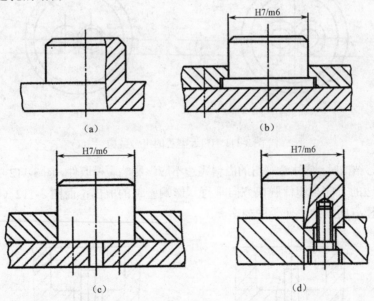

图 3-109　主型芯的结构

为了便于加工，形状复杂的型芯往往采用镶拼组合式结构，如图 3-110 所示。

组合式型芯的优缺点和组合式凹模的优缺点基本相同。设计和制造这类型芯时，必须注意结构合理，应保证型芯和镶块的强度，防止热处理时变形，应避免尖角与薄壁。图 3-111（a）中的小型芯靠得太近，热处理时薄壁部位易开裂，应采用图 3-111（b）的结构，将大的型芯制成整体式，再镶入小的型芯。

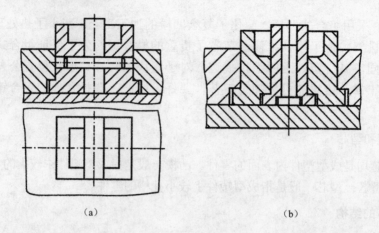

(a)　　　　　　　　(b)

图 3-110　镶拼组合式型芯

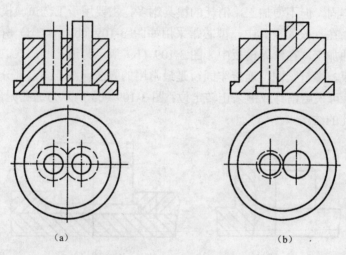

(a)　　　　　　　　(b)

图 3-111　相近型芯的组合结构

在设计型芯结构时，应注意塑料的溢料飞边不应该影响脱模取件。图 3-112 中，图 3-112（a）结构的溢料飞边的方向与塑件脱模方向垂直，影响塑件的取出；而图 3-112（b）结构溢料飞边的方向与脱模方向一致，便于脱模。

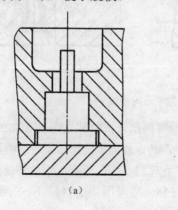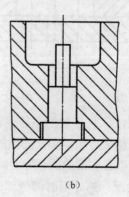

(a)　　　　　　　　(b)

图 3-112　便于脱模的镶拼

2. 小型芯的结构

小型芯用来成型塑件上的小孔或槽。小型芯单独制造，再嵌入模板中。图 3-113 所示为小型芯常用的几种固定方法，图 3-113（a）所示为用台肩固定的形式，下面用垫板压紧；如果固定板太厚，可在固定板上减少配合长度，如图 3-113（b）所示；图 3-113（c）所示为型芯细小而固定板太厚的形式，型芯镶入后，在下端用圆柱垫垫平；图 3-113（d）用于固定板厚而无垫板的场合，在型芯的下端用螺塞紧固；图 3-113（e）所示为型芯镶入后在另一端采用铆接固定的形式。

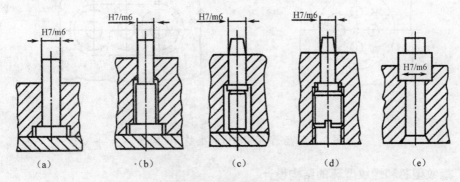

图 3-113 小型芯的固定方法

对于异形型芯，为了制造方便，常将型芯设计成两段，型芯的连接固定段制成圆形，并用凸肩和模板连接，如图 3-114（a）所示；也可用螺钉紧固，如图 3-114（b）所示。

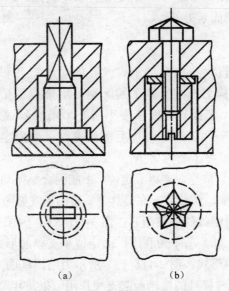

图 3-114 异形型芯的固定

多个互相靠近的小型芯，用凸肩固定时，如果凸肩发生重叠干涉，可将凸肩相碰的一面磨去，将型芯固定板上的台阶孔加工成大圆台阶孔或长腰圆形台阶孔，然后将型芯镶入，如图 3-115（a）、（b）所示。

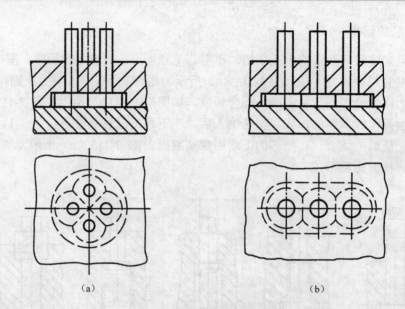

图 3-115　多个互相靠近的小型芯的固定

（三）螺纹型芯和螺纹型环的结构设计

螺纹型芯和螺纹型环是分别用来成型塑件上内螺纹和外螺纹的活动镶件。另外，螺纹型芯和螺纹型环还可以用来固定带螺纹孔和螺杆的嵌件。成型后，螺纹型芯和螺纹型环的脱卸方法有两种：一种是模内自动脱卸；另一种是模外手动脱卸。这里仅介绍模外手动脱卸的螺纹型芯和螺纹型环的结构及固定方法。

1. 螺纹型芯的结构

螺纹型芯按用途分为直接成型塑件上螺纹孔的螺纹型芯和固定螺母嵌件的螺纹型芯两种。两种螺纹型芯在结构上没有原则上的区别，用来成型塑件螺纹孔的螺纹型芯在设计时必须考虑塑料收缩率，表面粗糙度值要小（$R_a<0.4\mu m$），螺纹始端和末端按塑料螺纹结构要求设计，以防止从塑件上拧下时拉毛塑料螺纹；而固定螺母的螺纹型芯不必考虑收缩率，按普通螺纹制造即可。

螺纹型芯安装在模具上，成型时要可靠定位，不能因合模振动或料流冲击而移动；开模时能与塑件一道取出并便于装卸。螺纹型芯在模具上安装的形式如图 3-116 所示。图 3-116（a）～图 3-116（c）所示为成型内螺纹的螺纹型芯；图 3-116（d）～图 3-116（f）所示为安装螺纹嵌件的螺纹型芯。图 3-116（a）所示为利用锥面定位和支撑的形式；图 3-116（b）所示为用大圆柱面定位和台阶支撑的形式；图 3-116（c）所示为用圆柱面定位和垫板支撑的形式；图 3-116（d）所示为利用嵌件与模具的接触面起支撑作用，以防止型芯受压下沉；图 3-116（e）所示为将嵌件下端镶入模板中，以增加嵌件的稳定性，并防止塑料挤入嵌件螺孔中；图 3-116（f）所示为将小直径的螺纹嵌件直接插入固定在模具上的光杆型芯上，因螺纹牙沟槽很细小，塑料仅能挤入一小段，并不妨碍使用，这样可省去模外脱卸螺纹的操作。

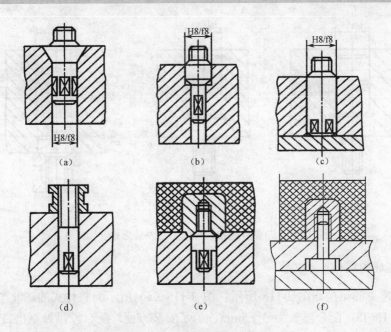

图 3-116　螺纹型芯的安装形式

螺纹型芯的非成型端应制成方形或将相对两边磨成两个平面，以便在模外用工具将其旋下。

图 3-117 所示为固定在立式注射机上模或卧式注射机动模部分的螺纹型芯结构及固定方法。由于合模时冲击振动较大，螺纹型芯插入时应有弹性连接装置，以免造成型芯脱落或移动，导致塑件报废或模具损伤。图 3-117（a）所示为带豁口柄的结构，豁口柄的弹力将型芯支撑在模具内，适用于直径小于 8mm 的型芯；图 3-117（b）所示为用台阶起定位作用，并能防止成型螺纹时挤入塑料；图 3-117（c）、（d）所示为用弹簧钢丝定位，常用于直径为 5～10mm 的型芯；当螺纹型芯直径大于 10mm 时，可采用 3-117（e）所示的结构，用钢球弹簧固定，当螺纹型芯直径大于 15mm 时，则可反过来将钢球和弹簧装在型芯杆内；图 3-117（f）所示为利用弹簧卡圈固定型芯；图 3-117（g）所示为用弹簧夹头固定型芯。

螺纹型芯与模板之内安装孔的配合用 H8/f8。

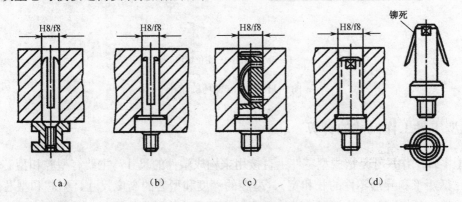

图 3-117　带弹性连接的螺纹型芯安装形式

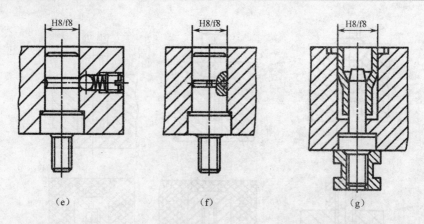

（e）　　　　　　（f）　　　　　　（g）

图 3-117　带弹性连接的螺纹型芯安装形式（续）

2. 螺纹型环的结构

螺纹型环常见的结构如图 3-118 所示。图 3-118（a）所示为整体式的螺纹型环，型环与模板的配合为 H8/f8，配合段长为 3～5mm，为了安装方便，配合段以外制出 3°～5°的斜度，型环下端可铣成方形，以便用扳手从塑件上拧下；图 3-118（b）所示为组合式型环，型环由两瓣拼合而成，两半瓣中间用导向销定位。成型后用尖劈状卸模器楔入型环两边的楔形槽内，使螺纹型环分开。组合式型环卸螺纹快而省力，但会在成型的塑料外螺纹上留下难以修整的拼合痕迹，因此，这种结构只适用于精度要求不高的粗牙螺纹的成型。

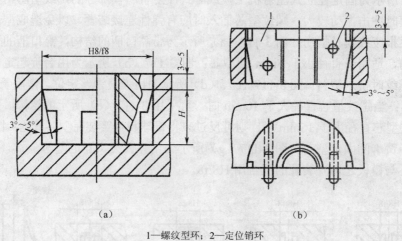

（a）　　　　　　　　　　　（b）

1—螺纹型环；2—定位销环

图 3-118　螺纹型环的结构

二、成型零件工作尺寸的计算

成型零件工作尺寸是指成型零件上直接用来构成塑件的尺寸，主要有型腔和型芯的径向尺寸（包括矩形和异形零件的长和宽）、型腔的深度和型芯的高度尺寸、型芯和型芯之间的位置尺寸等。任何塑料制件都有一定的几何形状和尺寸的要求，假如在使用中有配合要求的尺寸，则精度要求较高。在模具设计时，应根据塑件的尺寸及精度等级确定模具成型零件的工作尺寸及精度等级。影响塑件尺寸精度的因素相当复杂，这些影响因素应作为确定成型零件工作尺寸的依据。影响塑件尺寸精度的主要因素有以下几个方面。

（1）塑件收缩率的影响

塑件成型后的收缩率与塑料的品种，塑件的形状、尺寸、壁厚，模具的结构，成型的工艺条件等因素有关。在模具设计时，确定准确的收缩率是很困难的，因为所选择的计算收缩率和实际收缩率有差异，且在生产塑件时由于工艺条件、塑料批号发生变化也会造成塑件收缩率的波动。收缩率的偏差和波动，都会引起塑件的尺寸误差，其尺寸变化值为

$$\delta_s = (S_{max} - S_{min}) L_s \tag{3-15}$$

式中　δ_s——塑料收缩率波动所引起的塑件尺寸误差；

　　　S_{max}——塑料的最大收缩率；

　　　S_{min}——塑料的最小收缩率；

　　　L_s——塑件的基本尺寸。

按照一般的要求，塑料收缩率波动所引起的误差应小于塑件公差的1/3。

（2）模具成型零件的制造误差

模具成型零件的制造精度是影响塑件尺寸精度的重要因素之一。成型零件的加工精度越低，成型塑件的尺寸精度也越低。实践表明，成型零件的制造公差约占塑件总公差的 1/3～1/4，因此，在确定成型零件工作尺寸公差值时可取塑件公差的 1/3～1/4，或取 IT7～8 级作为模具制造公差。

组合式型腔或型芯的制造公差应根据尺寸链来确定。

（3）模具成型零件的磨损

模具在使用过程中，由于塑料熔体流动的冲刷、脱模时与塑件的摩擦、成型过程中可能产生的腐蚀性气体的锈蚀，以及由于上述原因造成的成型零件表面粗糙度值增大而重新打磨抛光等，均造成了成型零件尺寸的变化，这种变化称为成型零件的磨损，磨损的结果是型腔尺寸变大，型芯尺寸变小。磨损大小还与塑料的品种和模具材料及热处理有关。上述诸因素中，脱模时塑件对成型零件的摩擦磨损是主要的，为简化计算起见，凡与脱模方向垂直的成型零件表面，可以不考虑磨损；与脱模方向平行的成型零件表面，应考虑磨损。

计算成型零件工作尺寸时，磨损量应根据塑件的产量、塑料品种、模具材料等因素来确定。对生产批量小的，磨损量取小值，甚至可以不考虑磨损量；玻璃纤维等增强的塑料对成型零件磨损严重，磨损量可取大值；摩擦因数较小的热塑性塑料对成型零件磨损小，磨损量可取小值；模具材料耐磨性好，表面进行镀铬、渗氮处理的，磨损量可取小值。对于中小型塑件，最大磨损量可取塑件公差的1/6；对于大型塑件应取1/6以下。

（4）模具安装配合的误差

模具成型零件装配误差及在成型过程中成型零件配合间隙的变化，都会引起塑件尺寸的变化。例如，由于成型压力使模具分型面有胀开的趋势，同时由于分型面上的残渣或模板加工平面度的影响，动、定模分型面上有一定的间隙，它对塑件高度方向尺寸有影响；活动型芯与模板配合间隙过大，将影响塑件上孔的位置精度。

综上所述，塑件在成型过程中产生的最大尺寸误差应该是上述各种误差的总和，即

$$\delta = \delta_z + \delta_c + \delta_s + \delta_j + \delta_a \tag{3-16}$$

式中　δ——塑件的成型误差；

　　　δ_z——模具成型零件制造公差；

　　　δ_c——模具成型零件在使用中的最大磨损量；

　　　δ_s——塑料收缩率波动所引起的塑件尺寸误差；

　　　δ_j——模具成型零件因配合间隙变化而引起的塑件尺寸误差；

　　　δ_a——因安装固定成型零件而引起的塑件尺寸误差。

　　由此可见，由于影响因素多，累计误差较大，因此塑件的尺寸精度往往较低。设计塑件时，其尺寸精度的选择不仅要考虑塑件的使用和装配要求，而且要考虑塑件在成型过程中可能产生的误差，使塑件规定的公差值Δ不小于以上各项因素所引起的累计误差，即在设计时，应考虑使以上各项因素所引起的累计误差不超过塑件规定的公差值，即

$$\delta \leqslant \Delta \tag{3-17}$$

　　在一般情况下，收缩率的波动、模具制造公差和成型零件的磨损是影响塑件尺寸精度的主要原因。而且并不是塑件的任何尺寸都与以上几个因素有关，例如，用整体式凹模成型塑件时，其径向尺寸（或长与宽）只受δ_z、δ_c、δ_s的影响，而高度尺寸则受δ_s、δ_z和δ_j的影响。另外，所有的误差同时偏向最大值或同时偏向最小值的可能性是非常小的。

　　从式（3-15）可以看出，收缩率的波动所引起的塑件尺寸误差随塑件尺寸的增大而增大。因此，生产大型塑件时，因收缩率波动对塑件尺寸公差影响较大，若单靠提高模具制造精度等级来提高塑件精度是困难的和不经济的，应稳定成型工艺条件和选择收缩率波动较小的塑料。生产小型塑件时，模具制造公差和成型零件的磨损，是影响塑件尺寸精度的主要因素，因此，应提高模具精度等级和减小磨损。

　　计算模具成型零件最基本的公式为

$$a = b + b_S \tag{3-18}$$

式中　a——模具成型零件在常温下的实际尺寸；

　　　b——塑件在常温下的实际尺寸；

　　　S——塑料的计算收缩率。

　　以上是仅考虑塑料收缩率时计算模具成型零件工作尺寸的公式。若考虑其他因素时，则模具成型零件工作尺寸的计算公式就有不同的形式。现介绍一种常用的按平均收缩率、平均磨损量和模具平均制造公差为基准的计算方法。从表 2-2 中可查到常用塑料的最大收缩率 S_{max} 和最小收缩率 S_{min}，该塑料的平均收缩率 $\overline{S}$ 为

$$\overline{S} = \frac{S_{max} + S_{min}}{2} \times 100\% \tag{3-19}$$

式中　$\overline{S}$——塑料的平均收缩率；

　　　S_{max}——塑料的最大收缩率；

　　　S_{min}——塑料的最小收缩率。

　　在以下的计算中，塑料的收缩率均为平均收缩率，并规定：塑件外形最大尺寸为基本尺寸，偏差为负值，与之相对应的模具型腔最小尺寸为基本尺寸，偏差为正值；塑件内形最小尺寸为基本尺寸，偏差为正值，与之相对应的模具型芯最大尺寸为基本尺寸，偏差为负值；中心距偏差为双向对称分布。模具成型零件工作尺寸与塑件尺寸的关系如图 3-119 所示。

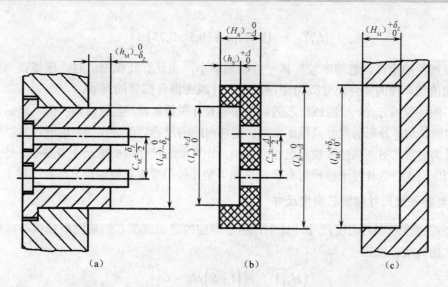

图 3-119　模具成型零件工作尺寸与塑件尺寸的关系

（一）型腔和型芯工作尺寸的计算

1. 型腔和型芯的径向尺寸

（1）型腔径向尺寸

如前所述，塑件的基本尺寸 l_S 是最大尺寸，其公差 Δ 为负偏差。如果塑件上原有的公差标注与此不符，则应按此规定转换为单向负偏差。因此，塑件的平均径向尺寸为 $l_S-\Delta/2$。模具型腔的基本尺寸 l_M 是最小尺寸，公差值为正偏差，型腔的平均尺寸则为 $l_M+\delta_z/2$。型腔的平均磨损量为 $\delta_C/2$，考虑平均收缩率后，则可列出如下等式：

$$l_M+\frac{\delta_z}{2}+\frac{\delta_C}{2}=\left(l_S-\frac{\Delta}{2}\right)+\left(l_M-\frac{\Delta}{2}\right)$$

略去比其他各项小得多的 $\dfrac{\Delta}{2}\overline{S}$，则得型腔径向尺寸为

$$l_M=(1+\overline{S})l_S-\frac{1}{2}(\Delta+\delta_z+\delta_C)$$

δ_z 和 δ_C 是和 Δ 有关的量，因此，公式后半部分可用 $x\Delta$ 表示，标注上制造公差后，得

$$\left(l_M\right)_0^{+\delta_z}=\left[\left(1+\overline{S}\right)l_S-x\Delta\right]_0^{+\delta_z} \tag{3-20}$$

由于 δ_z、δ_C 与 Δ 的关系随塑件的精度等级和尺寸大小的不同而变化，因此，式中 Δ 前的系数 x 在塑件尺寸较大、精度级别较低时，δ_z 和 δ_C 可忽略，则 $x=0.5$；当塑料制件尺寸较小、精度级别较高时，δ_C 可取 $\Delta/6$，δ_z 可取 $\Delta/3$，此时，$x=0.75$，式（3-20）则为

$$\left(l_M\right)_0^{+\delta_z}=\left[\left(1+\overline{S}\right)l_S-(0.5\sim0.75)\Delta\right]_0^{+\delta_z} \tag{3-21}$$

（2）型芯径向尺寸

塑件孔的径向基本尺寸 l_S 是最小尺寸，其公差 Δ 为正偏差，型芯的基本尺寸 l_M 是最大尺寸，制造公差为负偏差，经过与上面型腔径向尺寸相类似的推导，可得

$$\left(l_{\mathrm{M}}\right)_{-\delta_{\mathrm{Z}}}^{0}=\left[\left(1+\overline{S}\right)l_{\mathrm{S}}+(0.5\sim0.75)\Delta\right]_{-\delta_{\mathrm{Z}}}^{0} \tag{3-22}$$

　　带有嵌件的塑件，收缩率较实体塑件收缩率小，在计算其收缩值时，应将式（3-22）中含有收缩值这一项的塑件尺寸改为塑件外形尺寸减去嵌件部分的尺寸。

　　为了塑件脱模方便，型腔或型芯的侧壁都应设计脱模斜度。当脱模斜度值不包括在塑件公差范围内时，塑件外形的尺寸只保证大端，塑件内腔的尺寸只保证小端，这时计算型腔尺寸以大端尺寸为基准，另一端按脱模斜度相应减小；计算型芯尺寸以小端尺寸为基准，另一端按脱模斜度相应增大，这样便于修模时有余量。如果塑件使用要求正好相反，应在图样上注明。

2. 型腔深度尺寸和型芯高度尺寸

　　在型腔深度和型芯高度尺寸计算中，由于型腔的底面或型芯的端面磨损很小，可不考虑磨损量，由此可以推出

$$\left(H_{\mathrm{M}}\right)_{0}^{+\delta_{\mathrm{Z}}}=\left[\left(1+\overline{S}\right)H_{\mathrm{S}}-x\Delta\right]_{0}^{+\delta_{\mathrm{Z}}} \tag{3-23}$$

$$\left(h_{\mathrm{M}}\right)_{-\delta_{\mathrm{Z}}}^{0}=\left[\left(1+\overline{S}\right)h_{\mathrm{S}}+x\Delta\right]_{-\delta_{\mathrm{Z}}}^{0} \tag{3-24}$$

　　式（3-22）与（3-24）中修正系数 $x=1/2\sim2/3$，当塑件尺寸大、精度要求低时取小值；反之取大值。

3. 中心距尺寸

　　塑件上凸台之间、凹槽之间或凸台到凹槽的中心线之间的距离称为中心距，该类尺寸属于定位尺寸。由于模具上中心距尺寸和塑件中心距公差都是双向等值公差，同时磨损的结果不会使中心距尺寸发生变化，在计算中心距尺寸时不必考虑磨损量。因此，塑件中心距的基本尺寸 C_{S} 和模具上成型零件中心距的基本尺寸 C_{M} 均为平均尺寸，于是

$$C_{\mathrm{M}}=(1+\overline{S})C_{\mathrm{S}}$$

标注上制造公后得

$$(C_{\mathrm{M}})\pm\delta_{\mathrm{Z}}/2=(1+\overline{S})C_{\mathrm{S}}\pm\delta_{\mathrm{Z}}/2 \tag{3-25}$$

　　模具中心距是由成型孔或安装型芯的孔的中心距所决定的。用坐标镗床加工孔时，孔轴线位置尺寸偏差取决于机床的精度，一般不会超过 $\pm(0.015\sim0.02)$mm；用普通方法加工孔时，孔间距大，则加工误差也大。例如，活动型芯与模板孔为间隙配合，配合间隙 δ_{j} 会使型芯中心距尺寸产生波动而影响塑件中心距尺寸，塑件中心距误差值最大为 δ_{j}，对于一个型芯，中心距偏差最大为 $0.5\delta_{\mathrm{j}}$。这时，应使 δ_{Z} 和 δ_{j} 的积累误差小于塑件中心距所要求的公差范围。

　　按平均收缩率、平均制造公差和平均磨损量计算型腔型芯的尺寸有一定误差，这是因为在上述公式中 δ_{Z}、δ_{C} 和 Δ 前的系数的取值多凭经验决定。为保证塑件实际尺寸在规定的公差范围内，尤其对于尺寸较大且收缩率波动范围较大的塑件，需要对成型尺寸进行校核，校核合格的条件为塑件成型公差应小于塑件尺寸公差。

　　型腔或型芯的径向尺寸为

$$(S_{\max}-S_{\min})L_{\mathrm{S}}(\text{或 } l_{\mathrm{S}})+\delta_{\mathrm{Z}}+\delta_{\mathrm{C}}<\Delta \tag{3-26}$$

型腔深度或型芯高度尺寸为

$$(S_{max}-S_{min})H_S(\text{或 } h_S)+\delta_Z<\Delta \tag{3-27}$$

塑件的中心距尺寸为

$$(S_{max}-S_{min})C_S<\Delta \tag{3-28}$$

式中的符号意义同前。

校核后左边的值与右边的值相比越小，所设计的成型零件尺寸越可靠。否则应提高模具制造精度，降低许用磨损量，特别是选用收缩率波动小的塑料来满足塑件尺寸精度的要求。

（二）螺纹型环和螺纹型芯工作尺寸的计算

螺纹连接的种类很多，配合性质也各不相同，影响塑件螺纹连接的因素比较复杂，目前尚无塑料螺纹的统一标准，也没有成熟的计算方法，因此要满足塑料螺纹配合得准确的要求是比较难的。螺纹型环的工作尺寸属于型腔类尺寸，而螺纹型芯的工作尺寸属于型芯类尺寸。为了提高成型后塑件螺纹的旋入性能，适当缩小了螺纹型环的径向尺寸和增大了螺纹型芯的径向尺寸。由于螺纹中径是决定螺纹配合性质的重要参数，它决定着螺纹的可旋入性和连接的可靠性，所以计算中的模具螺纹大、中、小径的尺寸，均以塑件螺纹中径公差$\Delta_{\text{中}}$为依据。下面介绍普通螺纹型环和型芯工作尺寸的计算公式。

1. 螺纹型环的工作尺寸

（1）螺纹型环大径

$$\left(D_{\text{M大}}\right)_0^{+\delta_Z} = \left[\left(1+\overline{S}\right)D_{\text{S大}}-\Delta_{\text{中}}\right]_0^{+\delta_Z} \tag{3-29}$$

（2）螺纹型环中径

$$\left(D_{\text{M中}}\right)_0^{+\delta_Z} = \left[\left(1+\overline{S}\right)D_{\text{S中}}-\Delta_{\text{中}}\right]_0^{+\delta_Z} \tag{3-30}$$

（3）螺纹型环小径

$$\left(D_{\text{M小}}\right)_0^{+\delta_Z} = \left[\left(1+\overline{S}\right)D_{\text{S小}}-\Delta_{\text{中}}\right]_0^{+\delta_Z} \tag{3-31}$$

式中　$D_{\text{M大}}$——螺纹型环大径；

$D_{\text{M中}}$——螺纹型环中径；

$D_{\text{M小}}$——螺纹型环小径；

$D_{\text{S大}}$——塑件外螺纹大径基本尺寸；

$D_{\text{S中}}$——塑件外螺纹中径基本尺寸；

$D_{\text{S小}}$——塑件外螺纹小径基本尺寸；

$\overline{S}$——塑料平均收缩率；

$\Delta_{\text{中}}$——塑件螺纹中径公差，目前我国尚无专门的塑件螺纹公差标准，可参照金属螺纹公差标准中精度最低者选用，其值可查 GB/T197—2003；

δ_Z——螺纹型环中径制造公差，其值可取 $\Delta/5$ 或查表 3-21。

表 3-21 螺纹型环和螺纹型芯的直径制造公差   mm

螺纹类型	螺纹直径	制造公差 δ_z			螺纹直径	制造公差 δ_z		
		外径	中径	内径		外径	中径	内径
粗牙	3～12	0.03	0.02	0.03	36～45	0.05	0.04	0.05
	14～33	0.04	0.03	0.03	48～68	0.06	0.05	0.06
细牙	4～22	0.03	0.02	0.03	6～27	0.03	0.02	0.03
	24～52	0.04	0.03	0.04	30～52	0.04	0.03	0.04
	56～68	0.05	0.04	0.05	56～72	0.05	0.04	0.05

2. 螺纹型芯的工作尺寸

（1）螺纹型芯大径

$$\left(d_{M大}\right)_{-\delta_Z}^{0}=\left[\left(1+\overline{S}\right)d_{S大}+\Delta_{中}\right]_{-\delta_Z}^{0} \tag{3-32}$$

（2）螺纹型芯中径

$$\left(d_{M中}\right)_{-\delta_Z}^{0}=\left[\left(1+\overline{S}\right)d_{S中}+\Delta_{中}\right]_{-\delta_Z}^{0} \tag{3-33}$$

（3）螺纹型芯小径

$$\left(d_{M小}\right)_{-\delta_Z}^{0}=\left[\left(1+\overline{S}\right)d_{S小}+\Delta_{中}\right]_{-\delta_Z}^{0} \tag{3-34}$$

式中 $d_{M大}$——螺纹型芯大径；

      $d_{M中}$——螺纹型芯中径；

      $d_{M小}$——螺纹型芯小径；

      $d_{S大}$——塑件内螺纹大径基本尺寸；

      $d_{S中}$——塑件内螺纹中径基本尺寸；

      $d_{S小}$——塑件内螺纹小径基本尺寸；

      $\Delta_{中}$——塑件螺纹中径公差；

      δ_Z——螺纹型芯中径制造公差，其值可取 $\Delta/5$ 或查表 3-21。

在塑料螺纹成型时，由于收缩的不均匀性和收缩率的波动，使螺纹牙型和尺寸有较大的偏差，从而影响了螺纹的连接。因此，在螺纹型环径向尺寸计算公式中是减去 $\Delta_{中}$，而不是减去 $0.75\Delta_{中}$，即减小了塑件外螺纹的径向尺寸；在螺纹型芯径向尺寸计算公式中是加上 $\Delta_{中}$，而不是加上 $0.75\Delta_{中}$，即增加了塑件内螺纹的径向尺寸，通过增加螺纹径向配合间隙来补偿因收缩而引起的尺寸偏差，提高了塑料螺纹的可旋入性能。在螺纹大径和小径计算公式中，螺纹型环或螺纹型芯都采用了塑件中径的公差 $\Delta_{中}$，制造公差都采用了中径制造公差 δ_Z，其目的是提高模具制造精度，因为螺纹中径的公差值总是小于大径和小径的公差值。

3. 螺纹型环或螺纹型芯螺距尺寸

$$(P_M)\pm\delta_Z/2=(P_S+P_S\overline{S})\pm z/2 \tag{3-35}$$

式中　P_M——螺纹型环或型芯螺距；

　　　P_S——塑件外螺纹或内螺纹螺距的基本尺寸；

　　　δ_Z——螺纹型环或螺纹型芯螺距制造公差，查表 3-22。

表 3-22　螺纹型环或螺纹型芯螺距的制造公差　　　　　　　　mm

螺纹直径	配合长度 L	制造公差 δ_Z
3～10	～12	0.01～0.03
12～22	>12～20	0.02～0.04
24～68	>20	0.03～0.05

在螺纹型环或螺纹型芯螺距计算中，由于考虑到塑料的收缩率，计算所得的螺距带有不规则的小数，加工这样特殊螺距很困难，因此，用收缩率相同或相近的塑件外螺纹与塑件内螺纹相配合时，计算螺距尺寸可以不考虑收缩率；当塑料螺纹与金属螺纹相配合时，如果螺纹配合长度 $L<(0.432\varDelta_{中}/\overline{S})$（式中的 $\varDelta_{中}$ 为塑件螺纹的中径公差，$\overline{S}$ 为塑料的平均收缩率），一般在小于七八牙的情况下，也可以不计算螺距的收缩率，因为在螺纹型环或螺纹型芯中径尺寸中已考虑到了增加中径间隙来补偿塑件螺距的累计误差；当螺纹配合牙数较多，螺纹螺距收缩累计误差很大，必须计算螺距的收缩率时，可以采用在车床上配置特殊齿数的变速挂轮等方法来加工带有不规则小数的特殊螺距的螺纹型环或型芯。

4. 牙型角

如果塑料均匀地收缩，则不会改变牙型角的度数，螺纹型环或型芯的牙型角应尽量制成接近标准值，米制螺纹为 60°，英制螺纹为 55°。

三、模具型腔侧壁和底板厚度的计算

塑料模具型腔在成型过程中受到熔体的高压作用，应具有足够的强度和刚度，如果型腔侧壁和底板厚度过小，可能会因强度不够而产生塑性变形甚至破坏；也可能会因刚度不够而产生挠曲变形，导致溢料和出现飞边，降低塑件尺寸精度并影响顺利脱模。因此，应通过强度和刚度计算来确定型腔壁厚，尤其对于重要的、精度要求高的或大型模具的型腔，更不能单纯凭经验来确定型腔侧壁和底板厚度。

模具型腔壁厚的计算，应以最大压力为准。而最大压力是在注射时，熔体充满型腔的瞬间产生的，随着塑料的冷却和浇口的冻结，型腔内的压力逐渐降低，在开模时接近常压。理论分析和生产实践表明，大尺寸的模具型腔，刚度不足是主要矛盾，型腔壁厚应以满足刚度条件为准；而对于小尺寸的模具型腔，在发生大的弹性变形前，其内应力往往超过了模具材料的许用应力，因此强度不够是主要矛盾，设计型腔壁厚应以强度条件为准。

型腔壁厚的强度计算条件是型腔在各种受力形式下的应力值不得超过模具材料的许用应力；而刚度计算条件由于模具的特殊性，应从以下三个方面来考虑。

（1）模具成型过程中不发生溢料

当高压熔体注入型腔时，模具型腔的某些配合面产生间隙，间隙过大则出现溢料，如图 3-120 所示。这时应根据塑料的黏度特性，在不产生溢料的前提下，将允许的最大间隙值[δ]

作为型腔的刚度条件。各种塑料的最大不溢料间隙值见表 3-23。

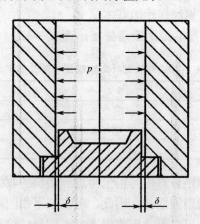

图 3-120   型腔弹性变形与溢料的产生

表 3-23   不发生溢料的间隙值[δ]   mm

黏 度 特 性	塑料品种举例	允许变形值[δ]
低黏度塑料	聚酰胺、聚乙烯、聚丙烯、聚甲醛	≤0.025～0.04
中黏度塑料	聚苯乙烯、ABS、聚甲基丙烯酸甲酯	≤0.05
高黏度塑料	聚碳酸酯、聚砜、聚苯醚	≤0.06～0.08

（2）保证塑件尺寸精度

某些塑件尺寸或塑件的某些部位尺寸常常要求较高的精度，这就要求模具型腔应具有很好的刚性，以保证塑料熔体注入型腔时不产生过大的弹性变形。此时，型腔的允许变形量[δ]由塑件尺寸和公差值来确定。由塑件尺寸精度确定的刚度条件可用表 3-24 所列的经验公式计算出来。

表 3-24   保证塑件尺寸精度的[δ]值   mm

塑件尺寸	经验公式[δ]
<10	$\Delta i/3$
>10～50	$\Delta i/[3(1+\Delta i)]$
>50～200	$\Delta i/[5(1+\Delta i)]$
>200～500	$\Delta i/[10(1+\Delta i)]$
>500～1000	$\Delta i/[15(1+\Delta i)]$
>1000～2000	$\Delta i/[20(1+\Delta i)]$

注：1. i 为塑件精度等级，由表 2-29 选定。

2. Δ 为塑件尺寸公差值，由表 2-28 选定。

例如，塑件尺寸在 200～500mm 内，其三级和五级精度的公差分别为 0.92～1.94mm 和 1.92～4.10mm，因此其刚度条件分别为[δ]$_3$=（0.073～0.085）mm 和[δ]$_5$=（0.091～0.095）mm。

（3）保证塑件顺利脱模

如果型腔刚度不足，在熔体高压作用下会产生过大的弹性变形，当变形量超过塑件收缩值时，塑件周边将被型腔紧紧包住而难以脱模，强制顶出易使塑件划伤或破裂，因此型腔的允许弹性变形量应小于塑件壁厚的收缩值，即

$$[\delta]<\delta S \qquad\qquad (3-36)$$

式中　　$[\delta]$——保证塑件顺利脱模的型腔允许弹性变形量（mm）；

　　　　δ——塑件壁厚（mm）；

　　　　S——塑料的收缩率。

在一般情况下，因塑料的收缩率较大，型腔的弹性变形量不会超过塑料冷却时的收缩值。因此，型腔的刚度要求主要由不溢料和塑件精度来决定。当塑件某一尺寸同时有几项要求时，应以其中最苛刻的条件作为刚度设计的依据。

型腔尺寸以强度和刚度计算的分界值取决于型腔的形状、结构、模具材料的许用应力、型腔允许的弹性变形量及型腔内熔体的最大压力。在以上诸因素一定的条件下，以强度计算所需要的壁厚和以刚度计算所需要的壁厚相等时的型腔内尺寸为强度计算和刚度计算的分界值。在分界值不知道的情况下，应分别按强度条件和刚度条件算出壁厚，取其中较大值作为模具型腔的壁厚。

由于型腔的形状、结构形式是多种多样的，同时在成型过程中模具受力状态也很复杂，一些参数难以确定，因此对型腔壁厚作精度的力学计算几乎是不可能的。只能从实用观点出发，对具体情况作具体分析，建立接近实际的力学模型，确定较为接近实际的计算参数，采用工程上常用的近似计算方法，以满足设计上的需要。

下面介绍几种常见的规则型腔的壁厚和底板厚度的计算方法。对于不规则的型腔，可简化为下面的规则型腔进行近似计算。

（一）矩形型腔结构尺寸计算

矩形型腔是指横截面呈矩形结构的成型型腔。按型腔结构可分为组合式和整体式两类。

1. 组合式矩形型腔

组合式矩形型腔结构有很多，典型结构如图 3-121 所示。

（1）型腔侧壁厚度计算

图 3-121（a）所示为组合式矩形型腔工作时变形情况，在熔体压力作用下，侧壁向外膨胀产生弯曲变形，使侧壁与底板间出现间隙，间隙过大将发生溢料或影响塑件尺寸精度。将侧壁每一边都看做受均匀载荷的端部固定梁，设允许最大变形量为$[\delta]$，其壁厚按刚度条件的计算式为

$$s=\sqrt[3]{\frac{pH_1l^4}{32EH[\delta]}} \qquad\qquad (3-37)$$

式中　s——矩形型腔侧壁厚度（mm）；

　　　p——型腔内熔体的压力（MPa）；

　　　H_1——承受熔体压力的侧壁厚度（mm）；

　　　l——型腔侧壁长边长（mm）；

　　　E——钢的弹性模量，取 2.06×10^5 MPa；

H——型腔侧壁总高度（mm）；

$[\delta]$——允许变形量（mm）。

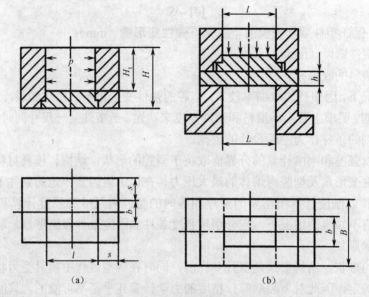

图 3-121　组合式矩形型腔结构及受力状况

如果先进行强度计算，求出型腔的侧壁厚度，再校验弹性变形量是否在允许的范围内，则式（3-37）可变换为

$$\delta=\frac{pH_1l^4}{32EHs^3}\leqslant[\delta] \tag{3-38}$$

按强度条件来计算，矩形型腔侧壁每边都受到拉应力和弯曲应力的联合作用。按端部固定梁计算，弯曲应力的最大值在梁的两端。

$$\sigma_w=\frac{pH_1l^2}{2Hs^2}$$

由相邻侧壁受载所引起的拉应力为

$$\sigma_b=\frac{pH_1b}{2Hs}$$

式中　b——型腔侧壁的短边长（mm）。

总应力应小于模具材料的许用应力 $[\sigma]$，即

$$\sigma_w+\sigma_b=\frac{pH_1l^2}{2Hs^2}+\frac{pH_1b}{2Hs}\leqslant[\sigma] \tag{3-39}$$

为计算简便，略去较小的 σ_b，按强度条件型腔侧壁的计算公式为

$$s=\sqrt{\frac{pH_1l^2}{2H[\sigma]}} \tag{3-40}$$

当 p=50MPa、H_1/H=4/5、$[\delta]$=0.05mm、$[\sigma]$=160MPa 时，侧壁长边 l 刚度计算与强度计算的分界尺寸为 370mm，即当 l>370mm 时按刚度条件计算侧壁厚度，反之按强度条件计算侧壁厚度。

（2）底板厚度的计算

组合式型腔底板厚度实际上是支撑板的厚度。底板厚度的计算因其支撑形式不同而有很大差异，对于最常见的动模边为双支脚的底板［见图 3-121（b）］，为简化计算，假设型腔长边 l 和支脚间距 L 相等，底板可作为受均匀载荷的简支梁，其最大变形出现在板的中间，按刚度条件计算底板的厚度为

$$h=\sqrt[3]{\frac{5pbl^4}{32EB[\delta]}} \tag{3-41}$$

式中　h——矩形底板（支撑板）的厚度（mm）；

　　　B——底板总宽度（mm）。

简支梁的最大弯曲应力也出现在板的中间最大变形处，按强度条件计算底板厚度为

$$h=\sqrt{\frac{3pbL^2}{4B[\sigma]}} \tag{3-42}$$

式中　L——双支脚间距（mm）。

当 p=50MPa、b/B=1/2、$[\delta]$=0.05mm、$[\sigma]$=160MPa 时，强度与刚度计算的分界尺寸为 L=108mm，即 L>108mm 时按刚度条件计算底板厚度，反之按强度条件计算底板厚度。

2. 整体式矩形型腔

整体式矩形型腔如图 3-122 所示，这种结构与组合式型腔相比刚性较大。由于底板与侧壁为一整体，所以在型腔底面不会出现溢料间隙。因此，在计算型腔壁厚时变形量的控制主要是为了保证塑件尺寸精度和顺利脱模。

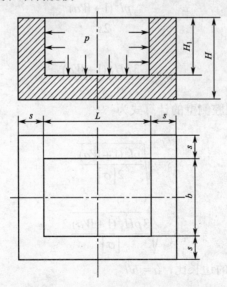

图 3-122　整体式矩形型腔受力状况

（1）型腔侧壁厚度的计算

整体式矩形型腔的任一侧壁均可看做三边固定、一边自由的矩形板，在塑料熔体压力的作用下，矩形板的最大变形发生在自由边的中点，变形量为

$$\delta = \frac{cpH_1^4}{Es^3}$$

按刚度条件计算侧壁厚度为

$$s = \sqrt[3]{\frac{cpH_1^4}{E[\delta]}} \qquad (3\text{-}43)$$

式中 c——由 H_1/l 决定的系数，查表 3-25。

整体式矩形型腔侧壁的最大弯曲应力为

$$\sigma_{\max} = \frac{M_{\max}}{W}$$

式中 $\sigma_{\max}$——型腔侧壁的最大弯曲应力；

$M_{\max}$——型腔侧壁的最大弯矩；

W——抗弯截面系数，见表 3-25。

表 3-25   系数 c、w 值

H_1/l	0.3	0.4	0.5	0.6	0.7	0.8	0.9	1.0	1.2	1.5	2.0
C	0.930	0.570	0.330	0.188	0.117	0.073	0.045	0.031	0.015	0.006	0.002
W	0.108	0.130	0.148	0.163	0.176	0.187	0.197	0.205	0.219	0.235	0.254

考虑到短边所承受的成型压力的影响，侧壁的最大应力用下式计算

当 $H_1/l \geqslant 0.41$ 时

$$\sigma_{\max} = \frac{pl^2(1 + Wa)}{2s^2}$$

当 $H_1/l < 0.41$ 时

$$\sigma_{\max} = \frac{3pH_1^2(1 + Wa)}{s^2}$$

因此，按强度条件，型腔侧壁的计算式为

当 $H_1/l \geqslant 0.41$ 时

$$s = \sqrt{\frac{pl^2(1 + Wa)}{2[\sigma]}} \qquad (3\text{-}44)$$

当 $H_1/l < 0.41$ 时

$$s = \sqrt{\frac{3pH_1^2(1 + Wa)}{[\sigma]}} \qquad (3\text{-}45)$$

式中 a——矩形成型型腔的边长比，$a = b/l$。

（2）底板厚度的计算

整体式矩形型腔的底板，如果后部没有支撑板，直接支撑在模脚上，中间是悬空的，则底板可以看做周边固定的受均匀载荷的矩形板。由于熔体的压力，板的中心将产生最大的变形量，按刚度条件，型腔底板厚度为

$$h=\sqrt[3]{\frac{c'pb^4}{E[\delta]}} \tag{3-46}$$

式中 c'——由型腔边长 l/b 决定的系数，查表 3-26。

表 3-26 系数 c' 的值

l/b	c'	l/b	c'
1	0.0138	1.6	0.0251
1.1	0.0164	1.7	0.0260
1.2	0.0188	1.8	0.0267
1.3	0.0209	1.9	0.0272
1.4	0.0226	2.0	0.0277
1.5	0.0240		

整体式矩形型腔底板的最大应力发生在短边与侧壁交界处。按强度条件，底板厚度的计算式为

$$h=\sqrt{\frac{a'pb^2}{[\sigma]}} \tag{3-47}$$

式中 a'——由模脚（垫块）之间距离和型腔短边长度 L/b 所决定的系数，查表 3-27。

表 3-27 系数 a' 的值

L/b	1.0	1.2	1.4	1.6	1.8	2.8	∞
a'	0.3078	0.3834	0.4356	0.4680	0.4872	0.4974	0.5000

由于型腔壁厚计算比较麻烦，表 3-28 列举了矩形型腔壁厚的经验推荐数据，供设计时参考。

表 3-28 矩形型腔壁厚尺寸 mm

矩形型腔内壁短边 b	整体式型腔侧壁厚 s	镶拼式型腔	
		凹模壁厚 s_1	模套壁厚 s_2
40	25	9	22
>40～50	25～30	9～10	22～25
>50～60	30～35	10～11	25～28
>60～70	35～42	11～12	28～35
>70～80	42～48	12～13	35～40
>80～90	48～55	13～14	40～45
>90～100	55～60	14～15	45～50
>100～120	60～72	15～17	50～60
>120～140	72～85	17～19	60～70
>140～160	85～95	19～21	70～80

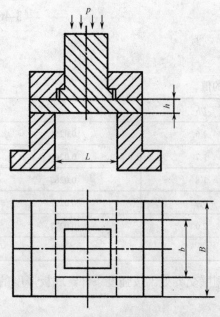

图 3-123　动模支撑板受力状况

3. 矩形型腔动模支撑板厚度

动模支撑板又称型芯支撑板，一般都是两端被模脚或垫板支撑着，如图 3-123 所示。

动模支撑板在成型压力作用下发生变形时，导致塑件高度方向尺寸超差，或在分型面发生溢料现象。对于动模板是穿通组合式的情况，组合式矩形型腔底板厚度就是指动模支撑板的厚度；对于整体式型腔，动模垫板厚度选择较自由，因为整体式的矩形型腔底板厚度已经符合设计要求。

当已选定的动模支撑板厚度通过校验不够时，或者设计时为了有意识地减小动模支撑板厚度以节约材料，可在支撑板和动模底板之间设置支柱或支块，如图 3-124 所示。

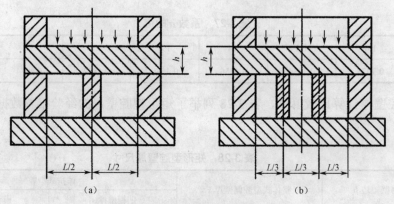

（a）　　　　　　　　　　　　　　（b）

图 3-124　动模垫板刚度的加强

在两模脚（垫块）之间设置一根支柱时［见图 3-124（a）］，动模垫板厚度可按下式计算：

$$h=\sqrt[3]{\dfrac{5pb(L/2)^4}{32EB[\delta]}} \tag{3-48}$$

在两模脚之间设置两根支柱时［见图 3-124（b）］，动模垫板厚度可按下式计算：

$$h=\sqrt[3]{\dfrac{5pb(L/3)^4}{32EB[\delta]}} \tag{3-49}$$

表 3-29 所列为动模垫板厚度的经验数据，供设计时参考。

表 3-29　动模垫板厚度　　　　　　　　　　　　　　　　　　mm

塑件在分型面上的投影面积（cm²）	垫 板 厚 度
～5	15
>5～10	15～20
>10～50	20～25
>50～100	25～30
>100～200	30～40
>200	>40

（二）圆形型腔结构尺寸计算

圆形型腔是指模具型腔横截面呈圆形结构。按结构可分为组合式和整体式两类。

1. 组合式圆形型腔

组合式圆形型腔结构及受力状况如图 3-125 所示。

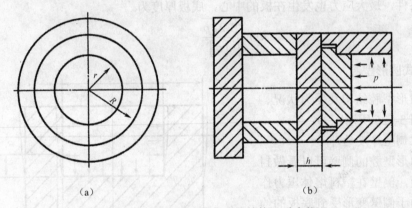

（a）　　　　　　　　　　　　　　（b）

图 3-125　组合式圆形型腔结构及受力状况

（1）型腔侧壁厚度的计算

组合式圆形型腔侧壁可作为两端开口，仅受均匀内压的厚壁圆筒，当型腔受到熔体的高压作用时，其内半径增大，在侧壁与底板之间产生间隙，间隙过大便会导致溢料。

按刚度条件，型腔侧壁厚度计算式为

$$s=R-r=r\left(\sqrt{\dfrac{1-\mu+\dfrac{E[\delta]}{rp}}{\dfrac{E[\delta]}{rp}-\mu-1}}-1\right) \qquad (3\text{-}50)$$

式中　s——型腔侧壁厚度（mm）；

　　　R——型腔外半径（mm）；

　　　r——型腔内半径（mm）；

　　　μ——泊松比，碳钢取 0.25；

　　　E——钢的弹性模量，取 2.06×10^5 MPa；

　　　p——型腔内塑料熔体压力（MPa）；

$[\delta]$——型腔允许变形量（mm）。

按强度条件，型腔侧壁厚度计算式为

$$s=R-r=r\left(\sqrt{\frac{[\sigma]}{[\sigma]-2p}}-1\right) \tag{3-51}$$

当$p=50\mathrm{MPa}$、$[\delta]=0.05\mathrm{mm}$、$[\sigma]=160\mathrm{MPa}$时，刚度条件和强度条件的分界尺寸是$r=86\mathrm{mm}$，即内半径$r>86\mathrm{mm}$按刚度条件计算型腔壁厚，反之按强度条件计算型腔壁厚。

（2）底板厚度的计算

组合式圆形型腔底板固定在圆环形的模脚上，并假设模脚的内半径等于型腔的内半径。这样底板可作为周边简支梁的圆板，最大变形发生在板的中心。

按刚度条件，型腔底板厚度为

$$h=\sqrt[3]{0.74\frac{pr^4}{E[\delta]}} \tag{3-52}$$

按强度条件，最大应力也发生在板的中心，底板厚度为

$$h=r\sqrt{\frac{1.22p}{[\sigma]}} \tag{3-53}$$

2. 整体式圆形型腔

整体式圆形型腔结构及受力状况、变形情况如图 3-126 所示。

（1）型腔侧壁厚度的计算

整体式圆形型腔的侧壁可以看做封闭的厚壁圆筒，侧壁在塑料熔体压力作用下变形，由于侧壁变形受到底板的约束，在一定高度h_2范围内，其内半径增大量较小，越靠近底板约束越大，侧壁增大量越小，可以近似地认为底板处侧壁内半径增大量为零。当侧壁高到一定界限（h_2）以上时，侧壁就不再受底板约束的影响，其内半径增大量与组合式型腔相同，故高于h_2的整体式圆形型腔可按组合式圆形型腔作刚度和强度计算。

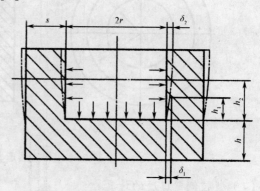

图 3-126　整体式圆形型腔结构及受力状况

整体式圆形型腔内半径增大受底板约束的高度为

$$h_2=\sqrt[4]{2r(R-r)^3} \tag{3-54}$$

在约束部分，内半径的增大量为

$$\delta_1=\delta_2\frac{h_1^4}{h_2^4} \tag{3-55}$$

式中　δ_1——侧壁上任一高度h_1处的内半径增大量（mm）；

　　　δ_2——自由膨胀时的内半径增大量（mm），可按下式计算：

$$\delta_2=\frac{rp}{E}\left(\frac{R^2+r^2}{R^2-r^2}+\mu\right) \tag{3-56}$$

当型腔高度低于 h_2 时，按式（3-54）与式（3-55）作刚度校核，用试差法确定外半径 R，侧壁厚 $s=R-r$，然后用下式进行强度校核：

$$\sigma=\frac{3ph_2^2}{s^2}\left(\frac{R^2+r^2}{R^2-r^2}+\mu\right)\leqslant[\sigma] \tag{3-57}$$

整体式圆形型腔的壁厚尺寸也可按组合式圆形型腔的壁厚计算公式进行计算，这样计算的结果更加安全。

（2）底板厚度计算

整体式圆形型腔的底板支撑在模脚上，并假设模脚内半径等于型腔内半径，则底板可以作为周边固定的、受均匀载荷的圆板，其最大变形发生在圆板中心，按刚度条件，底板厚度为

$$h=\sqrt[3]{\frac{0.175pr^4}{E[\delta]}} \tag{3-58}$$

最大应力发生在底的周边，因此按强度条件，底板厚度为

$$h=r\sqrt{\frac{0.75p}{[\sigma]}} \tag{3-59}$$

当 $p=50\text{MPa}$、$[\delta]=0.05\text{mm}$、$[\sigma]=160\text{MPa}$ 时，底板刚度与强度计算的分界尺寸是 $r=136\text{mm}$。即内半径 $r>136\text{mm}$ 按刚度条件计算底板厚度，反之按强度条件计算底板厚度。

表 3-30 列举了圆形型腔壁厚的经验数据，供设计时参考。

表 3-30 圆形型腔壁厚　　　　　　　　mm

圆形型腔内壁直径 $2r$	整体式型腔壁厚	组合式型腔	
	$s=R-r$	型腔壁厚 $s_1=R-r$	模套壁厚 s_2
～40	20	8	18
>40～50	25	9	22
>50～60	30	10	25
>60～70	35	11	28
>70～80	40	12	32
>80～90	45	13	35
>90～100	50	14	40
>100～120	55	15	45
>120～140	60	16	48
>140～160	65	17	52
>160～180	70	19	55
>180～200	75	21	58

注：以上型腔壁厚系淬硬钢数据，如用未淬硬钢，应乘以系数 1.2～1.5。

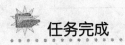 **任务完成**

灯座模具成型零件设计

成型塑件——灯座（见图 2-6）的注射模设计，综合前述项目训练，继续完成以下任务。

①成型零件的结构设计。

②成型零件的尺寸计算。

③成型零件的尺寸校核。

1. 成型零件的结构设计

根据模块三任务 3 选塑料件大端底平面作分型面，如图 3-89 所示。

整体式型腔是直接在型腔板上加工，有较高的强度和刚度。但零件尺寸较大时加工和热处理都较困难。整体式型芯结构牢固，成型塑件质量好，但尺寸较大，消耗贵重模具钢多，不便加工和热处理。整体式结构适用于形状简单的中小型注射模的成型零件。

组合式型腔由许多拼块镶制而成，机械加工和热处理比较容易，能满足大型塑件的成型需要。组合式型芯可节省贵重模具钢，便于机加工和热处理，修理更换方便，同时也有利于型芯冷却和排气的实施。

由于灯座尺寸较大，最大达 $\phi170$mm，且形状复杂、有锥面过渡，若采用整体式型腔，加工和热处理都较困难，所以采用拼块组合式，即在型腔的底部大面积镶拼。图 3-127 所示为型腔组合模板之一——型腔板。考虑模具温度调节，型芯采用整体式结构，如图 3-128 所示。

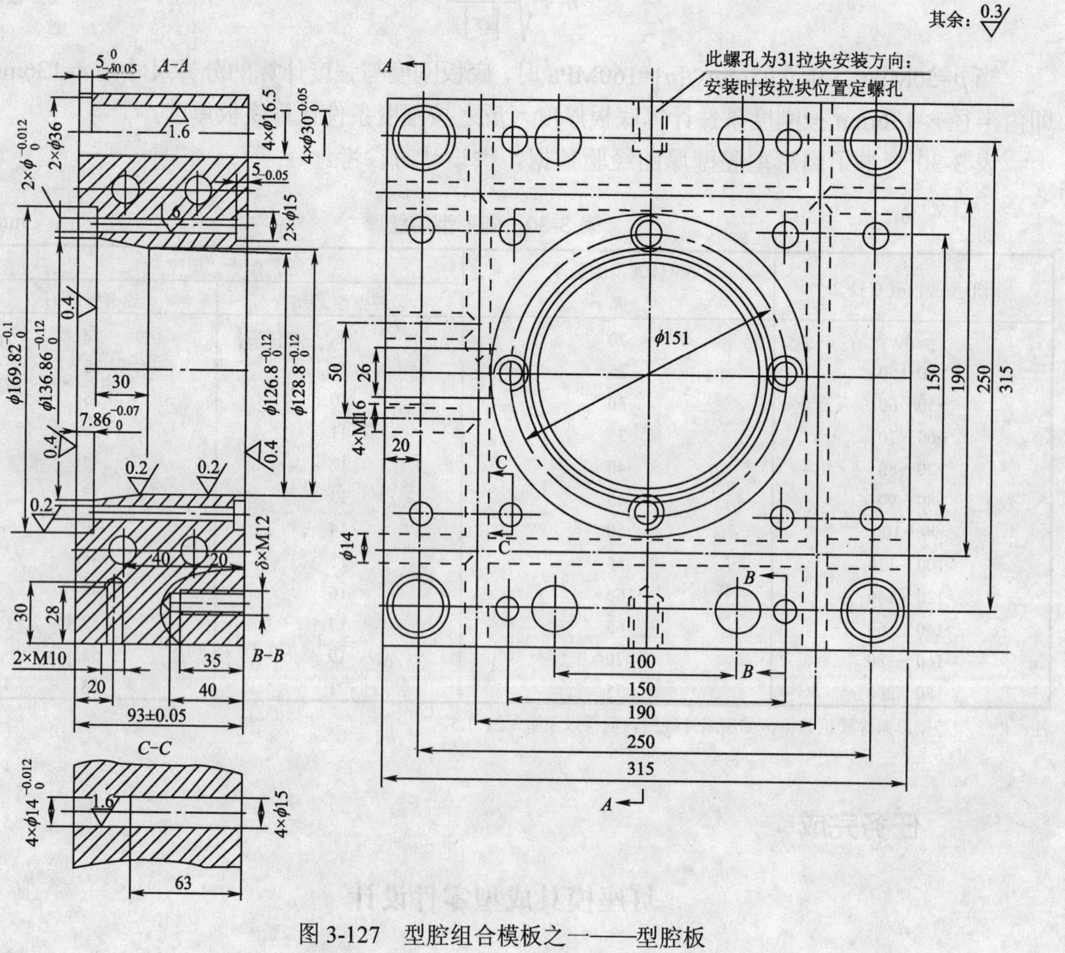

图 3-127 型腔组合模板之一——型腔板

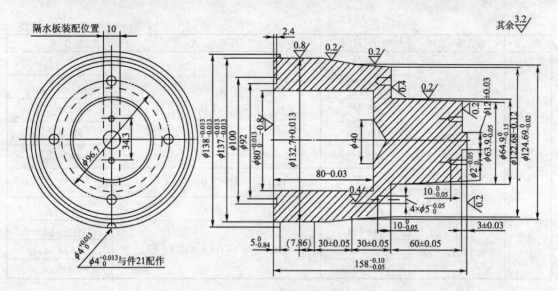

图 3-128 整体式大型芯

2. 成型零件的尺寸计算

该塑件的成型零件尺寸均按平均值法计算。查表 2-2 得聚碳酸酯的收缩率为 $S=0.5\%\sim$ 0.7%，故平均收缩率为 $\overline{S}=(S_{max}/2+S_{min}/2)\times100\%=(0.5/2+0.7/2)\times100\%=0.6\%$，根据塑件尺寸公差要求，模具的制造公差取 $\delta_Z=\Delta/4$。型腔、型芯主要工作尺寸见表 3-31。

表 3-31 型腔、型芯主要工作尺寸计算公式

类 别	模具零件名称	塑件尺寸	计 算 公 式	工 作 尺 寸
型腔的计算	小端对应的型腔	$\phi69_{-0.86}^{0}$	$(L_M)_0^{+\delta_Z}=\left[(1+\overline{S})L_S-\dfrac{3}{4}\Delta\right]_0^{+\delta_Z}$	$\phi68.77_0^{+0.22}$
		$\phi70_{-0.86}^{0}$		$\phi69.78_0^{+0.22}$
	大端对应的型腔	$\phi127_{-1.28}^{0}$		$\phi126.8_0^{+0.32}$
		$\phi129_{-1.28}^{0}$		$\phi128.8_0^{+0.32}$
		$\phi137_{-1.28}^{0}$		$\phi136.86_0^{+0.32}$
		$\phi170_{-1.6}^{0}$		$\phi169.82_0^{+0.4}$
		$8_{-1.28}^{0}$	$(H_M)_0^{+\delta_Z}=\left[(1+\overline{S})H_S-\dfrac{2}{3}\Delta\right]_0^{+\delta_Z}$	$7.86_0^{+0.07}$
		$133_{-1.28}^{0}$		$133_0^{+0.32}$
	内凸对应的型芯	$\phi114_0^{+1.14}$	$(l_M)_{-\delta_Z}^{0}=\left[(1+\overline{S})l_S+\dfrac{3}{4}\Delta\right]_{-\delta_Z}^{0}$	$\phi115.6_{-0.29}^{0}$
		$\phi121_0^{+1.28}$		$\phi122.68_{-0.32}^{0}$
型芯的计算	大型芯	$\phi63_0^{+0.74}$	$(l_M)_{-\delta_Z}^{0}=\left[(1+\overline{S})l_S+\dfrac{3}{4}\Delta\right]_{-\delta_Z}^{0}$	$\phi63.9_{-0.18}^{0}$
		$\phi64_0^{+0.74}$		$\phi64.9_{-0.18}^{0}$
		$\phi123_0^{+1.28}$		$\phi124.69_{-0.32}^{0}$
		$\phi131_0^{+1.28}$		$\phi132.74_{-0.32}^{0}$
		$\phi164_0^{+1.6}$		$\phi166.27_{-0.4}^{0}$

类　别	模具零件名称	塑件尺寸	计　算　公　式	工　作　尺　寸
型芯的计算	小型芯	$\phi 2^{+0.2}_{0}$	$(l_M)^{0}_{-\delta_Z} = \left[(1+\overline{s})l_S + \dfrac{3}{4}\Delta\right]^{0}_{-\delta_Z}$	$\phi 2.16^{0}_{-0.05}$
		$\phi 5^{+0.24}_{0}$		$\phi 5.21^{0}_{-0.06}$
		$\phi 12^{+0.28}_{0}$		$\phi 12.29^{0}_{-0.07}$
		$\phi 10^{+0.24}_{0}$		$\phi 10.28^{0}_{-0.07}$
		$\phi 4.5^{+0.24}_{0}$		$\phi 4.71^{0}_{-0.06}$
		$5^{+0.24}_{0}$	$(h_M)^{0}_{-\delta_Z} = \left[(1+\overline{s})h_S + \dfrac{2}{3}\Delta\right]^{0}_{-\delta_Z}$	$5.19^{0}_{-0.06}$
		$2.25^{+0.2}_{0}$		$2.4^{0}_{-0.04}$
孔距	型孔之间的中心距	34 ± 0.28	$(C_M)\pm\dfrac{1}{2}\delta_Z = \left[(1+\overline{s})C_S\right]\pm\dfrac{1}{2}\delta_Z$	34.22 ± 0.07
		$\phi 96 \pm 0.50$		$\phi 96.62 \pm 0.13$
		$\phi 150 \pm 0.57$		$\phi 150.98 \pm 0.14$

3. 成型零件尺寸校核

按平均收缩率法计算工作尺寸有一定误差，这是因为在上述公式中的 δ_Z 及 x 系数取值凭经验确定。为保证塑件实际尺寸在规定的公差范围内，尤其对于尺寸较大且收缩率波动范围较大的塑件，需要对成型尺寸进行校核。其校核的条件是塑件成型尺寸公差应小于塑件尺寸公差。型腔或型芯的径向尺寸为

$$(S_{max}-S_{min})L_S(\text{或}\ l_S)+\delta_Z+\delta_C <\Delta\ (\delta_C =\Delta/6)$$

型腔深度或型芯高度尺寸为

$$(S_{max}-S_{min})H_S(\text{或}\ h_S)+\delta_Z <\Delta$$

塑件的中心距尺寸为

$$(S_{max}-S_{min})C_S<\Delta$$

对表 3-31 所列尺寸按照上述公式经过一一校核（校核过程略），左边的值与右边值相比越小，所设计的成型零件尺寸就越可靠。否则应提高模具制造精度，降低许用磨损量，特别是应选用收缩率波动小的塑料或通过控制塑料收缩率波动范围（$S_{max}-S_{min}$）来满足塑件尺寸精度的要求。

任务小结

设计成型零件时，应根据塑料的特性和塑件的结构及使用要求，确定型腔的总体结构，选择分型面和浇口的位置，确定脱模方式、排气部位等。然后根据成型零件的加工、热处理、装配等要求进行成型零件结构设计，计算成型零件的工作尺寸，对关键的成型零件进行强度和刚度校核。

思考题与练习

1. 整体式型腔、型芯与组合式型腔、型芯各有何特点？

2. 常用小型芯的固定方法有哪几种形式？分别使用在什么不同场合？

3. 螺纹型芯在结构设计上应注意哪些问题?

4. 在设计组合式螺纹型环时应注意哪些问题?

5. 型腔和底板的计算依据是什么?

6. 影响成型零件工作尺寸的因素有哪些? 按平均值法计算所得值为何要进行校核?

7. 动模支撑板(组合式)是如何进行校核的? 如果已选定的支撑板厚度通过校验不能满足时, 应采用什么措施?

8. 根据图 3-129 所示的塑件形状与尺寸, 分别计算出凹模和凸模的有关尺寸(塑料平均收缩率取 0.005, 制造公差 δ_z 取 $\Delta/3$)。

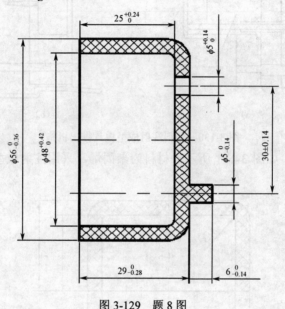

图 3-129 题 8 图

学生分组,完成课题

1. 成型塑料制件——灯座(见图 2-6)采用组合式型腔,试补充完成其余型腔组合件的结构。

2. 成型塑料制件——电流线圈架(见图 2-5),结合前述任务的训练,继续完成以下任务。

①成型零件的结构设计。

②成型零件的尺寸计算和校核。

③型腔和底板尺寸的计算和校核。

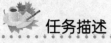

任务5 推出机构设计

任务描述

在注射成型的每个周期中, 将塑件及浇注系统凝料从模具中脱出的机构称为推出机构,也称顶出机构或脱模机构。推出机构的动作通常是由安装在注射机上的机械顶杆或液压缸的活塞杆来完成的，如图 3-130 所示。

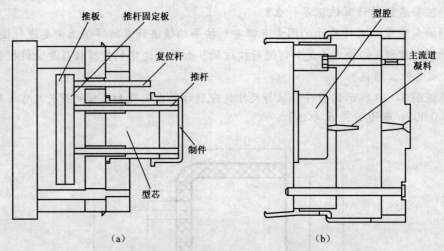

图 3-130　塑料注射成型模具推出机构

现有一塑料护帽，如图 3-131 所示，材料为聚丙烯，采用注射成型大量生产，要求设计其注射模的推出机构。

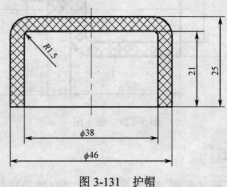

图 3-131　护帽

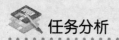

学习目标

【知识目标】

1. 了解注射模各类推出机构的结构特点及动作原理。

2. 掌握注射模推出机构的设计原则及各类推出机构的应用范围。

3. 掌握推出力的计算方法。

【技能目标】

1. 具有设计推出机构总体结构及其各零部件的能力。

2. 能够合理选择应用各类推出机构。

任务分析

护帽在注射成型后，需要将其从模具型腔与型芯中推出，以便下一个成型生产过程能继续进行。注射模推出机构有多种形式，需要根据制件结构、模具结构、设备结构进行选择。通过对图 3-131 所示的护帽制件进行成型结构工艺性能分析可知，该制件结构简单，可一模四腔，用简单推出机构即可推出。

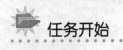 任务开始

基本概念

一、推出机构的结构组成和分类

（一）推出机构的组成

推出机构主要由推出零件、推出零件固定板和推板、推出机构的导向与复位部件等组成。如图 3-132 所示的模具中，推出机构由推杆 1、拉料杆 6、推杆固定板 2、推板 5、推板导柱 4、推板导套 3 及复位杆 7 等组成。开模时，动模部分向左移动，开模一段距离后，当注射机的顶杆（非液压式）接触模具推板 5 后，推杆 1、拉料杆 6 与推杆固定板 2 及推板 5 一起静止不动，而动模部分继续向左移动，塑件就由推杆从凸模上推出。

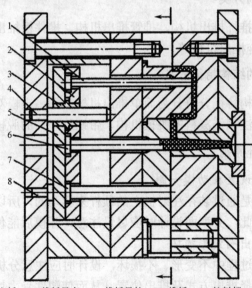

1—推杆；2—推杆固定板；3—推板导套；4—推板导柱；5—推板；6—拉料杆；7—复位杆；8—支承钉

图 3-132 推出机构

推出机构中，凡直接与塑件相接触并将塑件推出型腔或型芯的零件称为推出零件（或推出元件）。常用的推出零件有推杆、推管、推件板、成型推杆等，图 3-132 中为推杆 1。推杆固定板 2 和推板 5 由螺钉连接，用来固定推出零件。为了保证推出零件合模后能回到原来的位置，需设置复位机构，图 3-132 中为复位杆 7。推出机构中，为保证推出平稳、灵活，通常还设有导向装置，如图 3-132 中的推板导柱 4 和推板导套 3。除此之外还有拉料杆 6，以保证浇注系统的主流道凝料从定模的浇口套中拉出，留在动模一侧。有的模具还设有支撑钉，

使推板与底板间形成间隙，易保证平面度要求，并且有利于废料、杂物的去除，另外还可以通过支撑钉厚度的调节来控制推出距离。

（二）推出机构的分类

1. 按动力来源分类

（1）手动推出机构

手动推出机构是模具开模后，由人工操纵的推出机构推出塑件，它可分为模内手工推出和模外手工推出两种。一般多用于塑件滞留在动模一侧的情况，或是形状复杂而不能设置推出机构的模具，或是制件结构简单、产量小的情况。

（2）机动推出机构

机动推出机构利用注射机的开模动作驱动模具上的推出机构，实现塑件的自动脱模，多用于生产批量大的情况。

（3）液压和气动推出机构

液压和气动推出机构是依靠设置在注射机上的专用液压和气动装置，将塑件推出或从模具中吹出。

2. 按推出零件的类别分类

按推出零件分可分为推杆推出机构、推管推出机构、推件板推出机构、凹模或成型推杆（块）推出机构、多元综合推出机构等。

3. 按模具推出机构的结构特征分类

按模具推出机构的结构特征分可分为简单推出机构，动、定模双向推出机构、顺序推出机构、二级推出机构、浇注系统凝料的脱模机构、带螺纹塑件的脱模机构等。

（三）推出机构的设计原则

（1）推出机构应尽量设置在动模一侧

由于推出机构的动作是通过装在注射机上的顶杆来驱动的，所以一般情况下，推出机构设置于动模一侧。正因如此，分型面设计时应尽量注意，开模后能使塑件留在动模一侧。

（2）保证塑件不因推出而变形损坏

为了保证塑件在推出过程中不变形、不损坏，设计时应注意分析塑件对模具的包紧力和黏附力的大小，合理地选择推出方式及推出位置，从而使塑件受力均匀而不变形、不损坏。

（3）机构简单、动作可靠

推出机构应使推出动作可靠、灵活且制造方便，机构本身要有足够的强度、刚度和硬度，以承受推出过程中各种力的作用，确保塑件顺利地脱模。

（4）良好的塑件外观

推出塑件的位置应尽量设置在塑件内部，以免推出痕迹影响塑件的外观质量。

（5）合模时的正确复位

设计推出机构时，还必须考虑合模时的正确复位，并保证不与其他模具零件相干涉。

二、脱模力的计算

注射成型后，塑件在模具内冷却定型，由于体积的收缩，对型芯产生包紧力，塑件要从模腔中脱出，就必须克服因包紧力而产生摩擦的阻力。对于不带通孔的壳体类塑件，脱模时还要克服大气压力。一般来说，塑料制件刚开始脱模时，所需克服的阻力最大，即所需的脱模力最大，图 3-133 所示为塑件脱模时的型芯受力分析。脱模力可按图 3-133 来估算。根据力的平衡原理，列出平衡方程式：

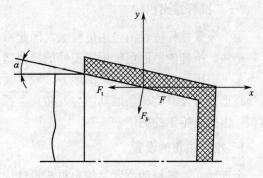

图 3-133 型芯受力分析

$$\sum F_x = 0$$

则

$$F_t + F_b \sin\alpha = F\cos\alpha \qquad (3-60)$$

式中　F_b ——塑件对型芯的包紧力；

　　　F ——脱模时型芯所受的摩擦阻力；

　　　F_t ——脱模力；

　　　α ——型芯的脱模斜度。

又

$$F = F_b\mu$$

于是

$$F_t = F_b(\mu\cos\alpha - \sin\alpha)$$

而包紧力为包容型芯的面积与单位面积上包紧力之积，即 $F_b = Ap$

由此可得

$$F_t = Ap(\mu\cos\alpha - \sin\alpha) \qquad (3-61)$$

式中　μ ——塑料对钢的摩擦因数（0.1～0.3），摩擦因数与塑料品种有关；

　　　A ——塑件包容型芯的面积（m^2）；

　　　p ——塑件对型芯的单位面积上的包紧力，一般情况下，模外冷却的塑件 p 为 2.4～3.9×10^7Pa；模内冷却的塑件 p 为 0.8～1.2×10^7Pa。

由式（3-61）可知，脱模力的大小随塑件包容型芯的面积增大而增大，随脱模斜度的增加而减小。由于影响脱模力大小的因素很多，如推出机构本身运动时摩擦阻力、塑料与钢材间的黏附力、大气压力及成型工艺条件的波动等，因此要考虑到所有因素的影响比较困难，而且也只能是个近似值，所以式（3-61）只能做粗略的分析和估算。

三、简单推出机构

简单推出机构包括推杆推出机构、推管推出机构、推件板推出机构、活动镶块及凹模推出机构、多元综合推出机构等，这类推出机构最常见，而且应用最广泛。

（一）推杆推出机构

由于设置推杆位置的自由度较大，因此推杆推出机构是最常用的推出机构，常用于推出各种塑件。推杆的截面形状根据塑件的推出情况而定，可设计成圆形、矩形等，其中以圆形最为常见，因为使用圆形推杆的地方，较容易达到推杆和模板或型芯上推杆孔的配合精度，另外圆形推杆还具有减小运动阻力、防止卡死现象等优点，损坏后还便于更换。图 3-132 即为塑件由推杆推出的例子。

1. 推杆位置的设置

合理地布置推杆的位置是推出机构设计中的重要工作之一，推杆的位置分布得合理，塑件就不至于变形或被顶坏。

（1）推杆应设置在脱模阻力大的地方

如图 3-134（a）所示，型芯周围塑件对型芯包紧力很大，所以可在型芯外侧塑件的端面上设置推杆，也可以在型芯内靠近侧壁处设推杆。如果只在中心部分推出，塑件容易出现被顶坏的现象，如图 3-134（b）所示。

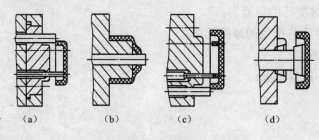

图 3-134　推杆的设置

（2）推杆应均匀分布

当塑件各处脱模阻力相同时，应均匀布置推杆，保证塑件被推出时受力均匀，推出平稳而不变形。

（3）推杆应设置在塑件强度、刚度较大处

推杆不宜设在塑件薄壁处，应尽可能设在塑件壁较厚、有凸缘或加强肋等处，以免塑件变形损坏，如图 3-134（c）所示。如果结构需要，必须设在薄壁处时，可通过增大推杆截面积，以降低单位面积的推出力来改善塑件的受力情况，如图 3-134（d）所示，采用盘形推杆推出薄壁圆盖形塑件，使塑件不变形。

2. 推杆的形状及尺寸

推杆在推塑件时，应具有足够的刚性，以承受推出力，为此只要条件允许，应使推杆的截面积尽可能的大，以防止推杆发生弯曲、变形。如果推杆的刚度不够，应适当增大推杆直径，使其工作端一部分顶在塑件上，同时，在复位时，端面与分型面齐平。图 3-134（a）、（c）所示为型芯外侧的大推杆。

图 3-135 所示为各种形状的推杆。A 型、B 型为圆形截面的推杆，C 型、D 型为非圆形截面推杆。A 型最常用，结构简单，尾部采用台肩的形式，台肩的直径 D 与推杆的直径 d 相差约为 4～6mm；B 型为阶梯形推杆，由于推杆工作部分比较细小，故在其后部加粗以提高

刚性；C 型为整体式非圆形截面的推杆，它是在圆形截面基础上，把工作部分铣削成矩形；D 型为插入式非圆形截面的推杆，其工作部分与固定部分用两销钉连接，这种形式并不常用。

3. 推杆的固定与配合

推杆与模板上的推杆孔采用 H8/f7 或 H8/f8 的间隙配合。

由于推杆的工作端面在合模注射时是模腔底面的一部分，如果推杆的端面低于型腔底面，则在塑件上就会留下一个凸台，这样将影响塑件的使用。因此，通常推杆装入模具后，其端面应与型腔底面平齐，或高出型腔底面 0.05～0.1mm。

图 3-136 所示为推杆的固定形式。图 3-136（a）所示为带台肩的推杆与固定板联结的形式，这种形式是最常用的形式；图 3-136（b）采用垫块或垫圈来代替图 3-136（a）中固定板上的沉孔，这样可使加工简便；图 3-136（c）所示的结构中，推杆的高度可以调节，两个螺母起锁紧作用；图 3-136（d）所示为推杆底部用螺塞拧紧的形式，它适用于

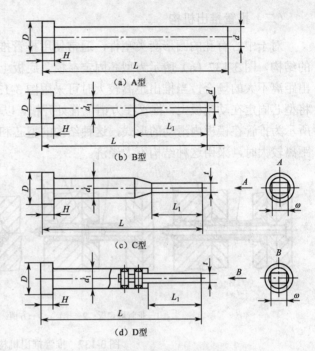

图 3-135　各种形状的推杆

推杆固定板较厚的场合；图 3-136（e）所示为细小推杆用铆接方法固定的形式；图 3-136（f）所示为较粗的推杆镶入固定板后采用螺钉紧固的形式。

推杆固定端与推杆固定板采用单边 0.5 的间隙，这样既可以降低加工要求，又能在多推杆的情况下，不因由于推杆固定板上各推杆孔的加工误差引起的轴线不一致而发生卡死现象。

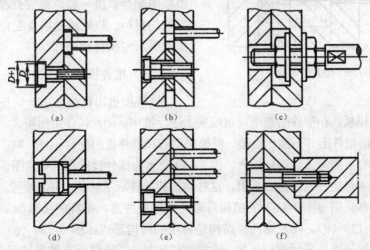

图 3-136　推杆的固定形式

推杆的材料常用 T8、T10 碳素工具钢，热处理要求硬度 HRC≥50，工作端配合部分的表面粗糙度值 R_a≤0.8μm。

（二）推管推出机构

对于中心有孔的圆形套类塑件，通常使用推管推出机构。图 3-137 所示为推管推出机构的结构，图 3-137（a）所示为型芯固定在模具底板上的形式，这种结构型芯较长，常用在推出距离不大的场合，当推出距离较大时可采用图 3-137 中的其他形式；图 3-137（b）用方销将型芯固定在动模板上，推管在方销位置处开槽，以槽的长度来控制推出距离；图 3-137（c）所示为推管在模板内滑动的形式，这种结构的型芯和推管都较短，而模板厚度较大，但推出距离较大时，采用这种结构不太经济。

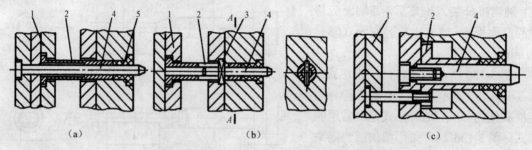

（a）　　　　　　　　　　（b）　　　　　　　　　　（c）

1—推管固定板；2—推管；3—方销；4—型芯；5—塑件

图 3-137　推管推出机构的结构

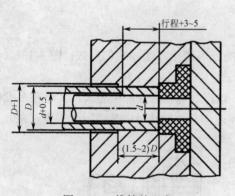

图 3-138　推管的配合

推管的配合如图 3-138 所示。推管的内径与型芯相配合，直径较小时选用 H8/f7 的配合，直径较大时选用 H7/f7 的配合；推管外径与模板孔相配合，直径较小时选用 H8/f8 的配合，直径较大时选用 H8/f7 的配合。推管与型芯的配合长度一般比推出行程大 3～5mm；推管与模板的配合长度一般取推管外径的 1.5～2 倍。推管的材料、热处理要求及配合部分的表面粗糙度要求与推杆相同。

（三）推件板推出机构

推件板推出机构是由一块与凸模按一定配合精度相配合的模板，在塑件的整个周边端面上进行推出，因此，作用面积大，推出力大而均匀，运动平稳，而塑件上并无推出痕迹。但如果型芯和推件板的配合不好，则在塑件上会出现毛刺，而且塑件有可能滞留在推件板上。图 3-139 所示为推件板推出机构。图 3-139（a）由推杆 3 推着推件板 4 将塑件从凸模上推出，这种结构的导柱应足够长，并且要控制好推出行程，以防止推件板脱落；图 3-139（b）的结构可避免推件板脱落，推杆的头部加工出螺纹，拧入推件板内，图 3-139（a）、（b）这两种结构是常用的结构形式；图 3-139（c）中推件板镶入动模板内，推件板与推杆采用螺纹连接，这样的结构紧凑，推件板在推出过程中也不会脱落；

图 3-139（d）中注射机上的顶杆直接作用在推件板上，这种形式的模具结构简单，适用于有两侧顶出机构的注射机。

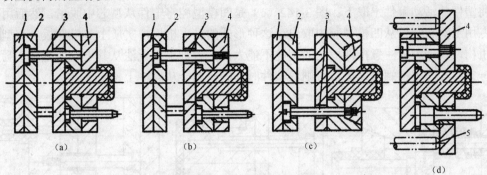

1—推板；2—推杆固定板；3—推杆；4—推件板；5—注射机顶杆

图 3-139　推件板推出机构

在推出过程中，由于推件板和型芯有摩擦，所以推件板也必须进行淬火处理，以提高耐磨性，但是对于外形为非圆形的塑件来说，复杂形状的型芯又要求淬火后能与淬硬的推件板很好相配，这样配合部分的加工就较困难。因此，推件板推出机构主要适用于塑件内孔为圆形或其他简单形状的场合。

在推件板推出机构中，为了减小推件板与型芯的摩擦，可以采用图 3-140 所示的结构，推件板与型芯间留 0.20～0.25 的间隙，并用锥面配合，以防止推件板因偏心而溢料。

对于大型的深腔塑件或用软塑料成型的塑件，推件板推出时，塑件与型芯间容易形成真空，造成脱模困难，为此应考虑增设进气装置。图 3-141 所示结构是靠大气压力，使中间进气阀进气，塑件便能顺利地从凸模上脱出。另外也可以采用中间直接设置推盘的形式，使推出时很快进气，如图 3-134（d）所示。

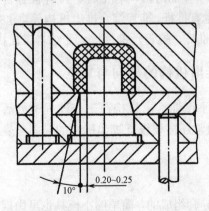

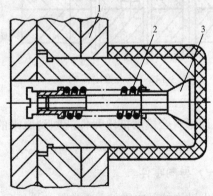

1—推件板；2—弹簧；3—阀杆

图 3-140　推件板与凸模锥面的配合形式　　　　图 3-141　推件板推出机构的进气装置

（四）活动镶件及凹模推出机构

当有些塑件不宜采用上述推出机构时，可利用活动镶件或凹模将塑件推出。图 3-142 所示为活动镶件及凹模推出结构。图 3-142（a）所示为螺纹型环作推出零件，推出后用手工或其他辅助工具将塑件取下，为了便于螺纹型环的安放，采用弹簧先复位；图 3-142（b）所示为利用活动镶件来推塑件，镶块与推杆连接在一起，塑件脱模后仍与镶块在一起，故还需要用手将塑件从活动镶件上取下；图 3-142（c）是凹模型腔将塑件从型芯中脱出，然后用手或其他专用工具将塑件从凹模型腔中取出，这种形式的推出机构，实质上是推件板上有型腔的推出机构，设计时应注意推件板上的型腔不能太深，否则手工无法从其上取下塑件。另外，推杆一定要与凹模板螺纹连接，否则取塑件时，凹模板会从导柱上掉下来。

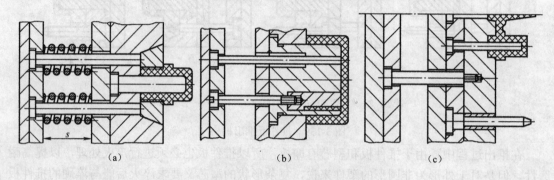

（a）　　　　　　　　　　（b）　　　　　　　　　（c）

图 3-142　活动镶件及凹模推出机构

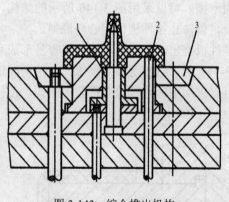

图 3-143　综合推出机构

（五）综合推出机构

在实际生产中往往还存在着这样一些塑件，如果采用上述单一的推出机构，不一定能保证塑件会顺利的脱模，甚至会造成塑件变形、损坏等不良后果。因此，就要采用两种或两种以上的推出形式，这种推出机构称为综合推出机构。综合推出机构有推杆、推件板综合推出机构，也有推杆、推管综合推出机构等。图 3-143 所示为推杆、推管、推件板三元综合推出机构。

四、推出机构的导向与复位

为了保证推出机构在工作过程中灵活、平稳且保证每次合模后推出元件能回到原来的位置，通常还需要设计推出机构的导向与复位装置。

（一）导向零件

推出机构的导向零件，通常是由推板导柱与推板导套组成的，简单的小模具也可由推板导柱直接与推板上的导向孔组成。导向零件使各推出元件得以保持一定的配合间隙，从而保证推出和复位动作顺利进行，有的导向零件在导向的同时还起支撑作用。常用的导向形式如图 3-144 所示。推板导柱可一端固定，图 3-144（a）中推板导柱 3 固定在支撑板 2 上，图 3-132 中推板导柱 4 固定在动模座板上；图 3-144（b）所示为推板导柱两端固定的形式。图 3-144（a）、（b）均为推板导柱与推板导套相配合的形式，而且推板导柱除了起导向作用外，还支撑着动模支撑板，从而改善了支撑板的受力情况，大大提高了支撑板的刚性。图 3-144（c）所示为推板导柱固定在支撑板上的结构，而且推板导柱直接与推杆固定板上的导向孔相配合，推板导柱也不起支撑作用，这种形式用于生产小批量塑件的小型模具。当模具较大时最好采用图 3-144 （a）、（b）所示的结构。推板导柱的数量根据模具的大小来定，至少要设置两根，大型模具需要设置四根。

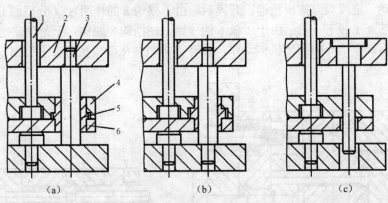

1—推杆；2—支撑板；3—推板导柱；4—推杆固定板；5—推板导套；6—推板

图 3-144　推出机构的导向装置

（二）复位零件

（1）复位杆复位

为了使推出元件合模后能回到原来的位置，推杆固定板上同时装有复位杆，如图 3-132 所示的复位杆 7。常用的复位杆均采用圆形截面，一般每副模具设置四根复位杆，其位置尽量设在推杆固定板的四周，以便推出机构合模时复位平稳。复位杆端面与所在动模分型面平齐，推出机构推出后，复位杆便高出分型面（其高度即为推出距离的大小）。复位杆的复位作用是利用合模动作来完成的，合模时，复位杆先于动模分型面与定模分型面接触，在动模向定模逐渐合拢的过程中，推出机构便被复位杆顶住，从而与动模产生相对移动，直至分型面合拢时，推出机构便回复到原来的位置，这种结构，合模和复位同时完成。对于推件板推出机构来说，由于推杆端面与推件板接触，可以起到复位杆的作用，故在推件板推出机构中，不必另行设置复位杆。另外，在塑件几何形状和模具结构允许的条件下，可利用推杆兼做复位杆，即推杆端面的一部分与塑件相接触作推杆用，另一部分作复位用，图 3-134（a）和图 3-134（c）即为推杆兼作复位杆的例子。

（2）弹簧复位

弹簧复位是利用弹簧的弹力使推出机构复位。弹簧复位与复位杆复位的主要区别在于用弹簧复位时，推出机构的复位先于合模动作完成。所以，通常为了便于活动镶件的安放而采用弹簧复位机构，如图 3-142（a）所示。合模一段距离后，在弹簧力的作用下，推出机构先复位，然后安放活动螺纹型环，最后动定模合拢。为了避免工作时弹簧扭斜，可将弹簧装在推杆或推板导柱上。

五、动、定模双向推出机构

在实际生产中往往会遇到一些形状特殊的塑件，开模后，这类塑件既可能留在动模一侧，也可能留在定模一侧。如图 3-145 所示的齿轮塑件，为了其能顺利地脱模，需考虑动、定模两侧都设置推出机构。开模后，在弹簧 2 作用下 A 分型面分型，塑件从型芯 3 上脱下，以保证其滞留在动模中，当限位螺钉 1 与定模板 4 相接触后，B 分型面分型，然后动模部分的推出机构动作，推杆 5 将塑件从动模型腔中推出。这类机构统称动、定模双向推出机构。图 3-146 所示为摆钩式动、定模双向推出机构。开模后，由于摆钩 8 的作用使 A 分型面分型，从而使塑件从定模型芯 4 上脱下，然后由于压板 6 的作用，使摆钩 8 脱钩，于是动、定模在 B 分型面处分型，最后动模部分的推出机构动作，推管 1 将塑件从动模型芯 2 上推出。

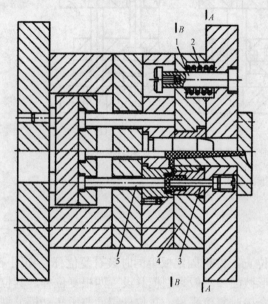

1—限位螺钉；2—弹簧；3—定模型芯；4—定模板；5—推杆

图 3-145　齿轮塑件双向推出机构

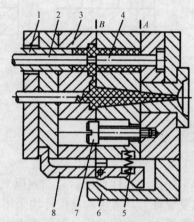

1—推管；2—动模型芯；3—动模板；4—定模型芯；
5—弹簧；6—压板；7—定距螺钉；8—摆钩

图 3-146　摆钩式动、定模双向推出机构

六、顺序推出机构

在双分型面或多分型面模具中，根据塑件的要求，模具各分型面的打开必须按一定的顺序进行，满足这种分型要求的机构称为顺序推出机构。这类机构设计时，首先要有一个保证先分型的机构，其次要考虑分型后分型距离的控制及采用的形式，最后还必须保证合模后各部分复位的正确性。另外，这类推出机构在设计时，通常将导柱设在定模一侧，以保证第一次分型时定模板运动的导向及开模后的支撑。

（一）弹簧分型顺序推出机构

图 3-4 所示为典型的弹簧分型拉板定距的顺序推出机构。图 3-5 所示为弹簧分型拉杆定距的顺序推出机构，它们都是利用弹簧力的作用使 A 分型面先分型，分型后由定距拉板或拉杆来控制第一次分型距离。这种推出机构的特点是模具结构简单紧凑，适用于塑件在定模一侧黏附力较小的场合，同时，弹簧的弹力要足够大。

（二）摆钩分型螺钉定距顺序推出机构

图 3-147 所示为利用拉钩迫使 A 分型面先分型，然后由定距螺钉 9 来控制第一次分型距离的结构。这类推出机构的特点是模具动作可靠。合模时，摆钩 4 勾住固定在动模垫板上的挡块 3。开模后，动模板 10 随动模部分向左运动，A 分型面先分型，塑件从定模型芯 12 上脱出，分型一段距离后，在定距螺钉 9 的作用下，动模板 10 不再随动模部分向左运动，与此同时，滚轮 7 压住摆钩 4，使其转动而脱开挡块 3，这样，模具在 B 分型面分型，最后推杆 1 推动推件板 11 将塑件从动模型芯 2 上脱下。

图 3-148 所示为摆钩分型螺钉定距顺序推出机构的另一形式。

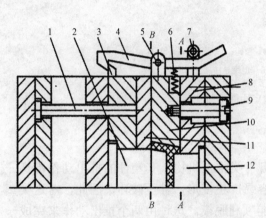

1—推杆；2—动模型芯；3—挡块；4—摆钩；
5—转轴；6—弹簧；7—滚轮；8—定模板；
9—定距螺钉；10—动模板；11—推件板；12—定模型芯

图 3-147 摆钩分型螺钉定距顺序推出机构一

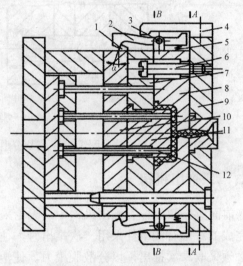

1—挡块；2—摆钩；3—转轴；4—压块；
5—弹簧；6—定距螺钉；7—动模板；8—中间板；
9—定模板；10—支撑板；11—凸模；12—推杆

图 3-148 摆钩分型螺钉定距顺序推出机构二

（三）滑块分型导柱定距顺序推出机构

图 3-149 所示的机构为利用开模初拉钩 4 拉住滑块 5，迫使动模板 2 和中间板 3 不分开而 A 分型面首先分型，分型后由定距导柱 10 和定距销钉 11 来控制第一次分型距离的机构。合模时，拉钩 4 紧紧勾住滑块 5。开模时，动模通过拉钩 4 带动中间板 3 及与中间板 3 相连的垫板 1 一起移动，使 A 分型面先分型，分型一段距离后，滑块 5 受到压块 8 的斜面作用向模内移动，使滑块与拉钩相脱离，由于定距导柱 10 与定距销钉 11 的作用，A 分型面分型结束，而动模继续运动时，B 分型面分型。合模时，滑块 5 在拉钩 4 斜面的作用下向模内移动，当模具合拢后，滑块在弹簧 9 的作用下，向模外移动复位，使拉钩勾住滑块 5，处于拉紧位置。

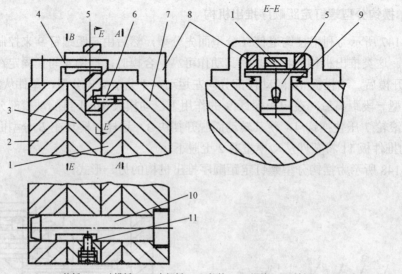

1—垫板；2—动模板；3—中间板；4—拉钩；5—滑块；6—销钉；

7—定模板；8—压块；9—弹簧；10—定距导柱；11—定距销钉

图 3-149　滑块分型导柱定距顺序推出机构

七、二级推出机构

前面所介绍的各类推出机构中，无论采用哪一类推出机构，其塑件的推出动作都是一次完成的。但有些塑件采用一次推出时，往往容易产生变形，甚至破坏，因此，对这类塑件必须采取二次推出，以分散脱模力，使塑件能顺利脱模。这种由两个推出动作来完成一个塑件脱模的机构，称为二级推出机构（或二次推出机构）。图 3-150 所示为二级推出过程示意图。图 3-150（a）所示为开模后塑件推出前的状态；图 3-150（b）所示为一级推出状态，由阶梯推杆 2 及凹模型腔 4 将塑件从型芯 3 上脱出；图 3-150（c）所示为塑件最后由阶梯推杆 2 从凹模型腔 4 中推出。下面介绍几种常用的二级推出机构。

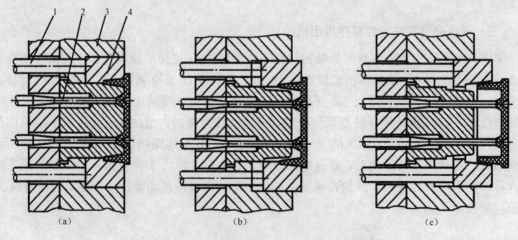

1—推杆；2—阶梯推杆；3—型芯；4—凹模型腔

图 3-150　二级推出过程

(一)单推板二级推出机构

单推板二级推出机构是指该推出机构中只设置了一组推板和推杆固定板,而另一次推出则是靠一些特殊零件的运动来实现的。

(1)拉钩式二级推出机构

拉钩式二级推出机构如图 3-151 所示。它是利用拉钩 3 在开模一定距离后拉住推件板 4,实现第一次推出,第二次推出则由动模部分推出机构来实现。开模后,固定在定模一侧的拉钩 3 勾住推件板 4,使推件板不随动模运动,完成第一次推出;当动模继续运动时,销子 2 沿斜凸块 1 的斜面向上运动,使拉钩 3 绕销轴 6 向上转动,使拉钩与推件板脱开,从而第一次推出结束,动模再继续后退,推出机构实现第二次推出。图中弹簧 5 用来保证合模后拉钩能复位,使其拉住推件板 4。

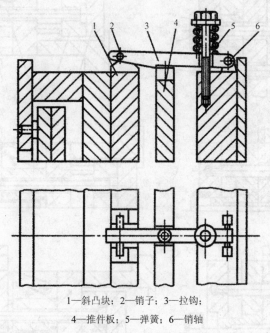

1—斜凸块;2—销子;3—拉钩;
4—推件板;5—弹簧;6—销轴

图 3-151 拉钩式二级推出机构

(2)斜楔滑块式二级推出机构

图 3-152 所示为斜楔滑块式二级推出机构,利用滑块 4 来完成二级推出,滑块 4 的运动是由斜楔 6 来驱动的。图 3-152(a)所示为开模后推出机构还未工作的状态;动模部分继续移动,注射机的顶杆 12 接触推板 2,从而推杆 8 推动凹模型腔 7 将塑件推出型芯 9,与此同时,斜楔碰着滑块,在斜楔的作用下滑块 4 向模具中心移动,直至图 3-152(b)所示状态,第一次推出结束;滑块继续移动,推杆 8 落入滑块 4 的孔内,使推杆不再推动凹模型腔 7,而中心推杆 10 仍推动着塑件,从而使塑件从凹模型腔 7 中脱出,完成第二次推出,如图 3-152(c)所示。

(3)摆块拉杆式二级推出机构

图 3-153 所示为摆块拉杆式二级推出机构。图 3-153(a)所示为合模状态,开模后,固定在定模一侧的拉杆 10 拉住摆块 7,在斜面的作用下把摆块 7 向下压,使摆块 7 推起动模型腔 9,从而使塑件脱出型芯 3,完成第一次推出,如图 3-153(b)所示,其推出距离由定距

螺钉 2 来控制；图 3-153（c）所示为第二次推出的情形，第一次推出后，动模继续运动，最后推出机构动作，推杆 11 将塑件从动模型腔 9 中推出，完成第二次推出。图中推出机构的复位由复位杆 6 来完成，弹簧 8 用来保证摆块与动模型腔始终相接触，以免影响拉杆的正确复位。

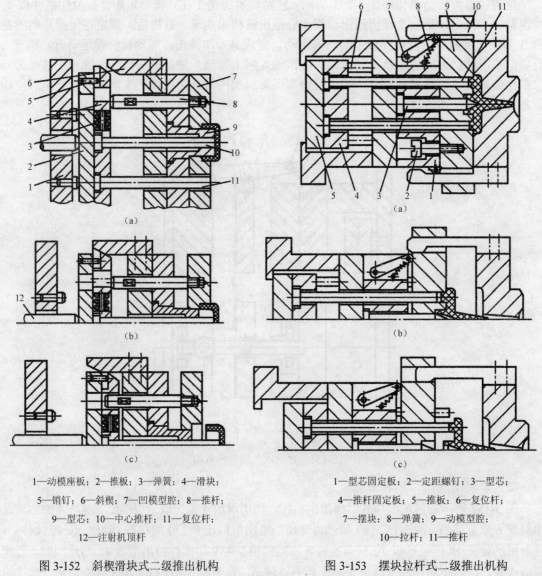

1—动模座板；2—推板；3—弹簧；4—滑块；

5—销钉；6—斜楔；7—凹模型腔；8—推杆；

9—型芯；10—中心推杆；11—复位杆；

12—注射机顶杆

图 3-152　斜楔滑块式二级推出机构

1—型芯固定板；2—定距螺钉；3—型芯；

4—推杆固定板；5—推板；6—复位杆；

7—摆块；8—弹簧；9—动模型腔；

10—拉杆；11—推杆

图 3-153　摆块拉杆式二级推出机构

（4）U 形限制架式二级推出机构

图 3-154 所示为 U 形限制架式二级推出机构。图 3-154（a）所示为推出前的状态，摆杆 4 通过销轴 9 与推板 1 相连接，并被限制在 U 形限制架 8 内；开模一段距离后，注射机顶杆接触推板，受限制的摆杆 4 推动固定在凹模型腔上的圆销 6，使凹模型腔和推杆 3 一起将塑件从型芯 5 上脱下，完成第一次推出。第一次推出的距离由限位销 11 限定，如图 3-154（b）所示。一次推出结束后，摆杆 4 从 U 形限制架 8 中脱出，推出机构继续工作，摆杆 4 绕销轴 9

转动，不再推动凹模型腔，而推杆3仍然继续推出塑件，直到推出型腔，完成第二次推出，如图3-154（c）所示。图中的弹簧7用于两根对称摆杆合模时的复位。

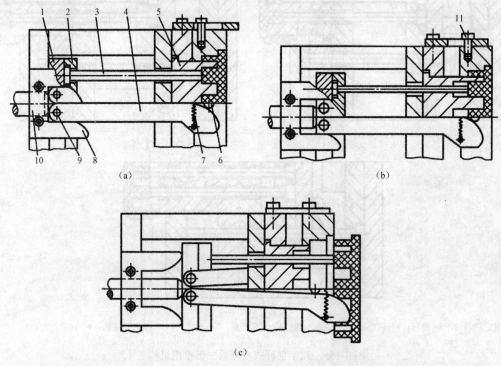

1—推板；2—推杆固定板；3—推杆；4—摆杆；5—型芯；6—圆销；7—弹簧；
8—U形限制架；9—销轴；10—注射机顶杆；11—限位销

图3-154 U形限制架式二级推出机构

（二）双推板二级推出机构

双推板二级推出机构是利用两块推板，分别带动一组推出零件实现二级推出的机构，下面介绍两种双推板二级推出机构。

（1）八字摆杆式双推板二级推出机构

图3-155所示为八字摆杆式双推板二级推出机构，二次推出分别由一次推板1和二次推板4来完成，而二次推板4的运动是由八字摆杆6来带动的。图3-155（a）所示为推出前的状态；开模一段距离后，注射机上的顶杆接触一次推板1，由于定距块3的作用，使推杆5和推杆2一起动作将塑件从型芯10上推出，直到八字摆杆6与一次推板1相碰为止，一次推出便结束，如图3-155（b）所示；动模继续后退，推杆2继续推动凹模型腔9，而八字摆杆6在一次推板1的作用下绕支点转动，从而推动二次推板相对于一次推板而产生移动，使二次推板运动的距离大于一次推板运动的距离，塑件便在推杆5的作用下从凹模型腔9中脱出，完成第二次推出，如图3-155（c）所示。

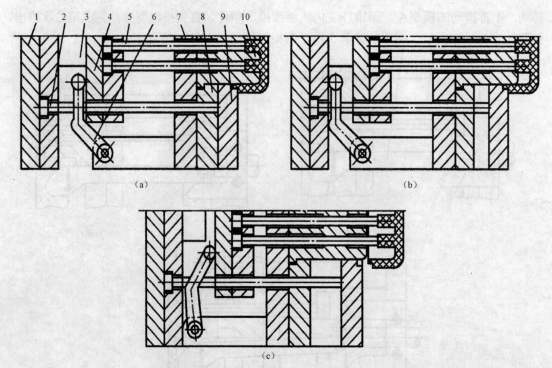

1—一次推板；2、5—推杆；3—定距块；4—二次推板；6—八字摆杆；7—支撑板；8—型芯固定板；9—凹模型腔；10—型芯

图 3-155　八字摆杆式双推板二级推出机构

（2）斜楔拉钩式双推板二级推出机构

图 3-156 所示的二级推出机构为利用拉钩的作用使两块推板先一起推出，完成第一次推出。然后由斜楔作用使拉钩脱钩，使得一次推板不再随之推出，而由另一块推板（二次推板）来完成塑件的第二次推出。图 3-156（a）所示为推出前状态；开模一段距离后，注射机的顶杆推动一次推板 2，由于固定在一次推板上的拉钩 6 紧紧勾住二次推板 3 上圆柱销 7，所以螺栓推杆 9 和推杆 1 一起将塑件从型芯 12 上推出，塑件仍滞留在凹模型腔 11 上，实现第一次推出，如图 3-156（b）所示；当动模继续运动时，斜楔 10 楔入两拉钩 6 之间，迫使拉钩转动，使拉钩与圆柱销 7 脱开，这时螺栓推杆 9 不工作而推杆 1 继续推动塑件，使塑件从凹模型腔中脱出，实现第二次推出，如图 3-156（c）所示。图中弹簧 5 是用来保证合模后拉钩能钩住圆柱销 7 的。

八、浇注系统凝料的脱模机构

除了采用点浇口和潜伏浇口外，其他形式的浇口与塑件的连接面积较大，不容易利用开模动作将塑件和浇注系统凝料切断，因此，浇注系统凝料和塑件往往是连成一体一起脱模的，脱模后，还需通过后加工把它们分离，所以生产效率低，不易实现自动化。而点浇口和潜伏浇口，其浇口与塑件的连接面积较小，故较容易在开模的同时将它们分离，并分别从模具上脱出，这种模具结构有利于提高生产率，实现自动化生产。下面介绍几个点浇口和潜伏浇口浇注系统凝料脱模的机构。

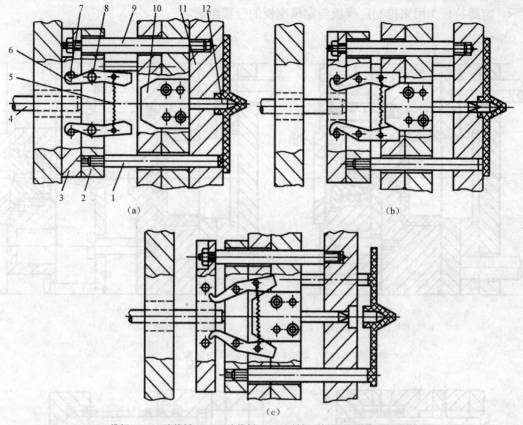

1—推杆；2—一次推板；3—二次推板；4—注射机顶杆；5—弹簧；6—拉钩；

7—圆柱销；8—销轴；9—螺栓推杆；10—斜楔；11—凹模型腔；12—型芯

图 3-156　斜楔拉钩式二级推出机构

（一）点浇口浇注系统凝料的脱模

1. 单型腔点浇口浇注系统凝料的自动脱模

在图 3-157 所示的单型腔点浇口浇注系统凝料的自动推出机构中，浇口套 7 以 H8/f8 的间隙配合安装在定模座板 5 中，外侧有压缩弹簧 6，如图 3-157（a）所示；当注射机喷嘴注射完毕离开浇口套 7 后退，压缩弹簧 6 的作用是使浇口套与主流道凝料分离（松动）紧靠在定位圈上。开模后，挡板 3 先与定模座板 5 分型，主流道凝料从浇口套中脱出，当限位螺钉 4 起限位作用时，此过程分型结束，而挡板 3 与定模板 1 开始分型，点浇口被拉断，直至限位螺钉 2 限位，如图 3-157（b）所示。接着动定模的主分型面分型，这时，挡板 3 将浇注口凝料从定模板 1 中拉出并在自重作用下自动脱落。

在图 3-158 所示的单型腔点浇口凝料自动推出机构中，带有凹槽的浇口套 7 以 H7/m6 的过渡配合固定于定模板 2 上，浇口套 7 与挡板 4 以锥面定位，如图 3-158（a）所示；开模时，在弹簧 3 的作用下，定模板 2 与定模座板 5 首先分型，在此过程中，由于浇口套开有凹槽，将主流道凝料先从定模座板 5 中带出来，当限位螺钉 6 起作用时，挡板 4 与定模板 2 及浇口套 7 脱离，点浇口被拉断，同时凝料从浇口套中被拉出并靠自重自动落下，如图 3-158（b）

所示。定距拉杆 1 用来控制定模板与定模座板的分模距离。

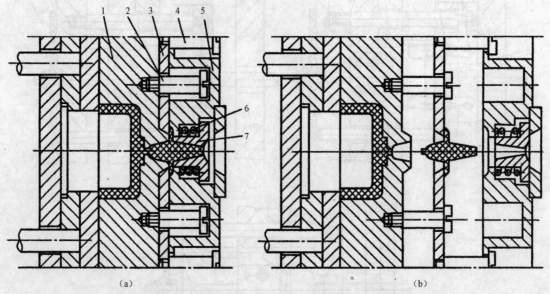

1—定模板；2、4—限位螺钉；3—挡板；5—定模座板；6—压缩弹簧；7—浇口套

图 3-157　单型腔点浇口凝料自动推出一

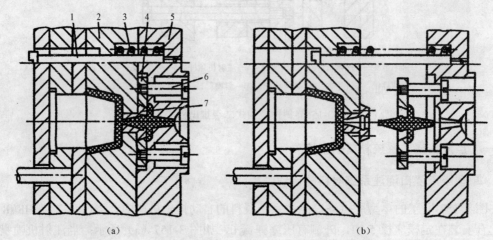

1—定距拉杆；2—定模板；3—弹簧；4—挡板；5—定模座板；6—限位螺钉；7—浇口套

图 3-158　单型腔点浇口凝料自动推出二

2. 多型腔点浇口浇注系统凝料的自动脱模

一模多腔点浇口进料注射模，其点浇口并不在主流道的对面，而是在各自的型腔端部，这种多点浇口形式的浇注系统凝料自动推出与单型腔点浇口有些不同。

图 3-159 所示为定模一侧设推件板脱卸浇注系统，开模时，*A* 分型面先分型，主流道凝料从定模中拉出，当限位螺钉 10 与定模推件板 7 接触时，浇注系统凝料与塑件在浇口处拉断，于此同时，*B* 分型面分型，浇注系统凝料由定模推件板 7 从凹模型腔中脱出，最后 *C* 分型面分型，塑件由推管 2 推出脱模。

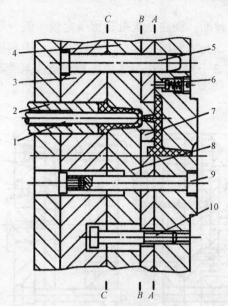

1—型芯；2—推管；3—动模板；4—定模板；5—导柱；6—弹簧顶销；
7—定模推件板；8—凹模型腔；9—限位拉杆；10—限位螺钉

图 3-159　定模一侧设推件板脱卸浇注系统

图 3-160 所示为利用分流道拉断浇注系统凝料的结构。在分流道的尽头加工一个斜孔，开模时由于斜孔内冷凝塑料的作用，使浇注系统凝料在浇口处与塑件拉断，同时在动模板上设置了带反锥度的拉料杆 2，使主流道凝料脱出定模板 5，并使分流道凝料拉出斜孔；当第一次分型结束后，拉料杆 2 从浇注系统的主流道凝料末端退出，从而达到浇注系统凝料的自动坠落。分流道末端的斜孔直径为 3～5mm，孔深为 2～4mm，斜孔的倾角为 15°～30°。

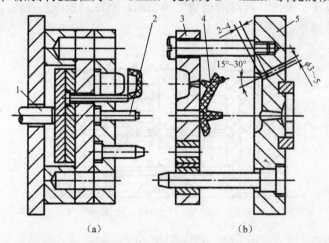

（a）　　　　　　　　　　（b）

1—注射机顶杆；2—拉料杆；3—中间板；4—浇注系统凝料；5—定模板

图 3-160　分流道拉断浇注系统凝料

图 3-161 所示为在定模一侧增设一块分流道推板，利用分流道推板将浇注系统凝料从模具中脱卸的结构。开模时，由于浇道拉料杆 6 的作用，模具首先从中间板 1 和分流道推板 5

之间分型，此时，点浇口被拉断，浇注系统凝料留于定模一侧。动模移动一定距离后，在拉板 7 的作用下，分流道推板 5 与中间板 1 分型，继续开模，中间板 1 与拉杆 2 左端接触，从而使分流道推板 5 与定模板 3 分型，即由分流道推板将浇注系统凝料从定模板中脱出，并且同时脱离分流道拉杆。

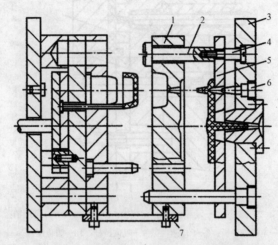

1—中间板（型腔板）；2—拉杆；3—定模板；4—限位螺钉；5—分流道推板；6—浇道拉料杆；7—拉板

图 3-161　分流道推板脱卸浇注系统凝料

（二）潜伏浇口浇注系统的脱模

图 3-162 所示为潜伏浇口设在动模部分的结构形式。开模时，塑件包在动模型芯上随动模一起移动，分流道和浇口及主流道凝料由于倒锥的作用留在动模一侧。推出机构工作时，推杆 2 将塑件从凸模 3 上推出，同时潜伏浇口被切断，浇注系统凝料在浇道推杆 1 的作用下推出动模板 4 而自动掉落。

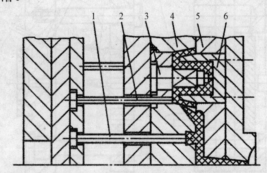

1—浇道推杆；2—推杆；3—凸模；4—动模板；5—定模板；6—定模型芯

图 3-162　潜伏浇口在动模的结构

图 3-163 所示为潜伏浇口设在定模部分的结构形式。开模时，塑件包在动模型芯 4 上，从定模板 6 中脱出，同时潜伏浇口被切断，而分流道、浇口和主流道凝料在冷料井倒锥穴的作用下，拉出定模板而随动模移动，推出机构工作时，推杆 2 将塑件从动模型芯 4 上脱下，而浇道推杆 1 将浇注系统凝料推出动模板 5，最后由于自重而掉落。

九、带螺纹塑件的推出机构

通常塑件上的内螺纹由螺纹型芯成型，而塑件上的外螺纹则由螺纹型环成型。为了使塑件从螺纹型芯或型环上脱出，塑件和螺纹型芯或型环之间除了要有相对转动以外，还必须有轴向的相对移动，如果螺纹型芯或型环在转动时，塑件也随着一起转动，那么塑件就无法从螺纹型芯或型环上脱出。为此，在塑件设计时，特别应注意塑件上必须带有止转结构。图 3-164 所示为塑件上带有止转结构的各种形式。图 3-164（a）～（d）所示为内螺纹塑件外形上设止转结构的形式；图 3-164（e）所示为外螺纹塑件端面设止转结构的形式；图 3-164（f）所示为外螺纹塑件内形设止转结构的形式；图 3-164（g）、（h）所示为内螺纹塑件端面设止转结构的形式。

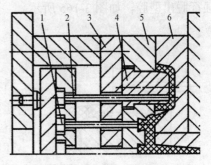

1—浇道推杆；2—推杆；3—动模垫板
4—动模型芯；5—动模板；6—定模板

图 3-163　潜伏浇口在定模的结构

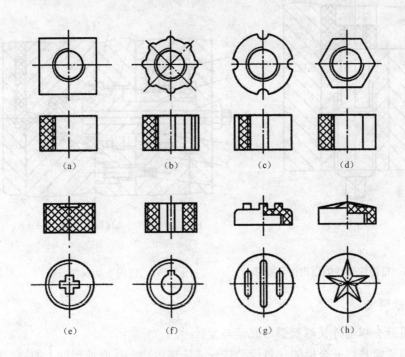

| (a) | (b) | (c) | (d) |
| (e) | (f) | (g) | (h) |

图 3-164　塑件上的止转结构

由于螺纹的存在，带螺纹塑件在脱模时需要一些特殊的脱模机构。根据塑件上螺纹精度要求和生产批量，塑件上的螺纹常用三种方法来脱模。

（一）强制脱模

强制脱模是利用塑件本身的弹性，或利用具有一定弹性的材料作螺纹型芯，从而使塑件脱模。这种脱模方式多用于螺纹精度要求不高的场合。采用强制脱模，可使模具结构简单，对于聚乙烯、聚丙烯等软性塑料，塑件上深度不大的半圆形粗牙螺纹，可利用推件板把塑件强行脱出型腔，如图 3-165 所示。

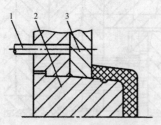

1—推杆；2—螺纹芯；3—推件板

图 3-165   利用塑件弹性强制脱模

（二）手动脱模

手动螺纹塑件分为模内和模外手动脱模两类，后者为活动螺纹型芯和型环，开模后随塑件一起脱出模具，然后在模具外用专用工具由工人将塑件从螺纹型芯或型环上拧下，这类脱卸方式所需的模具结构，在前面螺纹型芯和型环设计中已有介绍，这里不再重复。

图 3-166 是模内手动脱螺纹的例子，塑件成型后，需用带方孔的专用工具将螺纹型芯脱出，然后由推出机构将塑件从模腔中脱出。

图 3-167 所示为另一种手动脱螺纹的机构，塑件成型后，通过人工摇动与齿轮 6 相连的手柄，然后由齿轮 6 带动齿轮 5 旋转，使螺纹型芯从塑件上卸下来，然后开模取出塑件。

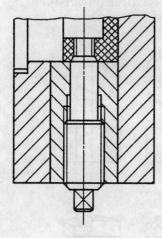

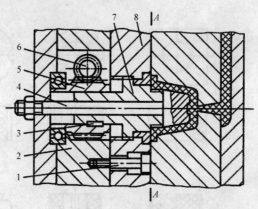

1—定距螺钉；2—支撑板；3—键；4—型芯；
5、6—齿轮；7—螺纹型芯；8—动模板

图 3-166   带螺纹塑件的模内手动脱卸   图 3-167   模内手动脱螺纹机构

（三）机动脱模

（1）利用开合模动作使螺纹型芯脱模与复位

机动脱模通常是将开合模的往复运动转变成旋转运动，从而使塑件上的螺纹脱出，或是在注射机上设置专用的开合模丝杆，这类带有机动脱螺纹的模具，生产率高，但一般结构较复杂，模具制造成本较高。

图 3-168 所示为横向脱螺纹的机动脱模结构，它是利用固定在定模上的导柱齿条完成抽螺纹型芯的动作。开模后，导柱齿条 3 带动螺纹型芯 2 旋转，使其成型部分退出塑件，非成型部分旋入套筒螺母 4 内。该机构中，螺纹型芯 2 两端螺纹的螺距应一致，否则脱螺纹无法进行。另外，齿条的宽度要保证螺纹型芯在脱模和复位过程中，移动到左右两端极限位置时仍与齿条保持接触。

图 3-169 所示为轴向脱螺纹的机动脱模结构，它适用于侧浇口多型腔模具。开模时，齿条导柱 9 带动齿轮机构和一对锥齿轮 1、2，锥齿轮又带动圆柱齿轮 3 和 4，使螺纹型芯 5 和螺纹拉料杆 8 旋转，在旋转过程中，塑件一边脱开螺纹型芯，一边向上运动，直到脱出动模板 7 为止。图中螺纹拉料杆 8 的作用是为了把主流道凝料从定模中拉出，使其与塑件一起滞留在动模一侧。但要注意，由于齿轮 3 和齿轮 4 旋向相反，所以，螺纹拉料杆 8 上的螺纹旋向也应和螺纹型芯 5 的旋向相反。

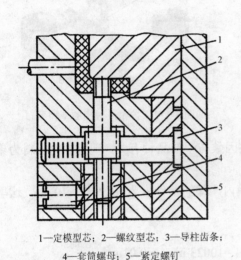

1—定模型芯；2—螺纹型芯；3—导柱齿条；
4—套筒螺母；5—紧定螺钉

图 3-168　横向脱螺纹的机动脱模机构

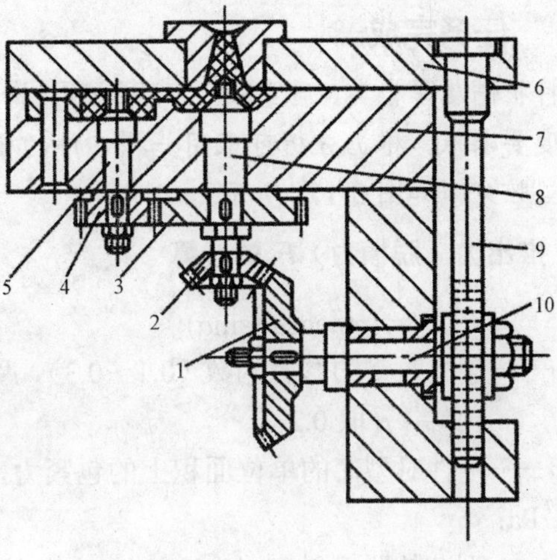

1、2—锥齿轮；3、4—圆柱齿轮；5—螺纹型芯；6—定模底板；
7—动模板；8—螺纹拉料杆；9—齿条导柱；10—齿轮轴

图 3-169　轴向脱螺纹的机动脱模机构

（2）直角式注射模的自动脱螺纹机构

图 3-170 所示为一个成型带螺纹塑件的直角式注射模。开模时，开合模丝杆 1 带动模具上的主动齿轮轴 2 转动，并通过从动齿轮 3 带动螺纹型芯 4 旋转，与此同时，定模上的凹模固定板 6 在弹簧 7 的作用下随动模部分移动，使塑件保持在凹模型腔 5 内无法移动，于是螺纹型芯便可逐渐脱出塑件；当动模后退一定距离后，凹模固定板 6 在限位螺钉 8 的作用下停止移动，此时动定模开始分开，而螺纹型芯需在塑件内保留一牙螺纹不脱出，以便将塑件从凹模型腔 5 中拉出。

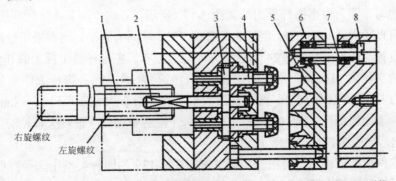

右旋螺纹
左旋螺纹

1—开合模丝杆；2—主动齿轮轴；3—从动齿轮；4—螺纹型芯；5—凹模型腔；6—凹模固定板；7—弹簧；8—限位螺钉

图 3-170　直角式注射模多腔螺纹旋出机构

设计这类模具时应注意，注射机开合模丝杆的螺距一般和塑件上的螺距不等，即使经过齿轮变速传动，也很难使动模的移动速度与螺纹型芯的退出速度相等，为了补偿两者的速度差，防止螺纹型芯过早将塑件从凹模型腔中拉出，使塑件的外形失去止转的作用，必须在定模部分增设一分型面，以保证在脱卸螺纹型芯的过程中，塑件始终保持在凹模内不发生转动。

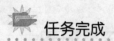 任务完成

塑料护帽属薄壳类，质量较小、结构形状简单、尺寸精度要求低，根据分析可采用一模四件的模具结构。型腔分布如图 3-171 所示。

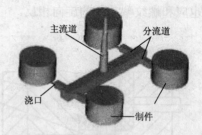

图 3-171 护帽注射模的型腔分布

1. 推出力（脱模力）F_t 的计算

$$F_t = Ap(\mu\cos\alpha - \sin\alpha)$$

式中 μ——塑料对钢的摩擦因数（0.1～0.3），摩擦因数与塑料品种有关，塑料护帽材料为聚丙烯，μ 取 0.2；

p——塑件对型芯的单位面积上的包紧力，模内冷却的塑件 p 为 $0.8 \sim 1.2 \times 10^7$ Pa，这里取 1×10^7 Pa；

α——型芯的脱模斜度（0.5°）；

A——塑件包容型芯的面积（$A = \pi \times \phi 38 \times 21 \times 4 = 10023$ mm$^2 \approx 0.01$m^2）。

代入公式

$$F_t = 0.01 \times 1 \times 10^7 \times (0.2 \times 0.99996 - 0.00873) = 19.2 \times 10^3 \text{N}$$

上述计算结果可知，推出力中等，设计推出机构时每个制件布置三四根小推杆即可满足推出力的要求，而采用推件板推出，则能承受较大的推出力。

2. 确定推出机构方式

（1）推出机构方式

如选用推件板推出，推件板与型芯的配合精度要求高，推件板的加工精度高。而选用推杆推出机构，则结构简单，使用方便，塑件的壁厚相对较大，强度好，可在每个塑件内表面的圆周方向均匀布置四根小推杆推出，如图 3-172 所示。

推杆选用直径为 $\phi 6$mm 的标准直通式推杆，工作端面为圆形，尾部采用台肩固定。每个塑件内表面设置的四根推杆在 $\phi 24$ 的圆周方向均匀分布。在推杆固定板上的孔为 $\phi 7$mm，推杆台阶部分的直径为 $\phi 11$mm，推杆固定板上的台阶孔为 $\phi 12$mm。推杆工作部分与型芯上推杆孔的配合为 H8/f7 的间隙配合，配合长度取推杆直径的 2～3 倍，即 12～18mm；推杆工作端配合部分的表面粗糙度 $Ra \leq 0.8\mu$m。也可在每个型芯中央设一根较大直径的、推出端带锥度的推杆推出，如图 3-134（d）所示。

若采用推件板推出机构，可根据实际情况在图 3-139 的四种类型中选择；但由于有四个型腔，推件板的位置精度要求很高，推件板与型芯的配合精度很高，因此推件板的加工精度很高，加工成本较高。

（2）浇注系统凝料的脱模

该模具结构为一模四件、侧浇口进料，为了将浇注系统凝料拉向动模一侧，设置如图3-173所示"Z"字形拉料杆。其拉料杆固定在推杆固定板上，开模时随着动模后移，将凝料拉向动模一侧，脱模时在推杆推出塑件的同时将凝料顶离动模表面而脱模。

拉料杆的固定和配合同推杆相同，其端部尺寸如图3-173所示。

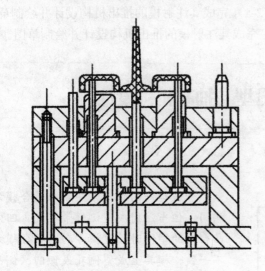

图3-172　塑料护帽的推杆推出机构

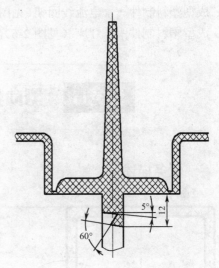

图3-173　"Z"字形拉料杆设计

任务小结

塑料注射成型模具的推出机构有多种形式，需要根据制件结构、模具结构、设备结构等进行选择。首先，要对推出力的大小进行计算，而推出力的大小与垂直于脱模方向的制件投影面积、型芯长度、塑料收缩率、脱模斜度有关，同时也与塑料与钢（型芯材料）之间的摩擦因数有关，还与型芯数目有关；然后就要确定推出机构的方式，完成推出机构的结构设计。在保证制件的外观质量不受影响而顺利脱模、满足推出机构设计原则的前提下，推出机构应尽可能地简单，以便模具零部件的加工，降低模具的制造成本。

 思考题与练习

1. 影响推出力的因素有哪些？

2. 推出机构有哪些类型？各适用于什么场合？

3. 推杆推出机构由哪几部分组成？各部分的作用是什么？

4. 凹模脱模机构与推件板脱模机构在结构上有什么不同？在设计凹模脱模机构时应注意哪些问题？

5. 设置动、定模双向推出机构有什么作用？

6. 说明各类二次推出机构的工作原理。

7. 分别阐述单型腔和多型腔点浇口凝料自动推出的工作原理。

8. 阐述直角式注射模自动脱螺纹的工作原理。

9. 指出推杆固定部分及工作部分的配合精度、推管与型芯及推管与动模板的配合精度、推件板与型芯的配合精度并绘制相应简图。

学生分组，完成课题

1. 成型塑料制件——电流线圈架（见图 2-5），完成其注射模的推出机构设计并绘制草图。
2. 成型塑料制件——灯座（见图 2-6），完成其注射模的推出机构设计并绘制草图。

任务6 侧向分型与抽芯机构设计

任务描述

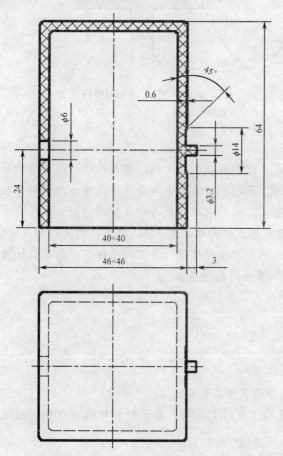

图 3-174 方套

一般塑件的脱模方向都与开合模方向相同。但当注射成型侧壁带有孔、凹穴、凸台等的塑件时，脱模方向与开合模方向不一致，模具上成型侧孔或侧凹、侧凸处就必须制成可侧向移动的活动型芯，以便在塑件脱模之前先抽掉侧向成型零件，然后把塑件从模内推出，否则塑件就无法脱模。

带动侧向成型零件作侧向移动（抽拔与复位）的整个机构称为侧向分型与抽芯机构。对于成型侧向凸台的情况（包括垂直分型的瓣合模），常称为侧向分型；对于成型侧孔或侧凹的情况，常称为侧向抽芯。但在设计中，由于二者动作过程完全一样，因此侧向分型与侧向抽芯常常混为一谈，不加分辨，统称为侧向分型抽芯，甚至只称侧向抽芯。

一塑料制件——方套，如图 3-174 所示，材料为硬聚氯乙烯，采用注射成型大批量生产，现要求设计侧向分型与抽芯机构。

学习目标

【知识目标】

1. 了解各类侧向分型与抽芯机构的结构形式、动作原理和应用范围。

2. 掌握侧向分型与抽芯机构的设计和计算。

【技能目标】

1. 能看懂各种侧向分型与抽芯机构的结构图及动作原理。

2. 具有设计斜导柱侧向分型与抽芯机构结构的初步能力。

3. 能够合理选择各类侧向分型与抽芯机构的结构形式。

任务分析

图 3-174 所示的塑料制件——方套，两侧壁外分别有小通孔、浅凹孔及小凸台，它们均垂直于脱模方向，阻碍注射成型后制件从模具中脱出。因此，成型小通孔、浅凹孔及小凸台的零件必须做成活动的型芯，即需设计侧向抽芯机构。但要注意，注射成型模具的侧向抽芯机构有多种形式，侧向抽芯机构的设计计算方法与一般注射模具推出机构不同，有些侧向抽芯机构在合模复位过程中还会发生干涉现象。

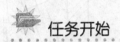

任务开始

基本概念

一、侧向分型与抽芯的分类及工作原理

（一）侧向分型与抽芯的分类

按照动力的来源不同，注射模的侧向分型与抽芯机构一般可分为机动、液压或气动及手动三类。

（1）机动侧向分型与抽芯机构

机动侧向分型与抽芯机构即为在开模时利用注射机的开模力，通过一定的传动机构将活动型芯抽出。机动抽芯抽拔力大、劳动强度小、生产效率高、操作方便，容易实现自动化生产，所以在生产中被广泛采用。

（2）液压或气动侧向分型与抽芯机构

该机构以压力油或压缩空气作为抽芯动力，通过液压缸或气缸活塞的往复运动来实现抽芯。这种抽芯方式抽拔力大，抽芯距也较长，但需配置专门的液压或气动系统，费用较高，多适用于大型塑料模具的抽芯。

（3）手动侧向分型与抽芯机构

手动侧向分型与抽芯机构是指用手工工具抽出活动型芯。手动抽芯模具结构简单、制造方便，但生产率低、劳动强度大，只适用于小型塑件的小批量生产。

（二）侧向分型与抽芯机构的组成

图 3-175 所示为斜导柱侧向分型与抽芯结构，下面以此为例，介绍侧向抽芯机构的组成与作用。

（1）侧向成型元件

侧向成型元件是成型塑件侧向凹凸（包括侧孔）形状的零件，包括侧向抽芯和侧向成型块等零件，如图 3-175（a）中的侧型芯 5。

（2）运动元件

运动元件是指安装并带动侧向成型块或侧向型芯在模具导滑槽内运动的零件，如图 3-175（a）中的滑块 8。侧型芯 5 和滑块 8 合称侧型芯滑块，有时做成一整体。

（3）传动元件

传动元件是指开模时带动运动元件作侧向分型或抽芯，合模时又使之复位的零件，如图 3-175（a）中的斜导柱 3。

（4）锁紧元件

为了防止注射时运动元件受到侧向压力而产生位移所设置的零件称为锁紧元件，如图 3-175（a）中的楔紧块 1。

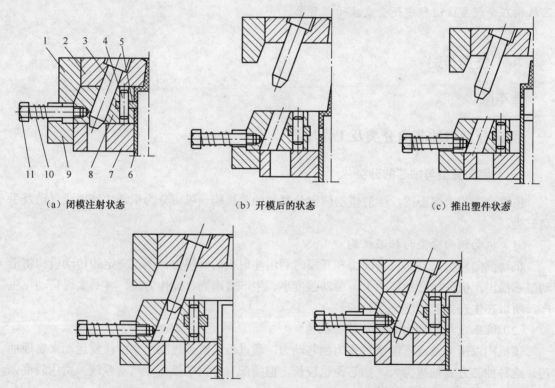

（a）闭模注射状态　　　　（b）开模后的状态　　　　（c）推出塑件状态

（d）闭模过程中斜导柱重新插入滑块时的状态　　　（e）闭模完成时的状态

1—楔紧块；2—定模座板；3—斜导柱；4—销钉；5—侧型芯；6—推管；
7—动模板；8—滑块；9—限位挡块；10—弹簧；11—螺钉

图 3-175　斜导柱侧向分型与抽芯机构

（5）限位元件

为了使运动元件在侧向分型或侧向抽芯结束后停留在所要求的位置上，以保证合模时传动元件能顺利地使其复位，必须设置运动元件在侧向分型或侧向抽芯结束时的限位元件，如图 3-175（a）中的弹簧拉杆挡块机构的限位挡块 9、弹簧 10、螺钉 11 等。

（三）侧向分型与抽芯的原理

图 3-175（a）所示为模具处于闭合注射状态。斜导柱 3 固定在定模座板 2 上，滑块 8 可以在动模板 7 的导滑槽内滑动，侧型芯 5 用销钉 4 固定在滑块 8 上。开模时，开模力通过斜导柱 3 作用于滑块 8 上，迫使滑块 8 在动模板 7 的导滑槽内向左滑动，直至斜导柱全部脱离滑块 8，即完成抽芯动作，如图 3-175（b）所示。限位挡块 9、弹簧 10 及螺钉 11 组成定位装置，使滑块 8 保持抽芯后的最终位置，以确保合模时斜导柱 3 能准确地插入滑块 8 的斜孔，使滑块 8 再次回到成型位置。随后塑件由推出机构中的推管 6 推离型芯，如图 3-175（c）所示。模具闭合时，斜导柱 3 插入滑块 8 的斜孔，使抽芯机构复位，如图 3-175（d）所示。最终依靠楔紧块 1 完成模具闭合，如图 3-175（e）所示。滑块 8 受到型腔内熔体压力的作用，有产生位移的可能，因此楔紧块 1 用于在注射时锁紧滑块 8，防止侧型芯滑块受到成型压力的作用时向外移动，保证滑块 8 在成型时的正确位置。

二、侧向分型与抽芯的相关计算

1. 抽芯力的计算

制件在模腔内冷却收缩时逐渐对型芯包紧，产生包紧力。因此，抽芯力必须克服包紧力和由于包紧力而产生的摩擦阻力。在开始脱模的瞬间，所需抽芯力为最大。影响脱模力的因素较多，在实际生产中常常只考虑主要因素即可。抽芯力按下式进行计算：

$$F_c = Ap(\mu\cos\alpha - \sin\alpha)$$

式中　F_c——抽芯力（N）；

　　　μ——塑料与钢的摩擦系数（0.1～0.3），摩擦系数与塑料品种有关，聚碳酸酯、聚甲醛取 0.1～0.2，其余取 0.2～0.3；

　　　p——塑件对型芯的单位面积上的包紧力，一般情况下，模内冷却取$(0.8～1.2)×10^7$Pa，模外冷却取$(2.4～3.9)×10^7$Pa；

　　　α——侧型芯的脱模斜度或倾斜角（°）；

　　　A——塑件包容侧型芯的面积（m^2）；

2. 抽芯距的确定

在设计侧向分型与抽芯机构时，除了计算侧向抽拔力以外，还必须考虑侧向抽芯距（也称抽拔距）的问题。侧向抽芯距应为完成侧孔、侧凹抽拔所需的最大深度 S' 加上 2～3mm 的安全余量。

不同模具的侧抽芯机构，完成侧向抽芯所需的抽拔距不同，图 3-176 所示结构所需抽芯距为

$$S = S' + (2～3)$$

式中　S ——抽芯距（mm）；

　　　S' ——塑件上侧凹、侧孔的深度或侧向凸台的高度（mm）。

当塑件的结构比较特殊时，图 3-177 所示为一个绕线轮的侧向分型注射模，塑件外形为圆形并用对开式滑块侧向分型，侧型腔与塑件虽已脱开，但仍阻碍塑件脱模，这时就不能简单地使用上述方法来确定抽芯距，抽芯距 $s \neq s_2+(2\sim3)$mm，应是 $s=s_1+(2\sim3)$ mm，而 $s_1=\sqrt{R^2-r^2}$ 。

式中　R ——绕线轮台肩半径（即外形最大半径）；

　　　r ——绕线轮的半径（即外形最小半径）。

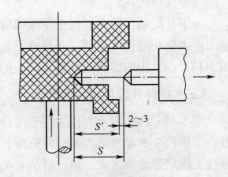

图 3-176　抽芯距示意图

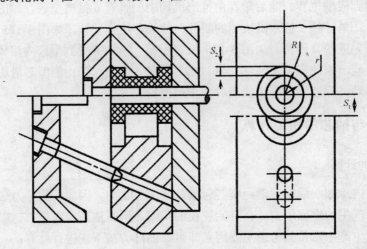

图 3-177　绕线轮塑件的抽芯距

三、斜导柱侧向分型与抽芯机构

由于斜导柱侧向分型与抽芯机构在生产现场使用较为广泛，其零件与机构的设计计算方法也较为典型，因此，在这里对斜导柱侧向分型与抽芯机构做详细讲述。

（一）斜导柱侧向分型与抽芯机构的结构设计

斜导柱侧向分型与抽芯机构是利用斜导柱等零件把开模力传递给侧型芯或侧向成型块，使之产生侧向运动而完成抽芯与分型动作。这类侧向分型与抽芯机构的特点是结构紧凑、动作安全可靠、加工制造方便，是设计和制造注射模侧向分型抽芯时最常用的机构，但它的抽芯力和抽芯距受到模具结构的限制，一般使用于抽芯力不大及抽芯距小于 60～80mm 的场合。

斜导柱侧向分型与抽芯机构主要由与开模方向成一定角度的斜导柱、侧型腔或型芯滑块、导滑槽、楔紧块和侧型腔或型芯滑块定距限位装置组成，其工作原理在模块三任务 1 中已有叙述。

1. 斜导柱设计

（1）斜导柱的结构及技术要求

斜导柱的形状如图 3-178 所示。

工作端部（头部）可以设计成半球形或锥台形，由于车削半球形较困难，所以绝大部分斜导柱的工作端部设计成锥台形。设计成锥台形时，其斜角 θ 应大于斜导柱的倾斜角 α，一般 $\theta = \alpha + 2° \sim 3°$，否则，其锥台部分也会参与侧抽芯，从而导致侧滑块停留位置不符合设计计算的要求。为了减小斜导柱与滑块上斜导孔之间的摩擦，可在斜导柱工作长度部分的外圆轮廓铣出两个对称平面，如图 3-178（b）所示。

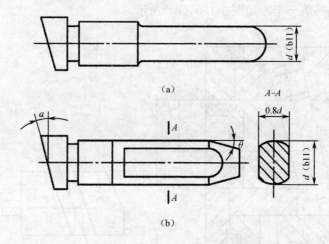

图 3-178　斜导柱的形状

斜导柱固定端与模板之间的配合采用过渡配合 H7/m6，斜导柱工作部分与滑块上斜导孔之间的配合采用较松的间隙配合 H11/b11，或在两者之间保留 0.5～1mm 的间隙，当分型抽芯有延时要求时，间隙甚至可以放大到 1mm 以上。斜导柱的材料多为 T8A、T10A 等碳素工具钢，也可以采用 20 钢渗碳处理。由于斜导柱经常与滑块摩擦，所以热处理要求硬度 HRC≥55，表面粗糙度值 R_a≤0.8μm。

（2）斜导柱倾斜角 α 的确定

如图 3-179 所示，斜导柱倾斜角 α 是决定其抽芯工作效果的重要因素。倾斜角的大小关系到斜导柱所承受的弯曲力和实际达到的抽拔力，也关系到斜导柱的有效工作长度、抽芯距和开模行程。倾斜角 α 实际上就是斜导柱与滑块之间的压力角，经过实际的

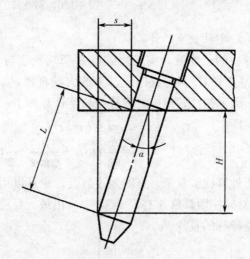

图 3-179　斜导柱的倾斜角、工作长度与抽芯距的关系

计算推导，α 取 22°33′ 比较理想，一般设计时 α 应小于 25°，最常用的为 12°≤α≤22°。

（3）斜导柱直径 d

斜导柱受力分析如图 3-180 所示，根据材料力学理论可推导出斜导柱直径 d 的计算公式为

$$d=\sqrt[3]{\frac{10F_t L_w}{[\sigma_w]\cos\alpha}}=\sqrt[3]{\frac{10F_c H_w}{[\sigma_w]\cos^2\alpha}} \qquad （3-62）$$

式中　F_t——侧抽芯时的脱模力，其大小等于抽芯力 F_c（N）；

　　　L_w——斜导柱的弯曲力臂，见图 3-180（a），$L_w=H_w/\cos\alpha$（mm）；

　　　$[\sigma_w]$——斜导柱许用弯曲应力，可查有关手册，对于碳素钢可取 3×10^8 Pa；

　　　H_w——侧型芯滑块所受脱模力的作用线与斜导柱中心线的交点到斜导柱固定板的距离，它并不等于滑块高的一半，如图 3-180（a）所示。

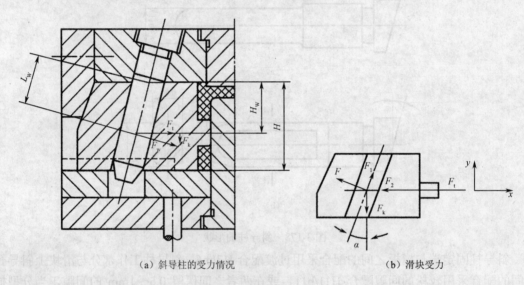

（a）斜导柱的受力情况　　　　　（b）滑块受力

图 3-180　斜导柱的受力分析

（4）斜导柱长度的计算

斜导柱的长度应为实现抽拔距 S 所需长度与安装结构长度之和。斜导柱长度与抽芯距 S、斜导柱直径 d、斜导柱固定部分的大端直径 d_2、倾斜角 α 及安装导柱的模板厚度 h 有关，图 3-181 所示侧抽芯结构斜导柱的长度计算如下：

$$L_z=L_1+L_2+L_3+L_4+L_5$$
$$=\frac{d_2}{2}\tan\alpha+\frac{h}{\cos\alpha}+\frac{d}{2}\tan\alpha+\frac{s}{\sin\alpha}+(10\sim15) \qquad （3-63）$$

由于计算比较复杂，有时为了方便，也可以用查表的方法确定斜导柱的直径。先按抽芯力 F_c 和斜导柱倾斜角 α 在表 3-32 中查出最大弯曲力 F_w，然后根据 F_w 和 H_w 及 α 在表 3-33 中查出斜导柱的直径 d。

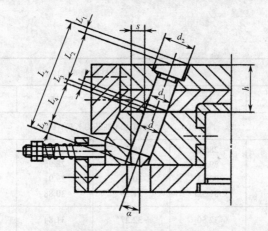

图 3-181 侧抽芯结构斜导柱的长度

表 3-32 最大弯曲力与抽拔力和斜导柱倾斜角的关系

最大弯曲力 F_w（kN）	斜导柱倾角 $\alpha(°)$					
	8	10	12	15	18	20
	脱模力（抽芯力）F_t（kN）					
1.00	0.99	0.98	0.97	0.96	0.95	0.94
2.00	1.98	1.97	1.95	1.93	1.90	1.88
3.00	2.97	2.95	2.93	2.89	2.85	2.82
4.00	3.96	3.94	3.91	3.86	3.80	3.76
5.00	4.95	4.92	4.89	4.82	4.75	4.70
6.00	5.94	5.91	5.86	5.79	5.70	5.64
7.00	6.93	6.89	6.84	6.75	6.65	6.58
8.00	7.92	7.88	7.82	7.72	7.60	7.52
9.00	8.91	8.86	8.80	8.68	8.55	8.46
10.00	9.90	9.85	9.78	9.65	9.50	9.40
11.00	10.89	10.83	10.75	10.61	10.45	10.34
12.00	11.88	11.82	11.73	11.58	11.40	11.28
13.00	12.87	12.80	12.71	12.54	12.35	12.22
14.00	13.86	13.79	13.69	13.51	13.30	13.16
15.00	14.85	14.77	14.67	14.47	14.25	14.10
16.00	15.84	15.76	15.64	15.44	15.20	15.04
17.00	16.83	16.74	16.62	16.40	16.15	15.93
18.00	17.82	17.73	17.60	17.37	17.10	16.80
19.00	18.81	18.71	18.58	18.33	18.05	17.74
20.00	19.80	19.70	18.56	19.30	19.00	18.80
21.00	20.79	20.68	20.53	20.26	19.95	19.74
22.00	21.78	21.67	21.51	21.23	20.90	20.68
23.00	22.77	22.65	22.49	22.19	21.85	21.62
24.00	23.76	23.64	23.47	23.16	22.80	22.56
25.00	24.75	24.62	24.45	24.12	23.75	23.50
26.00	25.74	25.61	25.42	25.09	24.70	24.44
27.00	26.73	26.59	26.40	26.05	25.65	25.38
28.00	27.72	27.58	27.38	27.02	26.60	26.32

续表

最大弯曲力 F_w（kN）	斜导柱倾角 α（°）					
	8	10	12	15	18	20
	脱模力（抽芯力）F_t（kN）					
29.00	28.71	28.56	28.36	27.98	27.55	27.26
30.00	29.70	29.65	29.34	28.95	28.50	28.20
31.00	30.69	30.53	30.31	29.91	29.45	29.14
32.00	31.68	31.52	31.29	30.88	30.40	30.08
33.00	32.67	32.50	32.27	31.84	31.35	31.02
34.00	33.66	33.49	33.25	32.81	32.30	31.96
35.00	34.65	34.47	34.23	33.77	33.25	32.00
36.00	35.64	35.46	35.20	34.74	34.20	33.81
37.00	36.63	36.44	36.18	35.70	35.15	34.78
38.00	37.62	37.43	37.16	36.67	36.10	35.72
39.00	38.61	38.41	38.14	37.63	37.05	36.66
40.00	39.60	39.40	39.12	38.60	38.00	37.60

表 3-33　斜导柱倾角、高度、最大弯曲力、斜导柱直径之间的关系

斜导柱倾角 α（°）	H_w（mm）	最大弯曲力（kN）														
		1	2	3	4	5	6	7	8	9	10	11	12	13	14	15
		斜导柱直径（mm）														
8	10	8	10	10	12	12	14	14	14	15	15	16	16	18	18	18
	15	8	10	12	14	14	15	16	16	18	18	18	20	20	20	20
	20	10	12	14	14	15	16	18	18	20	20	20	20	22	22	22
	25	10	12	14	15	18	18	18	20	20	22	22	22	24	24	24
	30	10	14	15	16	18	18	20	20	22	22	24	24	24	24	25
	35	12	14	16	18	18	20	20	20	22	24	24	25	25	26	26
	40	12	14	16	18	20	20	22	22	24	24	25	26	26	28	28
10	10	8	10	12	12	12	14	14	14	15	15	16	18	18	18	18
	15	8	12	12	14	14	15	16	16	18	18	18	20	20	20	20
	20	10	12	14	14	15	16	18	18	20	20	20	22	22	22	22
	25	10	12	14	15	18	18	20	20	22	22	22	24	24	24
	30	12	14	15	16	18	20	20	22	22	22	24	24	24	25	25
	35	12	14	16	18	20	20	20	22	22	24	24	25	25	26	26
	40	12	14	18	18	20	22	22	24	24	24	25	26	26	28	28
12	10	8	10	12	12	12	14	14	14	15	16	16	16	18	18	18
	15	8	12	12	14	14	15	16	16	18	18	18	20	20	20	20
	20	10	12	14	14	16	16	18	18	20	20	20	22	22	22	22
	25	10	12	15	16	18	18	20	20	20	22	22	22	24	24	24
	30	12	14	15	16	18	20	20	22	22	22	24	24	24	25	25
	35	12	14	16	18	20	20	22	22	24	24	24	25	25	25	28
	40	12	14	16	18	20	22	22	22	24	24	24	25	26	28	28

续表

斜导柱倾角 $\alpha(°)$	H_w (mm)	最大弯曲力（kN）														
		1	2	3	4	5	6	7	8	9	10	11	12	13	14	15
		斜导柱直径（mm）														
15	10	8	10	12	12	12	14	14	14	15	16	16	16	18	18	18
	15	10	12	12	14	14	15	16	16	18	18	20	20	20	20	20
	20	10	12	14	14	16	16	18	18	20	20	20	22	22	22	22
	25	10	12	14	16	18	18	20	20	20	22	22	22	24	24	24
	30	12	14	15	16	18	20	20	22	22	22	24	24	24	25	25
	35	12	14	16	18	20	20	22	22	24	24	24	24	25	26	28
	40	12	15	16	18	20	22	22	24	24	24	24	26	28	28	28
18	10	8	10	12	12	14	14	14	16	16	16	16	18	18	18	18
	15	10	12	12	14	14	14	16	18	18	18	18	20	20	20	20
	20	10	12	14	15	16	18	18	20	20	20	20	22	22	22	22
	25	10	14	14	16	18	18	20	20	20	22	22	22	24	24	24
	30	12	14	15	18	18	20	20	22	24	24	24	24	24	25	25
	35	12	14	16	18	20	20	22	24	24	24	24	24	25	26	28
	40	12	15	18	18	20	22	22	24	24	25	26	26	28	28	28
20	10	8	10	12	12	14	14	14	14	15	16	16	18	18	18	18
	15	10	12	12	14	14	15	16	18	18	18	18	20	20	20	20
	20	10	12	14	14	16	18	18	18	20	20	20	22	22	22	22
	25	10	14	14	16	18	18	20	20	20	22	22	22	24	24	24
	30	12	14	15	18	18	20	20	22	22	22	24	24	24	25	25
	35	12	14	16	18	20	20	22	24	24	24	24	26	26	28	
	40	12	14	18	18	20	22	22	24	24	25	25	26	28	28	28

续表

斜导柱倾角 $\alpha(°)$	H_w (mm)	最大弯曲力（kN）														
		16	17	18	19	20	21	22	23	24	25	26	27	28	29	30
		斜导柱直径（mm）														
8	10	18	18	20	20	20	20	20	20	20	22	22	22	22	22	22
	15	20	22	22	22	22	24	24	24	24	24	24	24	25	25	25
	20	24	24	24	24	24	25	25	25	26	26	26	28	28	28	28
	25	24	25	25	26	26	26	28	28	28	28	28	30	30	30	30
	30	26	26	28	28	28	28	28	30	30	30	30	32	32	32	32
	35	28	28	28	30	30	30	30	30	32	32	32	34	34	34	34
	40	30	30	30	30	30	32	32	32	32	34	34	34	34	34	35
10	10	18	18	20	20	20	20	20	20	22	22	22	22	22	22	22
	15	22	22	22	22	22	22	24	24	24	24	24	24	25	25	25
	20	24	24	24	24	24	25	25	25	26	26	28	28	28	28	28
	25	24	25	25	26	26	28	28	28	28	28	30	30	30	30	30
	30	26	26	28	28	28	28	30	30	30	30	30	32	32	32	32
	35	28	28	28	30	30	30	30	32	32	32	32	34	34	34	34
	40	28	30	30	32	32	32	32	32	32	34	34	34	34	34	36

斜导柱倾角 α(°)	H_w (mm)	最大弯曲力（kN）														
		16	17	18	19	20	21	22	23	24	25	26	27	28	29	30
		斜导柱直径（mm）														
12	10	18	18	20	20	20	20	20	20	22	22	22	22	22	22	22
	15	22	22	22	22	22	22	24	24	24	24	24	24	24	25	25
	20	24	24	24	24	26	26	26	26	26	26	26	28	28	28	28
	25	24	25	25	26	26	26	28	28	28	28	30	30	30	30	30
	30	25	26	28	28	28	28	30	30	30	30	30	32	32	32	32
	35	28	28	28	30	30	30	30	32	32	32	32	32	34	34	34
	40	28	30	28	30	32	32	32	32	32	34	34	34	34	34	35
15	10	18	18	20	20	20	20	20	20	22	22	22	22	22	22	22
	15	22	22	22	22	22	24	24	24	24	24	24	25	25	25	25
	20	22	22	24	24	24	25	25	26	26	26	28	28	28	28	28
	25	24	25	25	26	26	28	28	28	28	30	30	30	30	30	80
	30	26	26	28	28	28	28	30	30	30	30	30	32	32	32	32
	35	28	28	28	30	30	30	32	32	32	32	34	34	34	34	34
	40	30	30	30	30	32	32	32	34	34	34	34	34	35	35	36
18	10	18	20	20	20	20	20	20	22	22	22	22	22	22	22	22
	15	22	22	22	22	22	24	24	24	24	24	25	25	25	25	25
	20	24	24	24	24	25	25	25	26	26	26	28	28	28	28	28
	25	25	25	26	26	26	28	28	28	28	30	30	30	30	30	30
	30	26	26	28	28	28	30	30	30	30	32	32	32	32	32	32
	35	28	28	30	30	30	30	30	32	32	32	34	34	34	34	34
	40	30	30	30	30	32	32	32	32	34	34	34	34	34	34	35
20	10	18	20	20	20	20	20	20	22	22	22	22	22	22	22	22
	15	22	22	22	22	22	24	24	24	24	24	25	25	25	25	25
	20	24	24	24	24	25	25	25	26	26	26	28	28	28	28	28
	25	25	25	26	26	26	28	28	28	28	30	30	30	30	30	30
	30	26	28	28	28	28	30	30	30	30	32	32	32	32	32	32
	35	28	28	28	30	30	32	32	32	32	34	34	34	34	34	34
	40	30	30	30	30	32	32	32	32	34	34	34	34	34	35	35

2. 侧滑块设计

侧滑块（简称滑块）是斜导柱侧向分型抽芯机构中的一个重要零部件，它上面安装有侧向型芯或侧向成型块，注射成型时塑件尺寸的准确性和移动的可靠性都需要靠它的运动精度来保证。滑块的结构形状可以根据具体塑件和模具结构灵活设计，它可分为整体式和组合式两种。在滑块上直接制出侧向型芯或侧向型腔的结构称为整体式，这种结构仅适合形状十分简单的侧向移动零件，尤其是适合对开式瓣合模侧向分型，如绕线轮塑件的侧型腔滑块。在一般的设计中，把侧向型芯或侧向成型块和滑块分开加工，然后装配在一起，这就是组合式结构。采用组合式结构可以节省优质钢材且加工容易，因此应用广泛。

图 3-182 是几种常见的滑块与侧型芯连接方式。图 3-182（a）是小型芯在非成型端尺寸加大后用 H7/m6 的配合镶入滑块，然后用一个圆柱销定位，如侧型芯足够大，非成型

端尺寸也可不再加大；图 3-182（b）是为了提高型芯的强度，适当增加型芯镶入部分的尺寸，并用两个骑缝销钉固定；图 3-182（c）是采用燕尾形式连接，一般也用圆柱销定位；图 3-182（d）所示为适合细小型芯的连接方式，在细小型芯后部制出台肩，从滑块的后部以过渡配合镶入后用螺塞固定；图 3-182（e）适用于薄片型芯，采用通槽嵌装和销钉定位；图 3-182（f）适用于多个型芯的场合，把各型芯镶入一个固定板后用螺钉和销钉从正面与滑块连接和定位，如正面影响塑件成型，螺钉和销钉可以在滑块的背面深入侧型芯固定板。

　　侧向型芯或侧向成型块是模具的成型零件，常用 T8、T10、45 钢或 CrWMn 钢等，热处理要求硬度 HRC≥50。滑块用 45 钢或 T8、T10 等制造，要求硬度 HRC≥40。

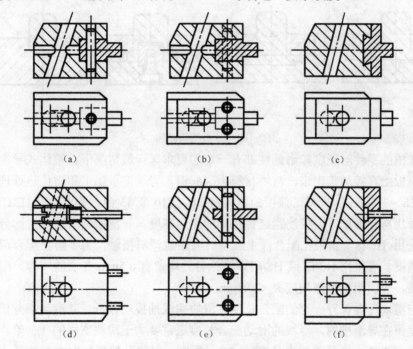

图 3-182　侧型芯与滑块的连接

3. 导滑槽设计

　　成型滑块在侧向分型抽芯和复位过程中，要求其必须沿一定的方向平稳地往复移动，这一过程是在导滑槽内完成的。根据模具上侧型芯的大小、形状和要求不同，以及具体的使用情况，滑块与导滑槽的配合形式也不同，一般采用 T 形槽或燕尾槽导滑，常用的配合形式如图 3-183 所示。图 3-183（a）所示为 T 形槽导滑的整体式，结构紧凑，多用于小型模具的抽芯机构，但加工困难，精度不易保证；图 3-183（b）、（c）所示为整体盖板式，图 3-183（b）是在盖板上制出 T 形台肩的导滑部分，而图 3-183（c）的 T 形台肩的导滑部分是在另一块模板上加工出来的，它们克服了整体式要用 T 形铣刀加工出精度较高的 T 形槽的困难；图 3-183（b）、（c）也可以设计成局部盖板式，这就是图 3-183（d）、（e）的两种结构形式，导滑部分淬硬后便于磨削加工，精度也容易保证，而且装配方便，因此，它们是最常用的两种形式；图 3-183（f）虽然也是采用 T 形槽的形式，但移动方向的导滑部分设在中间的镶块上，而高度方向的导滑部分还是靠 T 形槽；图 3-183（g）所示为整体燕尾槽导滑的形式，导滑的精度较高，但加工更加困难。

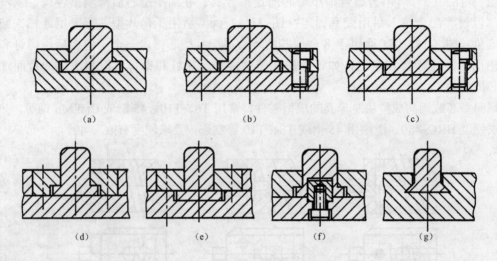

（a）　　　　　　　　（b）　　　　　　　　（c）

（d）　　　　（e）　　　　（f）　　　　（g）

图 3-183　导滑槽的结构

　　组成导滑槽的零件对硬度和耐磨性都有一定的要求，一般情况下，整体式导滑槽通常在动模板或定模板上直接加工出来，常用材料为 45 钢。为了便于加工和防止热处理变形，常常调质 HRC28～32 后铣削成型。盖板的材料有 T8、T10 或 45 钢，要求硬度 HRC≥50。

　　在设计滑块与导滑槽时，要注意选择正确的配合精度。导滑槽与滑块导滑部分采用间隙配合，一般采用 H8/f8，如果在配合面上成型时与熔融塑料接触，为了防止配合部分漏料，应适当提高精度，可采用 H8/f7 或 H8/g7，其他各处均留有 0.5mm 左右的间隙。配合部分的表面要求较高，表面粗糙度值均应 R_a≤0.8μm。

　　导滑槽与滑块还要保持一定的配合长度。滑块完成抽拔动作后，其滑动部分仍应全部或有部分的长度留在导滑槽内，滑块的滑动配合长度通常要大于滑块宽度的 1.5 倍，而保留在导滑槽内的长度不应小于导滑配合长度的 2/3，否则，滑块开始复位时容易偏斜，甚至损坏模具。如果模具的尺寸较小，为了保证具有一定的导滑长度，可以把导滑槽局部加长，使其伸出模外，如图 3-184 所示。

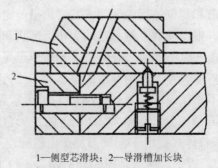

1—侧型芯滑块；2—导滑槽加长块

图 3-184　导滑槽的局部加长

4. 楔紧块设计

（1）楔紧块的形式

在注射成型过程中，侧向成型零件受到熔融塑料很大的推力，这个力通过滑块传给斜导柱，而一般的斜导柱为一细长杆件，受力后容易变形，导致滑块后移，因此必须设置楔紧块，以便在合模后锁住滑块，承受熔融塑料给予侧向成型零件的推力。

楔紧快与模具的连接方式如图 3-185 所示，图 3-185（a）所示为楔紧块与模板制成一体的整体式结构，牢固可靠，但消耗的金属材料较多，加工精度要求较高，适合侧向力较大的场合；图 3-185（b）所示为采用销钉定位、螺钉（三个以上）紧固的形式，结构简单、加工方便、应用较普遍，但承受的侧向力较小；图 3-185（c）采用 T 形槽固定并用销钉定位，能承受较大的侧向力，但加工不方便，尤其是装拆困难，所以不常应用；图 3-185（d）把楔紧块用 H7/m6 配合整体镶入模板中，能承受的侧向力要比图 3-185（b）大；图 3-185（e）在楔紧块的背面又设置了一个后挡块，对楔紧块起加强作用，图 3-185（f）所示为采用了双楔紧块的形式，这种结构适合侧向力很大的场合，但安装调试较困难。

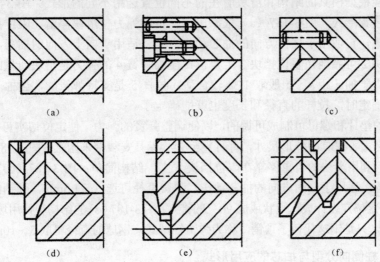

（a）　　　　　　（b）　　　　　　（c）

（d）　　　　　　（e）　　　　　　（f）

图 3-185　楔紧块与模块的连接方式

（2）锁紧角的选择

楔紧块的工作部分是斜面，其锁紧角 α' 如图 3-186 所示。为了保证斜面能在合模时压紧滑块，而在开模时又能迅速脱离滑块，以避免楔紧块影响斜导柱对滑块的驱动，锁紧角 α' 一般都应比斜导柱倾斜角 α 大一些。在图 3-186（a）中，滑块移动方向垂直于合模方向，$\alpha'=\alpha+2°\sim3°$；当滑块向动模一侧倾斜 β 角度时，如图 3-186（b）所示，$\alpha'=\alpha+2°\sim3°=\alpha_1-\beta+2°\sim3°$；当滑块向定模一侧倾斜 β 角度时，如图 3-186（c）所示，$\alpha'=\alpha+2°\sim3=\alpha_2+\beta+2°\sim3°$。

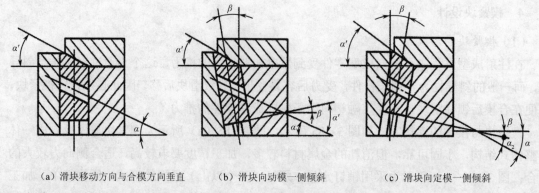

（a）滑块移动方向与合模方向垂直　　（b）滑块向动模一侧倾斜　　（c）滑块向定模一侧倾斜

图 3-186　楔紧块的锁紧角

5. 滑块定位装置设计

滑块定位装置在开模过程中用来保证滑块停留在刚刚脱离斜导柱的位置，不再发生任何移动，以避免合模时斜导柱不能准确地插进滑块的斜导孔内，造成模具损坏。在设计滑块的定位装置时，应根据模具的结构和滑块所在的不同位置选用不同的形式。图 3-187 是常见的几种滑块定位装置形式。图 3-187（a）依靠压缩弹簧的弹力使滑块停留在限位挡块处，俗称弹簧拉杆挡块式，它适用于任何方向的抽芯动作，尤其适用于向上方向的抽芯。在设计弹簧时，为了使滑块 2 可靠地在限位挡块 3 上定位，压缩弹簧 4 的弹力是滑块质量的 2 倍左右，其压缩长度须大于抽芯距 s，一般取 $1.3s$ 较合适。拉杆 5 是支持弹簧的，当抽芯距、弹簧的直径和长度已确定时，拉杆的直径和长度也就能确定了。

拉杆端部的垫片和螺母可制成可调的，以便调整弹簧的弹力，使定位切实可靠；这种定位装置的缺点是增大了模具的外形尺寸，有时甚至会给模具安装带来困难。图 3-187（b）适于向下抽芯的模具，利用滑块的自重停靠在限位挡块 3 上，结构简单；图 3-187（c）、（d）是弹簧顶销式定位装置，适用于侧面方向的抽芯动作，弹簧直径可选 1～1.5mm，顶销的头部制成半球状，滑块上的定位穴设计成球冠状或成 90° 的锥穴；图 3-187（e）的结构和使用场合与图 3-187（c）、（d）相似，只是钢球代替了顶销，称为弹簧钢球式，钢球的直径可取 5～10mm。

（二）斜导柱侧向分型与抽芯的应用形式

斜导柱和滑块在模具上不同的安装位置，组成了侧向分型与抽芯机构的不同应用形式，各种不同的应用形式具有不同的特点，在设计时应根据塑料制件的具体情况合理选用。

1. 斜导柱安装在定模、滑块安装在动模的结构

这种结构是斜导柱侧向分型抽芯机构的模具中应用最广泛的形式，它既可使用于结构比较简单的单分型面注射模，也可使用于结构比较复杂的双分型面注射模。模具设计工作者在接到设计具有侧向分型与抽芯塑件的模具任务时，首先应考虑使用这种形式。图 3-7 就属于单分型面模具的这类形式，而图 3-188 是属于双分型面模具的这类形式。在图 3-188 中，斜导柱 5 固定于中间板 8 上，为了防止在 A 分型面分型后侧向抽芯时斜导柱往后移动，在其固定端后部设置一块垫板 9 加以固定。开模时，动模部分向左移动，A 分型面首先分型，当 A 分型面之间的分型距离达到可从中取出点浇口浇注系统凝料时，拉杆导柱 11 的左端螺钉与导套 12 接触，A 分型面分型结束，继续开模，B 分型面分型，斜导柱 5 驱动侧型芯滑块 6 在

动模板 4 的导滑槽内移动而作侧向抽芯，继续开模，在侧向抽芯结束后，推出机构开始工作，推管 2 将塑件从型芯 1 和动模镶件 3 中推出。

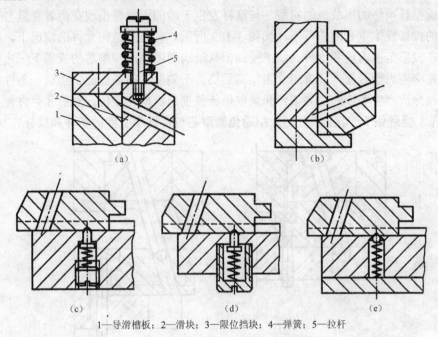

1—导滑槽板；2—滑块；3—限位挡块；4—弹簧；5—拉杆

图 3-187　滑块定位装置形式

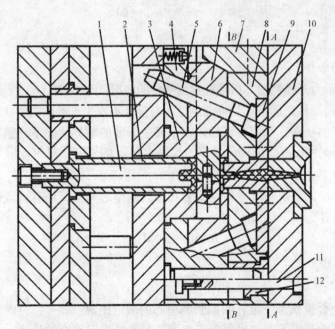

1—型芯；2—推管；3—动模镶件；4—动模板；5—斜导柱；6—侧型芯滑块；

7—楔紧块；8—中间板；9—垫板；10—定模（座）板；11—拉杆导柱；12—导套

图 3-188　斜导柱在定模、滑块在动模的双分型面注射模

　　这种结构形式在设计时必须注意，滑块与推杆或推管在合模复位过程中不能发生"干涉"现象。"干涉"现象是指滑块的复位先于推杆的复位致使活动侧型芯与推杆相碰撞，造成活动侧型芯或推杆损坏的事故。侧向型芯与推杆发生干涉的可能性出现在两者在垂直于开模方向平面上的投影发生重合的条件下，如图 3-189 所示。在模具结构允许的情况下，应尽量避免在侧型芯投影范围内设置推杆。如果受到模具结构的限制而侧型芯的投影下一定要设置推杆，则首先应考虑能否使推杆推出一定距离后仍低于侧型芯的最低面。当这一条件不能满足时，就必须分析产生干涉的临界条件和采取措施使推出机构先复位，然后才允许侧型芯滑块复位，这样才能避免干涉。下面分别介绍避免侧型芯与推杆相干涉的条件和推杆先复位机构。

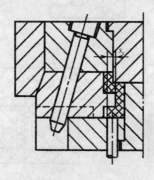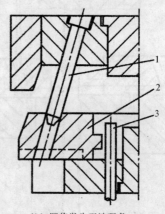

（a）在侧型芯投影面下设有推杆　　　　（b）即将发生干涉现象

1—斜导柱；2—侧型芯；3—推杆

图 3-189　"干涉"现象

（1）避免干涉的条件

　　图 3-190（a）所示为开模侧抽芯后推杆推出塑件的情况；图 3-190（b）所示为合模复位时，复位杆使推杆复位、斜导柱使侧型芯复位而侧型芯与推杆不发生干涉的临界状态；图 3-190（c）所示为合模复位完毕的状态。从图中可知，在不发生干涉的临界状态下，侧型芯已复位 s'，还需复位的长度为 $s-s'=s_c$，而推杆需复位的长度为 h_c。如果完全复位，应该为

$$h_c \tan\alpha = s_c \qquad (3\text{-}64)$$

　　在完全不发生干涉的情况下，需要在临界状态时侧型芯与推杆还有一段微小的距离 Δ，因此不发生干涉的条件为

$$h_c \tan\alpha = s_c + \Delta$$

或

$$h_c \tan\alpha > s_c \qquad (3\text{-}65)$$

式中　h_c——在完全合模状态下推杆端面到侧型芯的最近距离；

　　　s_c——在垂直于开模方向的平面上，侧型芯与推杆投影重合的长度；

　　　Δ——在完全不干涉的情况下，推杆复位到 h_c 位置时，侧型芯沿复位方向距离推杆侧面的最小距离，一般取 $\Delta=0.5\text{mm}$。

　　在一般情况下，只要使 $h_c \tan\alpha - s_c > 0.5\text{mm}$ 即可避免干涉。如果实际的情况无法满足这个

条件,则必须设计推杆先复位机构。

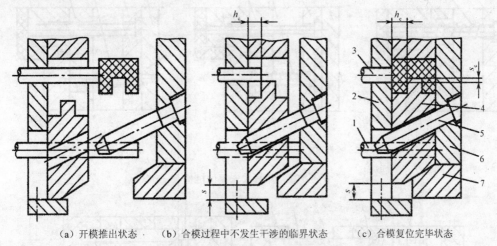

（a）开模推出状态 （b）合模过程中不发生干涉的临界状态 （c）合模复位完毕状态

1—复位杆；2—动模板；3—推杆；4—侧型芯滑块；5—斜导柱；6—定模板；7—楔紧块

图 3-190 避免干涉的条件

（2）推杆先复位机构

推杆先复位机构应根据塑件和模具的具体情况进行设计,下面介绍几种典型的推杆先复位机构,但应注意,先复位机构一般都不容易保证推杆、推管等推出零件的精确复位,故在设计先复位机构的同时,通常还需要设置能保证复位精度的复位杆。

1）弹簧式先复位机构

弹簧式先复位机构是利用弹簧的弹力使推出机构在合模之前进行复位,弹簧安装在推杆固定板和动模支撑板之间,如图 3-191 所示。图 3-191（a）中弹簧安装在推杆上；图 3-191（b）中弹簧安装在复位杆上；图 3-191（c）弹簧安装在另外设置的簧柱上。一般情况需设置四根弹簧,并且尽量均匀分布在推杆固定板的四周,以便让推杆固定板受到均匀的弹力而使推杆顺利复位。开模推出塑件时,塑件包在凸模上一起随动模部分后退,当推板与注射机上的顶杆接触后,动模部分继续后退,推出机构相对静止而开始脱模,弹簧被进一步压缩。一旦开始合模,注射机顶杆与模具推板脱离接触,在弹簧恢复力的作用下推杆迅速复位,因此在斜导柱还未驱动侧型芯滑块复位时,推杆便复位结束,避免了与侧型芯的干涉。弹簧先复位机构具有结构简单、安装方便等优点,但弹簧的力量较小,而且容易疲劳失效,可靠性差,一般只适合复位力不大的场合,并需要定期更换弹簧。

2）楔杆三角滑块式先复位机构

楔杆三角滑块式先复位机构如图 3-192 所示。合模时,固定在定模板上的楔杆 1 与三角滑块 4 的接触先于斜导柱 2 与侧型芯滑块 3 的接触,在楔杆 1 作用下,三角滑块 4 在推管固定板 6 的导滑槽内向下移动的同时迫使推管固定板向左移动,使推管先于侧型芯滑块的复位,从而避免两者发生干涉。

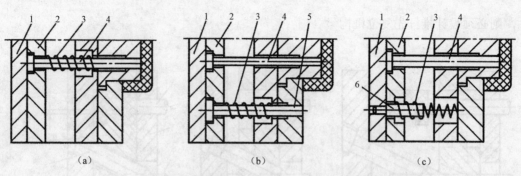

1—推板；2—推杆固定板；3—弹簧；4—推杆；5—复位杆；6—簧柱

图 3-191　弹簧式先复位机构

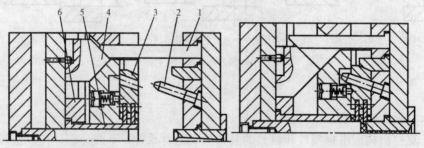

（a）楔杆接触三角滑块初始状态　　　　　（b）合模状态

1—楔杆；2—斜导柱；3—侧型芯滑块；4—三角滑块；5—推管；6—推管固定板

图 3-192　楔杆三角滑块式先复位机构

3）楔杆摆杆式先复位机构

楔杆摆杆式先复位机构如图 3-193 所示，它与楔杆三角滑块式先复位机构相似，所不同的是摆杆代替了三角滑块。合模时，固定在定模板的楔杆 1 推动摆杆 3 上的滚轮，迫使摆杆绕着固定于动模垫板上的转轴作逆时针方向旋转，而推动推杆固定板 4 向左移动，使推杆 2 的复位先于侧型芯滑块的复位，避免侧型芯与推杆发生干涉。为了防止滚轮与推板 5 的磨损，在推板 5 上常常镶有淬过火的垫板。

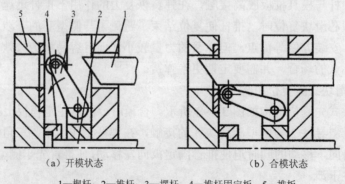

（a）开模状态　　　　　　　　（b）合模状态

1—楔杆；2—推杆；3—摆杆；4—推杆固定板；5—推板

图 3-193　楔杆摆杆式先复位机构

图 3-194 所示为楔杆双摆杆式先复位机构，其工作原理与楔杆摆杆式先复位机构相似，读者可自行分析。

4）滚珠推管式先复位机构

滚珠推管式先复位机构如图 3-195 所示。合模时，固定在定模板 1 上的先复位杆 2 首先进入推管 6 中，推动滚珠 4 迫使推管 6 向下移动，从而推动推管固定板 7 使推出零件先行复位。当滚珠下移至大孔位置时，滚珠 4 外移，先复位杆 2 进入推管 6 的下部，此时斜导柱才开始驱动不会再发生干涉的侧型芯复位。最后由定模板 1 与推管 6 的上端面接触而使推出机构完全复位。开模时，先复位杆 2 脱离推管 6，当注射机顶杆推动推管固定板 7 带动推管 6 上移时，

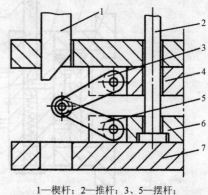

1—楔杆；2—推管；3、5—摆杆；
4—支撑板；5—推杆固定板；6—推板

图 3-194 楔杆双摆杆式先复位机构

由于动模板 3 上圆锥面的作用，滚珠 4 内移至推管 6 中，不影响推出动作的完成。

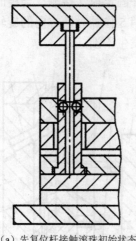 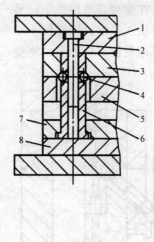

（a）先复位杆接触滚珠初始状态　　　　（b）合模状态

1—定模板；2—先复位杆；3—动模板；4—滚珠；5—支撑板；6—推管；7—推管固定板；8—推板

图 3-195 滚珠推管式先复位机构

5）楔杆滑块摆杆式先复位机构

楔杆滑块摆杆式先复位机构如图 3-196 所示。合模时，固定在定模板上的楔杆 4 的斜面推动安装在支撑板 3 内的滑块 5 向下滑动，滑块 5 的下移迫使滑销 6 左移，推动摆杆 2 绕其固定于支撑板 3 上的转轴作顺时针方向旋转，从而带动推杆固定板 1 左移，完成推杆 7 的先复位动作。开模时，楔杆 4 脱离滑块 5，滑块 5 在弹簧 8 的作用下上升，同时，摆杆 2 在本身的重力作用下回摆，推动滑销 6 右移，从而挡住滑块 5 继续上升。

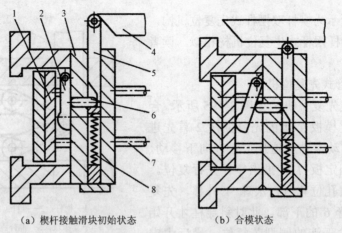

（a）楔杆接触滑块初始状态　　　　　（b）合模状态

1—推杆固定板；2—摆杆；3—支撑板；4—楔杆；5—滑块；6—滑销；7—推杆；8—弹簧

图 3-196　楔杆滑块摆杆式先复位机构

6）连杆式先复位机构

连杆式先复位机构如图 3-197 所示。连杆 4 以固定在动模板 10 上的圆柱销 5 为支点，一端用转销 6 安装在侧型芯滑块 7 上，另一端与推杆固定板 2 接触。合模时，斜导柱 8 一旦开始驱动侧型芯滑块 7 复位，则连杆 4 必须绕圆柱销 5 作顺时针方向的旋转，迫使推杆固定板 2 带动推杆 3 迅速复位，从而避免侧型芯与推杆发生干涉。

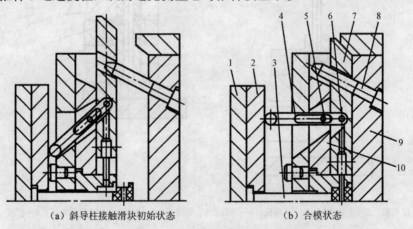

（a）斜导柱接触滑块初始状态　　　　　（b）合模状态

1—推板；2—推杆固定板；3—推杆；4—连杆；5—圆柱销；6—转销；7—侧型芯滑块；8—斜导柱；9—定模板；10—动模板

图 3-197　连杆式先复位机构

2. 斜导柱安装在动模、滑块安装在定模结构

这种结构表面上看，似乎与斜导柱安装在定模、滑块安装在动模的结构相似，可以随着开模动作的进行，斜导柱与滑块之间发生相对运动而实现侧向分型与抽芯，其实不然，由于在开模时一般要求塑件包紧于动模部分的型芯留于动模，而侧型芯则安装在定模，这样就会产生以下几种情况：一种情况是侧抽芯与脱模同时进行的话，由于侧型芯在合模方向的阻碍作用，使塑件从动模部分的凸模上强制脱下而留于定模型腔，侧抽芯结束后，塑件就无法从定模型腔中取出；另一种情况是由于塑件包紧于动模凸模上的力大于侧型芯使塑件留于定模

型腔的力，则可能会出现塑件被侧型芯撕破或细小型芯被折断的现象，导致模具损坏或无法工作。从以上分析可知，斜导柱安装在动模、滑块安装在定模结构的模具特点是脱模与侧抽芯不能同时进行，两者之间要有一个滞后的过程。

图 3-198 所示为先脱模后侧向分型与抽芯的结构，该模具的特点是不设推出机构，凹模制成可侧向滑动的瓣合式模块，斜导柱 5 与凹模滑块 3 上的斜导孔之间存在着较大的间隙 $c1.6\sim3.6$，开模时，在凹模滑块侧向移动之前，动、定模将先分开一段距离 h（$h=c/\sin\alpha$），同时由于凹模滑块的约束，塑件与凸模 4 也将脱开一段距离 h，然后斜导柱才与凹模滑块上的斜导孔壁接触，侧向分型抽芯动作开始。这种形式的模具结构简单、加工方便，但塑件需要人工从瓣合凹模滑块之间取出，操作不方便，生产率也较低，因此仅适合小批量的简单模具。

图 3-199 所示为先侧抽芯后脱模的结构，为了使塑件不留于定模，设计的特点是凸模 13 与动模板 10 之间有一段可相对运动的距离，开模时，动模部分向下移动，而被塑件紧包住的凸模 13 不动，这时侧型芯滑块 14 在斜导柱 12 的作用下开始侧抽芯，侧抽芯结束后，凸模 13 的台肩与动模板 10 接触。继续开模，包在凸模上的塑件随动模一起向下移动从型腔镶件 2 中脱出，最后在推杆 9 的作用下，推件板 4 将塑件从凸模上脱下。在这种结构中，弹簧 6 和顶销 5 的作用是在刚开始分型时把推件板 4 压靠在型腔镶件 2 的端面，防止塑件从型腔中脱出。

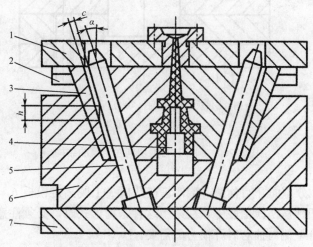

1—定模座板；2—导滑槽；3—凹模滑块；4—凸模；
5—斜导柱；6—动模板（模套）；7—动模座板

图 3-198　斜导柱在动模、滑块在定模的结构一

这种形式的斜导柱侧抽芯结构的模具，在设计时一定要考虑合模时凸模 13 的复位问题。

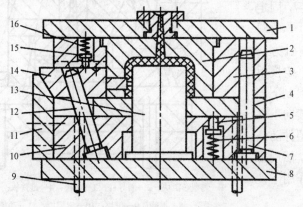

1—定模座板；2—型腔镶件；3—定模板；4—推件板；5—顶销；6—弹簧；7—导柱；8—支撑板；9—推杆；
10—动模板；11—楔紧块；12—斜导柱；13—凸模；14—侧型芯滑块；15—定位顶销；16—弹簧

图 3-199　斜导柱在动模、滑块在定模的结构二

3. 斜导柱与滑块同时安装在定模的结构

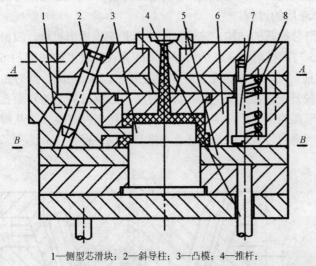

1—侧型芯滑块；2—斜导柱；3—凸模；4—推杆；
5—推件板；6—定模板；7—定距螺钉；8—弹簧

图 3-200　斜导柱与滑块同在定模的结构一

必须要造成斜导柱与滑块之间的相对运动，否则就无法实现侧向分型与抽芯动作。要实现两者之间的相对运动，就必须在定模部分增加一个分型面，因此就需要用顺序分型机构。

图 3-200 所示为采用弹簧式顺序分型机构的形式。开模时，动模部分向下移动，在弹簧 8 的作用下，A 分型面首先分型，主流道凝料从主流道衬套中脱出，分型的同时，在斜导柱 2 的作用下侧型芯滑块 1 开始侧向抽芯，侧向抽芯动作完成后，定距螺钉 7 的端部与定模板 6 接触，A 分型结束。动模部分继续向下移动，B 分型面开始分型，塑件包在凸模 3 上脱离定模板 6，最后在推杆 4 的作用下，推件板 5 将塑件从凸模上脱下。在采用这种结构形式时，必须注意弹簧 8 应该有足够的弹力，以满足 A 分型侧向抽芯时开模力的需要。

图 3-201 所示为采用摆钩式顺序分型机构的形式。合模时，在弹簧 7 的作用下，用转轴 6 固定于定模板 10 上的摆钩 8 勾住固定在动模板 11 上的挡块 12。开模时，由于摆钩 8 勾住挡块 12，模具首先从 A 分型面分型，同时在斜导柱 2 的作用下，侧型芯滑块 1 开始侧向抽芯，侧向抽芯结束后，固定在定模座板上的压块 9 的斜面压迫摆钩 8 作逆时针方向摆动而脱离挡块 12，定模板 10 在定距螺钉 5 的限制下停止运动。动模部分继续向下移动，B 分型面分型，塑件随凸模 3 保持在动模一侧，然后推件板 4 在推杆 13 的作用下使塑件脱模。

设计上述机构时必须注意，挡块 12 与摆钩 8 勾接处

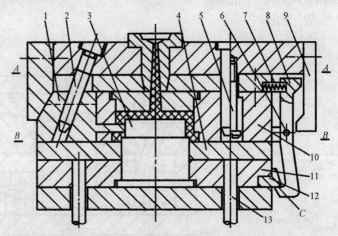

1—侧型芯滑块；2—斜导柱；3—凸模；4—推件板；5—定距螺钉；6—转轴；
7—弹簧；8—摆钩；9—压块；10—定模板；11—动模板；12—挡块；13—推杆

图 3-201　斜导柱与滑块同在定模的结构二

应有 1°～3° 的斜度，在设计该机构时，一般应将摆钩和挡块成对并对称布置于模具的两侧。

图 3-202 所示为采取导柱式顺序分型机构的形式，导柱 13 固定在动模板 10 上，其上面有一环形的半圆槽（小半个圆）与其对应，在定模板 6 上设置有弹簧 11 和顶销 12 组成的装置，合模时，在弹簧 11 的作用下，顶销 12 的头部正好插入导柱 13 的半圆槽内。开模时，由于弹簧 11 和顶销 12 的作用，定模板 6 与动模一起向下移动，使 A 分型面首先分型，同时斜导柱 3 驱动侧型芯滑块 1 侧向抽芯，当抽芯动作完成后，固定于定模板 6 的限位螺钉 8 与固定于定模座板 9 上的导柱 7 的凹槽相接触，A 分型结束。动模部分继续向下移动，由于开模力大于顶销 12 对导柱 13 上半圆槽的压力所产生的拉紧力，导致顶销 12 后退缩进定模板内，于是，动、定模从 B 分型面分型，最后推杆 2 作用于推件板 5 将塑件从凸模 4 上脱下。这种形式的顺序分型与两个导柱的结构有关，整个模具紧凑、结构简单，但是顶销 12 的拉紧力不大，一般只适合抽芯力不大的场合。

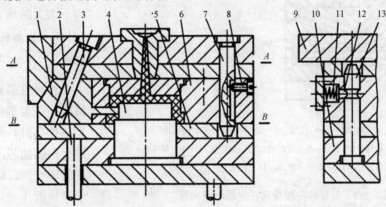

1—侧型芯滑块；2—推杆；3—斜导柱；4—凸模；5—推件板；6—定模板；7—导柱；
8—限位螺钉；9—定模座板；10—动模板；11—弹簧；12—顶销；13—导柱

图 3-202　斜导柱与滑块同在定模的结构三

图 3-203 所示为滑板式顺序脱模机构。合模状态下，固定于动模板 3 上的拉钩 7 勾住安装在定模板 10 内的滑板 6。开模时，动模部分向左移动，由于拉钩的作用，使模具从 A 分型面首先分型，同时斜导柱 12 驱动侧型芯滑块 13 开始侧抽芯，当抽芯动作完成后，滑板 6 的斜面受到压块 8 的斜面作用向模内移动而脱离拉钩 7，由于定距螺钉 4 的作用，A 分型结束，在动模继续向左移动时，动、定模从 B 分型面分型。合模时，滑板 6 在拉钩 7 的斜面作用下向模内移动，当模具完全闭合后，滑板 6 在弹簧 15 的作用下复位，使拉钩 7 勾住滑板 6。

斜导柱与滑块同时安装在定模的结构中，斜导柱的长度可适当加长，而定模部分分型后斜导柱工作端仍留在侧型芯滑块的斜导孔内，因此不需设置滑块的定位装置。以上介绍的四种顺序分型机构，除了应用于斜导柱与滑块同时安装在定模形式的模具外，只要 A 分型距离足以满足点浇口浇注系统凝料的取出，就可用于点浇口浇注系统的三板式模具。

4. 斜导柱与滑块同时安装在动模

斜导柱与滑块同时安装在动模时，一般可以通过推出机构来实现斜导柱与侧型芯滑块的相对运动，如图 3-204 所示。侧型芯滑块 2 安装在推件板 4 的导滑槽内，合模时靠设置在定模板上的楔紧块 1 锁紧。开模时，侧型芯滑块 2 和斜导柱 3 一起随动模部分下移和定模分开，当推出机构开始工作时，推杆 6 推动推件板 4 使塑件脱模的同时，侧型芯滑块 2 在斜导柱 3 的作用下在推件板 4 的导滑槽内向两侧滑动而进行侧向分型抽芯。这种结构的模具，由于侧型芯滑块始终不脱离斜导柱，所以不需要设置滑块定位装置。造成斜导柱与滑块相对运动的推出机构一般只是推件板推出机构，因此，这种结构形式主要适合抽芯力和抽芯距均不太大的场合。

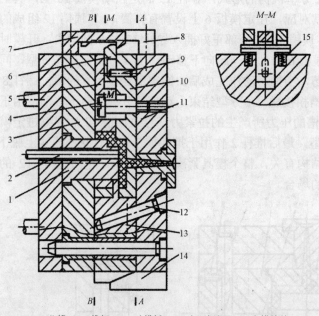

1—凸模；2—推杆；3—动模板；4—定距螺钉；5—定模镶块；
6—滑板；7—拉钩；8—压块；9—定距销；10—定模板；11—定模座板；
12—斜导柱；13—侧型芯滑块；14—楔紧块；15—弹簧

图 3-203　斜导柱与滑块同在定模的结构四

5. 斜导柱的内侧抽芯形式

斜导柱侧向分型与抽芯机构除了对塑件进行外侧分型与抽芯外，还可以对塑件进行内侧抽芯，图 3-205 就是其中一例。斜导柱 2 固定于定模板 1 上，侧型芯滑块 3 安装在动模板 4 上，开模

时，塑件包紧在动模部分的型芯 5 上随动模向左运动，在开模过程中，斜导柱 2 驱动侧型芯滑块 3 在动模板 4 的导滑槽内滑动而进行内侧抽芯，最后推杆 6 将塑件从型芯 5 上推出。这类模具设计时，由于缺少斜导柱从滑块中抽出时的滑块定位装置，因此要求将滑块设置在模具的上方，利用滑块的重力定位。

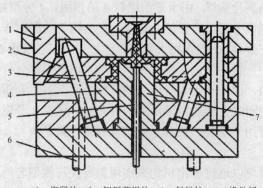

1—楔紧块；2—侧型芯滑块；3—斜导柱；4—推件板；
5、6—推杆；7—凸模

图 3-204　斜导柱与滑块同时安装在动模的结构

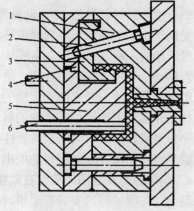

1—定模板；2—斜导柱；3—侧型芯滑块；
4—动模板；5—型芯；6—推杆

图 3-205　斜导柱的内侧抽芯

（三）斜导柱侧向分型与抽芯机构的应用实例

为了加深对斜导柱侧向分型与抽芯机构的理解和熟练应用，下面对每一种类型再分别举一个实际例子。

1. 斜导柱固定在定模、侧型芯滑块安装在动模的侧向抽芯实例

图 3-206 所示为斜导柱固定在定模、侧型芯滑块安装在动模的侧向抽芯实例，其成型的塑件犹如一个绕线轮。该模具是点浇口双分型面注射模，定模镶块 12 和斜导柱 14 固定在定模板 7 内，后面用盖板 10 与其固定。由于侧型芯滑块在分型面的投影下设有推杆 23，这样模具在复位时就会产生"干涉"现象，因此该模具采用了楔杆摆杆式先复位机构。

开模时，动模部分向后移动，模具从 A 分型面首先分型，主流道（图中尚未画出）从浇口套抽出。当拉杆导柱 9 的左端与定模板（中间板）7 接触时，A 分型面分型结束，B 分型面开始分型，侧型芯滑块 17 在斜导柱 14 的作用下开始作上下侧向分型与抽芯。在 B 分型面分型的同时，摆杆 4 和滑轮 3 与楔杆 8 脱离。侧向抽芯结束，动模部分继续向后移动直至开模行程结束。接着推出机构开始工作，推杆 23 将塑件从动模型芯 22 上推出的同时，推杆固定板 2 推动滑轮 3 在其上面向外滚动的同时使摆杆 4 向外张开。

合模时，动模部分向前移动，滑轮 3 在楔杆 8 斜面的作用下向内滚动，同时，使摆杆 4 向内移动，迫使推杆固定板 2 后退而带动推杆预先复位，最后复位杆（图中尚未画出）使推杆 23 精确复位。侧型芯滑块由斜导柱复位并且由楔紧块 16 锁紧，接着就可以开始下一次的注射成型。

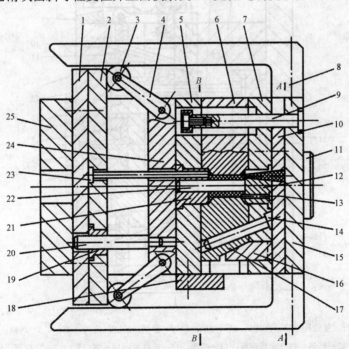

1—推板；2—推杆固定板；3—滑轮；4—摆杆；5—固定板；6—动模板；7—定模板（中间板）；8—楔杆；9—拉杆导柱；
10—盖板；11—定位圈；12—定模镶块；13—定模型芯；14—斜导柱；15—定模座板；16—楔紧块；17—侧型芯滑块；
18—挡块；19—推板导套；20—推板导柱；21—动模镶块；22—动模型芯；23—推杆；24—支撑板；25—动模座板

图 3-206　斜导柱固定在定模、侧型芯滑块安装在动模的侧向抽芯实例

2. 斜导柱固定在动模、侧型芯滑块安装在定模的侧向抽芯实例

图 3-207 所示为斜导柱固定在动模、侧型芯滑块安装在定模的侧向抽芯的实例，其成型的塑件侧面有一个通孔。模具采用了一模两件、推件板脱模及楔杆摆杆顺序定距两次分型机构的设计。摆杆 7 用转轴 8 固定在定模座板 13 外侧的模块上，左端用弹簧 5 与固定板 22 拉紧。楔杆 6 左端用螺钉固定在支撑板 3 上，右端紧靠在模具侧面。挡块 4 固定在固定板 22 内。

注射成型后开模，动模部分向后移动，由于摆杆 7 勾住挡块 4，使模具从 A 分型面首先分型，斜导柱 10 带动侧型芯滑块 11 作侧向抽芯，在侧抽芯结束后摆杆 7 在楔杆 6 右端斜面的作用下向外转动而脱钩，A 分型面分型结束（由限位螺钉限位，图中未画出）。动模继续后移，B 分型面分型，塑件包在凸模 14 上跟随动模一起向后移动，主流道凝料从浇口套 16 中抽出。分型结束，推出机构工作，推杆（复位杆）2 推动推件板 15 把塑件从凸模上推出。

合模时，动模部分向前移动，斜导柱带动侧型芯滑块复位，推出机构由推杆（复位杆）2 复位，摆杆 7 的左端斜面滑过挡块 4 且在弹簧 5 的作用下将其勾住，模具进入下一个注射循环。

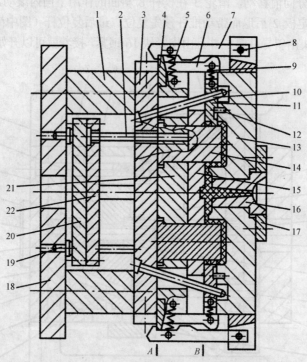

1—垫块；2—推杆（复位杆）；3—支撑板；4—挡块；5、9—弹簧；6—楔杆；7—摆杆；8—转轴；10—斜导柱；
11—侧型芯滑块；12—挡销；13—定模座板；14—凸模；15—推件板；16—浇口套；17—定位圈；18—动模座板；
19—支撑钉；20—推板；21—推杆固定板；22—固定板

图 3-207　斜导柱固定在动模、侧型芯滑块安装在定模的侧向抽芯实例

3. 斜导柱和侧型芯滑块同时安装在定模一侧的侧向抽芯实例

图 3-208 所示为斜导柱和侧型芯滑块同时安装在定模一侧的侧向抽芯实例，该模具成型的塑件侧面有一个带有半圆弧形状的尖孔。模具采用了一模两件，模具的下面剖在有侧孔的地方，模具的上面剖在无侧孔的地方。模具采用了摆杆压板顺序定距两次分型机构的设计，摆杆压板顺序定距两次分型机构应在模具两侧对称设置，由于剖面的位置不同，图中仅画出了上面的部分。摆杆 7 用转轴 6 固定在定模板 15 上的固定块上，右端安装有压缩弹簧，压板 8 固定在定模座板 12 上。

注射成型后开模，动模部分向后移动，由于摆杆 7 勾住动模板 21，使模具从 A 分型面首先分型，此时，斜导柱 18 带动侧型芯滑块 17 作侧向抽芯，在侧抽芯结束后，摆杆 7 在压板 8 的斜面的作用下作顺时针方向转动而脱钩，其后由限位螺钉 11 限位，A 分型面分型结束。动模继续后移，B 分型面分型，塑件留在动模镶块 19 上随动模一起后移，主流道凝料在动模板上反锥度孔的作用下从浇口套 14 中拉出。分型结束后推出机构开始工作，推杆 2 将塑件从动模镶块 19 上推出。

合模时，动模部分向前移动，斜导柱 18 带动侧型芯滑块 17 复位并由楔紧块锁紧，推出机构由复位杆复位（图中未画出），摆杆 7 脱离压板 8 在弹簧 9 的作用下勾住动模板 21，此时便可开始进行下一次的注射成型。

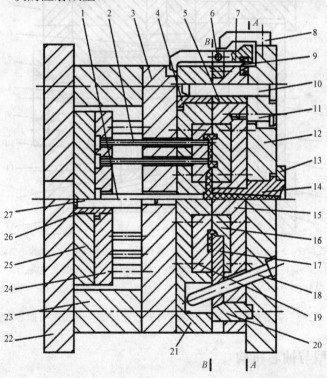

1—拉料杆；2—推杆；3—支撑板；4、5—导套；6—转轴；7—摆杆；8—压板；9—弹簧；10—导柱；11—限位螺钉；12—定模座板；13—定位圈；14—浇口套；15—定模板；16—定模镶块；17—侧型芯滑块；18—斜导柱；19—动模镶块；20—楔紧块；21—动模板；22—动模座板；23—垫块；24—推杆固定板；25—推板；26—推板导套；27—推板导柱

图 3-208　斜导柱和侧型芯滑块同时安装在定模一侧的侧向抽芯实例

4. 斜导柱和侧型芯滑块同时安装在动模一侧的侧向抽芯实例

图 3-209 所示为斜导柱和侧型芯滑块同时安装在动模一侧的侧向抽芯实例，该模具成型的塑件下侧有一个通孔，采用斜导柱侧向抽芯。斜导柱 14 固定在固定板 2 上，带有侧型芯 10 的侧滑块 11 用销钉及螺钉与侧滑块镶块 12 连接固定并且安装在推件板 3 的导滑槽中。

注射成型后开模，动模部分向后移动，主流道凝料从浇口套 8 中抽出并与包在凸模 9 上的塑件一起随动模部分向后移动，同时在推件板 3 中导滑槽的作用下，侧滑块 11 与侧滑块镶块 12 带着侧型芯 10 与定模板 4 脱离也随动模部分向后移动。分型结束后，推出机构开始工作，推杆（复位杆）16 推动推件板 3，一方面是侧滑块 11 和侧滑块镶块 12 与斜导柱 14 产生位移，并且在推件板 3 的导滑槽中向外滑动进行侧向抽芯；另一方面推件板 3 将塑件从凸模 9 上脱出。该结构的特点是侧向抽芯与塑件脱模同时进行。

合模时，动模部分向前移动，侧滑块 11 和侧滑块镶块 12 带动侧型芯 10 在定模板 4 及斜导柱 14 的作用下沿着推件板 3 的导滑槽向内复位并由楔紧块锁紧，推出机构由推杆（复位杆）16 复位。

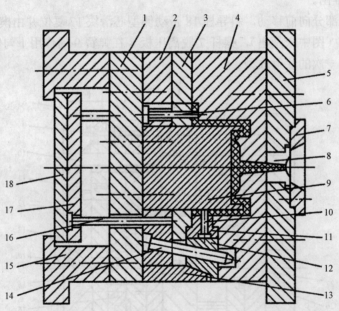

1—支撑板；2—固定板；3—推件板；4—定模板；5—定模座板；6—动模小型芯；
7—定位圈；8—浇口套；9—凸模；10—侧型芯；11—侧滑块；12—侧滑块镶块；13—楔紧块；
14—斜导柱；15—支架；16—推杆（复位杆）；17—推杆固定；18—推板

图 3-209　斜导柱和侧型芯滑块同时安装在动模一侧的侧向抽芯实例

四、弯销侧向分型与抽芯机构

弯销侧向分型与抽芯机构的工作原理和斜导柱侧向分型与抽芯机构相似，所不同的是其在结构上以矩形截面的弯销代替了斜导柱，因此，弯销侧向分型与抽芯机构仍然离不开滑块的导滑、注射时侧型芯的锁紧和侧抽芯结束时滑块的定位这三个要素。图 3-210 所示为弯销侧抽芯的典型结构，合模时，由楔紧块 2 或支承块 6 将侧型芯滑块 4 通过弯销 3 锁紧。侧抽芯时，侧型芯滑块 4 在弯销 3 的驱动下，沿着动模板 1 的导滑槽作侧向抽芯，抽芯结束时，侧型芯滑块 4 由弹簧、顶销装置定位。通常，弯销及其导滑孔的制造困难一些，但弯销侧抽芯也有斜导柱所不及的优点，现将弯销侧向分型与抽芯的结构特点和安装方式作一下具体介绍。

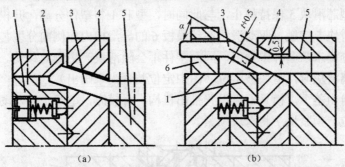

1—动模板；2—楔紧块；3—弯销；4—侧型芯滑块；5—定模板；6—支承块

图 3-210　弯销侧抽芯的典型结构

（一）弯销侧向分型与抽芯机构的结构特点

（1）强度高，可采用较大的倾斜角

弯销一般采用矩形截面，抗弯截面系数比斜导柱大，因此抗弯强度较高，可以采用较大的倾斜角 α，所以在开模距相同的条件下，使用弯销可比斜导柱获得较大的抽芯距。由于弯销的抗弯强度较高，所以，在注射熔料对侧型芯总压力不大时，可在其前端设置一个支撑块，弯销本身即可对侧型芯滑块起锁紧作用 [见图 3-210（b）]，这样有利于简化模具结构，但在熔料对侧型芯总压力比较大时，仍应考虑设置楔紧块，用来锁紧弯销 [见图 3-210（a）] 或直接锁紧滑块。

（2）可以延时抽芯

由于塑件的特殊或模具结构的需要，弯销还可以延时侧抽芯，如图 3-211 所示。弯销 7 的工作面与侧型芯滑块 9 的斜面可设计成有一段较长的距离 l，这样根据需要，在开模分型时，弯销可暂不工作，直至接触滑块，侧抽芯才开始。

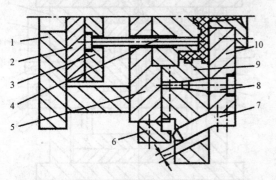

1—动模座板；2—推板；3—推杆固定板；4—推杆；5—动模板；6—挡块；7—弯销；8—止动销；9—侧型芯滑块；10—定模座板

图 3-211　弯销在模外的结构

（二）弯销在模具上的安装方式

弯销在模具上可安装在模外，也可安装在模内，但是一般以安装在模外为多，这样安装配制时方便可见，还可以减小模板尺寸和模具质量。

（1）模外安装

图 3-210 和图 3-211 所示均为弯销安装在模外的结构。在图 3-211 中，塑件的下半侧由侧型芯滑块 9 成型，滑块抽芯结束时的定位由固定在动模板 5 上的挡块 6 完成，固定在定模板 10 上的止动销 8 在合模时对侧型芯滑块 9 起锁紧作用。开模时，当分型至止动销 8 的端部完全脱出侧型芯滑块 9 后，弯销 7 的工作面才开始驱动侧型芯滑块 9 抽芯。

（2）模内安装

弯销安装在模内的结构如图 3-212 所示，弯销 4 和楔紧块 7 用过渡配合固定于定模板 8 上，并用螺钉与定模座板 9 连接。刚开模时，由于弯销 4 尚未与侧型芯滑块 5 上的斜方孔侧面接触，因而侧型芯滑块 5 保持静止，与此同时，型芯 1 与塑件分离，开模至一定距离后，弯销 4 与侧型芯滑块 5 接触，驱动滑块在动模板 6 的导滑槽内作侧向分型与抽芯，由于此时型芯 1 的延伸部分尚未从塑件中抽出，因而塑件不会随滑块产生侧向移动。当弯销 4 完成侧向抽芯动作而脱离滑块时，滑块被定位（图中定位装置尚未画出），此时，型芯 1 与塑件完全脱离，塑件就自由落下，模具不需设置推出机构。合模时，型芯 1 插入动模镶件 2 中，弯销 4 带动滑块复位，楔紧块 7 将滑块锁紧。

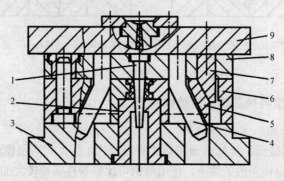

1—型芯；2—动模镶件；3—动模座板；4—弯销；
5—侧型芯滑块；6—动模板；7—楔紧块；8—定模板；9—定模座板

图 3-212　弯销安装在模内的结构

弯销安装在模内时，还可以进行内侧抽芯，如图 3-213 所示。在该图中，塑件内壁有侧凹，模具采用摆钩式顺序分型机构。弯销 3、导柱 6 均用螺钉固定于动模垫板上。开模时，由于摆钩 11 勾住定模板 13 上的挡块 12，使 A 分型面首先分型，接着弯销 3 的右侧斜面驱动侧型芯滑块 2 向右移动进行内侧抽芯，内侧抽芯结束后，摆钩 11 在滚轮 7 的作用下脱钩，B 分型面分型，最后推出机构开始工作，推件板 10 在推杆 5 的推动下将塑件脱出组合凸模 1。合模时，弯销 3 的左侧驱动侧型芯滑块 2 复位，摆钩 11 的头部斜面越过挡块 12，在弹簧 8 的作用下将其勾住。这种形式的内侧抽芯，由于抽芯结束时，弯销的端部仍留在滑块中，所以设计时不需用滑块定位装置。另外，

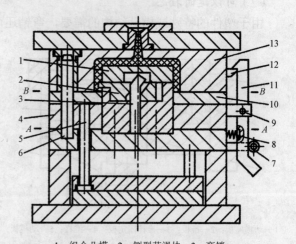

1—组合凸模；2—侧型芯滑块；3—弯销；
4—动模板；5—推杆；6—导柱；7—滚轮；
8—弹簧；9—转轴；10—推件板；11—摆钩；
12—挡块；13—定模板

图 3-213　弯销的内侧抽芯

由于不便于设置锁紧装置，而且是依靠弯销本身的弯曲强度来克服注射时熔料对侧型芯的侧向压力，所以只适用于侧型芯截面积比较小的场合，同时，还应适当增大弯销的截面积。

五、斜导槽侧向分型与抽芯机构

斜导槽侧向分型与抽芯机构是由固定于模外的斜导槽板与固定于侧型芯滑块上的圆柱销连接所形成的，如图 3-214 所示。斜导槽板用四个螺钉和两个销钉安装在定模外侧，开模时，侧型芯滑块 6 的侧向移动受固定在它上面的圆柱销（即滑销 8）在斜导槽内的运动轨迹所限制。当槽与开模方向没有斜度时，滑块无侧抽芯动作；当槽与开模方向成一角度时，滑块可以侧抽芯；模与开模方向角度越大，则侧抽芯的速度越大；槽越长，抽芯的抽芯距也就越大。由此可以看出，斜导槽侧向抽芯机构设计时比较灵活。图 3-215（a）所示的形式，刚开模便开始侧抽芯，但这时斜导槽倾斜角 $\alpha < 25°$；图 3-215（b）所示的形式，开模后，滑销先在直槽内运动，因此有一段延时抽芯动作，直至滑销进入斜槽部分，侧抽芯才开始；图 3-215 所示（c）的形式，先在倾斜角 α_1 较小的斜导槽内侧抽芯，然后进入倾斜角 α_2 较大的斜导槽内侧抽芯，这种形式适用于抽芯距较大的场合。由于起始抽芯力较大，第一段的倾斜角一般在 $12° < \alpha_1 < 25°$ 内选择（但 α_1 应比锁紧角 α' 小 $2° \sim 3°$），一旦侧型芯与塑件松动，以后的抽芯力就比较小，因此第二段的倾斜角可适当增大，但仍应 $\alpha_2 < 40°$。图中，第一段抽芯距为 E_1，第二段抽芯距为 E_2，总的抽芯距为 E，斜导槽的宽度一般比滑销直径大 0.2mm。

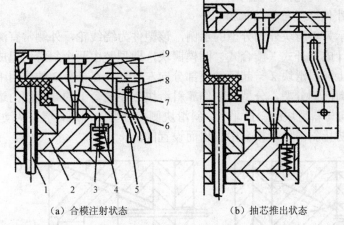

（a）合模注射状态　　　　　　　　　　　　（b）抽芯推出状态

1—推杆；2—动模板；3—弹簧；4—顶销；5—斜导槽板；6—侧型芯滑块；7—止动销；8—滑销；9—定模板

图 3-214　斜导槽侧抽芯机构

斜导槽侧向分型与抽芯机构同样具有滑块驱动时的导滑、注射时的锁紧和侧抽芯结束时的定位三要素，在设计时应充分注意。

斜导槽板与滑销通常用 T8、T10 等材料制造，热处理要求与斜导柱相同，一般硬度大于 HRC55，表面粗糙度值 $R_a \leq 0.8 \mu m$。

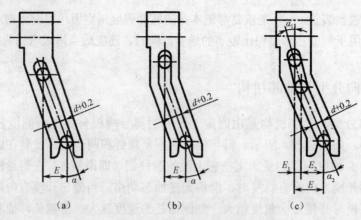

图 3-215　斜导槽的形状

六、斜滑块侧向分型与抽芯机构

（一）斜滑块侧向分型与抽芯机构的工作原理及其类型

当塑件的侧凹较浅，所需的抽芯距不大，但侧凹的成型面积较大，因而需较大的抽芯力时，可采用斜滑块机构进行侧向分型与抽芯。斜滑块侧向分型与抽芯的特点是利用推出机构的推力驱动斜滑块斜向运动，在塑件被推出脱模的同时由斜滑块完成侧向分型与抽芯动作。通常，斜滑块侧向分型与抽芯机构要比斜导柱侧向分型与抽芯机构简单得多，一般可分为外侧分型与抽芯机构和内侧抽芯机构两种。

（1）斜滑块外侧分型与抽芯机构

图 3-216 所示为斜滑块外侧分型的示例，该塑件为绕线轮，外侧常有深度浅但面积大的侧凹，斜滑块设计成对开式（瓣合式）凹模镶块，即型腔由两个斜滑块组成。开模后，塑件包在动模型芯 5 上和斜滑块 2 一起随动模部分向左移动，在推杆 3 的作用下，斜滑块 2 相对向右运动的同时向两侧分型，分型的动作靠斜滑块 2 在模套 1 的导滑槽内进行斜向运动来实现，导滑槽的方向与斜滑块的斜面平行。斜滑块侧向分型的同时，塑件从动模型芯 5 上脱出。限位螺销 6 是为防止斜滑块从模套中脱出而设置的。

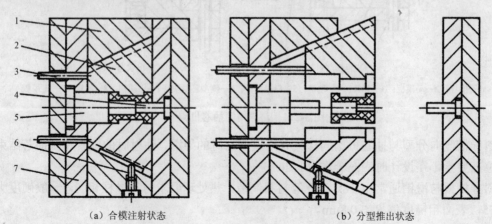

（a）合模注射状态　　　　　（b）分型推出状态

1—模套；2—斜滑块（对开式凹模镶块）；3—推杆；4—定模型芯；5—动模型芯；6—限位螺销；7—动模型芯固定板

图 3-216　斜滑块外侧分型的示例

图 3-217 所示为局部外侧抽芯的斜滑块机构，推出机构工作时，推杆 4 推动塑件脱模的同时，与斜滑块 1 用圆柱销连接滑杆 3 在推杆固定板 6 的作用下，在动模板 2 的导滑槽内斜向运动而侧向抽芯。滑杆下端的滚轮 5 在推出过程中在推杆固定板上滚动。

（2）斜滑块内侧抽芯机构

图 3-218 所示为斜滑块内侧抽芯机构的示例，斜滑块 2 的上端为侧向型芯，它安装在凸模 3 的斜孔中，一般可用 H8/f7 或 H8/f8 的配合，其下端与滑块座 6 上的转销 5 连接（转销可以在滑块座的滑槽内左右移动），并能绕转销 5 转动，滑块座 7 固定在推杆固定板 7 内。开模后，注射机顶出装置通过推板 8 使推杆 4 和斜滑块 2 向前运动，由于斜孔的作用，斜滑块 2 同时还向内侧移动，从而在推杆推出塑件的同时斜滑块完成内侧抽芯的动作。

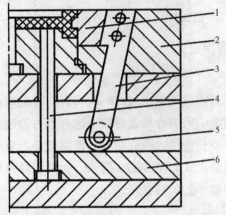

1—斜滑块；2—动模板；3—滑杆；4—推杆；5—滚轮；6—推杆固定板

图 3-217 局部外侧抽芯的斜滑块机构

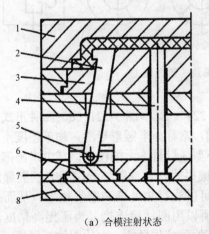

（a）合模注射状态 　　　　（b）抽芯推出状态

1—定模板；2—斜滑块；3—凸模；4—推杆；5—转销；6—滑块座；7—推杆固定板；8—推板

图 3-218 斜滑块的内侧抽芯结构一

图 3-219 所示为斜滑块内侧抽芯的又一形式，其特点是推出机构工作时，斜滑块 2 在推杆 4 的作用下推出塑件的同时又在动模板 3 的导滑槽里向内缩进而完成内侧抽芯动作。

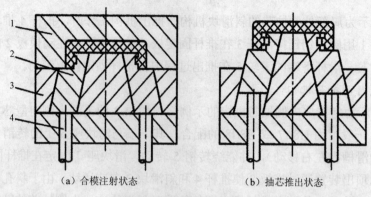

（a）合模注射状态　　　　　　　（b）抽芯推出状态

1—定模板；2—斜滑块；3—动模板；4—推杆

图 3-219　斜滑块的内侧抽芯结构二

（二）斜滑块的组合与导滑形式

（1）斜滑块的组合形式

根据塑件的具体情况，斜滑块通常由 2～6 块瓣合凹模组成，在某些特殊情况下，斜滑块还可以分得更多。设计斜滑块的组合形式时应考虑分型与抽芯的方向要求，并尽量保证塑件具有较好的外观质量，不要使塑件表面有明显的镶拼痕迹，另外，还应使滑块的组合部分具有足够的强度。通常的组合形式如图 3-220 所示，如果塑件外形有转折，斜滑块的镶拼应与塑件上的转折线重合，如图 3-220（e）所示。

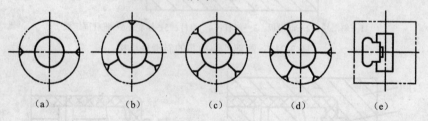

（a）　　　　（b）　　　　（c）　　　　（d）　　　　（e）

图 3-220　斜滑块的组合形式

（2）斜滑块的导滑形式

斜滑块的导滑形式如图 3-221 所示，图 3-221（a）～图 3-221（d）四种形式中斜滑块均没有镶入。图 3-221（a）所示为整体式导滑槽，常称为半圆形导滑，加工精度不易保证，又不能热处理，但结构较紧凑，故适宜应用于小型或批量不大的模具，其中半圆形也可制成方形，成为斜的梯形槽；图 3-221（b）所示为镶拼式，常称镶块导滑或分模楔导滑，导滑部分和分模楔都单独制造后镶入模框，这样就可以进行热处理和磨削加工，从而提高了精度和耐磨性；分模楔的位置要有良好的定位，所以用圆柱销连接，为了提高精度，在分模楔上增加销套；图 3-221（c）所示为用斜向镶入的导柱作导轨，也称圆柱销导滑，因滑块与模套可以同时加工，所以平行度容易保证，但应注意导柱的斜角要小于模套的斜角；图 3-221（d）所示为燕尾式导滑，主要用于小模具多滑块的情况，其结构较紧凑，但加工较复杂；图 3-221（e）是利用斜推杆与动模支撑板之间的斜向间隙配合作为导向，斜推杆的上端与斜滑块过渡配合成一体，推板推动斜推杆，斜推杆在斜向驱动斜滑块的同时，下端在推板上滑动，所以斜推杆和推板的硬度要求大于 HRC55，同时其下端最好制成半球形，或者干脆镶上淬硬的滚轮；图 3-221（f）是用型芯的拼块作斜滑块的导向，在内侧抽芯时常常采用。

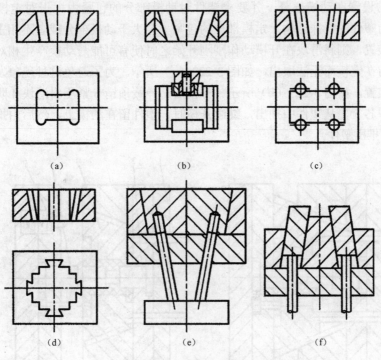

图 3-221　斜滑块的导滑形式

（三）斜滑块侧向分型与抽芯机构设计要点

（1）正确选择主型芯的位置

主型芯位置选择恰当与否，直接关系到塑件能否顺利脱模。例如，图 3-222 中将主型芯（图中未画出）设置在定模一侧，开模后，主型芯应立即从塑件中抽出，然后斜滑块才能分型，所以塑件很容易在斜滑块上黏附于某处收缩值较大的部位，因此不能顺利地从斜滑块中脱出，如图 3-222（a）所示。如果将主型芯位置设于动模，则在脱模过程中，塑件虽与主型芯松动，但侧向分型时对塑件仍有限制侧向移动的作用，所以塑件不会黏附在斜滑块上，因此脱模比较顺利，如图 3-222（b）所示。

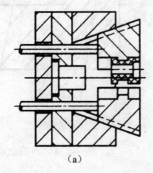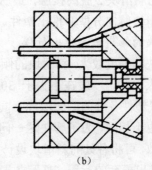

图 3-222　主型芯位置的选择

（2）开模时斜滑块的止动

斜滑块通常设置在动模部分，并要求塑件对动模部分的包紧力大于对定模部分的包紧力。但有时因为塑件的特殊结构，定模部分的包紧力会大于动模部分或者不相上下，此时，如果没有止动装置，则斜滑块在开模动作刚刚开始之时便有可能与动模产生相对运动，导致塑件损坏或滞留在定模而无法取出，如图 3-223（a）所示。为了避免这种现象发生，可设置弹簧顶销止动装置，如图 3-223（b）所示。开模后，弹簧顶销 6 紧压斜滑块 4 防止其与动模分离，将定模型芯 5 先从塑件中抽出，继续开模时，塑件留在动模上，然后由推杆 1 推动侧滑块侧向分型并推出塑件。

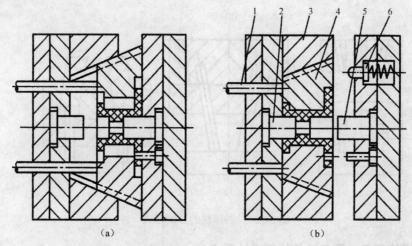

1—推杆；2—动模型芯；3—模套；4—斜滑块（对开式凹模镶块）；5—定模型芯；6—弹簧顶销

图 3-223　弹簧顶销止动装置

斜滑块止动还可采用如图 3-224 所示的导销机构，即固定于定模板 4 上的导销 3 与斜滑块 2 在开模方向有一段配合（H8/f8），开模后，在导销 3 的约束下，斜滑块 2 不能进行侧向运动，所以，开模动作也就无法使斜滑块 2 与动模之间产生相对运动，继续开模时，导销 3 与斜滑块 2 脱离接触，最后，动模的推出机构推动斜滑块侧向分型并推出塑件。

（3）斜滑块的倾斜角和推出行程

由于斜滑块的强度较大，斜滑块的倾斜角可比斜导柱的倾斜角大一些，一般在不大于 30°。在同一副模具中，如果塑件各处的侧凹深浅不同，所需的斜滑块推出行程也不相同，为了解决这一问题，使斜滑块运动保持一致，可将各处的斜滑块设计成不同的倾斜角。斜滑块推出模套的行程，对于立式模具应不大

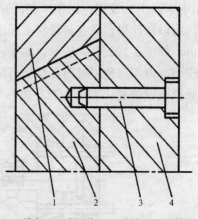

1—模套；2—斜滑块；3—导销；4—定模板

图 3-224　导销止动装置

于斜滑块高度的 1/2，对于卧式模具应不大于斜滑块高度的 1/3，如果必须使用更大的推出距离，则可使用加长斜滑块导向的方法。

（4）斜滑块的装配要求

为了保证斜滑块在合模时其拼合面密合，避免注射成型时产生飞边，斜滑块装配后必须使其底面离模套有 0.2～0.5mm 的间隙，上面高出模套 0.4～0.6mm（应比底面的间隙值略大些），如图 3-225 所示。这样做的好处还在于，当斜滑块与导滑槽之间有磨损之后，再通过修磨斜滑块下端面，可继续保持其密合性。

（5）推杆位置选择

抽芯距较大的斜滑块应注意防止在侧抽芯过程中斜滑块移出推杆顶端的位置，造成斜滑块无法完成预期的侧向分型或抽芯工作，所以在设计时，选择推杆的位置应予以重视。

（6）斜滑块推出时的限位

斜滑块机构使用于卧式注射机时，为了防止斜滑块在工作时滑出模套，可在斜滑块上开一长槽，模套上加一螺销定位，如图 3-226 中的止转销 6。

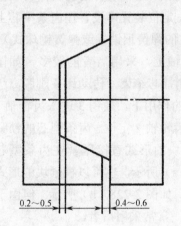

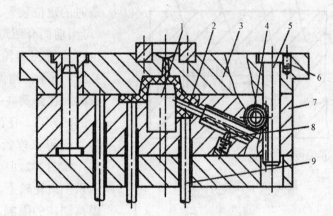

1—凸模；2—齿条型芯；3—定模板；4—齿轮；

5—传动齿条；6—止转销；7—动模板；8—导向销；9—推杆

图 3-225　斜滑块的装配要求　　　　图 3-226　传动齿条固定在定模一侧的结构

七、齿轮齿条侧向抽芯机构

斜导柱、斜滑块等侧向抽芯机构仅能适用于抽芯距较短的塑件，当塑件上的侧向抽芯距较长时，尤其是斜向侧抽芯时，可采用其他的侧抽芯方法，例如，齿轮齿条侧抽芯，这种机构的侧抽芯可以获得较长的抽芯距和较大的抽芯力。齿轮齿条侧抽芯根据传动齿条固定位置的不同，抽芯的结构也不同。传动齿条有固定于定模一侧的，也有固定于动模一侧的；抽芯的方向有正侧方向和斜侧方向，也有圆弧方向；塑件上的成型孔也可以是光孔，也可以是螺纹孔。下面对传动齿条的不同固定方式作专门介绍。

（一）传动齿条固定在定模一侧

传动齿条固定在定模一侧的结构如图 3-226 所示。它的特点是传动齿条 5 固定在定模板 3 上，齿轮 4 和齿条型芯 2 固定在动模板 7 内。开模时，动模部分向下移动，齿轮 4 在传动齿条 5 的作用下作逆时针方向转动，从而使与之啮合的齿条型芯 2 向右下方向运动而抽出塑件。当齿条型芯 2 全部从塑件中抽出后，传动齿条 5 与齿轮 4 脱离，此时，齿轮 4 的定位装置发生作用而使其停止在与传动齿条 5 刚脱离的位置上，最后，推出机构开始工作，推杆 9 将塑件从凸模 1 上脱下。合模时，传动齿条 5 插入动模板对应孔内与齿轮 4 啮合，顺时针转动的齿轮 4 带动齿条型芯 2 复位，然后锁紧装置将齿轮 4 或齿条型芯 2 锁紧。

　　这种形式的结构在某些方面类似于斜导柱安装在定模、侧型芯滑块安装在动模的结构，它的设计包含齿条型芯在动模板内的导滑、齿轮与传动齿条脱离时的定位及注射时齿条型芯的锁紧三要素。若齿条型芯后端加粗部分的截面为圆形，可直接与动模上的圆形孔呈间隙配合导滑（见图 3-226）；若齿条型芯后端是非圆形的，可用 T 形槽等形式导滑，导滑配合精度可取 H8/f8。为使齿轮与传动齿条在合模时于规定位置上啮合，必须设计齿轮脱离传动齿条时的定位装置。定位装置可设置在齿条型芯上（可用前面介绍过的弹簧顶销式或弹簧钢珠式），也可设置在齿轮轴上，采用后者的较多，如图 3-227 所示，当侧抽芯结束，传动齿条刚脱离齿轮时，在弹簧 4 的作用下，顶销 3 进入齿轮轴 2 上的凹穴内，使齿轮轴 2 定位。齿条型芯的锁紧装置既可以楔紧块的形式直接压紧在齿条型芯上，如图 3-228（a）所示，也可以楔紧块的形式压紧在齿轮轴上，如图 3-228（b）所示；但由于模具结构的限制，常常采用后者。

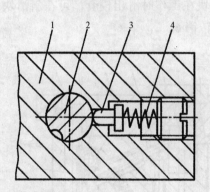

1—动模板；2—齿轮轴；3—顶销；4—弹簧

图 3-227　齿轮定位机构

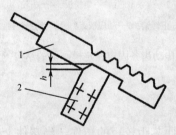

（a）楔紧块压紧齿条型芯

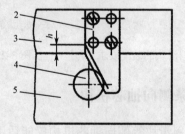

（b）楔紧块压紧齿轮轴

1—齿条型芯；2—楔紧块；3—定模板；4—齿轮轴；5—动模板

图 3-228　齿条型芯的锁紧形式

　　设计这类模具的另一个值得注意的问题是，在传动齿条上应设置一段延时抽芯行程。这种延时抽芯行程是指从开模开始到楔紧块的斜面完全脱离齿轮轴的斜面或齿条型芯的斜面之前的一段开模行程，在这段行程中，传动齿条与齿轮不啮合，不起抽芯作用，如图 3-228 所示。当开模行程大于 h 时，传动齿条才能与齿轮啮合，从而开始抽芯。如果没有延时行程 h，开模时，传动齿条立即带动齿轮转动，由于齿轮速度大于开模分型速度，所以齿轮与楔紧块有撞击的可能。但延时行程也不能过大，否则会造成合模时无法使齿条型芯复位。

（二）传动齿条固定在动模一侧

传动齿条固定在动模一侧的结构如图 3-229 所示。传动齿条 8 固定在专门设计的传动齿条固定板 11 上，开模时，动模部分向下移动，塑件包在齿条型芯 2 上从型腔中脱出后随动模部分一起向下移动，主流道凝料在拉料杆 1 作用下与塑件连在一起向下移动。当传动齿条推板 12 与注射机上的顶杆接触时，传动齿条 8 静止不动，动模部分继续后退，造成了齿轮 4 作逆时针方向的转动，从而使与齿轮啮合的齿条型芯 2 作斜侧方向抽芯。当抽芯完毕后，传动齿条固定板 11 与推板 10 接触，并且推动推板 10 使推杆 3 将塑件推出。合模时，传动齿条复位杆 5 使传动齿条 8 复位，而复位杆 9 使推杆 3 复位。这里，传动齿条复位杆 5 在注射时还起到楔紧块的作用。

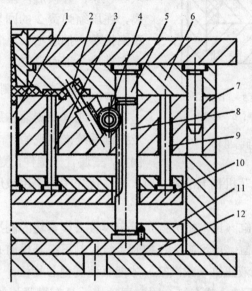

1—拉料杆；2—齿条型芯；3—推杆；4—齿轮；5—传动齿条复位杆；6—定模板；7—动模板；8—传动齿条；
9—复位杆；10—推板；11—传动齿条固定板；12—传动齿条推板

图 3-229 传动齿条固定在动模一侧的结构

这类结构形式的模具特点是在工作过程中，传动齿条与齿轮始终保持着啮合关系，这样就不需要设置齿轮或齿条型芯的定位机构。

八、其他侧向分型与抽芯机构

（一）弹性元件侧抽芯机构

当塑件上的侧凹很浅或者侧壁处有个别小的凸起、侧向成型零件所需的抽芯力和抽芯距都不大时，可以采用弹性元件侧向抽芯机构。

图 3-230 所示为硬橡皮侧抽芯机构，合模时，楔紧块 1 使侧型芯 2 至成型位置。开模

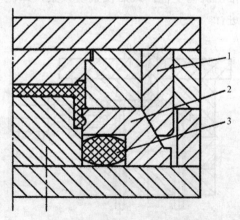

1—楔紧块；2—侧型芯；3—硬橡皮

图 3-230 硬橡皮侧抽芯机构

后，楔紧块 1 脱离侧型芯 2，侧型芯 2 在被压缩了的硬橡皮 3 的作用下抽出塑件。侧型芯 2 的抽出与复位在一定的配合间隙（H8/f8）内进行。

图 3-231 所示为弹簧侧抽芯机构。塑件的外侧有一处微小的半圆凸起，由于它对侧型芯滑块 5 没有包紧力，只有较小的黏附力，所以采用弹簧侧抽芯机构很适合，这样就省去了斜导柱，使模具结构简化。合模时，靠楔紧块 4 将侧型芯滑块 5 锁紧。开模后，楔紧块 4 与侧型芯滑块 5 脱离，在压缩弹簧 2 的回复力作用下滑块作侧向短距离抽芯，抽芯结束，成型滑块由于弹簧作用紧靠在挡块 3 上而定位。

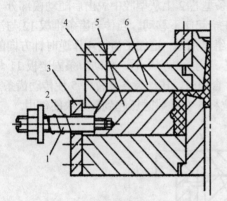

1—螺杆；2—压缩弹簧；3—挡块；
4—楔紧块；5—侧型芯滑块；6—定模板

图 3-231　弹簧侧抽芯机构

（二）液压或气动侧抽芯机构

液压或气动侧抽芯是通过液压缸或汽缸活塞及控制系统来实现的。当塑件侧向有很深的孔，例如，三通管子塑件，侧向抽芯力和抽芯距很大，用斜导柱、斜滑块等侧抽芯机构无法解决时，往往优先考虑采用液压或气动侧向抽芯（在有液压或气动源时）。

图 3-232 所示为液压缸（或汽缸）固定于定模省去楔紧块的侧抽芯机构，它能完成定模部分的侧抽芯工作。液压缸（或汽缸）在控制系统控制下在开模前必须将侧向型芯抽出，然后开模，而合模结束后，液压缸（或汽缸）才能驱使侧型芯复位。

图 3-233 所示为液压缸（或汽缸）固定于动模、具有楔紧块的侧抽芯机构，它能完成动模部分的侧抽芯工作。开模后，当楔紧块脱离侧型芯后首先由液压缸（或汽缸）抽出侧向型芯，然后推出机构才能使塑件脱模。合模时，侧型芯由液压缸（或汽缸）先复位，然后推出机构复位，最后楔紧块锁紧，即侧型芯的复位必须在推出机构复位、楔紧块锁紧之前进行。

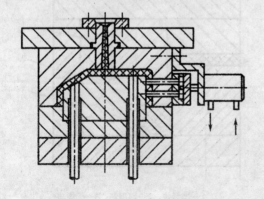

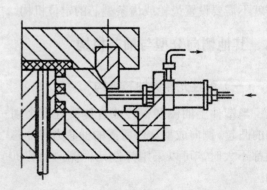

图 3-232　定模部分的液压（气动）侧抽芯机构　　图 3-233　动模部分的液压（气动）侧抽芯机构

图 3-234 所示为液压抽长型芯的机构示意图，这种机构可以抽很长的型芯而使模具简化，

它的特点是液压缸设置在动模板内。

顺便指出，在设计液压或气动侧抽芯机构时，要考虑液压缸（或汽缸）在模具上的安装固定方式，以及侧型芯滑块与液压缸（或汽缸）活塞连接的形式。

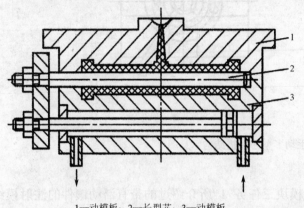

1—动模板；2—长型芯；3—动模板

图 3-234　液压抽长型芯的机构

（三）手动侧向分型与抽芯机构

在塑件处于试制状态或批量很小的情况下，或者在采用机动抽芯十分复杂或根本无法实现的情况下，塑件上某些部位的侧向分型与抽芯常常采用手动形式进行。手动侧向分型与抽芯机构分为两类：一类是模内手动抽芯；另一类是模外手动抽芯。

（1）模内手动分型与抽芯机构

模内手动侧向分型抽芯机构是指在开模前用手工完成模具上的分型抽芯动作，然后开模推出塑件。大多数的模内手动侧抽芯利用丝杠和内螺纹的旋合使侧型芯退出与复位。图 3-235（a）所示为用于圆形型芯的模内手动侧抽芯，型芯与丝杠为一体，外端制有内六角，用内六角扳手即可使型芯退出或复位。图 3-235（b）所示为用于非圆形型芯的模内手动侧抽芯，用套筒扳手即可使侧型芯退出或复位。该形式由于侧型芯的侧面积较大，最好要采用楔紧块装置（图中未画出）锁紧侧型芯。

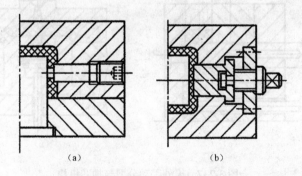

（a）　　　　　　　　　（b）

图 3-235　丝杆手动侧抽芯机构

图 3-236（a）所示为手动多型芯侧抽芯机构示意图，滑板向上推动，其上的偏心槽使固定于侧型芯上的圆柱销带动侧型芯向外抽芯，滑板向下推动，侧型芯复位；图 3-236（b）所示为手动多型腔滑块圆周分型结构示意图，圆盘用手柄顺时针转动，其上的斜槽带动圆柱销使滑块周向分型，逆时针方向转动，使滑块复位。

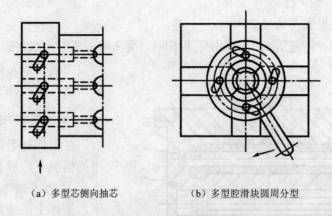

（a）多型芯侧向抽芯　　　　（b）多型腔滑块圆周分型

图 3-236　手动多型芯抽拔结构示意图

（2）模外手动分型与抽芯机构

模外手动分型与抽芯机构实质上是模块三任务 1 所介绍过的带有活动镶件的注射模结构。注射前，先将活动镶件以一定的配合在模内安放定位，注射后分型脱模，活动镶件随塑件一起推出模外，然后用手工的方法将活动镶件从塑件的侧向取下，准备下次注射时使用。图 3-237 所示为模外手动分型抽芯的结构示例。图 3-237（a）中活动镶件的非成型端在一定的长度上制出 3°～5° 的斜面，以便安装时的导向，而有 3～5mm 的长度与动模上的安装孔进行配合，配合精度一般用 H8/f8，合模时，靠定模板上的小型芯与活动镶件的接触而精确定位；图 3-237（b）是塑件内侧有球状的结构，很难用其他抽芯机构，因而采用活动镶件的形式。合模前，左右活动镶件用圆柱销定位后镶入凸模，开模后推杆推动镶件将塑件从凸模上推出，最后手工将活动镶件侧向分开取出塑件。

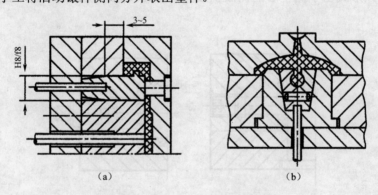

（a）　　　　　　　　　　　　　（b）

图 3-237　模外手动分型与抽芯机构

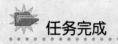 任务完成

对于图 3-174 所示塑料制件——方套，应用上面所学的知识，现完成该制件注射模的侧向分型与抽芯机构的设计。

1. 侧向抽芯机构类型的选择

如图 3-174 所示，方套制件的一侧有通孔，另一侧有凸凹。有通孔的一侧需用侧型芯成型，有凸凹的一侧需用侧型腔滑块成型，由于抽芯距都不大，而适宜于小抽芯距的斜导柱抽芯机构的设计方法较成熟，制造与使用较为方便，所以选择斜导柱侧向分型与抽芯机构，如图 3-238 所示。

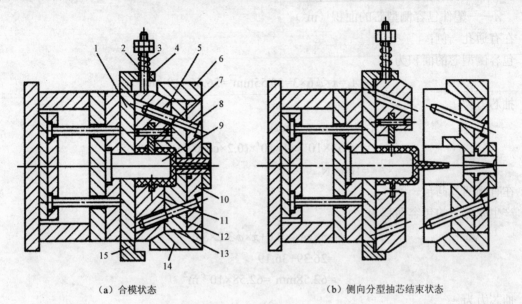

（a）合模状态　　　　　　　　　　　　　　（b）侧向分型抽芯结束状态

1—推件板；2—弹簧；3—螺杆；4—挡块；5—侧型芯滑块；6、14—楔紧块；7—侧型芯；8、12—斜导柱；

9—凸模；10—定模座板；11—侧型腔滑块；13—定模板（型腔板）；15—挡块

图 3-238　塑料方套注射模的斜导柱侧向分型与抽芯机构

2. 斜导柱侧向分型与抽芯机构设计计算

（1）确定抽芯距

侧向抽芯距一般比塑件上侧凹、侧孔的深度或侧向凸台的高度大 2～3mm，即

$$s=s'+(2\sim3)$$

式中　s——抽芯距（mm）；

　　　s'——塑件上侧凹、侧孔的深度或侧向凸台的高度（mm）。

有通孔一侧的抽芯距为

$s=3+(2\sim3)=5\sim6$，可取抽芯距 $s=6$mm。

有凸凹一侧的抽芯距为

$s=3+0.6+(2\sim3)=5.6\sim6.6$，可取抽芯距 $s=6$mm。

（2）抽芯力的计算

用下例公式计算抽芯力，即

$$F_c=Ap(\mu\cos\alpha-\sin\alpha)$$

式中　F_c——抽芯力（N）；

　　　μ——塑料与钢的摩擦系数（0.1～0.3），摩擦系数与塑料品种有关，方套制件的材料为

硬聚氯乙烯，μ 取 0.2；

　　p——塑件对型芯的单位面积上的包紧力 [$(0.8\sim1.2)\times10^7$Pa]，这里取 1×10^7Pa；

　　α——脱模斜度，硬聚氯乙烯制件取 $\alpha=0.65°$；

　　A——塑件包容侧型芯的面积（m^2）。

在有通孔一侧：

包容侧型芯的面积为

$$A_1=\pi\times\phi6\times3=56.55\text{mm}^2=56.55\times10^{-6}\,\text{m}^2$$

抽芯力为

$$\begin{aligned}F_{c1}&=A_1p(\mu\cos\alpha-\sin\alpha)\\&=56.55\times10^{-6}\times1\times10^7\times(0.2\times\cos0.65°-\sin0.65°)\\&=106.7\text{N}\end{aligned}$$

在有侧凹及凸台一侧：

产生摩擦力的包容面积为

$$\begin{aligned}A_2&=\pi\times\phi14\times0.6+\pi\times\phi3.2\times3.6\\&=26.39+36.19\\&=62.58\text{mm}^2=62.58\times10^{-6}\,\text{m}^2\end{aligned}$$

抽芯力为

$$\begin{aligned}F_{c2}&=A_2p(\mu\cos\alpha-\sin\alpha)\\&=62.58\times10^{-6}\times1\times10^7\times(0.2\times\cos0.65°-\sin0.65°)\\&=118.1\text{N}\end{aligned}$$

可知其抽芯力都很小。

（3）确定斜导柱倾斜角

斜导柱倾斜角是斜导柱侧向分型与抽芯机构的主要技术参数之一，它与抽拔力及抽芯距有直接关系，倾斜角 α 值一般不得大于 25°，一般取 $\alpha=12°\sim22°$，由于抽拔力及抽芯距都很小，这里取 $\alpha=20°$。而锁紧角 $\alpha'=\alpha+(2°\sim3°)$，这里取 $\alpha'=23°$。

（4）确定斜导柱的尺寸

1）斜导柱的直径

根据最大抽芯力 F_{c2} 和斜导柱倾斜角 $\alpha=20°$，在表 3-32 中查出最大弯曲力 F_W 为 1kN，而 $H_W=40$，查表 3-33 得出斜导柱直径 $d=\phi12$。

2）斜导柱的长度

斜导柱的长度根据抽芯距、固定端模板的厚度、斜导柱的直径、斜导柱固定部分的大端直径及斜导柱倾斜角的大小来确定。

根据式（3-63），得斜导柱的长度为

$$\begin{aligned}L_z&=L_1+L_2+L_3+L_4+L_5\\&=\frac{d_2}{2}\tan\alpha+\frac{h}{\cos\alpha}+\frac{d}{2}\tan\alpha+\frac{s}{\sin\alpha}+(10\sim15)\end{aligned}$$

式中　d_2——斜导柱固定部分的大端直径（18mm）；

h ——斜导柱固定板厚度（25mm）；

s ——抽芯距（6mm）；

d ——斜导柱的直径（12mm）；

α ——斜导柱倾斜角（20°）。

代入公式计算：

$$L_z = \frac{18}{2}\tan 20° + \frac{25}{\cos 20°} + \frac{12}{2}\tan 20° + \frac{6}{\sin 20°} + (10 \sim 15) = (59.6 \sim 64.6)\text{mm}$$

初步计算后，取斜导柱的长度为64mm。

3. 滑块与导滑槽设计

（1）滑块与侧型芯的连接方式设计

侧向抽芯机构主要用于成型塑件的侧向孔和侧向凸台，由于侧向孔和侧向凸台的尺寸较小，考虑到型芯强度和装配问题，成型侧向孔的侧型芯滑块采用组合式结构，而成型侧向凸凹的侧滑块采用整体式结构，如图3-238所示。

（2）滑块的导滑方式

为使模具结构紧凑，降低模具装配的复杂程度，拟采用整体式滑块和整体导向槽的形式；导向槽设置在推件板上，设计成T形槽或燕尾槽的形式。为提高滑块的导向精度，装配时可对导向槽或滑块采用配磨、配研的装配方法。

（3）滑块的导滑长度和定位装置设计

由于抽芯距较短，故导滑长度只要符合滑块在开模时的定位要求即可。在有侧向孔的一侧，滑块的定位装置采用弹簧和挡块的组合形式；在有侧向凸凹的一侧，滑块由于自身的重力而定位于挡块上，如图3-238所示。

任务小结

设计侧抽芯机构，首先应考虑采用斜导柱侧向分型与抽芯机构，要计算出抽芯距、抽芯力，确定斜导柱的倾斜角、直径及长度。在结构设计中，尤其要考虑到可能出现的"干涉"现象，为防止出现"干涉"现象，必须设计先复位机构。

思考题与练习

1. 斜导柱侧抽芯机构由哪几部分组成？各部分的作用是什么？

2. 计算图3-239所示侧向抽芯机构的斜导柱工作部分直径。塑料对侧型芯单位面积上的包紧力，模外冷却塑件时取 4×10^7Pa，模内冷却塑件时取 1×10^7Pa，碳钢$[\sigma_{弯}]$取 3×10^8Pa，塑钢之间的摩擦因数 μ 取0.3，侧型芯脱模斜度为0.5°。

3. 侧型芯滑块与导滑槽导滑的结构有哪几种？请绘草图加以说明，并注上配合精度。

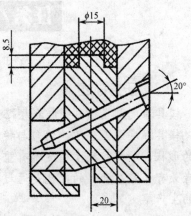

图3-239　题2图

4. 侧型芯滑块脱离斜导柱时的定位装置的结构有哪几种形式？并说明各自的使用场合。

5. 斜导柱侧抽芯时的"干涉"现象在什么情况下发生？如何避免侧抽芯时发生"干涉"现象？讲述清楚各类先复位机构的工作原理。

6. 弯销侧向抽芯机构的特点是什么？

7. 指出斜导槽侧抽芯机构的特点，画出斜导槽的三种形式，并分别指出其侧抽芯特点。

8. 斜滑块侧抽芯可分为哪两种形式？指出斜滑块侧抽芯时的设计应注意事项。

9. 阐述传动齿条固定在定模一侧及动模一侧两种形式的齿条齿轮抽芯机构工作原理，并说明设计要点。

10. 液压侧抽芯机构设计时应注意哪些问题？

学生分组，完成课题

1. 成型塑料制件——灯座（见图 2-6），材料为聚碳酸酯，采用注射成型大批量生产，结合前面任务，完成侧抽芯机构的设计。

2. 成型塑料制件——防护罩（见图 3-240），材料为 ABS，采用注射成型大批量生产，结合前面任务，完成侧抽芯机构的设计。

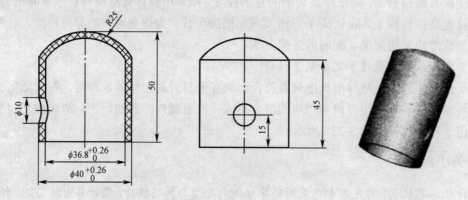

图 3-240　防护罩

任务7　温度调节系统设计

 任务描述

模具温度是指模具型腔和型芯的表面温度，不论是热塑性塑料成型还是热固性塑料成型，模具温度是否合适、均匀与稳定，对塑料熔体的充模流动、固化定型、生产效率及塑件的形状、外观和尺寸精度都有重要的影响。模具中设置温度调节（加热或冷却，必要时两者兼有）系统的目的，就是通过控制模具温度，使注射成型制件有良好的产品质量和较高的生产率。

现有一塑料制件——防护罩，如图 3-240 所示，材料为 ABS，采用注射成型大批量生产，要求对该注射成型模具进行温度调节系统设计。

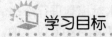

学习目标

【知识目标】

1. 了解模具温度对塑料成型的影响。

2. 掌握加热与冷却装置的设计要点及计算方法。

【技能目标】

1. 会分析模具温度对塑件质量的影响。

2. 能合理地对加热和冷却装置进行结构设计。

3. 能对加热与冷却装置的重要数据进行计算和确定。

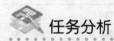

任务分析

　　防护罩的原料 ABS 经过注射机的加热成熔融状后被注射入模具型腔成型，制件成型后需冷却才有一定的强度和刚度，模具推出机构才能将制件顺利推出。如果采用自然冷却，产品的生产周期长、成本高。当熔融塑料注入温度太低的模具型腔时，会出现塑料熔体充不满型腔的缺陷；当熔融塑料注入温度太高的模具型腔时，塑料可能会产生高温分解，而且模具的冷却时间长、生产效率低。所有这些对制件的产品质量和经济性都有极大的影响。

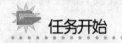

任务开始

基本概念

一、模具温度调节的重要性及其设计的基本要求

1. 模具温度调节系统的重要性

　　模具温度及其波动对塑料制件的收缩率、尺寸稳定性、力学性能、变形、应力开裂和表面质量等均有影响。模具温度过低，熔体流动性差，制件轮廓不清晰，甚至充不满型腔或形成熔接痕，制件表面不光亮、缺陷多、力学性能低。

　　缩短注射成型周期就是提高生产效率，其关键在于缩短冷却时间。通过调节塑料和模具的温差，在保证制件质量和成型工艺条件、使成型顺利进行的前提下，降低模具温度有利于缩短冷却时间，提高生产效率。

　　注入模具中的热塑性熔融塑料，必须在模具内冷却固化才能成为制件，所以，模具温度必须低于注射入模具型腔内的熔融塑料的固化温度，即达到 T_g（玻璃化温度）以下的某一温度范围，由于塑料本身的性能特点不同，所以不同的塑料要求有不同的模具温度。对于黏度低、流动性好的塑料，如聚乙烯、聚苯乙烯、聚丙烯、尼龙等，因成型工艺要求模温不太高，所以常用水对模具冷却，有时为了进一步缩短在模内的冷却时间，也可使用冷凝后的冷水进行冷却。对于黏度高、流动性差的塑料，如尼龙、PSF、聚甲醛、聚苯酯及氟塑料等，为了提高其充模性能，考虑到成型工艺要求有较高的模具温度，因此经常需要对模具进行加热。对于黏流温度 T_f 或熔点 T_m 较低的塑料，一般需要用冷水对模具进行冷却，而对于高黏流温度和高熔点的塑料，可用温水进行模温控制。对于模温要求在 80℃ 以上的，一般要对模具加热。对于流程长、壁厚较小的塑件，或者黏流温度（或熔点）虽不高但成型面积很大的塑件，为了保证塑料熔体在充模过程中不至于温降太大而影响充模，可设置加热装置对模具进行预热。对于小型薄壁塑件，且成型工艺要求模温不太高时，可以不设置冷却装置而靠自然冷却。

部分塑料的成型温度与模具温度见表 3-34。

表 3-34　部分塑料的成型温度与模具温度　　　　　　　　　　℃

塑料名称	成型温度	模具温度	塑料名称	成型温度	模具温度
低聚乙烯	190～240	20～60	聚苯乙烯	170～280	20～70
高聚乙烯	210～270	20～60	AS	220～280	40～80
聚丙烯	200～270	20～60	ABS	200～270	40～80
聚酰胺 6	230～290	40～60	PMMA	170～270	20～90
聚酰胺 66	280～300	40～80	硬聚氯乙烯	190～215	20～60
聚酰胺 610	230～290	36～60	软聚氯乙烯	170～190	20～40
聚甲醛	180～220	90～120	聚碳酸酯	250～290	90～110

总之要得到优质产品，模具必须进行温度控制，正确、合理地设计模具温度调节系统，对产品质量和生产率有很大的影响。

2. 模具温度调节系统设计的基本要求

①温度调节系统应具备的功能是，能使型腔和型芯的温度保持在规定的范围之内，并保持均匀的模具温度，以使塑料的物理、化学和力学性能良好。

具有不同性能的塑料，在成型时对模具温度的要求是不同的。黏度低的塑料，宜采用较低的模具温度；黏度高的塑料，必须考虑熔体充模和减少制件应力开裂的需要，模具温度较高为宜；对于结晶型塑料，模具温度必须考虑对其结晶度及物理、化学和力学性能的影响。

②根据塑料品种、成型方法及模具尺寸大小，正确确定模温的调节方法。对于热固性塑料的注射成型和压缩、压注成型，一般在较高的温度下进行，要求模具温度较高，因而必须设置加热系统对模具进行加热；对于热塑性塑料应根据模具尺寸大小等不同情况进行温度调节。

二、冷却系统设计

设置冷却效果良好的冷却水回路是缩短成型周期、提高生产效率最有效的方法。如果不能实现均匀、快速地冷却，则会使制件内部产生应力而导致产品变形或开裂，所以应根据制件的形状、壁厚及塑料的品种，设计、制造出能实现均匀、快速冷却的冷却回路。

1. 冷却系统的设计原则

①冷却水道应尽量多，其截面尺寸应尽量大。

②冷却水道至型腔表面的距离应尽量相等，一般冷却水孔至型腔表面的距离应大于 10mm，常用 12～15mm。

③浇口处加强冷却。浇口附近的温度最高，离浇口距离越远温度越低，因此浇口附近应

加强冷却，在它的附近设冷却水的入口，如图 3-241 所示。

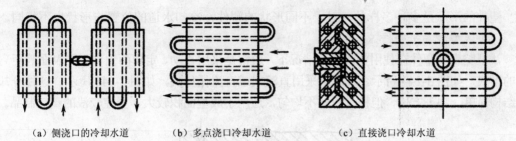

（a）侧浇口的冷却水道　　　（b）多点浇口冷却水道　　　（c）直接浇口冷却水道

图 3-241　冷却水道的出、入口排布

④降低入水与出水的温差。冷却水道较长时，入水与出水的温差就较大，且会使模具的温度分布不均匀。为了避免此现象，可以通过改变冷却水道的排列方式来克服这个缺陷，如图 3-242 所示。图 3-242（a）中冷却水道长，出、入水温差大；图 3-242（b）中冷却水道短，出、入水温差小，冷却效果好。

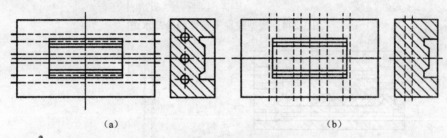

（a）　　　　　　　　　　　　　　　（b）

图 3-242　冷却水道的排列方式

⑤冷却水道应沿着塑料收缩的方向设置。对收缩率较大的塑料，如聚乙烯，冷却水道应尽量沿着塑料收缩的方向设置。图 3-243 所示为方形塑件采用中心浇口（直接浇口）的冷却水道，冷却水道从浇口处开始，以方环状向外扩展。

⑥应避免将冷却水道开设在塑件的熔接部位，以免产生熔接痕，降低塑件强度。

⑦注意干涉和密封等问题。冷却管道应避开模具内推杆孔、螺纹孔及型芯孔和其他孔道。水管接头处必须密封，防止漏水，另外，冷却管道不应穿过镶块，以免在接缝处漏水，若必须通过镶块时，则应加镶套管密封。

⑧冷却水道的大小和设置要易于加工和清理，一般孔径为 8～10mm。

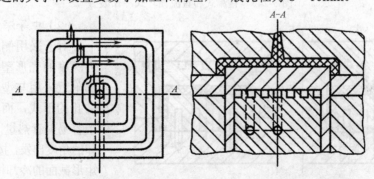

图 3-243　方形塑件采用中心浇口时的冷却水道

2. 常见冷却系统的结构

塑件的形状是多种多样的，对于不同形状的塑件，冷却水道的位置与形状也不相同。

（1）浅型腔扁平塑件

浅型腔扁平塑件在使用侧浇口的情况下，通常是采用在动、定模两侧与型腔表面等距离钻孔的形式，如图 3-244 所示。其水道采用直流式或直流循环式，如图 3-245 所示，这种冷却形式结构简单，加工方便，但模具冷却不均匀，适用于成型面积较大、型腔较浅的塑料制品。

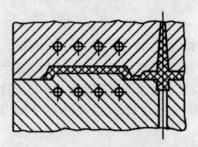

图 3-244　浅型腔扁平塑件的冷却水道

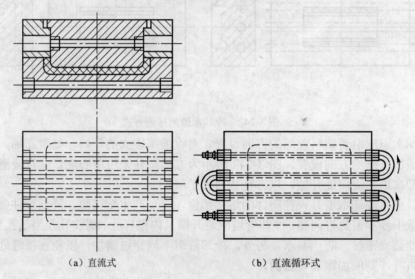

（a）直流式　　　　　（b）直流循环式

图 3-245　直流式和直流循环式冷却装置

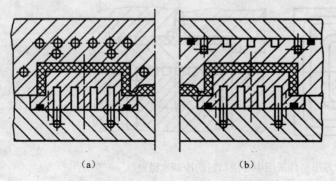

（a）　　　　　（b）

图 3-246　中等深度壳形塑件的冷却水道

（2）中等深度的壳形塑件

对于采用侧浇口进料的中等深度的壳形塑件，在凹模底部附近采用与型腔表面等距离钻孔的形式，而在凸模中，由于容易储存热量，所以从加强冷却的角度出发，按塑件形状铣出矩形截面的冷却槽，如图 3-246（a）所示。如果凹模也需加强冷却，则可采用图 3-246（b）

所示的形式。而对于采用中心浇口进料的中等深度的方壳形（或圆壳形）塑件，其水道可采用连续循环式，可参照图 3-243 所示的冷却水道结构，冷却槽从浇口处开始，以方环状（或圆环状）向外扩展，且只有一个入口和出口。

（3）深型腔塑件

深型腔塑件最困难的是凸模的冷却。图 3-247 所示的大型深型腔塑件，在凹模一侧从浇口的附近进水，水流沿矩形截面水槽（底部）和圆形截面水道（侧部）围绕模腔一周之后，从分型面附近的出口排出。凸模上采取加工出螺旋槽和一定数量的不通孔，每个不通孔用隔板分成底部连通的两个部分（见图 3-247 中 A-A），从而形成凸模的冷却回路。这种隔板形式的冷却水道加工麻烦，隔板与孔的配合要求紧，否则隔板容易转动而达不到设计目的，所以大型深型腔塑件常常采用图 3-248 所示的冷却水道。凸模及凹模均设置螺旋式冷却水道，入水口在浇口附近，水流分别流经凸模与凹模的螺旋槽后在分型面附近流出，这种形式的冷却水道冷却效果特别好，且加工方便。

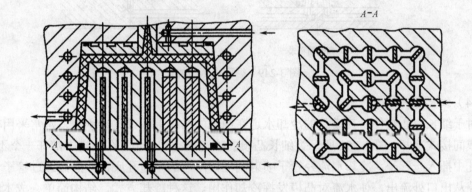

图 3-247　大型深型腔塑件的连续循环式冷却水道

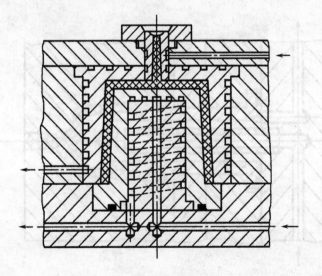

图 3-248　特深型腔塑件的冷却水道

对于小型深型腔塑件，可采用如图 3-249 所示的结构。图 3-249（a）所示为间歇循环式，冷却效果较好，但出、入口数量较多，加工费用比较高；图 3-249（b）与图 3-248 结构相似，为连续循环式，冷却槽加工成螺旋状，只有一个入口与出口，其冷却效果比图 3-249（a）稍差。

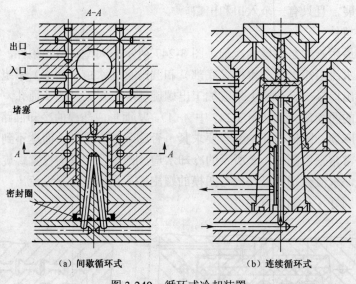

（a）间歇循环式　　　　　　　　（b）连续循环式

图 3-249　循环式冷却装置

（4）细长塑件

对于细长空心塑件，其模具的冷却水道在细长的凸模上开设比较困难，常常采用喷流式水道或间接式冷却。图 3-250 所示为细长凸模的喷流式冷却水道，在凸模中部开一个不通孔，不通孔中插入一管子，冷却水流经管子喷射到浇口附近的不通孔底部，然后经过管子与凸模的间隙从出口处流出，使水流对凸模发挥冷却作用。这种冷却方式，结构简单、成本较低、冷却效果较好。

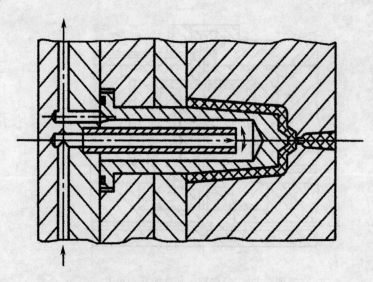

图 3-250　细长凸模的喷流式冷却

图 3-251 所示为细长凸模的间接式冷却。图 3-251（a）中凸模用导热性良好的铍铜制造，

然后将水喷射至凸模尾端进行冷却；图 3-251（b）是将铍铜的一端加工出翅片，把另一端插入凸模中，用来扩大散热面积，提高水流的冷却效果。

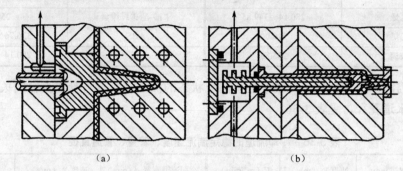

（a）　　　　　　　　　　　　　　（b）

图 3-251　细长凸模的间接式冷却

3. 冷却系统计算

模具冷却装置的设计与使用的冷却介质、冷却方法有关。模具可以用水、压缩空气和冷凝水冷却，但用水冷却最为普遍。因为水的热容量大、传热系数大、成本低廉。水冷就是在模具型腔周围和型芯内开设冷却水回路，使水或者冷凝水在其中循环，带走热量，维持所需的温度。冷却回路的设计应做到回路系统内流动的介质能充分吸收成型塑件所传导的热量，使模具成型表面的温度稳定地保持在所需的温度范围内。而且要做到使冷却介质在回路系统内流动畅通，无滞留部位。

（1）冷却水体积流量的计算

塑料注射模冷却时所需要的冷却水量（体积）可按下式计算：

$$V = \frac{nm\Delta h}{60\rho C_{\mathrm{p}}\left(t_1 - t_2\right)}$$

式中　V ——所需冷却水的体积（m^3/min）；

　　　m ——包括浇注系统在内的每次注入模具的塑料质量（kg）；

　　　n ——每小时注射的次数；

　　　ρ ——冷却水在使用状态下的密度（kg/m^3）；

　　　C_{p}——冷却水的比热容（J/kg·℃）；

　　　t_1 ——冷却水出口温度（℃）；

　　　t_2 ——冷却水入口温度（℃）；

　　　Δh——从熔融状态的塑料进入型腔时的温度到塑料冷却脱模温度为止，塑料所放出的热含量，Δh 值见表 3-35。

表 3-35　常用塑料柱凝固时所放出的热含量 Δh

塑　　料	Δh（10^3 J/kg）	塑　　料	Δh（10^3 J/kg）
高密度聚乙烯	583.33～700.14	聚酰胺	700.14～816.48
低密度聚乙烯	700.14～816.48	聚甲醛	420.00
聚丙烯	583.33～700.14	醋碳纤维素	289.38

续表

塑　料	Δh（10^3 J/kg）	塑　料	Δh（10^3 J/kg）
聚苯乙烯	280.14～349.85	丁酸-醋碳纤维素	259.1
聚氯乙烯	210.00	ABS	326.76～396.48
有机玻璃	285.85	AS	280.14～349.85

求出所需冷却水体积后，可根据处于湍流状态的流速、流量与管道直径的关系，确定模具上的冷却水道孔径，见表 3-36。

表 3-36　冷却流道的稳定湍流速度、管量、管道直径

冷却流道直径 d（mm）	速度 v（m/s）	V（m³/min）	冷却流道直径 d（mm）	速度 v（m/s）	V（m³/min）
8	1.66	$5.0×10^{-3}$	15	0.87	$9.2×10^{-3}$
10	1.32	$6.2×10^{-3}$	20	0.66	$12.4×10^{-3}$
12	1.10	$7.4×10^{-3}$	25	0.53	$15.5×10^{-3}$

注：在 Re=10000 及水温 10℃的条件下。（Re 为雷诺系数）

确定冷却水孔的直径时应注意，无论多大的模具，水孔的直径都不能大于 14mm，否则冷却水难以成为湍流状态，以至降低热交换的效率。一般水孔的直径可根据塑件的平均壁厚来确定。平均壁厚为 2mm 时，水孔直径可取 8～10mm；平均壁厚为 2～4mm 时，水孔直径可取 10～12mm；平均壁厚为 4～6mm 时，水孔直径可取 10～14mm。

（2）冷却回路所需的总表面积

冷却回路所需总表面积可按下式计算：

$$A = \frac{nm\Delta h}{3600\alpha(t_m - t_w)}$$

式中　A ——冷却回路总表面积（m²）；

　　　α ——冷却水的表面传热系数［W/(m²·K)］；

　　　t_m ——模具成型表面的温度（℃）；

　　　t_w ——冷却水的平均温度（℃）。

其他符号含义同前。

冷却水的表面传热系数 α 可用下式计算：

$$\alpha = \Phi\frac{(\rho v)^{0.8}}{d^{0.2}}$$

式中　v ——冷却水的流速（m/s）；

　　　d ——冷却水孔的直径（m）；

　　　Φ ——与冷却水温度有关的物理系数，Φ 的值可从表 3-37 查得。

其他符号含义同前。

表 3-37　水的 Φ 值与温度的关系

平均水温（℃）	5	10	15	20	25	30	35	40	45	50
Φ 值	6.16	6.60	7.06	7.50	7.95	8.40	8.84	9.28	9.66	10.05

（3）冷却回路的总长度

冷却回路的总长度可用下式计算：

$$L=\frac{A}{\pi d}$$

式中　L——冷却回路总长（m）。

其他符号含义同前。

（4）冷却水孔数目

因受模具尺寸限制，每一根水孔长度为 l（冷却管道开设方向上的模具长度或宽度），则模具内应开设水孔数由下式计算：

$$n=L/l$$

（5）冷却水流动状态校核

冷却介质处于层流还是湍流，其冷却效果相差 10～20 倍。因此，在模具冷却系统设计完成后，尚需对冷却介质的流动状态进行校核，校核公式如下：

$$Re=\frac{vd}{\eta}\geqslant 6000\sim 10000$$

式中　Re——雷诺系数；

　　　η——冷却水运动黏度（m²/s），由图 3-252 查取。

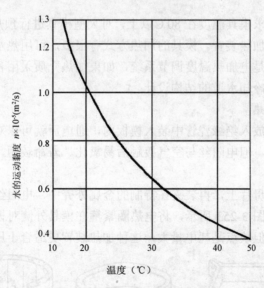

图 3-252　水的运动黏度与温度

其他符号含义同前。

若计算出的 Re 值大于 6000～10000，则冷却介质处于湍流状态。

（6）冷却水进口与出口处的温差校核

冷却水的进出口温差由下式校核：

$$t_1 - t_2 = \frac{nm \cdot \Delta h}{900\pi d^2 C_P \rho v}$$

符号含义同前。

冷却水出入口温差的大小从一定程度上反映了模具各部分冷却的效果。为使模具型腔各部分温度趋于一致，普通模具冷却水出入口温差一般控制在 7℃ 以内，精密模具应控制在 2~3℃。

以上介绍的各种注射模冷却结构大多数都是向模具内的冷却通道输送高速流动的冷却水。对于镶拼式结构的模具，这种冷却方式常常因密封不良而导致模具漏水。注射模中的镶拼式结构因不易解决冷却水的密封问题而不得不采用如图 3-251 所示的间接冷却方式，但冷却效果远远低于镶拼块中开孔的直接冷却方式。因此，镶拼式结构冷却液的密封是有待进一步研究的课题。

对于无法用冷却水冷却的细长型芯，在实际生产中往往采用导热棒对细长型芯进行间接冷却，为了提高冷却效果，近十年来国外在注射模中采用热导管来取代铍铜棒导热，取得了明显的经济效果。热管是优良的导热元件，其导热效率约为同样大小的铜棒的 1000 倍，有热的超导体之称。热管既可安放在型芯中导热，也可制成推杆或拉料杆，兼起冷却的作用。据有关资料介绍，将热管用于注射模的冷却，可缩短注射成型周期 30% 以上，并能使模温恒定。目前，日本热管已达到标准化、商业化的程度，在注射模中的应用也越来越广泛。

三、加热系统的设计

1. 加热方式设计

当注射成型工艺要求模具温度在 80℃ 以上，对大型模具进行预热时，或者采用热流道模具时，模具中必须设置加热装置。模具的加热方式有很多，可用热水、热油、蒸汽和电加热等。目前，普遍采用的是电加热温度调节系统，如果加热介质采用各种流体，那么，其加热系统的结构设计类似于冷却水道的结构设计。

（1）电阻丝直接加热

将选择好的电阻丝放入绝缘瓷管中装入模板内，通电后就可以对模具加热。这种加热方法结构简单，成本低廉，但电阻丝与空气接触后易氧化、寿命较短，也不安全。

（2）电热圈加热

将电阻丝绕制在云母片上，再装夹在特制的金属外壳中，电阻丝与金属外壳之间用云母片绝缘，其三种形状如图 3-253 所示，将电热圈紧箍在模具外侧对模具进行加热。其特点是结构简单、更换方便，但缺点是耗电量大，这种加热装置更适合于压缩模和压注模。

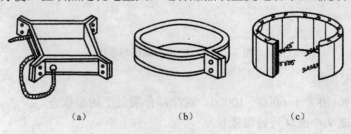

(a)　　　　　　　(b)　　　　　　　(c)

图 3-253　电热圈的形式

（3）电热棒加热

电热棒是一种标准的加热元件，它是由具有一定功率的电阻丝和带有耐热绝缘材料的金属密封管组成的，使用时只要将其插入模板上的加热孔内通电既可，如图 3-254 所示。电热棒加热的特点是使用和安装都很方便。

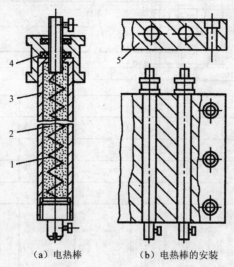

（a）电热棒   （b）电热棒的安装

1—电阻丝；2—耐热填料（硅砂或氧化镁）；3—金属密封管；4—耐热绝缘垫片（云母或石棉）；5—加热板

图 3-254 电热棒及其安装

2. 模具加热装置的计算

首先计算模具加热所需的电功率：

$$P=gM$$

式中 P ——电功率（W）；

M ——模具质量（kg）；

g ——每千克模具加热到成型温度时所需的电功率（W/kg），g 值见表 3-38。

表 3-38 不同类型模具的 g 值

模 具 类 型	g（W/kg）	
	用 电 热 棒	用 电 热 圈
小　型	35	60
中　型	30	50
大　型	25	40

总的电功率确定之后，可根据安装电热棒的模板的结构和尺寸确定电热棒的数量，进而计算每根电热棒的功率。设电热棒采用并联法，则

$$P_r=P/n$$

式中 P_r —— 每根电热棒的功率（W）；

n —— 电热棒的根数。

根据 P_r 查表 3-39 选择适当的电热棒，也可先选择电热棒的适当功率再计算电热棒的根数。如果表中无合适的电热棒可选，则需自行设计制造电加热元件。

表 3-39　电热棒标准

尺寸（mm）								
公称直径 d_1	13	16	18	20	25	32	40	50
允许公差	±0.1		±0.12		±0.2		±0.3	
盖板直径 d_2	8	11.5	13.5	14.5	18	26	34	44
槽深 h	1.5	2		3		5		
长度 l	电功率（W）							
60_{-3}^{0}								
80_{-3}^{0}								
100_{-3}^{0}					120			
125_{-4}^{0}			90	100	160	250		
160_{-4}^{0}	60	80	110	125	200	320		
				160	250	400	500	
200_{-4}^{0}	80	100	140	200	320	500	600	
	100	160	175	250	400	600	800	1000
250_{-5}^{0}	125	200	225	320	500	750	1000	1250
300_{-5}^{0}	160	250	280	400	600	1000	1250	1600
400_{-5}^{0}	200	320	350	480	800	1250	1600	2000
	250	375	420	630	1000	1600	2000	2500
500_{-5}^{0}	300	500	550	800	1250	2000	2500	3200
650_{-6}^{0}			700	900	1600	2500	3200	4000
800_{-8}^{0}					2000	3000	3800	4750
1000_{-10}^{0}								
1200_{-10}^{0}								

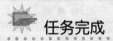

任务完成

通常，为防止塑料的高温分解，注射成型时不要求有太高的模温，模具温度低时只要为的注射几次就可将模具温度提高。注射的制件因模具温度低而出现的废品，可破碎后拌在原料中重新送回注射机熔融，然后注射成型（由热塑性塑料的性质决定），因此在中小型注射成型的模具上一般可不设加热系统。图 3-240 所示的防护罩材料为 ABS 工程塑料，查表 3-34 可知，保证塑件质量要求的最佳模具温度在 40～80℃。所以，成型模具的温度调节系统不考虑设计加热系统。

防护罩注射成型模具的冷却系统设计计算如下所述。

1. 冷却水体积流量

查表 3-34 可知，成型 ABS 塑料的模具平均工作温度为 60℃，用常温 20℃的水作为模具冷却介质，因塑件尺寸有一定的精度要求，冷却水进出口温差应小，故其出口温度定为 24℃，每次注射质量 m=0.03kg（防护罩单件质量为 0.012kg，一模两腔，质量为 0.024kg，浇注系统凝料质量为 0.006 kg），注射周期 45s。

查表 3-35，取 ABS 注射成型固化时单位质量放出热量 Δh =3.5×10^5（J/kg）。

冷却水的体积流量计算如下：

$$V=\frac{nm\Delta h}{60\rho C_{\mathrm{p}}\left(t_1-t_2\right)}$$

式中　V ——所需冷却水的体积（m^3/min）；

　　　m ——包括浇注系统在内的每次注入模具的塑料质量（0.03kg）；

　　　n ——每小时注射的次数（90）；

　　　ρ ——冷却水在使用状态下的密度（1000 kg/m^3）；

　　　C_{p}——冷却水的比热容（4187J/kg·℃）；

　　　t_1——冷却水出口温度（24℃）；

　　　t_2——冷却水入口温度（20℃）；

　　　Δh——从熔融状态的塑料进入型腔时的温度到塑料冷却脱模温度为止（塑料所放出的热含量，Δh =3.5×10^{5}J/kg。

代入上式得

$$V=\frac{nm\Delta h}{60\rho C_{\mathrm{p}}\left(t_1-t_2\right)}$$

$$=\frac{90\times 0.03\times 3.5\times 10^5}{60\times 1000\times 4187\times\left(24-20\right)}$$

$$=0.94\times 10^{-3}\mathrm{m}^3/\mathrm{min}$$

2. 冷却管道直径的确定

根据冷却水体积流量 V 查表 3-36 可初步确定冷却管道直径。从表中可以看出，生产该塑件所需的冷却水体积流量 V 很小，在设计时可以不考虑冷却系统的设计。所以，冷却回路所需的总表面积、冷却回路的总长度等无须计算。但该塑件生产批量大，为了降低冷却时间、缩短成型周期、提高生产效率，可以在模板上设计几根冷却水管，以便在生产中灵活调整和控制。查表 3-36 可得冷却管道直径为 8mm，但考虑到加快冷却能缩短成型周期，故确定冷却管道直径为 10 mm。

3. 冷却系统结构

防护罩注射成型模具的冷却分为两部分：一部分是型腔的冷却；另一部分是型芯的冷却。

（1）型腔冷却水道结构

型腔的冷却是由定模板（中间板）上的两条直径为 10mm 的冷却水道完成的，如图 3-255

所示。

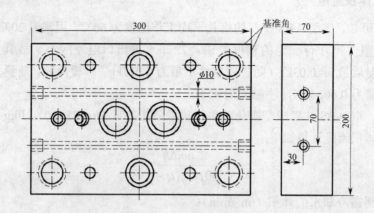

图 3-255　定模板冷却水道

（2）型芯冷却水道结构

型芯的冷却如图 3-256 所示，在型芯内部开有直径为 16mm 的冷却水孔，中间用隔水板 2 隔开，冷却水由支撑板 5 上的直径为 10mm 的冷却水孔进入，沿着隔水板的一侧上升到型芯的上部，翻过隔水板，流入另一侧，再流回支撑板上的冷却水孔内，然后继续冷却第二个型芯，最后由支撑板上的冷却水孔流出模具。型芯 1 与支撑板 5 之间用密封圈 3 密封。

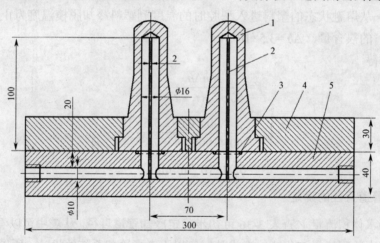

1—型芯；2—隔水板；3—密封圈；4—动模板（型芯固定板）；5—支撑板

图 3-256　型芯的冷却

任务小结

冷却水孔的直径既可通过求出所需冷却水体积后再查表确定，也可根据制件的平均壁厚来确定，二者的结论是一致的。平均壁厚为 2mm 时，水孔直径可取 8～10mm；平均壁厚为 2～4mm 时，水孔直径可取 10～12mm；平均壁厚为 4～6 时，水孔直径可取 10～14mm。确定冷却水孔的直径时应注意，无论多大的模具，水孔的直径都不能大于 14mm，否则冷却水难以成为湍流状态，以至降低热交换的效率。

思考题与练习

1. 注射模具设置温度调节系统的作用是什么？

2. 冷却系统的设计原则有哪些？

3. 常见冷却系统的结构形式有哪几种？分别适合什么场合？

4. 在注射成型中，哪几种热塑性塑料的模具需要采用加热装置？为什么？

5. 常用的加热方法有哪些？

学生分组，完成课题

1. 成型塑料制件——连接座（见图 2-1），材料为 ABS，采用注射成型大批量生产，结合前面任务，试对该注射成型模具进行温度调节系统设计。

2. 成型塑料制件——灯座（见图 2-6），材料为聚碳酸酯，采用注射成型大批量生产，结合前面任务，试对该注射成型模具进行温度调节系统设计。

模块四 注射模课程设计程序

如何学习

在注射模课程设计中，学生应多方面查找文献资料，拟定多个设计方案，反复进行分析和比较，选定最佳方案；在设计计算中，要不厌其烦，不怕困难，细致、详尽地进行各项工艺参数和技术参数的运算，确定出最合理、最可靠的数据；在绘制装配图和零件图时，要力求表达完整、清晰；要通过课程设计的整个过程，使自己得到多方面的训练，来增强自己的模具设计能力。

什么是课程设计

课程设计是学生在学习理论课程之后所进行得一次设计，是学生在工艺性分析、工艺方案论证、工艺和技术参数计算、机构设计、编写技术文件和查阅资料等方面的一次综合训练，是教学计划安排的非常重要的教学实践环节。其目的是使学生巩固所学知识，熟悉有关资料，树立正确的设计思想，掌握设计方法，培养学生的实际工作能力。

 任务描述

聚碳酸酯灯座，该塑件要求外形美观、色泽鲜艳、外表面没有斑点及熔接痕。其结构与尺寸如图 2-6 所示。现要大批量生产，未标注公差取 MT5 级精度，要求设计灯座注射模具，绘制注射模装配图、工作零件图及部分非标零件图，编写设计计算说明书。

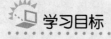 学习目标

【知识目标】
1. 了解模具设计的内容和要求。
2. 掌握模具设计的步骤和方法。

【技能目标】
1. 能确定工艺方案，对一般复杂程度的注射模进行结构设计和工艺计算。
2. 能绘制出注射模的装配图、工作零件图和非标零件图。
3. 能编制模具零件加工工艺卡片并编写设计说明书等技术文件。

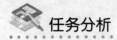

任务分析

课程设计的要求是设计一副一般复杂程度的注射模并进行工艺计算。图 2-6 所示的灯座，总体上虽属回转体，但外形结构有一定的复杂程度，而且其内表面有四个凸台，致使整体结构较为复杂，因此模具设计及制作上有了一定的难度，如必须设计内抽芯机构。从工艺计算上来说，对型腔和型芯的尺寸计算也有一定的复杂性；由于塑料有收缩性，塑件未标注公差取 MT5 级精度，型腔和型芯的制作与装配会有误差，型腔和型芯在注射过程中会出现磨损，因此在设计计算模具的型腔和型芯时，要参照有关技术参数综合考虑。

课程设计是对学生已学知识的一次总结和检验，将会使学生对注射模的设计全过程有一个总体认识，对学生的综合知识和综合技能有一个大层次的提高。

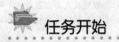

任务开始

基本概念

一、模具设计的内容

1. 课题要求

①课程设计：一般为一次分型的单型腔注射模，且加热和冷却系统较为简单。

②毕业设计：形状较为复杂的制件需二次分型或侧向分型与抽芯的注射模，多型腔注射模，加热冷却系统较为复杂的注射模或难度相当的其他塑料模设计。

2. 设计内容

设计内容包括塑料制品工艺分析，成型方法及工艺流程制定，模具类型和结构形式确定，成型工艺条件确定，工艺计算（即注射量、注射压力、锁模力、成型零件工作尺寸、冷却参数、注射温度和注射时间等），浇注系统设计，分型面设计，成型零件设计，导向与定位机构设计，脱模机构设计，加热与冷却系统设计，绘制模具装配图和成型零件图，编写设计说明书，填写模塑成型工艺卡和成型零件机械加工工艺过程卡。

3. 设计工作量

学生应完成的设计工作量应根据设计时间长短和学生的实际情况确定，表 4-1 仅供参考。

表 4-1 模具设计工作量

设 计 内 容	课 程 设 计	毕 业 设 计
模塑成型工艺卡	1 份	1 份
模具装配图	1 张	1 张
工作零件图	2~3 张	所有非标准零件
工作零件机械加工工艺过程卡	1 张	所有工作零件
设计说明书	1 份（约 10~15 页）	1 份（约 30~40 页）

二、模具设计的要求

1. 模具总装配图的绘制

（1）模具总装配图的绘制要求

模具总装配图用于表达模具结构、工作原理、组成模具的全部零件及其相互位置和装配关系，其绘制要求见表 4-2。

表 4-2　模具总装配图的绘制要求

内　容	要　求
选定图纸幅面及绘图比例	①根据图形的大小及数量选定图纸的幅面； ②手工绘图比例最好为 1:1，直观性好。计算机绘图，其尺寸必须按照机械制图要求缩放
装配图的布置	根据模具的复杂程度确定用几个图来表达，确定好作图的比例，然后根据图形的数量及大小布置好每个图所处的位置。每个图之间应留有足够的空隙，便于标注零件序号及相关尺寸。图纸上应有足够的位置用来列明细表、书写技术要求。整个图纸幅面要布置均匀、美观，不能太松或太挤
绘图顺序	①从主视图开始，一般应按模具工作位置，先里后外，由上而下，即制品、型芯、型腔、浇注系统、镶块、定模板、动模板、合模导向机构、推出机构、加热冷却系统、模架等； ②画俯视图时，将模具沿注射方向"拆去"或"去掉"定模，与主视图按对应关系一一画出； ③主视图和俯视图完成后，若模具还有部分结构尚未表达清楚，再画其他视图进行表达； ④绘图应与计算联合进行，边画出模具的零件结构，边计算确定模具零件的尺寸。如发现模具的结构和尺寸不能保证工艺的实施，则需要更改工艺设计
主视图绘制要求	①主视图是模具装配图的主体部分，应尽量在主视图上将模具结构表达清楚。在主视图上尽可能将模具的所有零件画出，可采用全剖、半剖、阶梯剖及局部剖等表达手法； ②动、定模之间的塑料制件及浇注系统凝料画网格线再涂红； ③主视图一般应按模具闭合状态画出，有时也可以是半开半闭画出； ④在剖视图中剖切到凸模和推杆等最小一级旋转体（旋转体内部没有镶件）时，其剖面不画剖面线；有时为了使图面上模具结构清晰，非旋转体的凸模也可不画剖面线； ⑤为了减少局部视图，在不影响剖视图表达的情况下，螺钉和销钉可各画一半
俯视图绘制要求	俯视图表达模具型腔的平面布局、浇注系统和冷却系统的布置及模具的轮廓形状等。习惯上将上模或定模拿去，只画模具的下模或动模俯视可见部分；或以中心线为界，将上模（定模）的左半部分去掉，只画下模（动模）左半部分，而右半部分保留上模（定模）画俯视图
装配图上的制件图	①制件图是经过模塑成型后得到的塑件图形，一般画在装配总图的右上角（复杂的塑件图可绘制在另一张图纸上），并注明名称、材料及收缩率、绘图比例、尺寸、公差、生产批量； ②制件图的绘制比例一般与模具装配图上的一致，特殊情况可以缩小或放大。制件图的方向应与模塑成型方向一致（即与制件在模具中的位置一致），若不一致，应用箭头指明模塑成型方向
装配图中的技术要求	技术要求布置在图样下部适当位置，要简要注明对该模具的要求和注意事项、技术条件。其内容包括①所选设备型号、模塑温度、注射压力和保压压力；②模具的闭合高度（主视图为工作状态时则直接标在图上）及模具打的印记；③模具的装配要求（参照国家标准，正确拟定所设计模具的技术要求和必要的使用说明）；④该模具的特殊要求；⑤其他按国家标准、行业标准或企业标准执行
装配图上应标注的尺寸	模具闭合尺寸、外形尺寸、与注射机配合的定位圈尺寸、螺孔尺寸，以及导柱、定位销与孔的配合尺寸与配合精度等
标题栏和零件明细表	标题栏和零件明细表布置在图样的右下角，其格式应符合国家标准（GB/T 12556—2006）。零件明细表应包括件号、名称、数量、材料、热处理、标准零件代号及规格、备注等内容。模具图中所有零件均应详细写在明细表中
模具装配图常见的习惯画法	①内六角螺钉和圆柱销的画法。 同一规格、尺寸的内六角螺钉和圆柱销，在模具总装配图中的剖视图中可各画一个，引一个件号，当在剖视图中不易表达时，也可从俯视图中引出件号。内六角螺钉和圆柱销在俯视图中分别用双圆（螺钉头外径和螺孔）及单圆表示，当剖视图位置比较小时，螺钉和圆柱销可各画一半图。 ②直径尺寸大小不同的各组孔的画法。 直径尺寸大小不同的各组孔可用涂色、符号、阴影线区别

（2）模具总装配图的内容

绘制总装图尽量采用 1:1 的比例，先由型腔、型芯开始绘制，主视图与其他视图同时画出。模具总装图应包括以下内容。

①模具的成型零件及结构零件；

②浇注系统、排气系统的结构形式；

③分型面位置及分模取件方式；

④外形结构及所有连接件、定位件、导向件的位置；

⑤标注模具总体尺寸及主要配合尺寸；

⑥辅助工具（取件卸模工具、校正工具）；

⑦按顺序将全部零件序号编出，并且填写明细表；

⑧标注技术要求和使用说明。

模具总装图的技术要求内容包括以下内容。

①对于模具某些系统的性能要求，如对推出机构、滑块抽芯机构的装配要求等；

②对模具装配工艺的要求，如模具装配后分型面贴合的间隙应不大于 0.05mm，模具上、下面的平行度要求，并指出由装配决定的尺寸和对该尺寸的要求；

③模具使用、装拆方法；

④防氧化处理、模具编号、刻字、标记、油封、保管等要求；

⑤有关试模及检验方面的要求。

2. 模具零件图的绘制

模具零件主要包括工作（成型）零件，如型腔板、型芯、成型杆、镶件、口模、定型套等；结构零件，如浇注系统零件、导向零件、分型与抽芯零件、冷却与加热零件、推出零件、支承零件等；紧固标准件，如螺钉、定位销等。课程设计要求绘制工作零件图，毕业设计则要求绘制出标准模架和紧固标准件以外的所有零件图。

模具零件图既要反映出设计意图，又要考虑到制造的可能性及合理性，零件图设计的质量直接影响模具的制造周期及造价。因此，设计出工艺性好的零件图可以减少出废品，方便制造，降低模具成本，提高模具使用寿命。

目前大部分模具零件已标准化，可供设计时选用，这对简化模具设计，缩短设计及制造周期，集中精力去设计那些非标准件，无疑会起到良好的作用。在生产中，标准件不需绘制，模具总装图中的非标准模具零件均需绘制零件图。有些标准零件（如上、下模座）需补加工的地方太多时，也要求画出，并标注加工部位的尺寸公差。非标准模具零件图应标注全部尺寸、公差、表面粗糙度、材料及热处理、技术要求等。模具零件图是模具零件加工的唯一依据，包括制造和检验零件的全部内容，因而设计时必须满足绘制模具零件图的要求，详见表 4-3。

由模具总装图拆画零件图的顺序应为先内后外，先复杂后简单，先成型零件后结构零件。

表 4-3 模具零件图的绘制要求

内　容	要　求
正确而充分的视图	要用最少的视图及剖视图，充分而准确地表达出零件内部和外部的结构形式及尺寸大小
具备制造和检验零件的数据	零件图中的尺寸是制造和检验零件的依据，应慎重细致地标注。尺寸既要完备，同时又不重复。在标注尺寸前，应研究零件加工和检测的工艺过程，正确选定尺寸的基准面，做到设计、加工、检验基准统一，避免基准不重合造成的误差。模具零件在图样上的方位应尽量按其在总装配图中的方位画出，不要任意旋转和颠倒，以防画错，影响装配
图形要求	一定要按比例画，允许放大或缩小。视图选择合理，投影正确，布置得当。为了便于装配，图形应尽可能与总装图一致，图形要清晰
标注加工尺寸公差及表面粗糙度	①标注尺寸要求统一、集中、有序、完整。标注尺寸的顺序为先标注零件主要尺寸和脱模斜度，再标注配合尺寸，然后标注全部尺寸。在非主要零件图上先标注配合尺寸，后标注全部尺寸； ②所有的配合尺寸或精度要求较高的尺寸都应标注公差（包括形状和位置公差），未注尺寸公差按 IT14 级制造。模具工作零件（如凸模、凹模、镶块等）的工作部分尺寸按计算值标注； ③模具零件在装配时的加工尺寸应标注在装配图上，如必须在零件图上标注时，应在有关的尺寸近旁注明"配作"、"装配后加工"等字样或在技术要求中说明； ④因装配需要留有一定的装配余量时，可在两个相配的模具零件图上标注出装配链补偿量及装配后所要求的配合尺寸、公差和表面粗糙度； ⑤模具零件的整体加工，分切后成对或成组使用的零件，只要分切后各部分的形状、尺寸相同，则视为同一个零件，编一个代号，绘在一张图样上，以利于加工和管理； ⑥模具零件的整体加工，分切后尺寸不同的零件，也可绘在一张图样上，但要用引出线标明不同的代号，并用表格列出代号、数量及质量； ⑦零件表面粗糙度等级可根据对各个表面的工作要求及精度等级来决定。把应用最多的一种粗糙度标于图样右上角，如标注"其余"，其他粗糙度符号在零件各表面分别标出
技术要求	凡是图样或符号不便表示，而在制造时又必须保证的条件和要求都应注明在技术要求中。它的内容随着不同的零件、不同的要求及不同的加工方法而不同。主要应注明： ①对材质的要求，如热处理方法及热处理表面所应达到的硬度等； ②表面处理、表面涂层及表面修饰（如锐边倒钝、清砂）等要求； ③未注倒圆半径，个别部位的修饰加工要求； ④其他特殊要求

3. 模塑成型工艺卡

模塑成型工艺卡也就是说明整个模塑成型加工工艺过程的工艺文件。因为塑料成型多为一次性成型，故工艺卡主要说明：

①制件的材料、规格、质量；

②制件简图或工序简图；

③制件的主要尺寸；

④各工序所需的设备和工装（模具）；

⑤成型温度和压力；

⑥塑料制件成型后的后续处理工艺条件；

⑦检验及工具、时间定额等。

4. 工作零件机械加工工艺过程卡

工作零件机械加工工艺过程卡主要填写模具工作零件机械加工工艺过程，包括该零件的整个工艺路线，经过的车间（工段），各工序名称、工序内容，以及使用的设备和工艺装备。若采用成型磨削加工，应绘制成型磨削工序图。若采用数控加工，应编写数控程序。

5. 设计说明书

为更全面地培养学生的工作能力，也为教师进一步了解学生设计的熟练程度和知识水平，还要求学生编写设计说明书，用以阐明自己的设计观点，方案的优劣、依据和过程。设计说明书的主要内容如下：

①目录；
②设计任务书及产品图；
③序言；
④制件的工艺性分析；
⑤模塑工艺方案地制定；
⑥模具结构形式的论证及确定，模具的动作原理及结构特点；
⑦注射量、浇注系统设计计算；
⑧注射（挤压）压力、温度、成型周期（挤出速度）、锁模力的计算等；
⑨塑料成型设备的选择及设备工作能力、安装尺寸的校核；
⑩模具零件的选用、设计及必要的计算；
⑪模具工作零件的尺寸及公差值的计算；
⑫其他需要说明的问题；
⑬主要参考文献目录。

说明书中应附模具结构简图，所选参数及使用公式应注明出处，并说明式中各符号所代表的意义和单位，所有单位一律使用法定计量单位。

说明书最后所附参考文献目录应包括书刊名称、作者、出版社、出版年份。在说明书中引用所列参考资料时，只需在方括号中注明其序号及页数，如见文献［7］P121。

有条件的学校应尽可能应用CAD/CAM技术进行工艺分析和计算，要求学生在完成手工绘图之后，再根据时间情况完成一定数量的计算机绘图任务，并用计算机打印出设计说明书。

三、模具设计的步骤与方法

1. 接受设计任务书，收集有关资料

①了解设计课题的内容和要求；
②了解制件的用途、外观特征与结构、尺寸精度与表面粗糙度及其他技术要求；
③收集、查阅有关图册、手册等资料；
④分析制件材料的性能，包括成型温度、收缩率、流动性等；
⑤明确塑件的生产批量，了解现场生产条件。

2. 工艺分析和工艺方案制定

（1）工艺性分析

在明确了设计任务、收集了有关资料的基础上，分析制件的技术要求、结构工艺性及经济性是否符合模塑工艺要求。若不适合，应提出修改意见，经指导老师同意后修改或更换设计任务书。

（2）制定工艺方案，填写工艺卡

首先在工艺性分析的基础上，确定塑件加工总体方案，然后确定模塑成型方案，它是制定模塑成型工艺过程的核心。

在确定工艺方案时，先拟定几种模塑成型方案，反复比较几种方案的优缺点，选出一种最佳方案，将其内容填入工艺卡中（见模块二中表2-7、表2-16和表2-25）。在进行方案比较时，应考虑制件的精度、生产批量、工厂条件、模具加工水平及工人操作水平等诸方面因素。

3. 模具结构设计

①根据塑件外形、质量及所选用的成型设备，确定型腔数量及布局形式；

②确定分型面的形式与位置；

③确定浇注系统与排气系统；

④选择推出方式；

⑤确定成型零件的结构与固定形式；

⑥设计侧向分型与抽芯机构；

⑦决定冷却、加热方式及加热、冷却沟槽的形状与位置、加热元件的安装部位；

⑧根据模具材料的强度、刚度计算或者经验数据，确定模具各部分厚度、外形尺寸、外形结构及所有连接、定位、导向件的位置。在确定模板厚度及外形尺寸时，要注意四个问题：要考虑浇注系统的布置；要考虑螺孔的布置位置；要使注射模主流道中心与模板的几何中心重合；外形尺寸尽量按国家标准选择；

⑨确定标准模架的形式和规格。

4. 绘制模具装配结构草图

模具结构方案确定后绘制模具结构草图，逐步完善和确定各零件的结构，尽量选用标准组合结构和标准件。

5. 模具设计的有关计算

①估算塑件的体积和质量，初选成型设备；

②脱模力的计算；

③浇注系统设计计算：包括浇道布置、主流道及分流道断面尺寸的计算、浇注系统压力降的计算和型腔压力校核。

④成型零件工作尺寸的计算；

⑤侧壁厚度与底板厚度的计算；

⑥斜导柱等侧抽芯有关计算；

⑦ 冷却与加热系统有关计算；

⑧模具与设备校核：包括型腔数量的校核、注射量的校核、塑件在分型面上的投影面积与锁模力的校核、注射压力的校核、安装尺寸的校核、开模行程的校核、顶出装置的校核。

若设计挤出模或其他模具则应进行相应的工艺计算。

6. 绘制总装图

边绘制装配草图边进行有关计算，确定好技术数据后对装配草图反复修改、完善，经指导老师审阅直到完全满意为止，就可以正式绘制总装图了。绘制总装图的要求见表 4-2。

7. 绘制非标准零件图

按国标绘制，零件图的摆放方位与装配图一致，尺寸、公差、表面粗糙度的标注要合理齐全，注意尺寸基准、标题栏与技术要求。绘制零件图的要求见表 4-3。

8. 编写技术文件

设计说明书、模塑成型工艺卡、工作零件机械加工工艺过程卡要按要求认真填写。

9. 整理资料进行归档

在设计期间所产生的技术资料，例如，任务书、制件图、模具总装图、模具零件图、模具设计说明书、塑料成型工艺卡、零件机械加工工艺过程卡等，按规定加以系统整理、装订、编号进行归档。

四、时间安排

1. 课程设计

课程设计时间一般定为 3～4 周，其进度及时间安排大致如下：

①熟悉设计题目，查阅资料，做准备工作；	1 天
②进行工艺分析，确定工艺方案；	1 天
③模具结构设计；	2～2.5 天
④画装配图草图；	2～2.5 天
⑤模具设计的有关计算；	2～3 天
⑥绘制总装图；	2～3 天
⑦绘制非标准零件图（计算机作图）3～4 张；	2～3 天
⑧编写技术文件（打印）；	2～2.5 天
⑨答辩；	0.5～1 天
⑩整理资料进行归档。	0.5 天
合计	3～4 周

2. 毕业设计

毕业设计安排一般为 5～6 周时间，模具结构较为复杂，设计难度较大，非标准零件图较多，技术文件的内容也很多，因此，毕业设计的工作量比课程设计大得多。

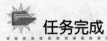 任务完成

在"任务描述"中已提出了任务要求，现按照任务要求来完成任务。

1. 塑件分析

（1）塑件的原材料分析（见表4-4）

表4-4 塑件的原材料分析

塑料品种	结构特点	使用温度	化学稳定性	性能特点	成型特点
聚碳酸酯	线型结构，非结晶型材料，本色微黄，加淡蓝色后成透明状	小于120℃，耐寒性好，脆化温度为－100℃	有一定的化学稳定性，但不耐碱、胺、酮、酯、芳香烃，有良好的耐气候性	透光率较高，介电性能好，吸水性小，但水敏性强（含水量不得超过0.2%），且吸水后会降解。力学性能很好，抗冲击抗蠕变性能突出，但耐磨性较差	熔融温度高，熔体黏度大，流动性差（溢边值为0.06mm）；流动性对温度变化敏感；冷却速度快，成型收缩率小，易产生应力集中
结论	①熔融温度高且熔体黏度大，对于大于200g的塑件应用螺杆式注射机成型，喷嘴宜用敞开式延伸喷嘴并加热；严格控制模具温度，一般在90～110℃之间为宜，模具应用耐磨钢，并淬火； ②水敏性强，加工前必须进行干燥处理，否则会出现银丝、气泡及强度显著下降等现象； ③易产生应力集中，严格控制成型条件，塑件成型后需退火处理，消除内应力。塑件壁不宜厚，避免有尖角、缺口和金属嵌件造成应力集中。脱模斜度宜取35′				

（2）塑件的尺寸精度分析

该塑件尺寸精度无特殊要求，所有尺寸均为自由尺寸，按 MT5 查取公差，查表 2-28，主要尺寸公差标注如下（公差单位为 mm）：

塑件外形尺寸按规定其最大尺寸为基本尺寸，偏差为负值。把塑件外形尺寸标上偏差值，有这些尺寸：$\phi 69_{-0.86}$、$\phi 70_{-0.86}$、$\phi 127_{-1.28}$、$\phi 129_{-1.28}$、$\phi 170_{-1.60}$、$\phi 137_{-1.28}$、$R5_{-0.24}$、$3_{-0.20}$、$8_{-0.28}$、$133_{-1.28}$。

塑件内形尺寸按规定其最小尺寸为基本尺寸，偏差为正值。把塑件内形尺寸标上偏差值，有这些尺寸：$\phi 63^{+0.74}$、$\phi 64^{+0.74}$、$\phi 114^{+1.14}$、$\phi 121^{+1.28}$、$\phi 123^{+1.28}$、$\phi 131^{+1.28}$、$\phi 164^{+1.60}$、$R2^{+0.20}$、$60^{+0.74}$、$32^{+0.56}$、$30^{+0.50}$、$8^{+0.28}$。

孔尺寸为内形尺寸，偏差为正值，有 $\phi 12^{+0.32}$、$\phi 5^{+0.24}$、$\phi 4.5^{+0.24}$、$\phi 2^{+0.20}$、$\phi 10^{+0.28}$。

孔心距偏差按规定为双向对称分布，尺寸有 34 ± 0.28、$\phi(96\pm0.50)$、$\phi(150\pm0.72)$。

（3）塑件表面质量分析

根据塑件外形要求，表面粗糙度可取 $Ra0.4\mu m$。而塑件内表面没有较高的表面粗糙度要求。

（4）塑件的结构工艺性分析

①从图纸上分析，该塑件的外形为回转体，壁厚均匀，查表2-33，符合最小壁厚要求。

②塑件型腔较大，有尺寸不等的孔，最小孔为$\phi 2$，查表2-38，符合最小孔径的要求。

③在塑件内壁有4个长11、高2.2的内凸台，塑件不易脱模，需要考虑侧抽芯装置。

根据塑件的材料性能及塑件的结构，该塑件采用注射成型，其模具采用侧抽芯机构。

2. 初选成型设备与注射工艺规程编制

（1）初选成型设备

见模块三任务 2《初选注射机》中的 ━ 任务完成。

（2）编制注射工艺规程，填写模塑成型工艺卡

见模块二任务 2《注射成型工艺》中的 ━ 任务完成中的表 2-7。

3. 模具结构分析与设计

①确定型腔数目及型腔布局。

②选择分型面。

③设计浇注系统。

④设计排气、引气系统。

以上四项均见模块三任务 3《分型面的确定与浇注系统设计》中的 ━ 任务完成。

⑤型芯、型腔结构设计。

见模块三任务 4《成型零件设计》中的 ━ 任务完成。

⑥推件方式的选择。

根据塑件的形状特点，模具型腔在动模部分，开模后，由于塑件内壁有 4 个长 11、高 2.2 的内凸台，导致塑件留在型腔，因此脱模机构可采用推块推出或推杆推出。

推块脱模结构可靠，顶出力均匀，不影响塑件的外观质量，但塑件上有圆弧过渡，推块制造困难；推杆脱模结构简单，脱模平稳可靠，虽然脱模时会在塑件上留下顶出痕迹，但塑件顶部装配后使用时并不影响外观。

从以上分析可得出该塑件采用推杆推出机构。

⑦侧抽芯机构设计，如图 4-1 所示。

方案一：斜滑块抽芯，如图 4-1（a）所示。

方案二：斜滑杆抽芯，如图 4-1（b）所示。

考虑到斜滑杆的强度问题，最后采用斜滑块抽芯。

⑧冷却系统设计。

为便于加工和密封，冷却水孔的截面形状采用圆形。

确定冷却水孔的直径时应注意无论多大的模具，水孔的直径都不能大于 14mm，否则冷却水难以成为湍流状态，以至降低热交换的效率。水孔的直径一般可根据塑件的平均壁厚来确定，灯座的平均壁厚为 3mm，属中等厚度，冷却水孔直径可取 10～12mm，但考虑到加快冷却能缩短成型周期，故确定冷却水孔直径为 14mm。

由于冷却水孔的位置、结构形式、孔径、表面状态、水的流速、模具材料等很多因素都会影响模具的热量向冷却水传递，精确计算比较困难。所以在实际生产中，通常都是根据模具的结构确定冷却水路，通过调节水温、水速来满足要求。

⑨标准模架的选择。

本塑件采用点浇口注射成型，根据其结构形式，选择 A4 型模架。

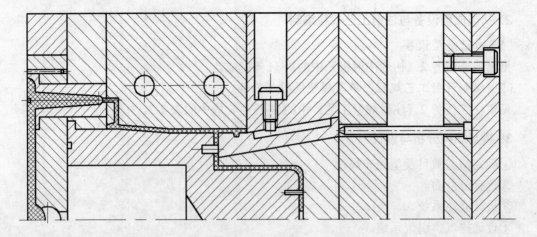

（a）斜滑块抽芯

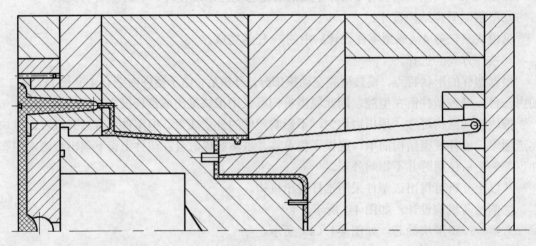

（b）斜滑杆抽芯

图 4-1　两种侧抽芯方案

4. 画装配图草图

边画草图边进行有关计算。

5. 模具设计的有关计算

（1）成型零件的尺寸计算

（2）成型零件的尺寸校核

（1）（2）均见模块三任务4《成型零件设计》中的　任务完成及表 3-31。

（3）圆形型腔壁厚及动模垫板（支承板）厚度

①圆形型腔壁厚

型腔内壁直径为 $\phi170$，查表 3-30，整体式型腔壁厚为 70mm。

②动模垫板（支承板）厚度

塑件在分型面上投影面积为 $\pi(17/2)^2=227cm^2$，查表 3-29，支承板厚度不小于 40mm。

（4）抽芯机构零件尺寸计算

①抽芯距 s 的计算：

$s=s'+(2\sim3)=(121-114)/2 +(2\sim3)=(5.5\sim6.5)\text{mm}$，取抽芯距 $s=6\text{mm}$。

式中 s'——塑件上内凸台的高度。

②滑块倾角 α 的确定。

由于抽芯距较小，选择 $\alpha=10°$。

③确定斜滑块尺寸。

斜滑块在导滑板中导滑，导滑板的高度设计为 85mm，斜滑块在导滑板中沿倾角方向能导滑的行程为 48mm（考虑限位螺钉的安装尺寸和推出行程）。则实际抽芯距

$s_{实际}=\sin\alpha\times48=\sin10°\times48=0.17365\times48\approx8.3>S$，满足抽芯距要求。

6. 整理、修改装配草图后，绘制模具总装图（见图 4-2）

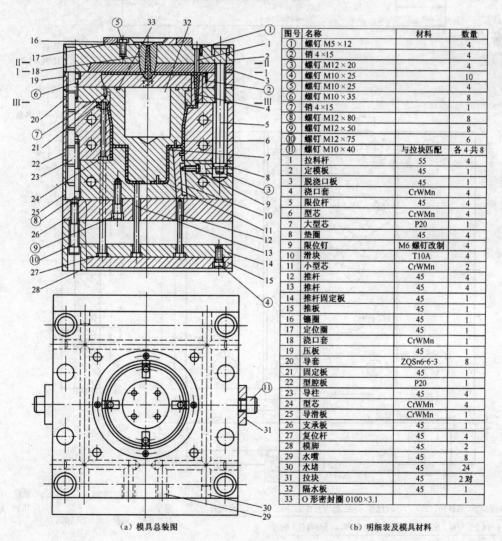

图号	名称	材料	数量
①	螺钉 M5×12		4
②	销 4×15		4
③	螺钉 M12×20		4
④	螺钉 M10×25		10
⑤	螺钉 M10×25		4
⑥	螺钉 M10×35		8
⑦	销 4×15		1
⑧	螺钉 M12×80		8
⑨	螺钉 M12×50		8
⑩	螺钉 M12×75		6
⑪	螺钉 M10×40	与拉块匹配	各4共8
1	拉料杆	55	4
2	定模板	45	1
3	脱浇口板	45	1
4	浇口套	CrWMn	4
5	限位杆	45	4
6	型芯	CrWMn	4
7	大型芯	P20	1
8	垫圈	45	4
9	限位钉	M6 螺钉改制	4
10	滑块	T10A	4
11	小型芯	CrWMn	2
12	推杆	45	4
13	推杆	45	4
14	推杆固定板	45	1
15	推板	45	1
16	镶圈	45	1
17	定位圈	45	1
18	浇口套	CrWMn	1
19	压板	45	1
20	导套	ZQSn6-6-3	8
21	固定板	45	1
22	型腔板	P20	1
23	导柱	45	4
24	型芯	CrWMn	4
25	导滑板	CrWMn	1
26	支承板	45	1
27	复位杆	45	4
28	模脚	45	2
29	水嘴	45	8
30	水堵	45	24
31	拉块	45	2对
32	隔水板	45	1
33	O 形密封圈 0100×3.1		1

（a）模具总装图 　　　　（b）明细表及模具材料

图 4-2　灯座模具装配图

7. 设计模具零件，绘制工作零件图及部分非标准零件图

①工作零件之一——件 22 型腔板零件图（见图 3-127）。

②工作零件之二——件 7 整体式大型芯零件图（见图 3-128）。

③非标准零件之一——件 5 限位杆零件图（见图 4-3）。

④非标准零件之二——件 2 定模板零件图（见图 4-4）。

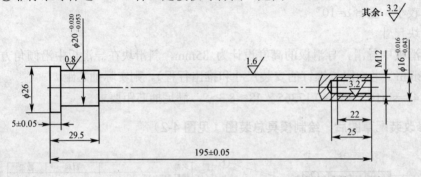

名称	灯座模	限位杆	数量	4
图号	5		比例	1:2
材料	45	调质250～290HBS		

图 4-3　限位杆

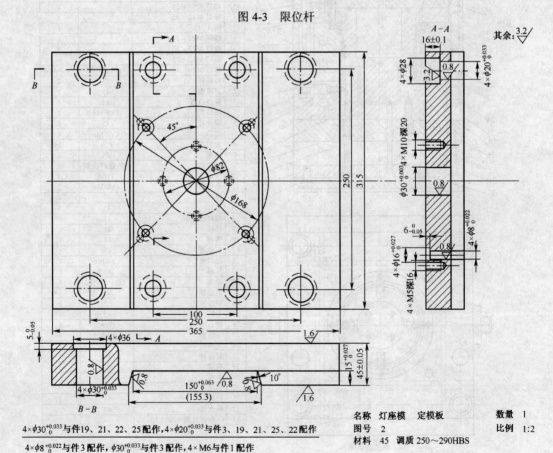

名称	灯座模	定模板	数量	1
图号	2		比例	1:2
材料	45	调质 250～290HBS		

$4 \times \phi 30_0^{+0.033}$ 与件19、21、22、25配作，$4 \times \phi 20_0^{+0.033}$ 与件3、19、21、25、22配作，

$4 \times \phi 8_0^{+0.022}$ 与件3配作，$\phi 30_0^{+0.033}$ 与件3配作，$4 \times M6$ 与件1配作

图 4-4　定模板

⑤非标准零件之三——件 4 与件 18 浇口套零件图（见图 4-5）。

⑥非标准零件之四——件 10 滑块零件图（见图 4-6）。

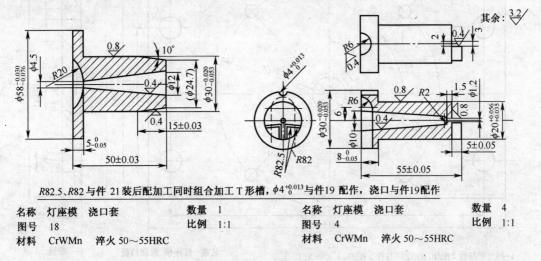

$R82.5$、$R82$ 与件 21 装后配加工同时组合加工 T 形槽，$\phi4^{+0.013}_{0}$ 与件 19 配作，浇口与件19配作

名称	灯座模	浇口套		数量	1	名称	灯座模	浇口套		数量	4
图号	18			比例	1:1	图号	4			比例	1:1
材料	CrWMn	淬火 50～55HRC				材料	CrWMn	淬火 50～55HRC			

图 4-5 浇口套

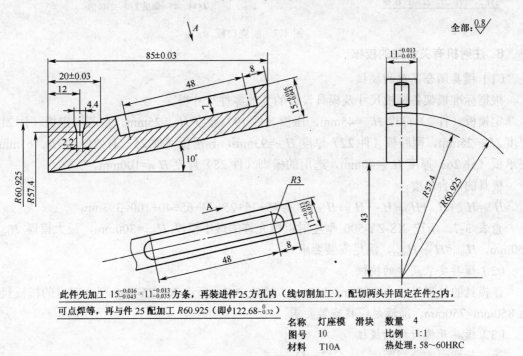

此件先加工 $15^{-0.016}_{-0.043} \times 11^{-0.013}_{-0.035}$ 方条，再装进件25方孔内（线切割加工），配切两头并固定在件25内，可点焊等，再与件 25 配加工 $R60.925$（即$\phi122.68^{0}_{-0.32}$）

名称	灯座模	滑块	数量	4
图号	10		比例	1:1
材料	T10A		热处理：	58～60HRC

图 4-6 滑块

⑦非标准零件之五——件 3 脱浇口板零件图（见图 4-7）。

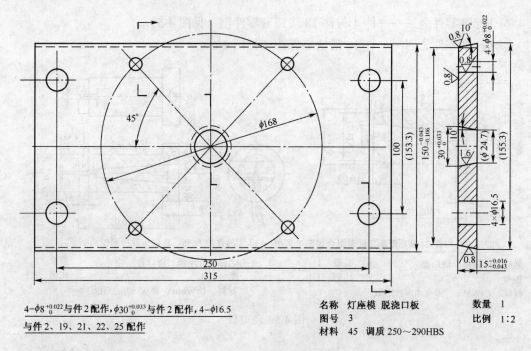

4−$\phi 8^{+0.022}_{0}$与件2配作，$\phi 30^{+0.033}_{0}$与件2配作，4−$\phi 16.5$
与件2、19、21、22、25配作

名称	灯座模 脱浇口板	数量	1
图号	3	比例	1:2
材料	45 调质 250～290HBS		

图4-7　脱浇口板

8. 注射机有关参数的校核

（1）模具闭合高度的校核

根据标准模架各模板尺寸及模具设计的其他零件尺寸得

定模板（件2）厚度 $H_定$=45mm，压板（件19）厚度 $H_压$=25mm，型芯固定板（件21）厚度 $H_固$=25mm，型腔板（件22）厚度 $H_型$=93mm，导滑板（件25）有效厚度 $H_导$=65mm，支承板（件26）厚度 $H_支$=40mm，选用的模脚（件28）厚度 $H_脚$=100mm。

模具的闭合高度：

$H_闭 = H_定 + H_压 + H_固 + H_型 + H_导 + H_支 + H_脚 = 45+25+25+93+65+40+100 = 393mm$

查表 3-7，所选 XS-ZY-500 型注射机所允许的最小模厚 H_{min}=300mm，最大模厚 H_{max}=450mm，$H_{min} < H_闭 < H_{max}$，满足安装要求。

（2）模具安装尺寸的校核

该模具的外形尺寸为 365mm×315mm，查表 3-7，所选 XS-ZY-500 型注射机的模板尺寸为 850mm×750mm，能满足模具安装要求。

（3）模具开模行程的校核

第一分型面的分型距离 $s_1 = s' + (3～5)$mm

第二分型面的分型距离 $s_2 = 10$mm

第三分型面的分型距离 $s_3 = H_芯 + H_型 + (3～5)$mm

式中　s'——浇注系统凝料在合模方向上的总长度（100mm）；

　　　$H_芯$——型芯高出分型面的高度（133mm）；

　　　$H_塑$——塑件的高度（133mm）。

模具所需要的最小开模行程

$$s=s_1+s_2+s_3=100+(3\sim5)+10+133+133+(3\sim5)$$

$$=376+(6\sim10)\text{mm}$$

查表 3-7，所选 XS-ZY-500 型注射机的最大开模行程为

$$s_{\max}=500\text{mm}$$

$s_{\max}>s$，符合开模要求。

9. 编写技术文件

①按要求编写设计计算说明书并打印（略）。

②编制模具工作零件机械加工工艺过程卡 1～2 张（略）。

10. 模拟答辩，整理资料归档

在答辩中，教师要就与课程设计相关的知识点对学生进行随机提问，考核学生对各知识点的掌握程度，并就有些疑难问题与学生一起展开讨论，以提高学生的学习能力和逻辑分析能力，使学生养成钻研思考、反复论证的学习习惯。

最后，对课程设计进行总结和评价。采取学生互评和教师评价相结合、过程评价和结果评价相结合的评价方法。

任务小结

塑件的材料、尺寸及结构形状不同，模具设计过程中所计算的项目和内容就不相同，设计的步骤和方法也就有所不同；同样，零件机械加工工艺过程卡的制定也是如此，不同的模具零件有不同的加工方法、加工要求和加工模式，在制定零件机械加工工艺过程卡中不能一概而论。

 思考题与练习

1. 什么是课程设计？进行课程设计的目的是什么？

2. 模具设计的一般步骤有哪些？

3. 模具总装图应包括哪些内容？

4. 设计说明书的主要内容有哪些？

学生分组，完成课题

1. 一塑料制件——连接座（见图 2-1），材料为 ABS；该塑件要求品质可靠、外形美观、色泽鲜艳、外表面没有斑点及熔接痕。现要大批量生产，未标注公差取 MT5 级精度，要求设计连接座注射模具，绘制注射模装配图 1 张、工作零件图 2～3 张，编制模塑成型工艺卡和成型零件机械加工工艺过程卡各 1 份，编写设计计算说明书 1 份（10～15 页）。

2. 成型塑料制件——防护罩（见图 3-240），材料为 ABS，采用注射成型大批量生产，要求塑件外表面光滑美观、色泽鲜艳、没有斑点及熔接痕，下端外缘不允许有浇灌痕迹，塑件允许最大脱模斜度为 0.5°，未标注公差取 MT5 级精度。要求设计防护罩注射模具，绘制注射模装配图 1 张、工作零件图 2～3 张，编制模塑成型工艺卡和成型零件机械加工工艺过程卡各 1 份，编写设计计算说明书 1 份（10～15 页）。

模块五　压缩模和压注模设计

如何学习

压缩模和压注模主要用于成型热固性塑料，在热塑性塑料的成型中应用较少，只在光学性能要求很高的有机玻璃片及流动性很差的热塑性塑料的成型中才采用。要学好压缩模和压注模的设计，必须结合前面所学的注射模的设计内容，找出两者之间的相同之处和不同之处。因此，要重点掌握压缩模和压注模的结构，对各种模具的结构应多与老师、同学进行分析和讨论。

什么是压缩模和压注模，两者有什么区别

压缩模又称压塑模，是塑料成型模具中一种比较简单的模具，它主要用来成型热固性塑料。压缩成型的一般过程是，将配制好的塑料原料倒入凹模上端的加料室，上、下模闭合使装于加料室和型腔中的塑料受热受压，成为熔融状态充满整个型腔，当塑件固化成型后，上、下模打开，利用顶出装置顶出塑件。

压注模又称传递模，与压缩模相同，主要用来成型热固性塑料。压注成型的一般过程是，首先闭合模具，然后将塑料加入模具加料室内，使其受热成熔融状态，在与加料室配合的压料柱塞的作用下，使熔料通过设在加料室底部的浇注系统高速挤入型腔。塑料在型腔内继续受热受压而发生交联反应并固化成型。最后打开模具取出塑件，清理加料室和浇注系统后进行下一次成型。

压缩模与压注模的最大区别在于后者设有单独的加料室和浇注系统。

任务1　压缩模设计

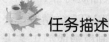

任务描述

图 5-1 所示为一塑料制件——端盖，采用以木粉为填料的热固性酚醛塑料压制而成，中等批量生产，未注圆角 $R1 \sim R2$。该制件要求外形美观、端面平整光洁、品质可靠。任务要求：设计结构合理的压缩模。

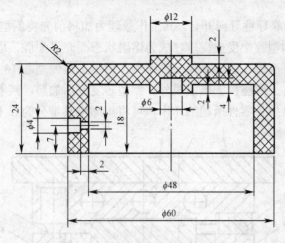

图 5-1 端盖

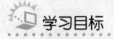 学习目标

【知识目标】

1. 掌握压缩模的结构特点及应用场合。

2. 掌握压缩模的设计要点。

【技能目标】

1. 能读懂压缩模的典型结构图和工作原理。

2. 具有确定压缩成型工艺参数和设计简单压缩模具的能力。

3. 能够正确计算压缩模成型零件的工作尺寸及加料腔尺寸。

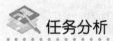 任务分析

该塑件为端盖，材料为酚醛塑料，属于热固性塑料，该塑料的成型性能好，特别适用于压缩成型，因此可以选用压缩模来成型该塑件。从零件图上分析，该塑件总体上为圆筒形，侧面有一阶梯孔，因此，在模具上必须设置侧向分型与抽芯机构，在压缩模具中，侧向分型与抽芯机构多以手动为主。下面我们就针对该任务，学习压缩模具的结构及有关设计等专业知识。

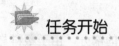 任务开始

基本概念

一、压缩模结构组成与分类

（一）压缩模具的基本结构

典型的压缩模具结构如图 5-2 所示，它可分为固定于压力机上工作台的上模和下工作台

的下模两部分，两部分靠导柱导向开合。其工作原理为加料前先将侧型芯复位，加料合模后，热固性塑料在加料腔和型腔中受热受压，成为熔融状态而充满型腔，固化成型后开模。开模时，上工作台上移，上凸模 3 脱离下模一段距离，用手工将侧型芯 18 抽出，下液压缸工作，推板 15 推动推杆 11 将上模座板 1 推出模外。侧型芯复位后加料，接着又开始下一个压缩成型循环。一般根据模具中各零件所起的作用，可将压缩模具细分为以下几个基本组成部分。

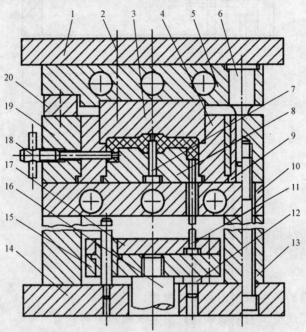

1—上模座板；2—螺钉；3—上凸模；4—加料室（凹模）；5、10—加热板；6—导柱；7—型芯；

8—下凸模；9—导套；11—推杆；12—支承钉；13—垫块；14—下模座板；15—推板；16—拉杆；

17—推杆固定板；18—侧型芯；19—型腔固定板；20—承压块

图 5-2　压缩模具结构

1. 型腔

型腔是直接成型制品的部位，加料时与加料腔一同起装料作用。图 5-2 中的模具型腔由上凸模 3、下凸模 8、型芯 7 和凹模 4 等组成。

2. 加料腔

加料腔在图 5-2 中指凹模 4 的上半部。图中为凹模断面尺寸扩大的部分，由于塑料与塑件相比具有较大的比容，塑件成型前单靠型腔往往无法容纳全部原料，因此在型腔之上设有一段加料腔。

3. 导向机构

导向机构在图 5-2 中由布置在模具上周边的四根导柱 6 和导套 9 组成。导向机构用来保证上、下模合模的对中性。为了保证推出机构上下运动平稳，该模具在下模座板 14 上设有两根推板导柱，在推板上还设有推板导套。

4. 侧向分型抽芯机构

在成型带有侧向凹凸或侧孔的塑件时，模具必须设有各种侧向分型抽芯机构，塑件方能脱出，图 5-2 中的塑件有一侧孔，在推出之前转动手动丝杠抽出侧型芯 18。

5. 脱模机构

固定式压缩模在模具上必须有脱模机构，图 5-2 中的脱模机构由推板 15、推杆固定板 17、推杆 11 等零件组成。

6. 加热系统

热固性塑料压塑成型需在较高的温度下进行，因此模具必须加热。图 5-2 中在加热板 5、10 的圆孔中插入电加热棒分别对上凸模、下凸模和凹模进行加热。在压缩成型热塑性塑料时，在型腔周围开设温度控制通道，在塑化和定型阶段，分别通入蒸汽进行加热或通入冷水进行冷却。

（二）压缩模具类型

压缩模的分类方法有很多，可按模具在液压机上的固定方式分类，也可按模具加料室的形式进行分类。下面就其中的几种形式进行介绍。

1. 按模具在液压机上的固定方式分类

（1）移动式压缩模

移动式压缩模具如图 5-3 所示。模具的特点是模具不固定在液压机上，成型后将模具移出液压机，用卸模专用工具（如卸模架）开模，先抽出侧型芯，再取出塑件。在清理加料室后，将模具重新组合好，然后放入液压机内再进行下一个循环的压缩成型。其模具结构简单，制造周期短。但因加料、开模、取件等工序均为手工操作，模具易磨损，劳动强度大，模具质量一般不宜超过 20kg。它适合于压缩成型批量不大的中小型塑件，以及形状较复杂、嵌件较多、加料困难及带有螺纹的塑件。

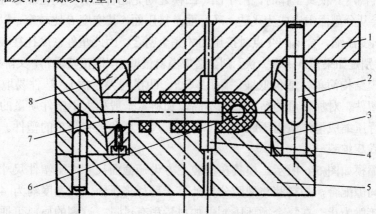

1—凸模（上模）；2—导柱；3—凹模（加料室）；4—型芯；5—下凸模；6、7—侧型芯；8—凹模拼块

图 5-3　移动式压缩模

（2）半固定式压缩模

半固定式压缩模如图 5-4 所示。开合模在机内进行，一般将上模固定在液压机上，下模可沿导轨（下模增设一组导轨，将工作台接长。装料时把下模沿导轨拉出，压缩时推进、定位）移动，用定位块定位。也可按需要采用下模固定的形式，工作时移出上模。脱模时，可以在装料位置上用卸模架或其他卸模工具脱出制品。该结构便于安放嵌件和加料，可减小劳动强度。当移动式模具过重或嵌件较多时，为便于操作，可采用此类模具。

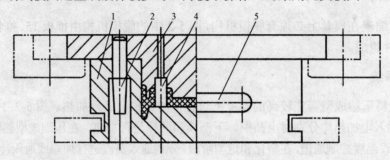

1—凹模（加料室）；2—导柱；3—凸模（上模）；4—型芯；5—手柄

图 5-4　半固定式压缩模

（3）固定式压缩模

固定式压缩模具如图 5-2 所示。模具的特点是上模连同加热器板固定在普通液压机的动梁上，下模固定在工作台上。脱模时，由液压机的下推杆通过推出机构将制品推出。由于开模、合模、脱模等工序均在液压机内进行，故生产效率高、操作简单、劳动强度小、模具寿命长，但结构复杂、成本高，且安放嵌件不方便。此类模具适用于成型批量较大或尺寸较大的塑件。

2. 按模具加料室的形式分类

（1）溢式压缩模

溢式压缩模具如图 5-5 所示。这种模具没有单独的加料腔，型腔就是加料腔，型腔高度 h 基本上就是塑件高度。模具工作时，由于凸、凹模之间无配合部分，完全靠导柱定位，故加压后多余的塑料会从分型面溢出成为飞边。环行面是挤压面，其宽度 B 比较窄，以减薄塑件的飞边。合模时原料受压缩，合模到终点时挤压面才完全密合。因此塑件密度往往较低，强度等力学性能不高。特别是如果模具闭合太快，则会造成溢料量增加，既浪费原料，又降低了制品密度。

溢式压缩模结构简单，造价低廉、耐用（凸、凹模间无摩擦），塑件易取出，通常可用压缩空气吹出塑件。对加料量的精度要求不高，加料量一般稍大于塑件质量的 5%～9%，常用预压型坯进行压缩成型，适用于成型厚度不大、尺寸小和形状简单的塑件。

（2）半溢式压缩模

半溢式压缩模如图 5-6 所示。模具在型腔上方设一截面尺寸大于塑件尺寸的加料腔，凸模与加料腔呈间隙配合，加料腔与型腔分界处有一环行挤压面，其宽度约为 4～5mm，凸模下压到挤压面接触为止，在每个循环压制中加料量稍有过量，过剩的原料可通过配合间隙或从凸模上专门开出的溢料槽中排出。溢料速度可通过间隙大小和溢料槽数目进行调节，其塑件的紧密程度比溢式压缩模好。

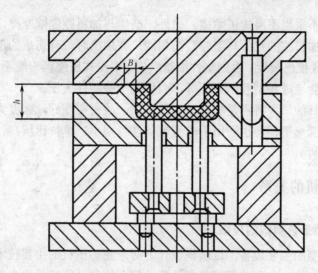

图 5-5 溢式压缩模

半溢式压缩模操作方便，加料时只需简单地按体积计量，而制品的高度尺寸由型腔高度 h 决定，可达到每模基本一致，它主要用于粉状塑料的压缩成型。此外，由于加料腔尺寸比塑件截面大，凸模不沿着模具型腔侧壁摩擦，不划伤型腔侧壁表面，因此塑件推出时不会损伤塑件外表面。用它成型带有小嵌件的塑件比用溢式压缩模具好，因为后者常需用预压物压缩成型，容易引起嵌件破碎。

（3）不溢式压缩模

不溢式压缩模如图 5-7 所示。这种模具型腔较深，加料腔为型腔上部截面的延续，无挤压面。凸模与加料腔有较高精度的间隙配合，故塑件径向壁厚尺寸精度较高。理论上液压机所施的压力将全部作用到塑件上，塑件的密度高，塑料的溢出量很少，使塑件在垂直方向上形成很薄的飞边，这些飞边容易被去除。配合高度不宜过大，不配合部分可以将凸模上部截面减小如图 5-7 所示。

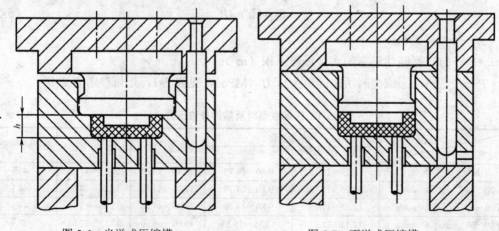

图 5-6 半溢式压缩模   图 5-7 不溢式压缩模

不溢式压缩模具由于塑料的溢出量极少，因此加料量的多少直接影响着塑件的高度尺寸，每模加料都必须准确称量，所以塑件高度尺寸精度不易保证，因此流动性好、容易按体积计量的塑料一般不采用不溢式压缩模。另外，凸模与加料腔侧壁摩擦，不可避免地会擦伤加料腔侧壁，同时加料腔的尺寸与型腔截面相同，在顶出时带有伤痕的加料腔会损伤塑件外表面。模具必须设置推出装置，否则塑件很难取出。不溢式压缩模一般不设计成多型腔模具，因为加料不均衡就会造成各型腔压力不等，而引起一些制件欠压。

不溢式压缩模具的最大特点是塑件承受压力大，故密实性好，强度大，因此适用于成型形状复杂、壁薄和深形塑件，也适用于成型流动性特别小、单位比压高、比容大的塑料（如酚醛布基填料的塑料）。

二、压缩模与压机的关系

（一）压机有关工艺参数的校核

压机是压缩成型的主要设备，压缩模设计者必须熟悉压机的主要技术规范，特别是压机的总压力、开模力、推出力和装模部分有关尺寸等。例如，压机的成型总压力如果不足，则生产不出性能与外观合格的塑件，反之又会造成设备生产能力的浪费。在设计压缩模时应首先对压机作下述几方面的校核。

1. 成型总压力的校核

成型总压力是指塑料压缩成型时所需的压力。它与塑件几何形状、水平投影面积、成型工艺等因素有关，成型总压力必须满足：

$$F_M \leqslant K F_P \qquad (5-1)$$

式中　F_M——用模具成型塑件所需的成型总压力（N）；

　　　F_P——压机的公称压力（N）；

　　　K——修正系数（0.75～0.90），视压机新旧程度而定。

模具成型塑件时所需总压力如下：

$$F_M = 10^6 nAP \qquad (5-2)$$

式中　n——型腔数目；

　　　A——每一型腔加料室的水平投影面积（m^2）；

　　　P——塑料压缩成型时所需的单位压力（MPa），见表 5-1，还可参考表 2-10。

表 5-1　压缩成型时所需的单位压力　　　　　　　　　　　MPa

塑件特征＼塑料品种	酚醛塑料粉		布基塑料	氨基塑料	酚醛石棉塑料
	不　预　热	预　　　热			
扁平厚壁塑件	12.25～17.15	9.80～14.70	29.40～39.20	12.25～17.15	44.1
高 20～40　壁厚 4～6mm	12.25～17.15	9.80～14.70	34.30～44.10	12.25～17.15	44.1
高 20～40　壁厚 2～4mm	12.25～17.15	9.80～14.70	39.20～49.00	12.25～17.15	44.1
高 40～60　壁厚 4～6mm	17.15～22.05	12.25～15.39	49.00～68.60	17.15～22.05	53.9
高 40～60　壁厚 2～4mm	24.50～29.40	14.70～19.60	58.80～78.40	24.50～29.40	53.9
高 60～100　壁厚 4～6mm	24.50～29.40	14.70～19.60	—	24.50～29.40	53.9
高 60～100　壁厚 2～4mm	26.95～34.30	17.15～22.05	—	26.95～34.90	53.9

当选定压机即确定压机的压缩成型能力后，可确定型腔的数目，从式（5-1）和式（5-2）中可得

$$n \leqslant \frac{KF_P}{10^6 AP} \tag{5-3}$$

2. 开模力和脱模力的校核

（1）开模力的计算

开模力可按下式计算：

$$F_k = k_1 F_M \tag{5-4}$$

式中 F_k——开模力（N）；

k_1——系数。塑件形状简单、配合环（凸模与凹模相配合部分）不高时取 0.1；配合环较高时取 0.15；形状复杂、配合环较高时取 0.2。

用机器力开模，因 $F_P > F_M$，F_k 是足够的，则不需要校核。

（2）脱模力计算

脱模力是将塑件从模具中顶出的力，必须满足

$$F_d > F_t \tag{5-5}$$

式中 F_d——压机的顶出力（N）；

F_t——塑件从模具内脱出所需的力（N）。

脱模力公式计算如下：

$$F_t = 10^6 A_c P_j \tag{5-6}$$

式中 A_c——塑件侧面积之和（m^2）；

P_j——塑件与金属的结合力（MPa），见表 5-2。

表 5-2 塑件与金属的结合力   MPa

塑 料 性 质	P_j
含木纤维和矿物填料的塑料	0.49
玻璃纤维塑料	1.47

3. 压缩模合模高度和开模行程的校核

为了使模具正常工作，就必须使模具的闭合高度和开模行程与液压机上、下工作台面之间的最大和最小开距，以及活动压板的工作行程相适应，

即

$$h_{\min} \leqslant h \leqslant h_{\max} \tag{5-7}$$

$$h = h_1 + h_2 \tag{5-8}$$

式中 $h_{\min}$——压机上、下模板之间的最小距离；

$h_{\max}$——压机上、下模板之间的最大距离；

h——合模高度；

h_1——凹模的高度（见图 5-8）；

h_2——凸模台肩高度（见图 5-8）。

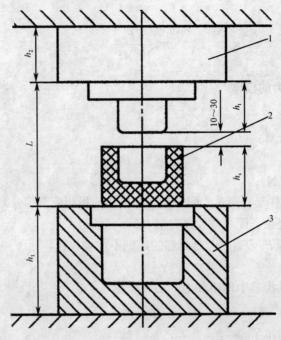

1—凸模；2—塑件；3—凹模

图 5-8　模具高度和开模行程

如果 $h < h_{min}$，则上、下模不能闭合，压机无法工作，这时在上、下压板间必须加垫板，以保证 $h_{min} \leqslant h+$垫板厚度。

除满足 $h_{max} > h$ 外，还要求 h_{max} 大于模具的闭合高度加开模行程之和，如图 5-8 所示，以保证顺利脱模，即

$$h_{max} \geqslant h+L$$
$$L = h_s + h_t + (10 \sim 30)\text{mm}$$

故　　　　　　　　　　　　$h_{max} \geqslant h + h_s + h_t + (10 \sim 30)\text{mm}$　　　　　　　　（5-9）

式中　h_s——塑件高度（mm）；

　　　h_t——凸模高度（mm）；

　　　L——模具最小开模距（mm）。

4. 压机工作台面有关尺寸的校核

模具设计时应根据压机工作台面规格及结构来确定模具相应的尺寸。模具宽度应小于压机立柱或框架之间的距离，使模具能顺利地通过其间隙在工作台上安装。压缩模具的最大外形尺寸不应超过压机工作台面尺寸，以便于模具的安装固定。

压机的上、下工作台都设有 T 形槽，有的 T 形槽沿对角线交叉开设，有的则平行开设。模具可直接用螺钉分别固定在上、下工作台上，但模具上的固定螺钉孔（或长槽、缺口）应与工作台的上、下 T 形槽位置相符合，模具也可用压板螺钉压紧固定，这时上模底板与下模底板上的尺寸就比较自由，只需设有宽度为 15～30mm 的凸缘台阶即可。

5. 模具推出机构与压机的关系

除小型简易压机不设任何顶出机构外，上压式压机顶出机构常见的有手动顶出机构、顶出托架和液压顶出机构三种。

（1）手动顶出机构

手动顶出机构如图 5-9（a）所示，通过手轮或手柄带动齿轮旋转，齿轮与下模板正中的顶出杆齿条相互啮合而得到顶出与回程运动。

（2）顶出托架

顶出托架如图 5-9（b）所示，在上、下工作台两边有对称的两根拉杆，当上工作台升到一定的高度时，与拉杆调节螺母相接触，通过两侧的拉杆拖动位于下工作台下方的托架（横梁），托架托起中心顶杆顶出塑料制件。

（3）液压顶出机构

液压顶出机构如图 5-9（c）所示，在下工作台正中设有顶出液压缸，缸内有差动活塞，可带动顶杆作往复运动，顶杆的正中可通过螺纹孔或 T 形槽与顶出机构的尾轴相连接。

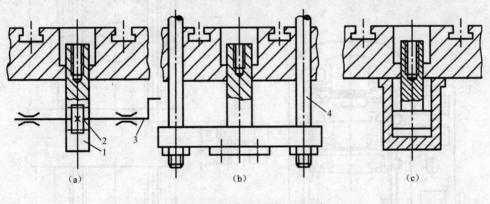

1—齿条；2—齿轮；3—手柄；4—拉杆

图 5-9　压机的顶出机构

压缩模具的推出机构应与压机顶出机构相适应，模具所需的推出行程应小于压机最大顶出行程。此外模具的推出机构与压机顶出机构是通过尾杆来连接的，所以尾轴的结构必须与压机和模具的推出机构相适应。

（二）国产压机的主要技术规范

压机按其传动方式分为机械式压机和液压机，前者常见的有螺旋式压机，它通过一根垂直安装的可升降的旋转丝杆来推动上压板作往复运动，为了增大压机的压力，丝杆头上带有一转盘（惯性轮），而转盘的旋转运动是通过带轮、摩擦轮或人力来拖动的，此外，还有双曲柄杠杆式压机等。机械式压机的压力不准确、运动噪声大、容易磨损，特别是用人力驱动的手板压机，劳动强度很大，工厂已极少采用。

液压机按其结构可分为上压式液压机和下压式液压机。用于生产塑料制件的多为下工作台固定不动的上压式液压机，因为它使用起来比下压式方便。图 5-10、图 5-11 所示为部分国产上压式液压机。图中仅标出了一些与安装模具有关的参数，各种压机的技术参数详见有关手册。

　　液压机按动力来源可分为由中央蓄力站供给压力液的液压机和带有单独液压泵的液压机两种。由于前者工作液多为油水混合的乳化油或水，因此又称水压机，水压机本身不带动力系统，因此结构简单，价格便宜，但它必须配备中央蓄力系统，该系统供应压机两种压力水：高压水（20MPa）用于压制、分模和顶出；低压水（0.8～5MPa）用于快速合模，国内除一些老厂继续使用着各种型号的水压机外，新建厂或新购置的设备已很少采用这种水压机。目前，大量使用的是带有单独液压泵的液压机，其工作液多为油，故称油压机。此种压机的油压可进行调节，其最高工作油压多采用 30MPa，此外还有 16MPa、32MPa、50MPa 等数种，本书所举各型压机皆为国产油压机。油压机多数具有半自动或全自动操作系统，对压缩成型时间等可进行自动控制。

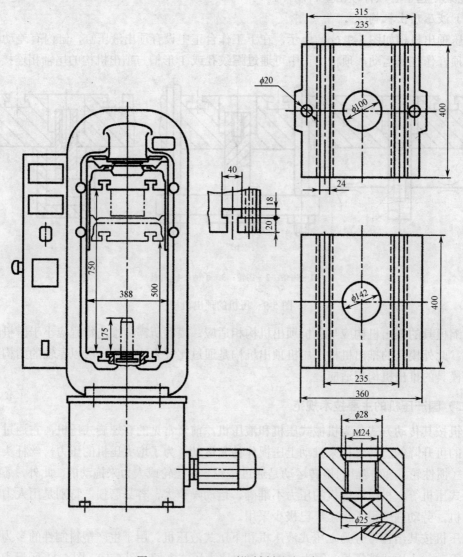

图 5-10　SY71-45 型塑料制品液压机

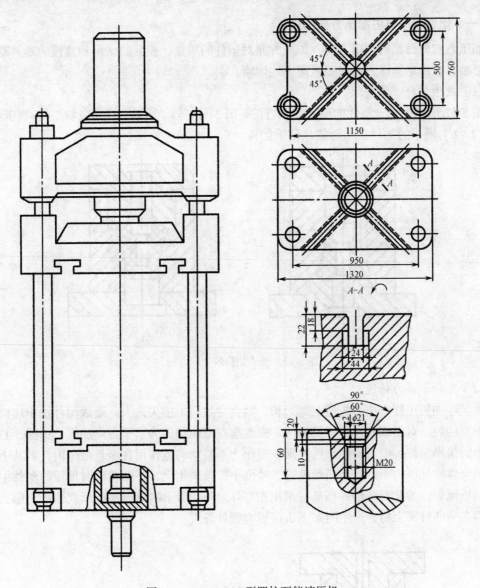

图 5-11　YB32-200 型四柱万能液压机

三、压缩模成型零部件设计

与塑料直接接触用以成型塑件的零件称为成型零件，压缩模具的成型零件包括上凸模、下凸模、凹模、型芯、嵌件、瓣合模及模套等。成型零件组成压缩模的型腔，由于压缩模加料腔与型腔凹模连成一体，因此，加料腔结构和尺寸计算也将在本任务中讨论。在设计压缩模时，首先应确定型腔的总体结构、凹模和凸模之间的配合形式及成型零件的结构。在型腔结构确定后还应根据塑件尺寸确定型腔成型尺寸；根据塑件质量和塑件品种确定加料腔尺寸；根据型腔结构和尺寸、压缩成型压力大小确定型腔壁厚等。

（一）塑件在模具内加压方向选择

加压方向即凸模的作用方向。加压方向对塑件的质量、模具的结构和脱模的难易都有重要的影响，在决定施压方向时要考虑下述因素。

（1）便于加料

图 5-12 所示为同一塑件的两种加压方法。图 5-12（a）所示的加料室较窄，不利于加料；图 5-12（b）所示的加料室大而浅，便于加料。

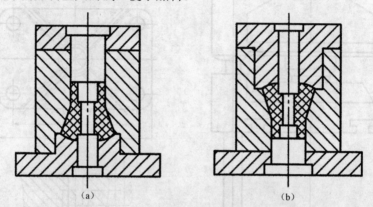

图 5-12　便于加料的加压方向

（2）有利于压力传递

如果在加压过程中压力传递距离太长，则会导致压力损失太大，造成塑件组织疏松、密度上下不均匀。对于细长杆、管类塑件，应改垂直方向加压为水平方向加压。如图 5-13（a）所示的圆筒形塑件，沿着轴线加压，则成型压力不易均匀地作用在全长范围内，若从上端加压，则塑件底部压力小，底部质地疏松、密度小；若采用上、下凸模同时加压则塑件中部会出现疏松现象。为此可将塑件横放，采用图 5-13（b）所示的横向加压形式即可克服上述缺陷，但在塑件外圆上将会产生两条飞边，影响塑件外观。

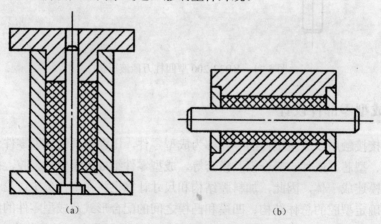

图 5-13　有利于压力传递的加压方向

（3）便于安放和固定嵌件

当塑料制件上有嵌件时，应优先考虑将嵌件安放在下模上。图 5-14（a）所示将嵌件安放在上模，既费事，又有嵌件不慎落下压坏模具之虑。图 5-14（b）所示将嵌件改装在下模，成为倒装式压缩模，不但操作方便，而且可以利用嵌件来顶出塑件。

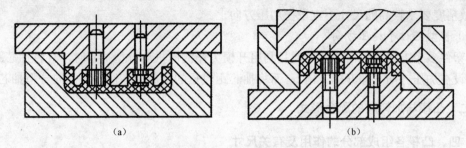

图 5-14　便于安放嵌件的加压方向

（4）便于塑料流动

要使塑料便于流动，加压时应使料流方向与压力方向一致。如图 5-15（a）所示，型腔设在上模，凸模位于下模，加压时，塑料逆着加压方向流动，同时由于在分型面上需要切断产生的飞边，故需要增大压力。而图 5-15（b）中，型腔设在下模，凸模位于上模，加压方向与料流方向一致，能有效地利用压力。

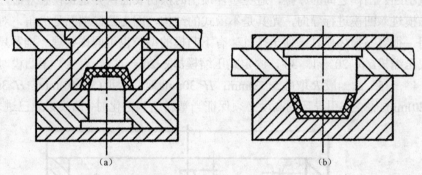

图 5-15　便于塑料流动的加压方向

（5）保证凸模的强度

无论是从正面还是从反面加压都可以成型，但加压时上凸模受力较大，故上凸模形状越简单越好。图 5-16（b）所示的结构要比图 5-16（a）所示的结构更为合理。

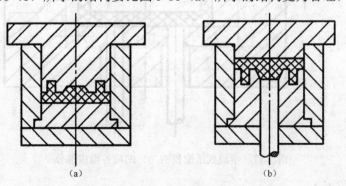

图 5-16　有利于凸模强度的加压方向

（6）保证重要尺寸的精度

沿加压方向的塑件高度尺寸因溢边厚度不同和加料量不同而变化（尤其是不溢式压缩模），故精度要求较高的尺寸不宜设在加压方向上。

（7）长型芯位于施压方向

当塑件多个方向需侧向抽芯，而且利用开模力作侧向机动分型抽芯时，宜将抽芯距离长的型芯设在加压方向（即开模方向），而将抽芯距较短的型芯设在侧面作侧向分型抽芯。

（二）凸模与加料腔的配合形式

1. 凹、凸模各组成部分的作用及有关尺寸

以半溢式压缩模为例，凹、凸模一般有引导环、配合环、挤压环、储料槽、排气溢料槽、承压面、加料腔等部分组成，如图 5-17 所示，它们的作用如下所述。

（1）引导环（L_1）

引导环为导正凸模进入凹模的部分，除加料腔极浅（高度在 10mm 以内）的凹模外，一般在加料腔上部设有一段长为 L_1 的引导环，引导环有一 α 角的斜度，并设有圆角 R。引导环的作用是减小凹、凸模之间的摩擦，避免塑件顶出时擦伤表面，并延长模具寿命，减小开模阻力；对凸模进入凹模进行导向，尤其是不溢式的结构，因为凸模端面是尖角，对凹模侧壁有剪切作用，很容易损坏模具；便于排气。有下凸模的型腔也可同样处理。推荐尺寸如下：

移动式压缩模 α 取 $20'\sim1°30'$，固定式压缩模 α 取 $20'\sim1°$。有上、下凸模时，为加工方便，α 取 $4°\sim5°$。一般 R 取 $(1.5\sim2)$mm；$H<30$mm 时，L_1 取 $(5\sim10)$mm；$H\geqslant30$mm 时，L_1 取 $(10\sim20)$mm。总之，引导环的高度必须保证当塑料达到融化时，凸模必须已进入配合环。

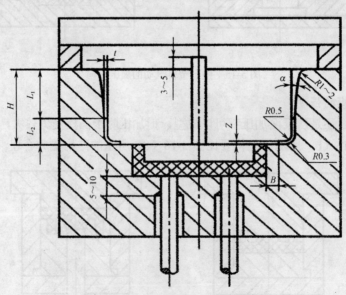

图 5-17　半溢式压缩模的凸、凹模各组成部分

（2）配合环（L_2）

配合环是凸模与凹模加料腔的配合部分，它的作用是保证凸模与凹模定位准确，阻止塑

料溢出，通畅地排出气体。凹、凸模配合间隙应按照塑料的流动性及塑件尺寸大小而定。对于移动式模具，凹、凸模经热处理的可采用 H8/f7 的配合，形状复杂的可采用 H8/f8 的配合，更正确的办法是用热固性塑料的溢料值作为决定间隙的标准，一般取其单边间隙 $t=(0.025\sim0.075)$mm。配合环的长度 L_2 应按凹、凸模的配合间隙而定。移动式模具取 $L_2=(4\sim6)$mm；固定式模具，若加料腔高度 $H \geqslant 30$mm 时，取 $L_2=(8\sim10)$mm。

型腔下面的推杆或活动下凸模与对应孔之间的配合也可以采取与上述性质类似的配合，配合长度不宜过长，否则活动不灵活或卡死，一般取配合长度为 5～10mm。孔下段不配合的部分可以加大孔径，或将该段作成 4°～5° 的斜孔。

（3）挤压环（B）

挤压环的作用是限制凸模下行位置，并保证最薄的水平飞边。挤压环主要用于半溢式和溢式压缩模，不溢式压缩模没有挤压环。挤压环的形式如图 5-18 所示，挤压环的宽度 B 值按塑件大小及模具用钢而定。一般中小型模具，钢材较好时取 $B=(2\sim4)$mm，大型模具取 $B=(3\sim5)$mm。

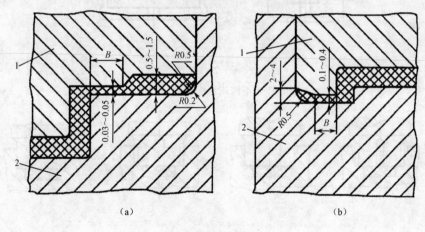

1—凸模；2—凹模

图 5-18　挤压环的形式

（4）储料槽

储料槽的作用是排出余料，因此，凹、凸模配合后应留有小空间 Z（$Z=0.5\sim1.5$mm）作储料槽。为避免填充不足，压缩模的加料必须比实际用料多，而此多余的料会造成合模方向上的尺寸误差，所以必须使多余料有储存的空间。半溢式压缩模的储料槽形式如图 5-17 所示；不溢式压缩模的储料槽设计在凸模上，如图 5-19 所示，这种储料槽不能设计成连续的环形槽，否则余料会牢固地包在凸模上难以清理。

（5）排气溢料槽

为了减少飞边，保证塑件的精度及质量，成型时必须将产生的气体及余料排出模外。一般可通过压缩过程中的"放气"操作或利用凹、凸模配合间隙来实现排气。但当成型形状复杂的塑件及流动性较差的纤维填料塑料，或在压缩时不能排出气体时，则应在凸模上选择适当位置开设排气溢料槽。

图 5-20 所示为半溢式压缩模排气溢料槽的形式。图 5-20（a）所示为圆形凸模上开设出

四条 0.2～0.3mm 的凹槽,凹槽与凹模内圆面间形成溢料槽;图 5-20(b)所示为在圆形凸模上磨出深 0.2～0.3mm 的平面进行排气溢料;图 5-20(c)、(d)所示为矩形截面凸模上开设排气溢料槽的形式。排气溢料槽应开到凸模的上端,使合模后高出加料腔上平面,以便使余料排出模外。

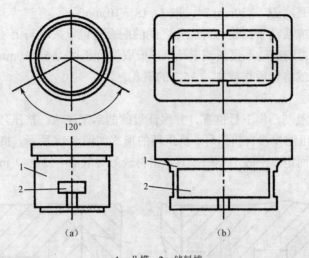

1—凸模;2—储料槽

图 5-19 不溢式压缩模的储料槽

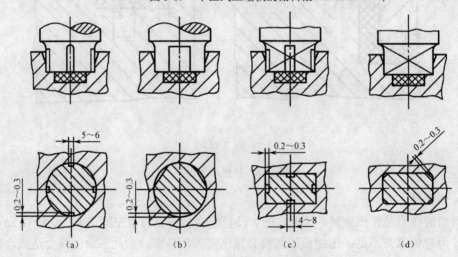

图 5-20 半溢式压缩模排气溢料槽

(6)承压面

承压面的作用是减少轻挤压环的载荷,延长模具的使用寿命。若无承压面,则凸模压力直接全部加于制品上,当压强过大时,容易破坏型腔精度。承压面的结构形式如图 5-21 所示。图 5-21(a)所示的结构形式是以挤压环作为承压面,模具容易变形或压坏,但飞边较薄;图 5-21(b)所示的形式是凹、凸模之间留有 0.03～0.05mm 的间隙,由凸模固定板与凹模上端面作承压面,可防止挤压边变形损坏,延长模具寿命,但飞边较厚,主要用于移动式压缩模。对于固定式压缩模,最好采用如图 5-21(c)所示承压块的形式,通过调节承压块的厚度来控制凸模进入凹模的深度或与挤压边缘之间的间隙，减小飞边厚度，承受压机余压，有时还可调节塑件高度。

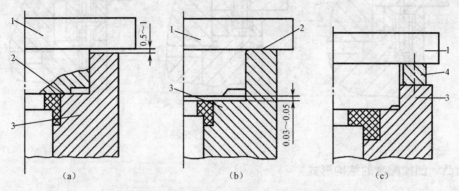

1—凸模；2—承压面；3—凹模；4—承压块

图 5-21　压缩模承压面的结构形式

承压块的形式如图 5-22 所示，矩形模具用长条形的，如图 5-22（a）所示；圆形模具用弯月形的，如图 5-22（b）所示；小型模具可用如图 5-22（c）所示的圆形或如图 5-22（d）所示的圆柱形，它们的厚度一般为 8～10mm。安装形式有单面安装和双面安装，如图 5-23 所示。承压块材料可用 T7、T8 或 45 钢，硬度为 HRC 35～40。

（7）加料腔

加料腔是容纳塑料粉料用的空间，其结构形式及有关计算将在后面讨论。

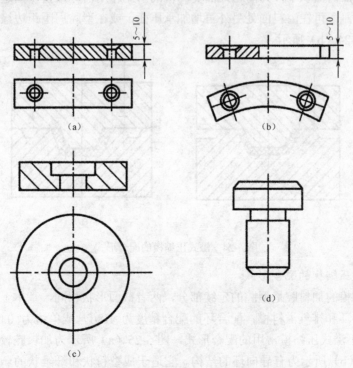

图 5-22　承压块的形式

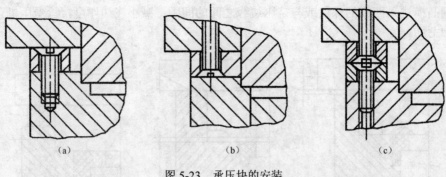

图 5-23　承压块的安装

2. 凸、凹模配合的结构形式

各类压缩模的凸模和加料腔（凹模）的配合结构各不相同，因此应从塑料特点、塑件形状、塑件密度、脱模难易、模具结构等方面加以合理选择。压缩模凸模与凹模配合的结构形式及该处的尺寸是模具设计的关键所在，结构形式如设计恰当，就能使压缩工作顺利进行，生产的塑件精度高、质量好。其形式和尺寸依压缩模类型的不同而不同。

（1）溢式压缩模的配合形式

溢式压缩模没有加料腔，仅利用凹模型腔装料，凸模与凹模没有引导环和配合环，只是在分型面水平接触。为了减少溢料量，接触面要光滑平整；为了使毛边变薄，接触面积不宜太大，一般设计成宽度为 3～5mm 的环形面，因此该接触面称为溢料面或挤压面，如图 5-24（a）所示。由于溢料面积小，为防止此面受压机的余压作用而导致挤压面过早压塌、变形或磨损，使取件困难，可在溢料面处另外再增加承压面，或在型腔周围距边缘 3～5mm 处开设溢料槽，如图 5-24（b）所示。

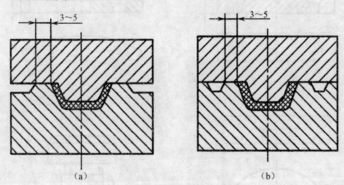

图 5-24　溢式压缩模的配合形式

（2）不溢式压缩模的配合形式

不溢式压缩模的加料腔是型腔的延续部分，两者截面形状相同，基本上没有挤压边，但有引导环、配合环和排气溢料槽，配合环的配合精度为 H8/f7 或单边为 0.025～0.075mm。图 5-25 所示为不溢式压缩模常用的配合形式，图 5-25（a）所示为加料腔较浅、无导向环的结构；图 5-25（b）所示为有导向环的结构。它适于成型粉状和纤维状的塑料，因其流动性较差，应在凸模表面开设排气槽。

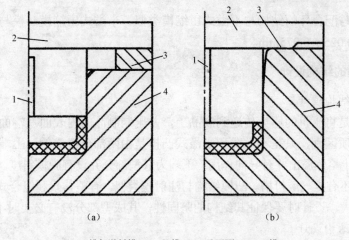

1—排气溢料槽；2—凸模；3—承压面；4—凹模

图 5-25　不溢式压缩模的配合形式

　　上述配合形式的最大缺点是凸模与加料腔侧壁的摩擦使加料腔逐渐损伤，造成塑件脱模困难，而且塑件外表面很易擦伤，为此可采用图 5-26 所示的改进形式。图 5-26（a）所示为将凹模型腔延长 0.8mm 后，每边向外扩大 0.3～0.5mm，减小塑件顶出时的摩擦，同时凸模与凹模间形成空间，供排除余料用；图 5-26（b）所示为将加料腔扩大，然后倾斜 45° 的形式；图 5-26（c）所示为适于带斜边的塑件，当成型流动性差的塑料时，在凸模上仍需开设溢料槽。

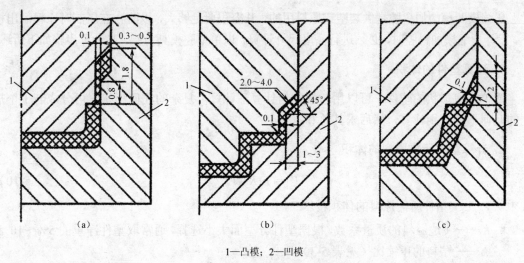

1—凸模；2—凹模

图 5-26　不溢式压缩模的改进形式

（3）半溢式压缩模的配合形式

　　半溢式压缩模的配合形式如图 5-17 所示，这种形式的最大特点是带有水平的挤压环，同时凸模与加料腔间的配合间隙或溢料槽可以排气溢料。凸模的前端制成半径为 0.5～0.8mm 的圆角或 45° 的倒角。加料腔的圆角半径则取 0.3～0.5mm，这样可增加模具强度，便于清理废料。对于加料腔较深的凹模，也需设置引导环，加料腔深度小于 10mm 的凹模可直接制出配合环，引导环与配合环的结构与不溢式压缩模类似。半溢式压缩模凸模与加料腔的配合为 H8/f7 或单边为 0.025～0.075mm。

3. 凸、凹模的结构设计

（1）凸模的结构设计

凸模的作用是将压机的压力传递到制品上，并压制制品的内表面及端面。压缩模的凸模与注射模没有本质区别，只是不溢式和半溢式凸模是由两部分组成的：上端与加料腔的配合环部分配合，防止熔体溢出并有导向作用；下端为成型部分并设有脱模斜度。同时不溢式和半溢式上凸模周围还有排气溢料槽。凸模结构与注射模类似，有整体式和组合式等形式。压缩模具的凸模受力很大，设计时要保证其结构的坚固性，其成型部分没有必要时不宜做成组合式。

（2）凹模的结构设计

凹模一般设在下模，形状相对来说比较复杂。凹模的结构同样有整体式和组合式之分。对于溢式压缩模具，凹模深度等于制品高度；对于不溢式压缩模具，凹模则包括型腔和加料腔。整体式凹模的特点是结构坚固，适于外形简单、容易加工的型腔。当型腔复杂时，为便于加工，可将加料腔和型腔或型腔本身做成组合式的。

组合式凹模同样有整体嵌入式、局部镶拼式、底部镶拼式、侧壁镶拼式和四壁拼合式等形式。压缩模在施压时塑料尚未充分塑化，型腔内各向受力很不匀衡，因此要特别注意镶拼结构的牢固性。具体结构可以参照注射模的凹模结构。

（三）加料腔尺寸的计算

压缩模凹模的加料腔是供装塑料原料用的。其容积要足够大，以防止在压制时原料溢出模外。设计压缩模加料腔时，必须进行高度尺寸计算，以单型腔模具为例，其计算步骤如下所述。

1. 计算塑件的体积

简单几何形状的塑件，可以用一般几何计算法计算；复杂的几何形状，可分成若干个规则的几何形状分别计算，然后求其总和。

2. 计算塑件所需原料的体积

$$V_{sl}=(1+K)kV_s \tag{5-10}$$

式中　V_{sl}——塑件所需原料的体积；

　　　K——飞边溢料的质量系数，根据塑件分型面大小选择，通常取塑件净重的 5%～10%；

　　　k——塑料的压缩比（见表 5-3）；

　　　V_s——塑件的体积。

表 5-3　常用热固性塑料的比容、压缩比

塑料名称	比容 v（cm³/g）	压缩比 k
酚醛塑料（粉状）	1.8～2.8	1.5～2.7
氨基塑料（粉状）	2.5～3.0	2.2～3.0
碎布塑料（片状）	3.0～6.0	5.0～10.0

还可以根据塑件的质量求得其塑料原料的体积（塑件的质量可直接用天平称量出）：

$$V_{sl} = (1+K)\,mv \tag{5-11}$$

式中　　m——塑件的质量；

　　　　v——塑料的比容（见表 5-3）。

3. 计算加料腔的高度

加料腔断面尺寸可根据模具类型确定，不溢式压缩模的加料腔截面尺寸与型腔截面尺寸相等；半溢式压缩模的加料腔由于有挤压面，所以加料腔截面尺寸应等于型腔截面尺寸加上挤压面的尺寸，挤压面单边的宽度为 3～5mm；溢式压缩模凹模型腔即为加料腔，故无须计算。

当算出加料腔截面面积后，就可以根据不同的情况对加料腔高度进行计算，其高度为

$$H = \frac{V_{sl} - V_j + \sum V_d}{A} + (5\sim10)\,\text{mm} \tag{5-12}$$

式中　　H——加料腔高度（mm）；

　　　　V_j——挤压边以下型腔体积（mm³）；

　　　　$\sum V_d$——下凸模（下型芯）成型部分的体积之和（mm³）；

　　　　A——加料腔截面积（mm²）。

假设有一塑件如图 5-27 所示，物料密度为 1.4g/cm³，压缩比为 3，飞边质量按塑件净重的 10%计算，求半溢式压缩模加料腔的高度。

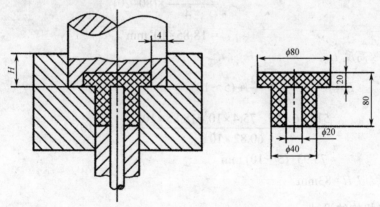

图 5-27　加料腔高度计算

解（1）计算塑件的体积 V_s

$$V_s = \frac{\pi D_1^2}{4}h_1 + \frac{\pi\left(D_2^2 - D_3^2\right)}{4}(h_2 - h_1)$$

$$= \frac{\pi \times 80^2}{4} \times 20 + \frac{\pi\left(40^2 - 20^2\right)}{4} \times (80-20)$$

$$= 157.08 \times 10^3 \ \text{mm}^3$$

（2）塑件所需原料的体积 V_{sl}

$$V_{sl} = (1+K)\,k\,V_s$$
$$= (1+10\%) \times 3 \times 157 \times 10^3$$
$$= 518.36 \times 10^3 \text{ mm}^3$$

（3）加料腔截面积 A

$$A = \frac{\pi(D_1 + 4 \times 2)^2}{4}$$
$$= \frac{\pi \times (80+8)^2}{4}$$
$$= 60.82 \times 10^2 \text{ mm}^2$$

（4）加料腔底部以下的型腔体积 V_j

$$V_j = \frac{\pi D_2^2}{4}(h_2 - h_1)$$
$$= \frac{\pi \times 40^2}{4} \times (80-20)$$
$$= 75.4 \times 10^3 \text{ mm}^3$$

（5）下凸模成型部分的体积之和 $\sum V_d$

$$\sum V_d = \frac{\pi D_3^2}{4}(h_2 - h_1)$$
$$= \frac{\pi \times 20^2}{4} \times (80-20)$$
$$= 18.85 \times 10^3 \text{ mm}^3$$

（6）加料腔高度 H

$$H = \frac{V_{sl} - V_j + \sum V_d}{A} + (5 \sim 10)$$
$$= \frac{518.36 \times 10^3 - 75.4 \times 10^3 + 18.85 \times 10^3}{60.82 \times 10^3} + (5 \sim 10)$$
$$= 75.93 + (5 \sim 10) \text{ mm}$$

加料腔高度取 $H=83$mm。

（四）导向机构的设计

1. 导向机构的类型

导向机构是保证上模与下模合模时正确定位和导向的重要零件，导向机构主要有导销及导柱、导套两种形式。导销主要用于移动式小型压缩模具及垂直分型的瓣合式压缩模具。压缩模最常用的导向零件是在上模设导柱，在下模设导向孔。导向孔又可分为带导套的和不带导套的两类，其结构和固定方式可参考模块三任务 1。

2. 导向零件的尺寸

导向零件主要包括导柱、导套和导销等，它们是标准化的通用零件，其尺寸可查标准。

3. 导向机构的特点

与注射模相比，压缩模导向装置具有以下特点。

①除溢式压缩模的导向单靠导柱完成外，半溢式和不溢式压缩模的凸模和加料腔的配合段还能起导向和定位作用，一般加料腔上段设有 10mm 的锥形部分导向环，因此比溢式压缩模有更好的对中性。

②压制中央带有大通孔的壳体塑件时，为提高压缩成型质量，可在孔中安置导柱，导柱四周留出挤压边的宽度 2～5mm，由于导柱部分不需施加成型压力，故所需要的成型总压力比不设中心导柱时可降低一些，孔四周的毛边也薄了，如图 5-28（a）所示。中央导柱装在下模，其头部应高于加料腔 5～8mm，中央导柱主要是为了提高塑件成型质量，上模四周还应设 2～4 根导向柱，中央导柱的形状一般比较复杂，操作过程中要与塑料接触，故导柱本身除要求淬火镀铬外，其配合亦需较高的精度，否则塑料挤入配合间隙会出现咬死、拉毛现象。中心导柱截面可以与塑件孔的形状相似，但为制造方便、提高配合精度，对于带矩形孔或其他异形孔的壳件可以仍然采用中心圆导柱，如图 5-28（b）所示，塑件的矩形孔内可设计两根圆形导柱。

③由于压缩模在高温下工作，因此一般不采用带加油槽的加油导柱。

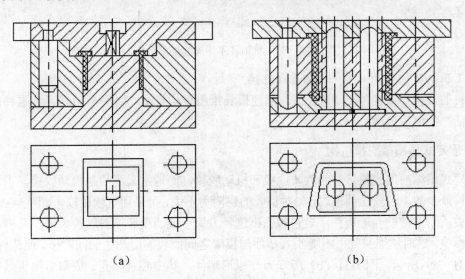

（a）   （b）

图 5-28 带中心导柱的压缩模

（五）压缩模脱模机构设计

压缩模脱模机构的作用是推出留在凹模内或凸模上的塑件，与注射模的脱模机构相似，常见的有推杆脱模机构、推管脱模机构、推件板脱模机构等，此外还有二级脱模机构和上、下模均带有脱模装置的双脱模机构。设计时应根据塑件的形状和所选用的液压机等条件，选择不同的脱模机构。

1. 脱模机构与压机顶杆的连接方式

压缩模的脱模机构和压机的顶杆（活塞杆）有以下两种连接方式。

（1）压机顶杆与压缩模脱模机构不直接连接

如果压机顶杆能伸出工作台面而且有足够的高度时，将模具装好后直接调节顶杆顶出距离就可以进行操作。当压机顶杆端部上升的极限位置与工作台面相平齐时（一般压机均如此），必须在顶杆端部旋入一适当长度的尾轴，如图 5-29（a）所示，尾轴的长度等于塑件推出高度加下模底板厚度和挡销高度。尾轴也可反过来利用螺纹直接与压缩模推板相连，如图 5-29（b）所示。以上两种结构复位都需要用复位杆。

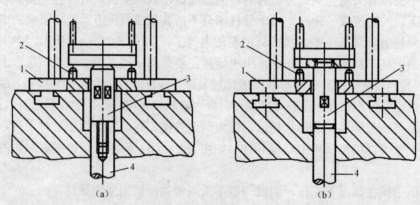

1—下模座板；2—挡销；3—尾轴；4—压机顶杆

图 5-29　与压机顶杆不相连的推出机构

（2）压机顶杆与压缩模脱机构直接连接

压机的顶杆不仅能顶出塑件，而且能使模具推出机构复位，如图 5-30 所示，这种压机具有差动活塞的液压顶出缸。

2. 固定式压缩模脱模机构

固定式压缩模的脱模可分为气吹脱模和机动脱模，而通常采用的是机动脱模。当采用溢式压缩模或少数半溢式压缩模时，如对型腔的黏附力不大，可采用气吹脱模，如图 5-31 所示。气吹脱模适用于薄壁壳形塑件，当它对凸模包紧力很小或凸模脱模斜度较大时，开模后塑件留在凹模中，这时压缩空气由喷嘴吹入塑件与模壁之间因收缩而产生的间隙里，使塑件升起，如图 5-31（a）所示。图 5-31（b）所示为一矩形塑件，其中心有一孔，成型后用压缩空气吹破孔内的溢边，使压缩空气钻入塑件与模壁之间，将塑件脱出。

机动脱模一般应尽量让塑件在分型后留在压机上有顶出装置的模具一边，然后采用与注射模相似的推出机构将塑件从模具内推出。有时当塑件在上、下模内脱模阻力相差不多且不能准确地判断塑件是否会留在压机带有顶出装置一边的模具内时，可采用双脱模机构，但双脱模机构增加了模具结构的复杂性，因此，让塑件准确地留在下模或上模上（凹模内或凸模上）是比较合理的，这时只需在模具的某一边设计脱模机构，这就简化了模具的结构。为此，在满足使用要求的前提下可适当改变塑件的结构特征。例如，为使塑件留在凹模内，如图 5-32（a）所示的薄壁压缩件可增加凸模的脱模斜度，减少凹模的脱模斜度，有时甚至将凹模制成轻微的反斜度（3′～5′），如图 5-32（b）所示；或在凹模型腔内开设 0.1～0.2mm 的侧凹模，使塑件留于凹模，开模后塑件由凹模内被强制推出，如图 5-32（c）所示；为了使塑件留在凸模上，可以采取与上面类似做法的相反措施，如在凸模上开环形浅凹槽，如图 5-32（d）所示，开模后用上顶杆强制将塑件顶落。

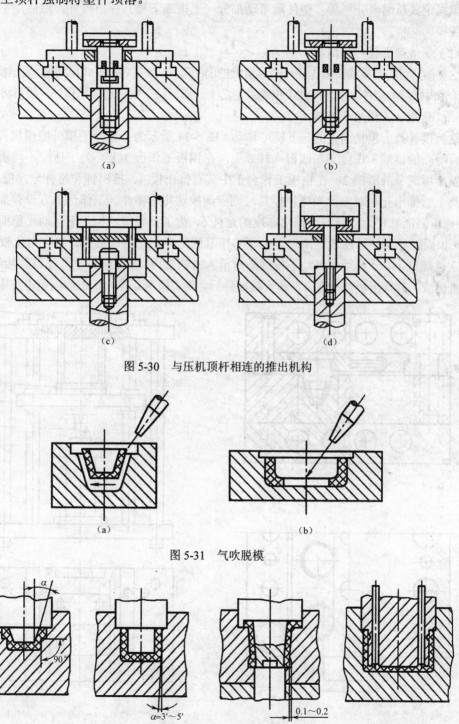

图 5-30　与压机顶杆相连的推出机构

图 5-31　气吹脱模

图 5-32　使塑件留模的方法

3. 半固定式压缩模脱模机构

半固定式压缩模分型后，塑件随可动部分（上模或下模）移出模外，然后用手工或简单工具脱模。

（1）带活动上模的压缩模

这类模具可将凸模或模板作成可沿导滑槽抽出的形式，故又名抽屉式压缩模，其结构如图 5-33 所示，带内螺纹的塑件分型后留在上模螺纹型芯上，然后随上模一道抽出模外，最后将其卸下。

（2）带活动下模的压缩模

这类模具其上模是固定的，下模可移动。图 5-34 所示为一典型的模外脱模机构，与压机工作台等高的钢制工作台支在四根立柱 8 上，在钢板工作台 3 上，为了适应不同模具宽度，装有宽度可调节的滑槽 2，在钢板工作台正中装有推出板 4、推出杆和推杆导向板 10，推杆与模具上的推出孔相对应，当更换模具时则应调换这几个零件。工作台下方设有推出液压缸 9，在液压缸活塞杆上段有调节推出高度的丝杆 6，为了使脱模机构上下运动平稳而设有滑动板 5，该板的导套在导柱 7 上滑动，为了将模具固定在正确的位置上，设有定位板 1 和可调节的定位螺钉 11。开模后将可动下模的凸肩滑入滑槽 2 内，并推到与定位螺钉相接触的位置，开动推出液压缸推出塑件，待清理和安放嵌件后，将下模重新推入压机的固定滑槽中进行下一

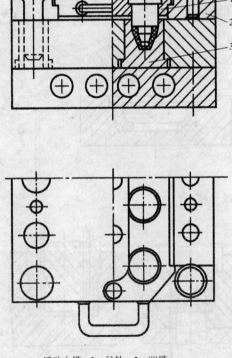

1—活动上模；2—导轨；3—凹模

图 5-33　抽屉式压缩模图

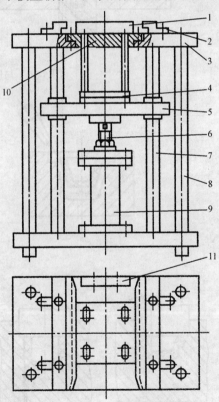

1—定位板；2—滑槽；3—工作台；4—推出板；
5—滑动板；6—丝杆；7—导柱；8—立柱；
9—液压缸；10—推杆导向板；11—定位螺钉

图 5-34　模外脱模机构

模压缩,当下模质量较大时,可以在工作台上沿模具拖动路径设滚柱或滚珠,使下模拖动轻便。

4.移动式压缩模脱模机构

移动式压缩模脱模分为撞击架脱模和卸模架卸模两种形式。

(1)撞击架脱模

撞击架脱模如图5-35所示。压缩成型后,将模具移至压机外,在特别的支架上撞击,使上、下模分开,然后用手工或简易工具取出塑件,这种方法脱模,模具结构简单,成本低,有时用几副模具轮流操作,可提高压缩成型速度。但劳动强度大,振动大,而且由于不断撞击,易使模具过早地变形磨损,适用于成型小型塑件。

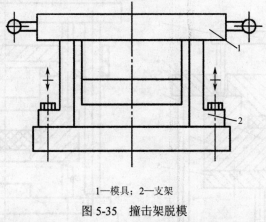

1—模具;2—支架

图5-35　撞击架脱模

供撞击的支架有两种形式:一种是固定式支架,如图5-36(a)所示;另一种是尺寸可以调节的支架,如图5-36(b)所示,以适应不同尺寸的模具。

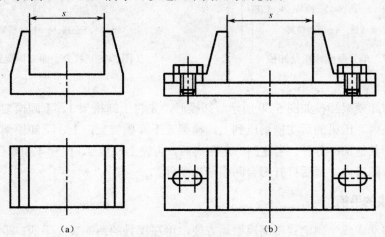

图5-36　支架形式

(2)卸模架卸模

移动式压缩模可在特制的卸模架上,利用压机压力进行开模,因此,减轻了劳动强度,提高了模具的使用寿命。对开模力不大的模具,可采用单向卸模架卸模;对开模力大的模具,要采用上、下卸模架卸模。

1）单分型面卸模架卸模

单分型面卸模架卸模如图 5-37 所示。卸模时，先将上卸模架 1、下卸模架 6 插入模具相应孔内。在压机内，当压机的活动横梁压到上卸模架或下卸模架时，压机的压力通过上、下卸模架传递给模具，使凸模 2、凹模 4 分开，同时，下卸模架推动推杆 3，由推杆 3 推出塑件。

2）双分型面卸模架卸模

双分型面卸模架卸模如图 5-38 所示。卸模时，先将上卸模架 1、下卸模架 5 的推杆插入模具的相应孔内，压机的活动横梁压到上卸模架或下卸模架上，上、下卸模架上的长推杆使上凸模 2、下凸模 4、凹模 3 三者分开，最后从凹模中取出塑件。

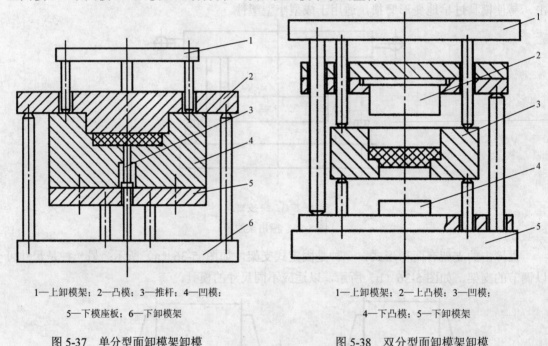

1—上卸模架；2—凸模；3—推杆；4—凹模；

5—下模座板；6—下卸模架

图 5-37　单分型面卸模架卸模

1—上卸模架；2—上凸模；3—凹模；

4—下凸模；5—下卸模架

图 5-38　双分型面卸模架卸模

3）垂直分型卸模架卸模

垂直分型卸模架卸模如图 5-39 所示。卸模时，先将上卸模架 1、下卸模架 6 的推杆插入模具的相应孔内，压机的活动横梁压到上卸模架或下卸模架上，上、下卸模架的长推杆首先使下凸模 5 和其他部分分开，当达到一定距离后，再使上凸模 2、模套 4 和瓣合凹模 3 分开，塑件留在瓣合凹模内，最后打开瓣合凹模取出塑件。

5. 压缩模的手柄

为了使移动式或半固定式压缩模搬运方便，可在模具的两侧装上手柄。手柄的形式可根据压缩模的质量进行选择，图 5-40 所示为用薄钢板弯制而成的平板式手柄，用于小型模具。图 5-41 所示为棒状手柄，同样适用于小型模具。

图 5-42 所示为环形手柄，其中图 5-42（a）所示和图 5-42（b）所示适用于较重的大中型矩形模具；图 5-42（c）所示适用于较重的大中型圆形模具。如果手柄在下模，高度较低，可将手柄上翘 20°左右。

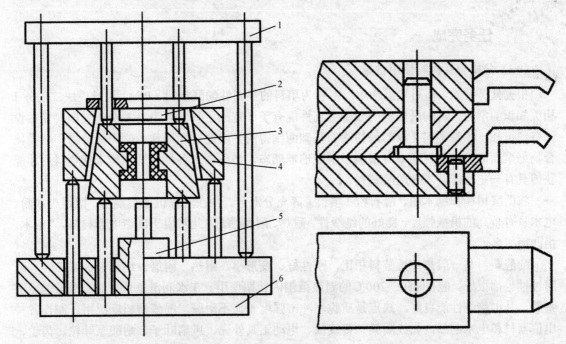

1—上卸模架；2—上凸模；3—瓣合凹模；4—模套；5—下凸模；6—下卸模架

图 5-39 垂直分型卸模架卸模   图 5-40 平板式手柄

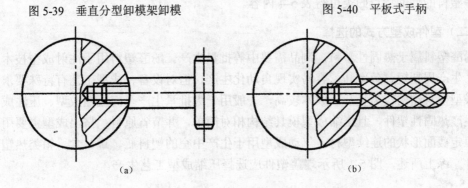

（a）   （b）

图 5-41 棒状手柄

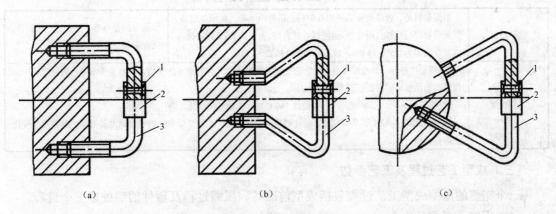

（a）   （b）   （c）

1—铆钉；2—联结套；3—手柄

图 5-42 环形手柄

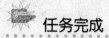
任务完成

（一）分析制件材料使用性能

根据任务要求，塑料端盖选用以木粉为填料的热固性酚醛塑料（PF）。通过模块二任务 1 相关知识的学习，对酚醛塑料的成型工艺性能有了一定的了解。查表 2-3 及相关塑料模具设计资料可知，酚醛塑料是以酚醛树脂为基础而制得的，酚醛树脂通常由酚类化合物和醛类化合物缩聚而成；酚醛树脂本身很脆，呈琥珀玻璃态，必须加入各种纤维或粉末状填料后才能获得具有一定性能要求的酚醛塑料。

将酚醛树脂和锯木粉、滑石粉（填料）等充分混合，并在混炼机加热混炼，即得电木粉。电木具有较高的机械强度、良好的绝缘性，耐热、耐腐蚀，因此常用于制造电器材料，"电木"由此而得名。

酚醛塑料与一般热塑性塑料相比，刚性好、变形小、耐热、耐磨，绝缘性、耐热性、耐腐蚀性也都很好。能在 150～200℃的温度范围内长期使用。在水润滑条件下，有极低的摩擦系数，其电绝缘性能良好。缺点是质脆，冲击强度差，不耐碱。酚醛塑料广泛用于制作各种电信器材和电木制品，如线圈架、接线板、电动工具外壳、风扇叶子、耐酸泵叶轮、齿轮、插头、开光、电话机、仪表盒等。在日用工业中可作各种用具，但注意不宜作装食物的器皿。将酚醛塑料的性能特点归类可得表 5-4 内容。

（二）塑件成型方式的选择

酚醛塑料属于热固性塑料，制品需要中等批量生产。酚醛塑料用于注射成型技术已相当成熟，生产周期短、效率高，容易实现自动化生产，但对设备、成型工艺有特殊要求，而且注射成型模具结构较为复杂，成本较高，一般用于大批量生产。而压缩成型、压注成型主要用于生产热固性塑件，且压缩成型模具结构相对简单，并节省原料；挤出成型主要用于成型具有恒定截面形状的连续型材；气动成型用于生产中空的塑料瓶、罐、盒、箱类热塑性塑料的制件。综上所述，图 5-1 所示端盖塑件应选择压缩成型工艺生产。

表 5-4　原材料酚醛塑料性能分析

物料性能	酚醛塑料是一种硬而脆的热固性塑料，俗称电木粉。机械强度高，坚韧耐磨，尺寸稳定，耐腐蚀，电绝缘性能良好。密度为 1.5～2.0g/cm³，成型收缩率为 0.5%～1.0%，成型温度为 150℃～170℃	适于制作电器、仪表的绝缘构件，可在湿热条件下使用
成型性能	① 成型性较好，但收缩及方向性一般比氨基塑料大，并含有水分挥发物。成型前应预热，成型过程中应排气，不预热则应提高模温和成型压力； ② 模温对流动性影响较大，一般超过 160℃时，流动性会迅速下降； ③ 硬化速度一般比氨基塑料慢，硬化时放出的热量大。大型厚壁塑件的内部温度易过高，容易发生硬化不均和过热	

（三）成型工艺过程及工艺参数

一个完整的压缩成型工艺过程包括成型前准备、压缩过程及塑件的后处理三个过程。

（1）压缩成型前的准备

酚醛塑料含水分挥发物，在成型前应对塑料进行预热，以便对压缩模提供具有一定温度的热料，使塑料在模内受热均匀，缩短模压成型周期；同时对塑料进行干燥，防止塑料中带有过多的水分和低分子挥发物，确保塑料制件的成型质量。选用设备是烘箱，温度为 100～125℃，时间为 10～20min。

（2）压缩成型过程

模具装上压机后要进行预热。热固性塑料的压缩过程一般可分为加料、合模、排气、固化和脱模等几个阶段。加料采用操作简便的容积法，用带有容积标度的容器向模具内加料。加料完成后进行合模，凸模尚未接触物料之前，应尽量使闭模速度加快，以缩短模塑周期，防止塑料过早固化和过多降解。而在凸模接触物料以后，合模速度应放慢，以避免模具中嵌件和成型杆件的位移和损坏，合模时间一般为几秒至几十秒不等。排气次数初步确定为 2～3次，每次时间为 5～10s，在生产过程中调整。酚醛塑料硬化速度为 0.8～1.0mm/min，而塑件平均壁厚为 6mm，所以固化时间初步选定为 5～6min。

（3）压后处理

塑件脱模以后的后处理主要指退火处理，主要作用是消除应力，提高稳定性，减少塑件的变形与开裂，进一步交联固化，可以提高塑件电性能和力学性能。酚醛塑料退火温度为 80～100℃、保温时间为 4～24h。

结合上述分析，查表 2-10、表 2-11 确定塑料端盖塑件的压缩成型工艺参数，见表 5-5。

表 5-5　端盖塑件压缩成型工艺参数

预 热 条 件		模 塑 条 件			压 后 处 理	
温度（℃）	时间（min）	温度（℃）	压力（MPa）	固化时间（min）	退火温度（℃）	保温时间（min）
100～125	10～20	160～170	25～40	5～6	80～100	4～24

（四）分析塑件结构工艺性

该工件结构简单，为扁圆形结构，平均厚度为 6mm，所有尺寸均为无公差要求的自由尺寸，材料为酚醛塑料，便于进行压制成型。（详细分析略，参考模块二任务 5）

（五）压缩模用压机的选择

（1）成型压力

查表 5-1，塑件为扁平厚壁塑件，结构较为简单，压制成型时的单位压力取 P=15MPa；所设计的模具为单型腔模具，n=1；加料腔结构采用单型腔半溢式结构，挤压边宽度取 5mm。则模具成型塑件时所需总压力为

$$F_\text{M}=10^6 nAP$$

$$=10^6 \times 1 \times \pi \times \frac{(60+2\times 5)^2}{4} \times 10^{-6} \times 15$$

$$= 57727\text{N}$$

$$=57.73\text{kN}$$

修正系数 K 取 0.8，则压机的公称压力必须满足：

$$F_P \geqslant F_M/K = 57.73/0.8 = 72.2\text{kN}$$

（2）开模力

系数 K_1 取 0.15，则

$$F_k = K_1 F_M$$

$$= 0.15 \times 57.73$$

$$= 8.66\text{kN}$$

（3）脱模力

塑件侧面积之和 A_c 近似为

$$A_c = \pi d_1 h_1 + \pi d_2 h_2$$

$$= 3.14 \times 60 \times 22 + 3.14 \times 48 \times 18$$

$$= 6858\text{mm}^2$$

$$= 6.858 \times 10^{-3}\text{m}^2$$

查表 5-2，塑件与金属的单位结合力 P_j 取 0.5 MPa，则脱模力为

$$F_t = 10^6 A_C P_j$$

$$= 10^6 \times 6.858 \times 10^{-3} \times 0.5$$

$$= 3.43 \times 10^3\text{N}$$

$$= 3.43\text{kN}$$

（4）压机选择

根据成型压力、开模力和脱模力的大小，可选择型号为 Y32-50 的压力机，为上压式、下顶出、框架结构，公称压力为 500kN，工作台最大开距为 600mm，工作台最小开距为 200mm，推杆最大行程为 150mm。

（六）设计方案确定

因为不带嵌件，可采用固定式压缩模具，下顶杆推出，这样开模、闭模、推出等工序均在机内进行，生产效率高，操作简单，劳动强度小。

加料腔结构采用单型腔半溢式结构，形状简单，易于加工。

加压方向采用上压式，分型面采用水平分型面。

侧孔由侧向型芯成型，端面盲孔由固定于下凸模上的型芯成型。

模具总体结构如图 5-2 所示。

（七）工艺计算及主要零部件设计

1. 加料腔的尺寸计算

①加料腔结构采用单型腔半溢式结构，挤压边宽度取 5mm，则加料腔直径为 70mm。根

据塑件尺寸，计算塑件体积 $V_s = 35.51 \times 10^3 \, \text{mm}^3$。

②查表 5-3，压缩比 k 取 2.7；飞边溢料的质量系数 K 取塑件净重的 10%。则所需原料的体积 V_{sl} 为

$$V_{sl} = (1+K) \, k \, V_s$$

$$= (1+10\%) \times 2.7 \times 35.51 \times 10^3$$

$$= 105.46 \times 10^3 \, \text{mm}^3$$

③加料腔截面积 A

$$A = \pi D^2 / 4$$

$$= 3.14 \times 70^2 / 4$$

$$= 38.5 \times 10^2 \, \text{mm}^2$$

④加料腔底部以下的型腔体积 V_j

$$V_j = \frac{\pi D_0^2}{4} h$$

$$= \frac{\pi \times 60^2}{4} \times 18$$

$$= 50.9 \times 10^3 \, \text{mm}^3$$

⑤下凸模成型部分的体积之和 $\sum V_d$

$$\sum V_d = \frac{\pi D_1^2}{4} h - \frac{\pi D_2^2}{4} h_1 + \frac{\pi D_3^2}{4} h_2 + \frac{\pi d_1^2}{4} l_1 + \frac{\pi d_2^2}{4} l_2$$

$$= \frac{\pi \times 48^2}{4} \times 18 - \frac{\pi \times 12^2}{4} \times 2 + \frac{\pi \times 6^2}{4} \times 4 + \frac{\pi \times 4^2}{4} \times 4 + \frac{\pi \times 2^2}{4} \times 2$$

$$= 32.52 \times 10^3 \, \text{mm}^3$$

⑥加料腔高度 H

$$H = \frac{V_{sl} - V_j + \sum V_d}{A} + (5 \sim 10)$$

$$= \frac{105.46 \times 10^3 - 50.9 \times 10^3 + 32.52 \times 10^3}{38.5 \times 10^2} + (5 \sim 10)$$

$$= 22.6 + (5 \sim 10) \, \text{mm}$$

加料腔高度取 $H = 31 \text{mm}$。

2. 成型零件尺寸的计算

制件最小收缩率为 0.5%，最大收缩率为 1.0%，平均收缩率为 0.75%。酚醛塑料制品精度等级查表 2-29，未注公差按 MT6 级选择，模具制造公差取塑件精度的四分之一。

（1）上凸模

上凸模用来成型端盖上端面及其上的凸台，通过螺钉固定于加热板上。需成型的塑件尺寸，查表 2-28 标上公差，有 $\phi 12_{-0.46}^{0}$、$2_{-0.26}^{0}$、$R2_{-0.26}^{0}$、$\phi 60_{-1.10}^{0}$。径向尺寸修正系数 x 取 3/4，深、高度尺寸修正系数 x 取 1/2，则在上凸模中对应的成型尺寸如下所述。

塑件尺寸 $\phi 12_{-0.46}^{0}$ 在上凸模中对应的直径（上型腔径向尺寸）为

$$D_1 = \left[\left(1+\overline{S}\right)d_S - x\Delta\right]_0^{+\delta_Z}$$

$$= \left[(1+0.0075)\times 12 - 0.75\times 0.46\right]_0^{+0.115}$$

$$= \phi 11.745_0^{+0.115}$$

塑件尺寸 $2_{-0.26}^{0}$ 在上凸模中对应的深度（上型腔深度尺寸）为

$$H_1 = \left[\left(1+\overline{S}\right)h_S - x\Delta\right]_0^{+\delta_Z}$$

$$= \left[(1+0.0075)\times 2 - 0.5\times 0.26\right]_0^{+0.065}$$

$$= 1.885_0^{+0.065}$$

塑件尺寸 $R2_{-0.26}^{0}$ 在上凸模中对应的圆角半径（上型腔内圆角半径尺寸）为

$$R_1 = \left[\left(1+\overline{S}\right)R_S - x\Delta\right]_0^{+\delta_Z}$$

$$= \left[(1+0.0075)\times 2 - 0.075\times 0.26\right]_0^{+0.065}$$

$$= 1.82_0^{+0.065}$$

塑件尺寸 $\phi 60_{-1.10}^{0}$ 在上凸模中对应的端面直径（上型腔端面径向尺寸）为

$$D_0 = \left[\left(1+\overline{S}\right)D_s - x\Delta\right]_0^{+\delta_Z}$$

$$= \left[(1+0.0075)\times 60 - 0.75\times 1.10\right]_0^{+0.275}$$

$$= \phi 59.625_0^{+0.275}$$

（2）下凸模

下凸模用来成型端盖下表面、内表面及内部凸台，通过凹模固定于加热板上。由于采用下顶杆脱模，可采用较小的脱模斜度（30′）。需成型的塑件尺寸，查表 2-28 标上公差，有 $\phi 12_{-0.46}^{0}$、$2_{-0.26}^{0}$、$\phi 48_{0}^{+0.94}$、$18_{0}^{+0.54}$。径向尺寸修正系数 x 取 3/4，深、高度尺寸修正系数 x 取 1/2，则在下凸模中对应的成型尺寸如下所述。

塑件尺寸 $\phi 12_{-0.46}^{0}$ 在下凸模中对应的直径（下型腔径向尺寸）D_2 与上凸模 D_1 相同：

$$D_2 = D_1 = \phi 11.745_0^{+0.115}$$

塑件尺寸 $2_{-0.26}^{0}$ 在下凸模中对应的深度（下型腔深度尺寸）H_2 与上凸模 H_1 相同：

$$H_2 = H_1 = 1.885_0^{+0.065}$$

塑件尺寸 $\phi 48_{0}^{+0.94}$ 在下凸模中对应的型芯径向尺寸为

$$d_0 = \left[\left(1+\overline{S}\right)d_S + x\Delta\right]_{-\delta_Z}^{0}$$

$$= \left[(1+0.0075)\times 48 + 0.75\times 0.94\right]_{-0.235}^{0}$$

$$= \phi 49.065^{\ 0}_{-0.235}$$

塑件尺寸 $18^{+0.54}_{\ 0}$ 在下凸模中对应的型芯深度尺寸为

$$h_0 = \left[\left(1 + \overline{S} \right) h_S + x\varDelta \right]^{\ 0}_{-\delta_z}$$

$$= \left[\left(1 + 0.0075 \right) \times 18 + 0.5 \times 0.54 \right]^{\ 0}_{-0.135}$$

$$= 18.405^{\ 0}_{-0.135}$$

（3）凹模

凹模用来成型端盖的侧面，通过螺钉固定于加热板上。脱模斜度取 30′。涉及的成型尺寸只有一个，即凹模小端尺寸：$D = \phi 59.625^{+0.275}_{\ 0}$。

（4）型芯

塑件侧孔 $\phi 2^{+0.26}_{\ 0}$（深 $2^{+0.26}_{\ 0}$）、$\phi 4^{+0.32}_{\ 0}$（深 $4^{+0.32}_{\ 0}$）由侧向型芯成型，端面盲孔 $\phi 6^{+0.32}_{\ 0}$（深 $4^{+0.32}_{\ 0}$）由固定于下凸模上的型芯成型。

成型塑件侧孔 $\phi 2^{+0.26}_{\ 0}$ 的型芯径向尺寸：

$$d_1 = \left[\left(1 + \overline{S} \right) d_S + x\varDelta \right]^{\ 0}_{-\delta_z}$$

$$= \left[\left(1 + 0.0075 \right) \times 2 + 0.75 \times 0.26 \right]^{\ 0}_{-0.065}$$

$$= \phi 2.21^{\ 0}_{-0.065}$$

成型塑件侧孔 $\phi 4^{+0.32}_{\ 0}$ 的型芯径向尺寸：

$$d_2 = \left[\left(1 + \overline{S} \right) d_S + x\varDelta \right]^{\ 0}_{-\delta_z}$$

$$= \left[\left(1 + 0.0075 \right) \times 4 + 0.75 \times 0.32 \right]^{\ 0}_{-0.08}$$

$$= \phi 4.27^{\ 0}_{-0.08}$$

成型塑件侧孔 $\phi 6^{+0.32}_{\ 0}$ 的型芯径向尺寸：

$$d_3 = \left[\left(1 + \overline{S} \right) d_S + x\varDelta \right]^{\ 0}_{-\delta_z}$$

$$= \left[\left(1 + 0.0075 \right) \times 6 + 0.75 \times 0.32 \right]^{\ 0}_{-0.08}$$

$$= \phi 6.285^{\ 0}_{-0.08}$$

成型零件中的其他尺寸（如上凸模与凹模的配合尺寸、其他结构尺寸等）可自行确定。

3. 导向机构的设计

导向机构由导柱和导套构成：三个直径相同的导柱通过加热板固定于上模板上；导套安装于模套上，起使凸、凹模准确合模、导向和承受侧压力的作用。导柱和导套尺寸可通过查表选择。

4. 开模和推出机构设计

此套模具属于固定式模具，根据塑件结构形状，把塑件留在下模，采用下推出机构。下推出机构使用可靠，结构简单，应用很广。

5. 抽芯机构设计

该塑件批量不大，采用手动抽芯机构，这样模具结构简单、可靠，但劳动强度大、效率低。

6. 模具加热系统设计

压缩模具加热系统与注射模具加热系统方法相同。（略）

（八）模具总装配图和零件图绘制

在模具的总体结构及相应的零件结构形式确定后，便可绘制模具的总装配图和零件图。首先绘制模具的总装配图，要清楚地表达各零件之间的装配关系及固定连接方式；然后根据总装配图拆绘零件图，绘制出所有非标准件的零件图。具体图形略。

（九）模具与压力机适应性校核

模具图设计完毕后，必须对总装配图和零件图进行校核。校核主要内容包括模具总体结构是否合理，装配的难易程度，选用的压力机是否合适，模具的闭合高度是否合适，导向方式、定位方式及卸料方式是否合理，零件结构是否合理，视图表达是否正确，尺寸标注是否完整、正确，材料选用是否合适等（具体内容略）。

（十）编写计算说明书

模具设计计算说明书是模具设计的重要技术文件。在模具设计的最后阶段，要整理、编写出模具设计计算说明书。模具设计计算说明书通常包括以下内容。

①设计题目：包括塑件名称及零件图、材料、生产批量、技术要求等。

②工艺分析：分析塑件的结构工艺性，判断塑件各部分是否容易成型。

③工艺方案的确定：在工艺分析的基础上，确定出的工艺方案可能有多个，通过对塑件质量、生产效率、设备条件、制模条件、模具寿命及经济性等方面的分析比较，确定一个最佳方案。

④工艺计算：主要包括成型压力、开模力、脱模力、加料腔尺寸、成型尺寸及模具闭合高度等的计算及设备选用等。

⑤模具总体结构的合理性分析：绘制出模具结构简图，并对凸模与凹模的配合结构、导向机构、抽芯机构、脱模机构等的选用进行说明。

⑥模具主要零件结构设计的分析与说明：主要包括零件结构形式分析，模具材料选用，公差配合的选择及技术要求的有关说明。

⑦其他需要说明内容。

⑧主要参考文献。

任务小结

用压缩模成型热塑性塑料时，模具必须交替地进行加热和冷却，才能使塑料塑化和固化，故成型周期长、生产效率低，因此，它仅适用于成型光学性能要求高的有机玻璃镜片、不宜高温注射成型的硝酸纤维汽车驾驶盘，以及一些流动性很差的热塑性塑料（如聚酰亚胺等塑料）制件。

设计压缩模具时，应对注射模具的结构相当熟悉，应结合注射模具的设计内容进行设计，并掌握压缩模具设计与注射模具设计有何相同处与不同处。

 思考题与练习

1. 压缩模由哪些基本部分组成？各组成部分有什么作用？
2. 压缩模按模具在压机上的固定方式可分为几种形式？各有什么特点？
3. 压缩模按模具加料室的形式分类可分为几种形式？各有什么特点？
4. 溢式、不溢式、半溢式压缩模在模具的结构、压缩产品的性能及塑料原材料的适应性方面各有什么特点与要求？
5. 压缩成型时在模内施压方向的选择要注意哪几点？（用简图说明）
6. 绘出溢式、不溢式、半溢式的凸模与加料室的配合结构简图，并标出典型的结构尺寸与配合精度。
7. 引导环、配合环和挤压环各有什么作用？
8. 与注射模具相比，压缩模导向装置具有哪些特点？
9. 压缩模加料室的高度是如何计算的？
10. 固定式压缩模的脱模机构与压力机辅助液压缸活塞杆的连接方式有哪几种？请用简图表示出来。

学生分组，完成课题

1. 模块二任务 3 中图 2-12 所示电器插头制件，材料为酚醛塑料，大批量生产，采用一模十六件生产，试设计该压缩模。
2. 模块二任务 3 中图 2-18 所示塑料制件，材料为环氧树脂，大批量生产，采用一模四件生产，试设计该压缩模。

任务2 压注模设计

 任务描述

图 5-43 是一塑料制件——罩壳，材料为以木粉为填料的酚醛塑料，需要中批量生产。未注圆角 R1～R2，脱模斜度 30′～1°。该制件要求壁厚均匀、外形美观、品质可靠。任务要求设计结构合理的压注模。

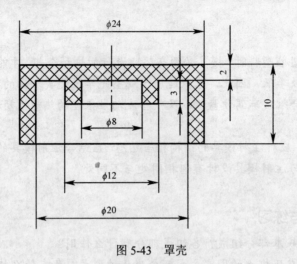

图 5-43　罩壳

学习目标

【知识目标】

1. 掌握压注模的结构特点、分类及应用场合。
2. 掌握压注模的设计要点和压机的选用原则。

【技能目标】

1. 能读懂压注模的典型结构图及工作原理，正确选用各类压注成型设备
2. 能正确计算压注模成型零件工作尺寸及加料腔尺寸，具有设计简单压注模的能力。

任务分析

该塑件为罩壳，材料为酚醛塑料，属于热固性塑料，该塑料的成型性能好，适用于压注成型，因此可以选用压注模来成型该塑件。模温对塑料的流动性影响较大，一般当温度超过160℃时流动性迅速下降；硬化时放出大量热，厚壁大型塑件内部温度易过高，易发生硬化不匀及过热现象。从零件图上分析，该塑件总体上为圆筒形，结构比较简单，易于压注成型。

任务开始

基本概念

压注模与压缩模的最大区别在于前者有单独的加料室。压注成型一般过程是首先闭合模具，然后将塑料加入模具加料室内，使其受热成熔融状态，在与加料室配合的压料柱塞的作用下，使熔料通过设在加料室底部的浇注系统高速挤入型腔。塑料在型腔内继续受热受压而发生交联反应并固化成型。最后打开模具取出塑件，清理加料室和浇注系统后进行下一次成型。

压注成型与压缩成型比较有以下特点。

①效率高。压注成型时，塑料以高速通过浇注系统挤入型腔，因此塑件内外层塑料都有机会与高温的流道壁相接触，使塑料升温快而均匀。又由于料流在通过浇口等窄小部位时产生的摩擦热，使塑料温度进一步提高，所以塑料制件在型腔内硬化很快。其硬化时间相当于压缩成型的 1/3～1/5。

②质量好。由于塑料受热均匀，交联硬化充分，使得塑件的强度高，力学性能、电性能得以提高。

③适于成型带有细小嵌件、较深的孔及较复杂的塑件。由于压注成型时塑料是以熔融状态挤入型腔的，因此对型芯、嵌件等产生的挤压力小。压注成型可成型孔深不大于直径 10 倍的通孔、不大于直径 3 倍的不通孔，而压缩成型在垂直方向上成型的孔深不大于 3 倍直径，侧向孔深不大于 1.5 倍直径。

④尺寸精度较高。压注成型时，塑料注入闭合的型腔，因此在分型面处塑件的飞边很薄，在合模方向上也能保持其较准确的尺寸，而压缩成型则不能。

⑤压注成型收缩率比压缩成型稍大，且收缩具有方向性。这是由填料在压力状态下定向流动所引起的，因此会影响塑件的精度，而对于用粉状填料填充的塑件则影响不大。

⑥压注模比压缩模复杂，成型所需的压力较高，制造成本也较大。

但是，与压缩成型相比，压注成型也有一些缺点：

由于浇注系统的存在而浪费了原料。

一、压注模的分类

1. 按固定方式分类

①移动式压注模——结构简单，使用灵活方便，适用于小型塑件生产。
②固定式压注模——分型和脱模自动进行，加料室与模具不能分离。

2. 按加料室的特征分类

①罐式压注模——使用普通压机成型；
②活板式压注模——使用普通压机成型；
③柱塞式压注模——使用专用压机成型。

（一）罐式压注模（又名三板式传递模）

（1）移动式

图 5-44 所示为一典型移动式罐式压注模，其加料室与模具本体是可以分离的。模具闭合后放上加料室 4，将定量的塑料加入加料室 4 内，然后把模具推入压力机的工作台上加热，接着利用压力机的压力，通过压柱将塑化的物料高速挤入型腔，待硬化定型后，开模时先从模具上取下加料室，用手工或专用工具（卸模架）脱出塑件，再分别清理加料室和型腔。这种模具所用压机、加热方法及脱模方式与移动式压缩模相同。

（2）固定式

图 5-45 所示为一典型固定式罐式压注模。模具上设有加热装置。压柱 2 随上模座板 1 固定于压机的上工作台上，下模固定于压机的下工作台上。开模时，压机上工作台带动上模座

板 1 上升，压柱 2 离开加料室 3，A 分型面分型，以便在该处取出主流道凝料。当上模上升到一定高度时，拉杆 11 上的螺母迫使拉钩 13 转动使之与下模部分脱开，接着定距杆 16 使 A 分型面分型结束，B 分型面分型，然后脱模机构将塑件从该分型面处脱出。合模时，复位杆 10 使脱模机构复位，拉钩 13 靠自重将下模部分锁住。

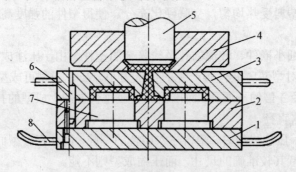

1—下模板；2—固定板；3—凹模；4—加料室；5—压柱；6—导柱；7—型芯；8—手柄

图 5-44　移动式罐式压注模

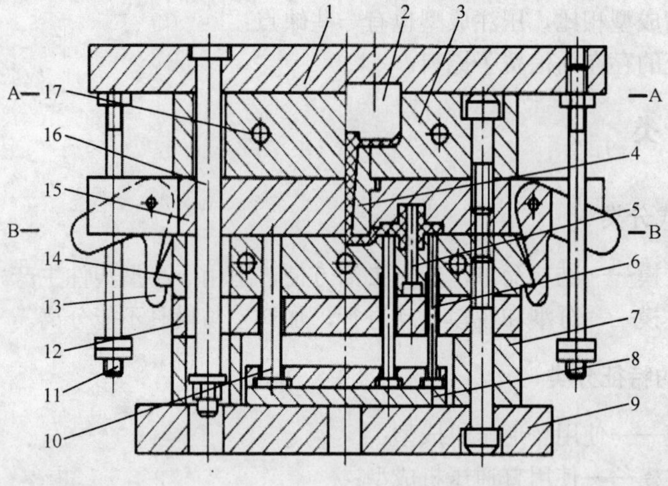

1—上模座板；2—压柱；3—加料室；4—浇口套；5—型芯；6—推杆；7—垫块；8—推板；9—下模座板；10—复位杆；
11—拉杆；12—垫板；13—拉钩；14—下凹模板；15—上凹模板；16—定距杆；17—加热器安装孔

图 5-45　固定式罐式压注模

（二）活板式压注模

模具的加料室和型腔之间通过活板分开，活板以上为加料室，活板以下为型腔，流道浇口设在活板边缘，如图 5-46 所示。这种模具结构简单，通常适用于手工操作（移动式），在普通压机上进行压注，多用于生产中、小型制件，特别适用于嵌件两端都伸出制品表面的制件，这时嵌件的一端固定在凹模底部的孔中，另一端固定在活板上。当制件在型腔内硬化定型后，通过顶杆将制件连同活板一道顶出，随后清理活板及残留在活板上部的硬化废料后装回模具。为提高生产率，每副模具可制作两块活板轮流使用。

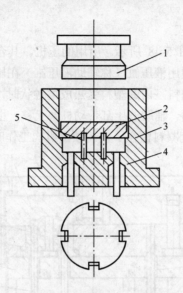

1—压柱；2—活板；3—凹模；4—顶杆；5—嵌件

图 5-46　活板式压注模

（三）柱塞式压注模

与罐式压注模相比，柱塞式压注模没有主流道，主流道已扩大成为圆柱形的加料室，这时柱塞将物料压入型腔的力已起不到锁模的作用，因此柱塞式压注模一般应安装在特殊的专用压机上使用，锁模和成型需要两个液压缸来完成，主液压缸起锁模作用，辅助液压缸起压注成型作用。此类模具既可以是单型腔，也可以是一模多腔。

图 5-47 所示为压注齿轮的单型腔柱塞式压注模，它能像压缩模一样得到完全无浇道的制品，与压缩模的区别是加料室截面小于制品截面。此处压注模的锁紧是靠螺纹连接来完成的，因此可在普通压机上压注。

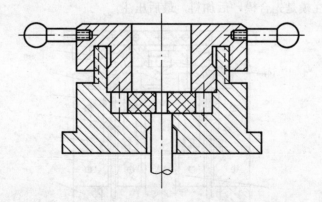

图 5-47　单型腔柱塞式压注模

一模多腔柱塞式压注模可分为下面两种形式。

（1）上加料室柱塞式压注模

上加料室柱塞式压注模如图 5-48 所示。所用的压机，其合模液压缸（称主液压缸）在压机的下方。自下而上合模；成型用液压缸（称辅助液压缸）在压机的上方，自上而下将物料挤入模腔。合模加料后，当加入加料室内的塑料受热成熔融状时，压机辅助液压缸工作，柱塞将熔融物料挤入型腔，固化成型后，辅助液压缸带动柱塞上移，主液压缸带动工作台将模具下模部分下移开模，塑件与浇注系统凝料留在下模。顶出机构工作时，推杆将塑件从型腔中推出。

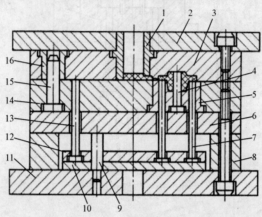

1—加料室；2—上模座板；3—上凹模板；4—型芯；5—凹模镶块；6—支承板；7—推杆；8—垫块；9—推板导柱；

10—推板；11—下模座板；12—推杆固定板；13—复位杆；14—型腔固定板；15—导柱；16—导套

图 5-48　上加料室柱塞式压注模

（2）下加料室柱塞式压注模

下加料室柱塞式压注模如图 5-49 所示。这种模具所用压机合模液压缸（称主液压缸）在压机的上方，自上而下合模；成型用液压缸（称辅助液压缸）在压机的下方，自下而上将物料挤入模腔。它与上加料室柱塞式压注模的主要区别为它是先加料，后合模，最后压注；而上加料室柱塞式压注模是先合模，后加料，最后压注。

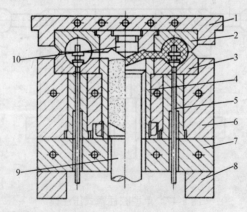

1—上模底板；2—上凹模；3—下凹模；4—加料室；5—推杆；6—下模板；7—加热板；8—垫块；9—柱塞；10—分流锥

图 5-49　下加料室柱塞式压注模

二、压注模的结构组成

压注模由以下几部分组成。

（1）成型零部件

成型塑件的部分，与压缩模相似，同样由凸模、凹模、型芯等组成（如图 5-45 中 5、14、15），分型面的形式及选择与注射模、压缩模相似。

（2）加料装置

加料装置由加料室和压柱组成（如图 5-45 中 2、3、）。移动式压注模的加料室和模具本体是可分离的，开模前先取下加料室，然后开模取出塑件。固定式压注模的加料室是在上模部分，加料时可以与压柱部分定距分型。

（3）浇注系统

多型腔压注模的浇注系统与注射模相似，同样分为主流道、分流道和浇口。单型腔压注模一般只有主流道，但可以在加料室底部开设几个流道进入型腔。

（4）导向机构

导向机构一般由导柱和导柱孔（或导套）组成。在柱塞和加料室之间、型腔分型面之间，都应设导向机构。

（5）侧向分型抽芯机构

压注模的侧向分型抽芯机构与压缩模和注射模基本相同。

（6）脱模机构

脱模机构由推杆、推板、复位杆等组成。由拉钩、定距导柱、可调拉杆等组成的两次分型机构是为了加料室分型面和塑件分型面先后打开而设计的，也包括在脱模机构之内。

（7）加热系统

固定式压注模由压柱、上模、下模三部分组成，应分别对这三部分进行加热，在加料室和型腔周围分别钻有加热孔，插入电加热元件。移动式压注模加热是利用装在压机上的上、下加热板，压注前柱塞、加料室和压注模都应放在加热板上进行加热。

三、压注模用压机的选用

压注模必须装配在液压机上才能进行压注成型生产，设计模具时必须了解液压机的技术规范和使用性能，才能使模具顺利地安装在设备上。选择液压机时应从以下几方面进行工艺参数的校核。

1. 普通液压机的选择

罐式压注模压注成型所用的主要设备是塑料成型用液压机。罐式压注模要求作用在加料室底部的总压力（锁模力）必须大于型腔内压力所产生的将分型面顶开的力（胀模力）。选择液压机时，要根据所用塑料及加料室的截面积计算出压注成型所需的总压力，然后选择液压机。

压注成型时的总压力按下式计算：

$$F_M = AP \leqslant KF_P \tag{5-13}$$

式中　F_M——压注成型所需的总压力（N）；

　　　F_P——压机的额定压力（N）；

　　　K——折旧系数，一般取 0.6～0.8，视压机新旧程度而定；

　　　A——加料室的截面积（mm^2）；

　　　P——塑料压注成型时所需的成型压力（MPa），见模块二任务 3 中的表 2-12、表 2-13。

2. 专用液压机的选择

柱塞式压注模成型时，采用专用的液压机，专用液压机有主液压缸（锁模）和辅助液压缸（成型）两个液压缸，因此在选择设备时，要从成型和锁模两个方面进行考虑。

（1）成型时所需的总压力要小于所选液压机辅助油缸的额定压力。压注成型时的总压力按式（5-13）进行计算，液压机的额定压力 F_P 为辅助油缸的额定压力。

（2）锁模时，为了保证型腔内压力不将分型面顶开，必须有足够的锁模力。所需的锁模力应小于液压机主液压缸的额定压力（一般均能满足），即

$$F_S = A_1 P \leq K F_Z \tag{5-14}$$

式中　F_S——压注成型锁模所需的总压力（N）；

　　　F_Z——液压机主液压缸的额定压力（N）；

　　　A_1——浇注系统与型腔在分型面上投影面积不重合部分之和（mm^2）。

其他符号意义同上。

四、压注模成型零部件设计

压注模的结构包括型腔、加料室、浇注系统、导向机构、侧抽芯机构、推出机构、加热系统等，压注模的结构设计原则与注射模、压缩模基本相似，例如，塑件的结构工艺性分析、分型面的选择、合模导向机构、推出机构的设计等与注射模、压缩模的设计方法是完全相同的，这里仅介绍压注模特有的结构设计。

1. 加料室结构设计

压注模与注射模不同之处在于它有加料室。压注成型之前塑料必须加入到加料室内，进行预热、加压，才能压注成型。由于压注模的结构不同，所以加料室的形式也不相同。固定式压注模和移动式压注模的加料室具有不同的形式，罐式和柱塞式的加料室也具有不同的形式。

加料室截面形状常见的有圆形和矩形，应由制品截面形状决定，如圆形塑件采用圆形截面加料室。多腔模具的加料室截面，一般应尽可能盖住模具的所有型腔，因而常采用矩形截面。加料室的定位及固定形式取决于所选设备。

（1）移动式压注模加料室

移动式压注模加料室可单独取下，并有一定的通用性，其结构如图 5-50 所示。它是一种比较常见的结构，加料室的底部为一带有 40°～50° 斜角的台阶。当压柱向加料室内的塑料施压时，压力也同时作用在台阶上，使加料室与模具的模板贴紧，防止塑料从加料室的底

部溢出，能防止溢料飞边的产生。加料室在模具上的定位方式有以下几种：图 5-50（a）加料室与模板之间没有定位，加料室的下表面和模板的上表面均为平面，这种结构的特点是制造简单、清理方便，适用于小批量生产；图 5-50（b）为定位销定位的加料室，定位销采用过渡配合，可以固定在模板上，也可以固定在加料室上，定位销与配合端采用间隙配合，此结构的加料室与模板能精确配合，缺点是拆卸和清理都不方便；图 5-50（c）采用 4 个圆柱销定位，圆柱销与加料室的配合间隙较大，此结构的特点是制造和使用都比较方便；图 5-50d）采用在模板上加工出一个 4～6mm 的凸台，与加料室进行配合，其特点是既可以准确定位又可防止溢料，应用比较广泛。

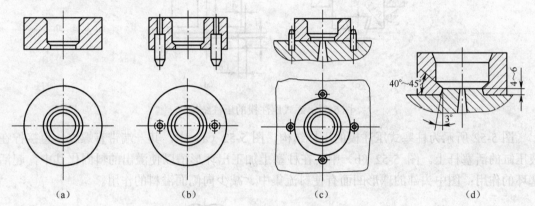

（a）　　　　　　　（b）　　　　　　　（c）　　　　　　　（d）

图 5-50　移动式压注模加料室

（2）固定式压注模加料室

固定式罐式压注模的加料室与上模连成一体，如图 5-45 所示。在加料室底部开设浇注系统的流道通向型腔。由于罐式压注模在没有专门锁模油缸的普通压机上操作，作用在加料室底部的总压力担负着锁模的作用，为此加料室需要较大的横截面积，且加料室直径往往大于其高度。当加料室和上模分别在两块模板上加工时，应设置浇口套。

柱塞式压注模加料室截面为圆形，由于采用专用液压机，而液压机上有锁模液压缸，所以加料室的截面尺寸与锁模无关，加料室的截面尺寸较小，高度较大。

加料室的材料一般选用 T8A、T10A、CrWMn、Cr12 等，热处理硬度为 HRC52～56，加料室内腔应抛光镀铬，表面粗糙度 R_a 应低于 0.4μm。

2. 压柱结构设计

图 5- 51 所示为罐式压注模几种常见的压柱结构。图 5-51（a）所示为简单圆柱形，加工简便、省料，常用于移动式压注模；图 5-51（b）所示为带凸缘的结构，承压面积大、压注平稳，移动式和固定式罐式压注模都能应用；图 5-51（c）所示为组合式结构，用于固定式模具，以便固定在压机上；图 5-51（d）在压柱上开环形槽，在压注时，环形槽被溢出的塑料充满并固化在其中，继续使用时起到了活塞环的作用，可以阻止塑料从间隙中溢出。

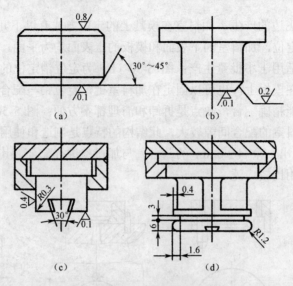

图 5-51　罐式压注模的压柱结构

图 5-52 所示为柱塞式压注模的压柱结构。图 5-52（a）中，其一端带有螺纹，直接拧在液压缸的活塞杆上。图 5-52（b）中，在柱塞上加工出环形槽以使溢出的料固化其中，起活塞环的作用；图中头部的球形凹面有使料流集中、减少向侧面溢料的作用。

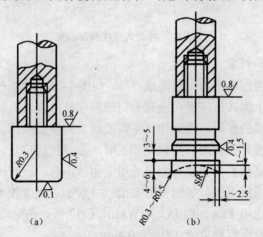

图 5-52　柱塞式压注模的压柱结构

图 5-53 所示为压柱头部开有楔形沟槽的结构，其作用是为了拉出主流道凝料。图 5-53（a）用于直径较小的压柱；图 5-53（b）用于直径大于 75mm 的压柱；图 5-53（c）用于拉出几个主流道凝料的场合。

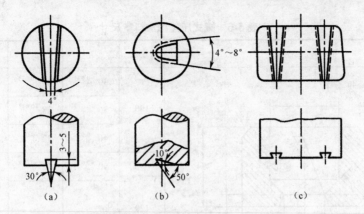

图 5-53　压柱的拉料结构

压柱或柱塞选用的材料和热处理要求与加料室相同。

3. 加料室与压柱的配合

加料室与压柱的配合关系如图 5-54 所示。加料室与压柱的配合通常为 H8/f9～H9/f9，或采用 0.05～0.1mm 的单边间隙。压柱的高度 H_1 应比加料室的高度 H 小 0.5～1mm，底部转角处应留 0.3～0.5mm 的储料间隙，以避免压柱直接压到加料室上。加料室与定位凸台的配合高度之差为 0～0.1mm，加料室底部倾角 $\alpha=40°\sim50°$ 。

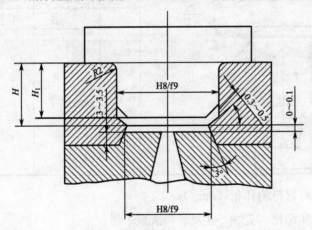

图 5-54　加料室与压柱的配合

表 5-6 和表 5-7 为罐式压注模的加料室和压柱的推荐尺寸。

4. 加料室尺寸计算

加料室的尺寸计算包括截面积尺寸和高度尺寸计算。加料室的形式不同，尺寸计算方法也不同。加料室分为罐式和柱塞式两种形式。

（1）塑料原材料的体积

塑料原材料的体积按下式计算：

$$V_{sl}=kV_s \tag{5-15}$$

表 5-6　罐式压注模加料室尺寸　　　　　　　　　　　　　mm

简　图	D	d	d_1	h	H
	100	$30^{+0.033}_{0}$	$24^{+0.033}_{0}$	$3^{+0.05}_{0}$	30 ± 0.2
		$35^{+0.039}_{0}$	$28^{+0.033}_{0}$		35 ± 0.2
		$40^{+0.039}_{0}$	$32^{+0.039}_{0}$		40 ± 0.2
	120	$50^{+0.039}_{0}$	$42^{+0.039}_{0}$	$4^{+0.05}_{0}$	40 ± 0.2
		$60^{+0.046}_{0}$	$50^{+0.039}_{0}$		40 ± 0.2

表 5-7　罐式压注模压柱尺寸　　　　　　　　　　　　　mm

简　图	D	d	d_1	H	h
	100	$30^{-0.020}_{-0.072}$	$31^{0}_{-0.1}$	26.5 ± 0.1	20
		$35^{-0.025}_{-0.087}$	$27^{0}_{-0.1}$	31.5 ± 0.1	
		$40^{-0.025}_{-0.087}$	$31^{0}_{-0.1}$	36.5 ± 0.1	
	120	$50^{-0.025}_{-0.087}$	$41^{0}_{-0.1}$	35.5 ± 0.1	25
		$60^{-0.030}_{-0.104}$	$19^{0}_{-0.1}$	35.5 ± 0.1	

式中　V_{sl}——塑料原材料的体积（mm³）；

　　　K——塑料的压缩比，查表 5-3 及塑料成型手册；

　　　V_s——塑件的体积（mm³）。

确定加料室的截面积。

①罐式压注模加料室的截面尺寸计算。

罐式压注模加料室的截面尺寸计算可从传热和锁模两个方面考虑。

从传热方面考虑，加料室的加热面积取决于加料量，根据经验，未经预热的热固性塑料每克约需 140mm² 的加热面积，加料室总表面积为加料室内腔投影面积的 2 倍与加料室装料部分侧壁面积之和。由于罐式加料室的高度较低，为了简便起见，可将侧壁面积略去不计，因此，加料室截面积为所需加热面积的一半，即

$$2A = 140m$$

$$A = 70m \tag{5-16}$$

式中　A——加料室截面积（mm^2）；

　　　m——每一次压注的加料量（g）。

从锁模方面考虑，加料室截面积应大于型腔和浇注系统在合模方向投影面积之和，否则型腔内塑料熔体的压力将顶开分型面而溢料。根据经验，加料室截面积必须比塑件型腔与浇注系统投影面积之和大 10%～25%，即

$$A = (1.1 \sim 1.25)A_1 \tag{5-17}$$

式中　A_1——型腔与浇注系统在分型面上投影面积不重合部分之和（mm^2）。

从以上分析可知，罐式压注模加料室的截面面积要满足上述两个条件。

②柱塞式压注模加料室截面尺寸计算。

柱塞式压注模的加料室截面积与成型压力及辅助液压缸额定压力有关，即

$$A \leqslant KF_n / P \tag{5-18}$$

式中　F_n——液压机辅助油缸的额定压力（N）。

其他符号意义同前。

（2）加料室的高度尺寸

加料室的高度尺寸按下式计算：

$$H = V_{sl}/A + (10 \sim 15)mm \tag{5-19}$$

式中符号意义同前。

五、浇注系统与排溢系统设计

1. 浇注系统设计

压注模浇注系统的组成与注射模相似，各组成部分的作用也与注射模类似。图 5-55 为一压注模的典型浇注系统。

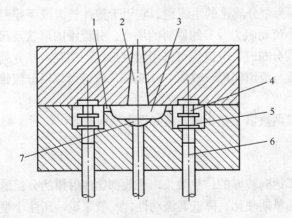

1—浇口；2—主流道；3—分流道；4—嵌件；5—型腔；6—推杆；7—冷料穴

图 5-55　压注模浇注系统

对于浇注系统的要求，压注模与注射模有相同之处也有不同之处。压注模与注射模都希望熔料在流动中压力损失小，这是相同之处；注射模希望熔料通过浇注系统时与流道壁尽量减少热交换，以使料温变化小，但压注模却需要熔料在流动中进一步提高料温，使其塑化更好，这是二者不同之处。浇注系统设计时要注意浇注系统的流道应光滑、平直、减少弯折，流道总长要满足塑料流动性的要求；主流道应位于模具的压力中心，多型腔模具的型腔要对称布置，以保证型腔受力均匀；分流道设计时，要有利于塑料加热，增大摩擦热，使塑料升温；浇口的设计应使浇口凝料清除方便，使塑件美观。

（1）主流道

在压注模中，常见的主流道有正圆锥形、倒圆锥形和带分流锥等形式。

图 5-56（a）所示为正圆锥形主流道，其大端与分流道相连，常用于多型腔模具，有时也设计成直接浇口的形式，用于流动性较差的塑料的单型腔模具。主流道有 6°～10° 的锥度，与分流道的连接处应有半径为 3mm 以上的圆弧过渡。

图 5-56（b）所示为倒锥形主流道。这种主流道大多用于固定式罐式压注模，与端面带楔形槽的压柱配合使用。开模时，主流道连同加料室中的残余废料由压柱带出再予清理。这种流道既可用于多型腔模具，又可使其直接与塑件相连用于单型腔模具或同一塑件有几个浇口的模具。这种主流道尤其适用于以碎布、长纤维等为填料时塑件的成型。

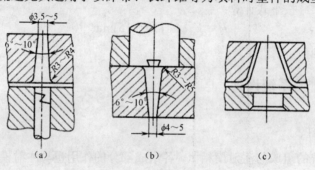

图 5-56　压注模主流道

图 5-56（c）所示为带分流锥的主流道，它用于塑件较大或型腔距模具中心较远时以缩短浇注系统长度、减小流动阻力及节约原料的场合。分流锥的形状及尺寸按塑件尺寸及型腔分布而定。型腔沿圆周分布时，分流锥可采用圆锥形；当型腔两排并列时，分流锥可做成矩形截面的锥形。分流锥与流道间隙一般取 1～1.5mm，流道可以沿分流锥整个表面分布，也可在分流锥上开槽。

当主流道同时穿过两块以上模板时，最好设主流道衬套，如图 5-45 中的件 4 所示，以避免塑料溢入模板之间。

（2）分流道

压注模分流道为了达到较好的传热效果，一般都比注射模的分流道浅而宽，但若过浅，则会使塑料过度受热而早期硬化，降低其流动性。一般来说，压注小型塑件，分流道深度取 2～4mm，压注大型塑件，分流道深度取 4～6mm，最浅应不小于 2mm。最常采用梯形截面的分流道，其截面积约为浇口截面积的 5～10 倍，尺寸如图 5-57 所示。分流道多采用平衡式布置，流道应光滑、平直、尽可能短，并尽量避免弯折以减少压力损失。

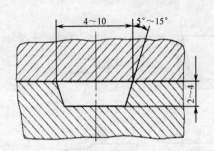

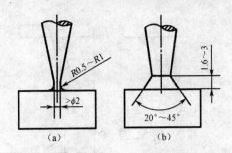

图 5-57　压注模梯形截面分流道　　　图 5-58　倒锥主流道形浇口与塑件的连接

（3）浇口

浇口是浇注系统中的重要组成部分，它与型腔直接相连，其位置、形状及尺寸直接影响熔料的流速及流态，对塑件质量、外观及浇注系统的去除都有直接影响，因此，浇口设计应根据塑料特性、塑件形状及要求和模具结构等因素来考虑。压注模的浇口与注射模基本相同，可以参照注射模的浇口进行设计。

①浇口的形式。

与塑件直接连接的倒锥形主流道为圆形浇口，其最小尺寸为$\phi 2 \sim \phi 4$mm，浇口长为1.6～3mm。为避免去除流道废料时损伤塑件表面，对一般以木粉为填料的塑件应将浇口与塑件连接处作成圆弧过渡，流道废料将在细颈处折断，如图 5-58（a）所示；对于以碎布或长纤维为填料的塑件，由于流动阻力大，应放大浇口尺寸。同时由于填料的连接，在浇口折断处不但会出现毛糙的断面，而且容易拉伤塑件表面。为克服此缺点，可以在浇口处的塑件上设一凸台，成型后再去除，如图 5-58（b）所示。

由于热固性塑料的流动性较差，所以设计压注模浇口时，其浇口应取较大的截面尺寸。用普通热固性塑料成型中、小型塑件时，最小浇口尺寸为深 0.4～1.6mm、宽 1.6～3.2mm。纤维填充的抗冲击性材料采用较大的浇口面积，深 1.6～6.4mm，宽 3.2～12.7mm。大型塑件浇口尺寸可以超过以上范围。

压注模常用的浇口形式有圆形点浇口、侧浇口、扇形浇口、环形浇口及轮辐式浇口等，如图 5-59 所示。图 5-59（a）、（b）、（c）、（d）所示为侧浇口，图 5-59（e）所示为扇形浇口，图 5-59（f）、（g）所示为环形浇口。截面形状有圆形、半圆形、梯形三种形式。

图 5-59（a）所示为外侧进料的侧浇口，是侧浇口中最常用的形式；

图 5-59（b）所示的塑件外表面不允许有浇口痕迹，所以用端面进料；

图 5-59（c）所示的结构可保证浇口折断后，断痕不会伸出表面，不影响装配，可降低修浇口的费用。

如果塑件用碎布或长纤维做填料，则侧浇口应设在附加于侧壁的凸台上．这样在去除浇口时就不会损坏塑件，如图 5-59（d）所示；对于宽度较大的塑件可用扇形浇口，如图 5-59（e）所示；当成型带孔的塑件或环状、管状塑件时可用环形浇口，如图 5-59（f）、（g）所示。

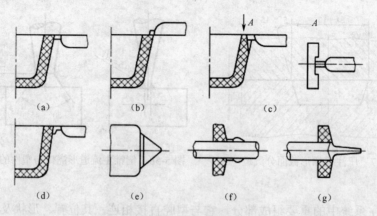

图 5-59　压注模常用浇口形式

②浇口位置选择。

压注模浇口位置和数量的选择应遵循以下原则。

a. 由于热固性塑料流动性较差，故浇口开设位置应有利于流动，一般浇口开设在塑件壁厚最大处，以减小流动阻力，并有助于补缩。

b. 浇口的开设位置应避开塑件的重要表面，以不影响塑件的使用、外观及后加工工作量，同时应使塑料在型腔内顺序填充，否则会卷入空气形成塑件缺陷。

c. 热固性塑料在型腔内的最大流动距离应尽可能限制在 100mm 内，对大型塑件应多开设几个浇口，减小流动距离。

d. 热固性塑料在流动中会产生填料定向作用，造成塑件变形、翘曲甚至开裂，应注意浇口位置。

2. 溢料槽和排气槽

（1）溢料槽

成型时为防止产生熔接痕或多余料溢出，且避免嵌件配合孔及模具配合孔中渗入更多塑料，有时需要在易产生熔接痕的地方及其他适当位置开设溢料槽，使少量前锋冷料溢出。溢料槽尺寸应适当，过大则溢料多，使塑件组织疏松或缺料；过小则溢料不足，起不到排出冷料的作用。最适宜的时机应为塑料经保压一段时间后才开始溢料，一般溢料槽宽取 3～4mm，深取 0.1～0.2mm，制模时宜先取小值，经试模后再修正。

（2）排气槽

压注成型时，由于在极短时间内需将型腔充满，不但需将型腔内空气迅速排出模外，而且需要排除由于聚合作用而产生的低分子气体，因此，不能仅依靠分型面和推杆的间隙排气，还需开设排气槽。压注成型时从排气槽中不仅逸出气体，还可能溢出少量前锋冷料，因此需要附加工序去除，但这样有利于提高排气槽附近的熔接强度。

对于中小型塑件，分型面上排气槽尺寸为深 0.04～0.13mm、宽 3.2～6.4mm，视塑件体积和排气槽数量而定，其截面积按下式计算：

$$A = 0.05 V_s / n \qquad (5\text{-}20)$$

式中　A——排气槽截面积（mm^2）；其推荐尺寸见表 5-8。

V_s——塑件的体积（cm³）；

n——排气槽数量。

表 5-8　排气槽截面积推荐尺寸

排气槽截面积（mm²）	槽宽×槽深（mm）	排气槽截面积（mm²）	槽宽×槽深（mm）
<0.2	5×0.04	0.8~1.0	10×0.1
0.2~0.4	5×0.08	1.0~1.5	10×0.15
0.4~0.6	6×0.1	1.5~2.0	10×0.2
0.6~0.8	8×0.1		

排气槽的位置一般需开设在型腔最后填充处；靠近嵌件或壁厚最薄处，易形成熔接缝，应开设排气槽。排气槽最好开在分型面上，以便加工和清理。

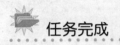 任务完成

（一）分析制件材料使用性能

根据任务要求，圆形塑料罩壳（图 5-43）选用以木粉为填料的酚醛塑料，与任务 1 中的塑料端盖（图 5-1）所选用的材料相同。分析制件材料使用性能如任务 1 中的任务完成所述。

（二）塑件成型方式的选择

酚醛塑料属于热固性塑料，制品需要中批量生产。酚醛塑料用于注射成型技术已相对成熟，生产周期短、效率高，容易实现自动化，但对设备、成型工艺有特殊要求，而且注射成型模具结构较为复杂，成本较高，一般用于大批量生产。而压缩成型、压注成型主要用于生产热固性塑件，且压注成型生产塑件性能较好，塑件的尺寸精度高、表面质量好，成型周期短、生产效率高；挤出成型主要用于成型具有恒定截面形状的连续型材；气动成型用于生产中空的塑料瓶、罐、盒、箱类热塑性塑料的制件。综上分析，根据塑件要求，图 5-43 所示罩壳塑件既可以选择压缩成型，也可以选择压注成型。本任务选择压注成型生产。

（三）塑件成型工艺过程及工艺参数

压注成型工艺过程和压缩成型工艺过程基本相同，它们的主要区别在于：压缩成型过程是先加料后闭模，而压注成型则一般要求先闭模后加料。

查模块二任务 3 中表 2-12、表 2-13 确定塑料罩壳压注成型工艺参数见表 5-9。

表 5-9　罩壳压注成型工艺参数

预热条件		模塑条件			压后处理	
温度（℃）	时间（min）	温度（℃）	压力（MPa）	固化时间（min）	退火温度（℃）	保温时间（h）
100~125	10~20	100~110	80~100	3~4	80~100	2~4

（四）分析塑件结构工艺

该塑件外形简单，为扁圆形结构，平均厚度 2mm。所有尺寸无公差要求，均为自由公差。

材料为酚醛塑料，便于进行压注成型。

（五）设计方案确定

由于制件批量不大，且形状简单、要求不高，因此，采用移动式压注模可以使模具结构简单、节省模具材料、生产费用降低。对设备无特殊要求，可以采用普通压力机进行生产。

塑件结构较小，可采用多型腔模具，此处采用一模两件方式。

采用罐式压注模，把加料室设计成形状简单、易于加工的圆形结构，并采用水平分型面。浇注系统中主流道采用正圆锥结构，分流道采用梯形截面，浇口采用矩形截面。

成型后，把模具移出机外，去除加料室，手动分型后取出塑件及浇注系统凝料。

模具总体结构如图 5-60 所示。

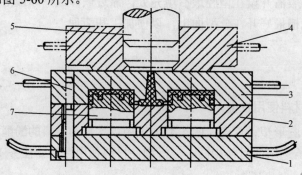

1—下模板；2—固定板；3—凹模；4—加料室；5—压柱；6—导柱；7—型芯

图 5-60　模具总体结构

（六）工艺计算及主要零部件设计

（1）浇注系统设计

①主流道。主流道采用正圆锥形结构。小端直径通常取 2.5～5mm，此处取 4mm；主流道一般具有 6°～10° 的锥角，此处取中间值 8°；主流道长度等于凹模高度，在此取 30mm，则大端直径 $D = 4+2\times30\times\tan4° = 8.2\text{mm}$

②分流道。分流道采用梯形截面。小型塑件的分流道槽深一般为 2～4mm，为便于以后修模，此处取 2.5mm；底边宽度通常为 4～8mm，此处取 6mm，梯形斜角取 10°；分流道长度应尽量短，一般取主流道大端直径的 1～2.5 倍，此处取 10mm。

③浇口。每个型腔设有一个侧浇口，浇口采用矩形截面。用普通热固性塑料压注中小型制品时，浇口尺寸为深 0.4～1.6mm，宽 1.6～3.2mm。此处浇口深度取 0.7mm，宽度取 3mm，长度取 1.5mm。

（2）加料室设计

所设计的移动式罐式压注模的加料室可以单独取下，采用圆形结构，如图 5-60 所示。

①加料室的横截面积。塑件、浇注系统投影面积之和为

$$S = 2\times(\pi\times24^2/4+3\times1.5+6\times10)+\pi\times8.2^2/4 = 1086.6\text{mm}^2$$

根据经验公式，移动式加料室的横截面积为

$$A = (1.1 \sim 1.25)S = (1.1 \sim 1.25) \times 1086.6$$

$$= (1195.3 \sim 1358.3)\text{mm}^2$$

取加料室的横截面积为

$$A = 1300\text{mm}^2$$

②加料室容积。塑件的体积为

$$V_s = \frac{1}{4}\pi\left[d_1^2 h_1 + \left(d_1^2 - d_2^2\right)h_2 + \left(d_3^2 - d_4^2\right)h_3\right]$$

$$= \frac{1}{4}\pi\left[24^2 \times 2 + \left(24^2 - 20^2\right) \times 8 + \left(12^2 - 8^2\right) \times 3\right]$$

$$= 2199\text{mm}^3$$

浇注系统的体积 $V_{浇}$ 为

$$V_{浇} = V_{主} + 2V_{分} + 2V_{浇口}$$

$$= \frac{1}{3}\pi\left[4.1^2 \times (30 + 2\cot 4°) - 2^2 \times 2\cot 4°\right] + 2 \times \frac{6 + 6 - 2 \times 2.5\tan 10°}{2} \times 2.5 \times 10 +$$

$$2 \times 1.5 \times 3 \times 0.7$$

$$= 1196\text{mm}^3$$

由表 5-3 查得：酚醛塑料的压缩比 $k = 1.5 \sim 2.7$，取 $k = 2.5$。

则加料室容积为

$$V = k\left(2V_s + V_{浇}\right)$$

$$= 2.5 \times (2 \times 2199 + 1196)$$

$$= 13985(\text{mm}^3)$$

③加料室高度。加料室高度可以为

$$h = \frac{V}{A} + (10 \sim 15)$$

$$= \frac{13985}{1300} + (10 \sim 15)$$

$$= (20.76 \sim 25.76)\text{mm}$$

故取加料室高度 $h = 23\text{mm}$。

（3）成型零件结构设计与尺寸计算

首先根据成型尺寸计算公式确定各个成型零件中的成型尺寸，然后确定各零件结构及其相关尺寸。前面任务中已有表述，此处结构设计和尺寸计算省略。

（4）导向机构设计

导向机构采用导柱和导向孔构成。两个直径相同的导柱通过过盈配合安装在下模板上；

在型芯固定板和模套（凹模）上加工出导向孔，起使上、下模准确合模，导向和承受侧压力作用。导柱尺寸可通过查表选择。

（七）压注模用压机的选用

压注模用压机的计算方法与压缩成型基本相同。

采用罐式压注模，可使用普通液压机。根据式（5-13），压机的额定压力为

$$F_P \geqslant Ap/K = 1300 \times 90/0.7 = 167143(N) = 167.1 \times 10^3 (kN)$$

式中　F_p——压机的额定压力（N）；

　　　K——折旧系数，一般取 0.6～0.8，视压机新旧程度而定，这里取 0.7；

　　　A——加料室的截面积（mm^2），取 $A = 1300\ mm^2$；

　　　p——酚醛塑料压注成型时所需的成型压力（MPa），见模块二任务 3 中的表 2-12，木粉填充，高频预热，p 取 90MPa。

可选择型号为 Y32-50 的压力机，为上压式、下顶出、框架结构，公称压力 500kN，工作台最大开距为 600mm，工作台最小开距为 200mm，推杆最大行程为 150mm。

（八）模具总装图和零件图绘制

在模具的总体结构及相应的零部件结构形式确定后，便可以绘制模具的总装图和零件图。首先绘制模具的总装图，要清除地表达各零件之间的装配关系及固定连接方式，然后根据总装图拆绘零件图，绘制出所有非标准件的零件图。具体图形略。

校核和编写设计计算说明书要求同任务 1，这里不再重复。

任务小结

压注成型对塑料有一定的要求，即在未达到硬化温度前塑料应具有较大的流动性，而达到硬化温度后，又必须具有较快的硬化速度。由于压注时熔料是通过浇注系统进入模具型腔成型的，因此，压注模的结构比压缩模复杂，工艺条件要求严格，特别是成型压力较高，比压缩成型的压力要大得多，而且操作比较麻烦，制造成本也大，因此，只有用压缩成型无法达到要求时才采用压注成型。压注成型适用于形状复杂、带有较多嵌件的热固性塑料制件的成型。

压注模既具有压缩模的一些特点，也具有注射模的一些特点。设计压注模时，应对注射模的结构和压缩模的结构相当熟悉，应结合两种模具的设计内容进行设计，并掌握压注模设计与注射模设计及压缩模设计的相同之处与不同之处。

 思考题与练习

1. 压注模与压缩模有什么区别？
2. 压注模由哪几部分组成？压注模按加料室的结构可分成哪几类？
3. 压注模的浇注系统与注射模的浇注系统有何相同之处与不同之处？
4. 罐式压注模的加料室截面积是如何选择的？柱塞式呢？
5. 上加料室和下加料室柱塞式压注模对压机有何要求？分别阐述它们的工作过程。

6. 绘出移动式罐式压注模的加料室与压柱的配合结构简图，并标上典型的结构尺寸与配合精度。

7. 压注模加料室的高度是如何计算的？

学生分组，完成课题

1. 模块二任务 3 中图 2-19 所示制件，材料为以木粉为填料的酚醛塑料，需要大批量生产。该制件要求外形美观、品质可靠。试设计结构合理、能满足生产要求的压注模。

2. 如图 5-61 所示塑料件——锁盖，材料为以木粉为填料的黑色酚醛塑料，需要大批量生产。该制件采用一模 4 件生产，要求外形美观、品质可靠。试设计结构合理、能满足生产要求的压注模。

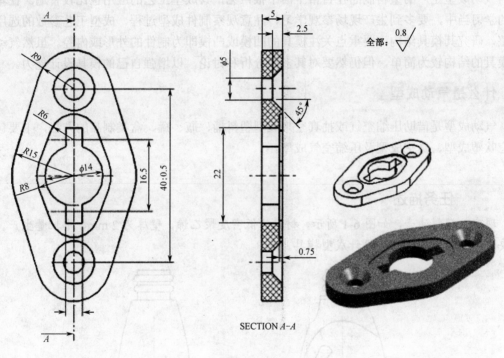

SECTION A-A

图 5-61　锁盖

模块六 气动成型工艺与模具设计

如何学习

气动成型生产的塑料制品在日常生活中很常见，其成型工艺的应用也比较普遍。在本模块的学习当中，要多到生产现场参观学习，注意观察制件成型过程、成型工艺参数的选用和调整，研究其模具结构；要重点关注模具的凹模或凸模即为制件的外形或内腔。虽然气动成型模具的结构较为简单，但仍然要对其多做分析和讨论，以增强自己的模具设计能力。

什么是气动成型

气动成型是借助压缩空气或抽真空来成型塑料桶、瓶、罐、盒类制品的方法，主要包括中空吹塑成型、真空成型及压缩空气成型。

 **任务描述**

现有一塑料油壶，如图 6-1 所示，材料为低密度聚乙烯，壁厚为 2 mm，中批量生产。任务要求：选择成型方法，设计成型模具。

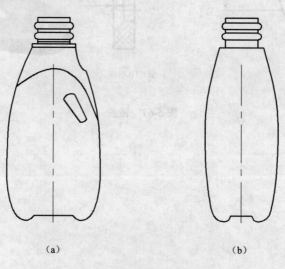

（a）   （b）

图 6-1 中空塑料油壶外形图

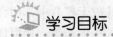

学习目标

【知识目标】

1. 掌握中空吹塑成型原理及模具设计要点。

2. 了解真空成型原理及模具设计要点。

3. 了解压缩空气成型原理及模具设计要点。

【技能目标】

1. 能够正确阐述中空吹塑成型、真空成型及压缩空气成型的工作原理及工艺过程。

2. 具有确定中空吹塑成型、真空成型及压缩空气成型工艺参数的能力。

3. 具有设计简单气动成型模具的能力。

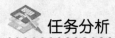

任务分析

中空塑料油壶的生产过程：将粒状或粉状的塑料原料，在特定的工艺条件（加工温度、成型压力、成型时间）下，通过塑料挤出机挤出坯料，再将高弹态的热坯料放入中空成型模具中合模，通入压缩空气吹制成尺寸标准、外形美观的合格制件。

吹制中空塑料油壶的成型方法有多种，包括挤出吹塑成型、注射吹塑成型、注射拉伸吹塑成型等，各种成型方法的工艺过程与工艺条件也有所不同，但其成型模具结构比较简单，模具的型腔就是中空制件的外形（两块哈夫阴模组成型腔，没有阳模），一般采用两半阴模对开分型的结构形式。由于油壶上口有螺纹，底部有凸起的加强肋，因此模具在上口部和底部需要设置夹口与切口，这与其他的塑料成型模具不同。

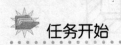

任务开始

基本概念

气动成型与注射、压缩、压注、挤出等成型相比，成型压力低，因此对模具材料要求不高。由于制件精度不高，气动模具结构相对比较简单，模具设计相对容易。

一、中空吹塑成型与模具设计

（一）中空吹塑成型模具的分类、特点及成型工艺

中空吹塑成型是将处于塑性状态（高弹态）的塑料型坯置于模具型腔内，使压缩空气注入型坯中将其吹胀，使之紧贴于模腔壁上，冷却定型后得到一定形状的中空塑件的加工方法，如图 6-2 所示。根据成型方法不同，中空吹塑成型可分为挤出吹塑成型、注射吹塑成型、多层吹塑成型及片材吹塑成型等。

1. 挤出吹塑成型

挤出吹塑成型是成型中空塑件的主要方法，图 6-3 为挤出吹塑成型工艺过程示意图。首

先，挤出机挤出管状型坯，如图 6-3（a）所示；截取一段管坯趁热将其放于模具中，闭合对开式模具同时夹紧型坯上下两端，如图 6-3（b）所示；然后用吹管通入压缩空气，使型坯吹胀并贴于型腔表壁成型，如图 6-3（c）所示；最后经保压和冷却定型，便可排出压缩空气并开模取出塑件，如图 6-3（d）所示。挤出吹塑成型模具结构简单、投资少、操作容易，适于多种塑料的中空吹塑成型。缺点是壁厚不易均匀，塑件需后加工以去除飞边。

（a）中空吹塑成型设备　　　　　（b）中空吹塑制件　　　　　（c）中空吹塑模具

图 6-2　中空吹塑成型设备、制件与模具外形图

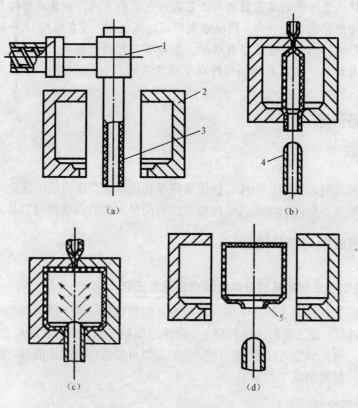

（a）　　　　　　　　　　　　　（b）

（c）　　　　　　　　　　　　　（d）

1—挤出机头；2—吹塑模；3—管状型坯；4—压缩空气吹管；5—塑件

图 6-3　挤出吹塑中空成型

2. 注射吹塑成型

注射吹塑成型的工艺过程如图 6-4 所示。首先注射机将熔融塑料注入注射模内形成管坯，管坯成型在周壁带有微孔的空心凸模上，如图 6-4（a）所示；接着趁热移至吹塑模内，如图 6-4（b）所示；然后从芯棒的管道内通入压缩空气，使型坯吹胀并贴于模具的型腔壁上，如图 6-4（c）所示；最后经保压、冷却定型后放出压缩空气，开模取出塑件，如图 6-4（d）所示。这种成型方法的优点是壁厚均匀无飞边、不需后加工。由于注射成型坯有底，故塑件底部没有拼合缝，强度高，生产率高，但设备与模具的投资较大，多用于小型塑件的大批量生产。

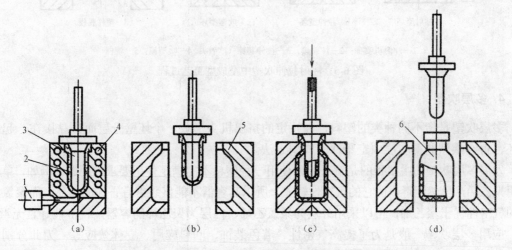

1—注射机喷嘴；2—注射型坯；3—空心凸模；4—加热器；5—吹塑模；6—塑件

图 6-4　注射吹塑中空成型

3. 注射拉伸吹塑成型

注射拉伸吹塑成型是将注射成型的有底型坯加热到熔点以下适当温度（高弹态）后，置于模具内，先用拉伸杆进行轴向拉伸后再通入压缩空气吹胀成型的加工方法。经过拉伸吹塑的塑件其透明度、抗冲击强度、表面硬度、刚度和气体阻透性都有很大提高。注射拉伸吹塑成型最典型的产品是线性聚酯饮料瓶。

注射拉伸吹塑成型可分为热坯法和冷坯法两种成型方法。

热坯法注射拉伸吹塑成型工艺过程如图 6-5 所示。首先在注射工位注射成一空心带底型坯，如图 6-5（a）所示；然后打开注射模将型坯迅速移到拉伸和吹塑工位，进行拉伸和吹塑成型，如图 6-5（b）、（c）所示；最后经保压、冷却后开模取出塑件，如图 6-5（d）所示。这种成型方法省去了冷型坯的再加热，所以节省能量，同时由于型坯的制取和拉伸吹塑在同一台设备上进行，因此，占地面积小、生产易于连续进行、自动化程度高。

冷坯法是将注射好的型坯加热到合适的温度后再将其置于吹塑模中进行拉伸吹塑的成型方法。采用冷坯成型法时，型坯的注射和塑件的拉伸吹塑成型分别在不同设备上进行，在拉伸吹塑之前，为了补偿型坯冷却散发的热量，需进行二次加热，以确保型坯的拉伸吹塑成型温度（高弹态），这种方法的主要特点是设备结构相对简单。

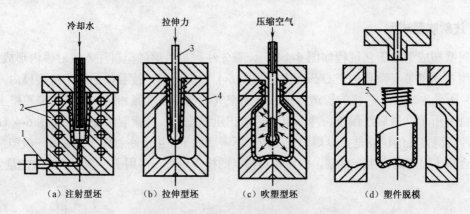

1—注射机喷嘴；2—注射模；3—拉伸芯棒（吹管）；4—吹塑模；5—塑件

图 6-5　注射拉伸吹塑中空成型工艺过程

4. 多层吹塑

多层吹塑是指不同种类的塑料，经特定的挤出机头形成一个坯壁分层而又黏接在一起的型坯，再经吹塑制得多层中空塑件的成型方法。

发展多层吹塑的主要目的是解决单独使用一种塑料不能满足使用要求的问题。例如，单独使用聚乙烯，虽然无毒，但它的气密性较差，所以其容器不能盛装带有香味的食品，而聚氯乙烯的气密性优于聚乙烯，可以采用外层为聚氯乙烯、内层为聚乙烯的容器，气密性好且无毒。

应用多层吹塑一般是为了提高气密性、着色装饰、回料应用、立体效应等，为此分别采用气体低透过率与高透过率材料的复合、发泡层与非发泡层的复合、着色层与本色层的复合、回料层与新料层的复合及透明层与非透明层的复合。

多层吹塑的主要问题是层间的熔接与接缝的强度问题，除了选择塑料的种类外，还要求有严格的工艺条件控制与挤出型坯的质量技术；由于多种塑料的复合，塑料的回收利用比较困难；机头结构复杂，设备投资大，成本高。

5. 片材吹塑成型

片材吹塑成型如图 6-6 所示。将压延或挤出成型的片材再加热，使之软化，放入型腔，闭模后在片材之间吹入压缩空气而成型出中空塑件。

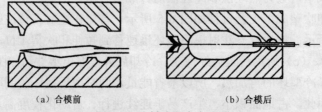

（a）合模前　　　　　　　　　　　　　（b）合模后

图 6-6　片材吹塑中空成型

（二）吹塑成型的工艺参数

1. 型坯温度与模具温度

一般来说，型坯温度较高时，塑料易发生吹胀变形，成型的塑件外观轮廓清晰，但型坯自身的形状保持能力较差。反之，当型坯温度较低时，型坯在吹塑前的转移过程中就不容易发生破坏，但是其吹塑成型性能将会变差，成型时塑料内部会发生较大的应力，当成型后转变为残余应力时，不仅会削弱塑料制件的强度，而且还会导致塑件表面出现明显的斑纹。因此，挤出吹塑成型时型坯的温度应在 $T_g \sim T_f (T_m)$ 范围内尽量偏向 $T_f (T_m)$；注射吹塑成型时，只要保证型坯转移不发生问题，型坯温度应在 $T_g \sim T_f (T_m)$ 范围内尽量取较高值；注射拉伸吹塑成型，只要保证吹塑能顺利进行，型坯温度可在 $T_g \sim T_f (T_m)$ 区间取较低值，这样能够避免拉伸吹塑取向结构因型坯温度较高而取向，但对于非结晶型透明塑料制件，型坯温度太低会使透明度下降。对于结晶型塑料，型坯温度需要避开最易形成球晶的温度区域，否则，球晶会沿着拉伸方向迅速长大而不断增多，最终导致塑件组织变得十分不均匀。型坯温度还与塑料品种有关，例如，对于线型聚酯和聚氯乙烯等非结晶塑料，型坯温度比 T_g 高 10～40℃，通常线型聚酯可取 90～110℃，聚氯乙烯可取 100～140℃，对于聚丙烯等结晶型塑料，型坯温度比 T_m 低 5～40℃较合适，聚丙烯一般取 150℃左右。

吹塑模具温度通常可在 20～50℃内选择。模温过高，塑件需较长冷却定型时间，生产率下降，并在冷却过程中，塑件会产生较大的成型收缩，难以控制其尺寸与形状精度。温度过低，则塑料在模具夹坯口处温度下降很快，不仅阻碍型坯发生吹胀变形，还会导致塑件表面出现斑纹或使光亮度变差。

2. 吹塑压力

吹塑压力指吹塑成型所用的压缩空气压力，其数值通常为吹塑成型时取 0.2～0.7MPa，注射拉伸吹塑成型时吹塑压力要比普通吹塑压力大一些，常取 0.3～1.0 MPa。

（三）中空吹塑成型塑件设计

根据中空塑件成型的特点，对塑件的要求主要有吹胀比、延伸比、螺纹、圆角、支撑面等。

1. 吹胀比

吹胀比是指塑件最大直径与型坯直径之比，这个比值选择要适当，通常取 2～4，但多用 2。吹胀比过大会使塑件壁厚不均匀，加工工艺条件不易掌握。

吹胀比表示了塑件径向最大尺寸和挤出机机头口模尺寸之间的关系。当吹胀比确定以后，便可以根据塑件的最大径向尺寸及塑件壁厚确定机头型坯口模的尺寸。机头口模与芯轴的间隙可用以下公式确定：

$$Z = \delta B_R \alpha \tag{6-1}$$

式中　Z——口模与芯轴的单边间隙；

　　　δ——塑件壁厚；

　　　B_R——吹胀比（2～4）；

　　　α——修正系数（1～1.5），它与加工塑料的黏度有关，黏度大，取下值。

型坯截面形状一般要求与塑件轮廓大体一致，如吹塑圆形界面的瓶子，型坯截面应是圆形的；若吹塑方桶，则型坯应制成方形截面，或用壁厚不均的圆柱料坯，以使吹塑件的壁厚均匀，如图 6-7 所示。用图 6-7（a）所示截面的型坯吹制矩形截面容器时，则短边壁厚小于长边壁厚，而用图 6-7（b）所示截面的型坯可以得到改善；图 6-7（c）所示料坯吹制方形截面容器可使四角变薄的状况得到改善；图 6-7（d）所示为适用于吹制矩形截面的容器。

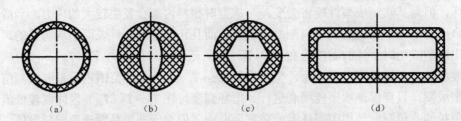

图 6-7　型坯截面形状与塑件壁厚的关系

2. 延伸比

在注射拉伸吹塑成型中，塑件的长度与型坯的长度之比称为延伸比，如图 6-8 所示的 c 与 b 之比即为延伸比。延伸比确定后，型坯的长度就能确定。试验证明延伸比大的塑件，即壁厚越薄的塑件，其纵向和横向的强度越高。也就是延伸比越大，得到的塑件强度越高。为保证塑件的刚度和壁厚，生产中一般取延伸比 $S_R = (4\sim6)/B_R$。

3. 螺纹

吹塑成型的螺纹通常采用梯形或半圆形的截面，而不采用细牙或粗牙螺纹，这是因为后者难以成型。为了便于塑件上飞边的处理，在不影响使用的前提下，螺纹可制成断续状的，即分型面附近的一段塑件上不带螺纹，如图 6-9 所示，图 6-9（b）比图 6-9（a）容易清理飞边余料。

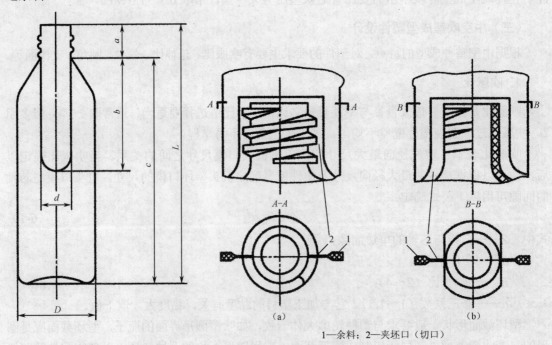

1—余料；2—夹坯口（切口）

图 6-8　延伸比示意图　　　　　　图 6-9　螺纹形状

4. 圆角

吹塑塑件的侧壁与底部的交接及壁与把手交接等处，不宜设计成尖角，尖角难以成型，这种交接处应采用圆弧过渡。在不影响造型及使用的前提下，圆角以大为好，圆角大，壁厚则均匀；对于有造型要求的产品，圆角可以减小。

5. 塑件的支撑面

在设计塑料容器时，应减少容器底部的支撑表面，特别要减少结合缝与支撑面的重合部分，因为切口的存在将影响塑件放置平稳。图6-10（a）所示为不合理设计，图6-10（b）所示为合理设计。

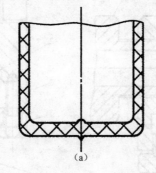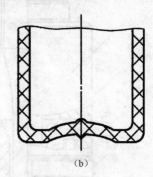

图6-10　塑件的支承面

6. 脱模斜度和分型面

由于吹塑成型不需凸模，且收缩大，故脱模斜度即使为零也能脱模。但表面带有皮革纹的塑件，脱模斜度必须在1/15以上。

吹塑成型模具的分型面一般设在塑件的侧面，对矩形截面的容器，为避免壁厚不均，有时将分型面设在对角线上。

（四）中空吹塑设备

中空吹塑设备包括挤出装置或注射装置、挤出型坯用的机头、模具、合模装置及供气装置等。

1. 挤出装置

挤出装置是挤出吹塑成型中的主要设备。吹塑用的挤出装置并无特殊之处，一般的通用型挤出机均可用于吹塑。

2. 注射装置

注射装置即注射机，普通注射机即可注射型坯。

3. 机头

机头是挤出吹塑成型的重要装备，可以根据所需型坯直径、壁厚的不同予以更换。机头的结构形式、参数选择等直接影响塑件的质量。常用的挤出机头有芯棒式机头和直接供料式机头两种。图6-11所示和图6-12所示为这两种机头的结构。

芯棒式机头通常用于聚烯烃塑料的加工，直接供料式机头用于聚氯乙烯塑料的加工。

机头体型腔最大环形截面积与芯棒、口模间的环形截面和之比称为压缩比。机头的压缩比一般选择在2.5~4之间。

口模定型段长度可参照表6-1。

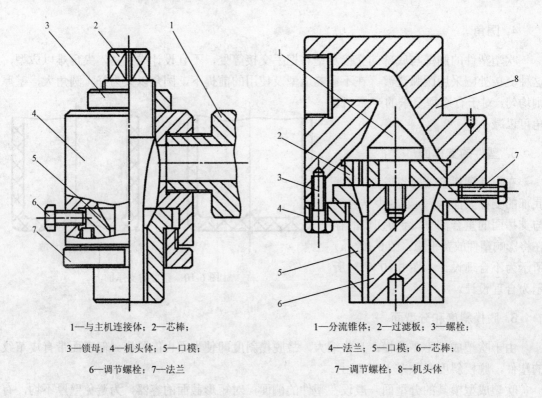

1—与主机连接体；2—芯棒；

3—锁母；4—机头体；5—口模；

6—调节螺栓；7—法兰

图 6-11　中空吹塑芯棒式机头结构

1—分流锥体；2—过滤板；3—螺栓；

4—法兰；5—口模；6—芯棒；

7—调节螺栓；8—机头体

图 6-12　中空吹塑直接供料式机头结构

表 6-1　中空吹塑机头口模定型段长度　　　　　　　　　　　　　mm

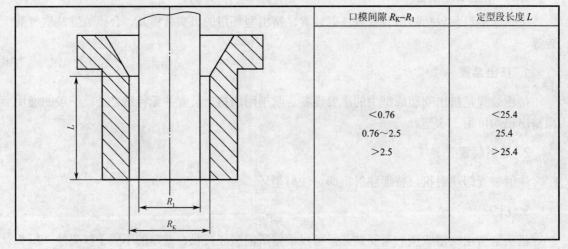

口模间隙 $R_K - R_1$	定型段长度 L
<0.76	<25.4
0.76～2.5	25.4
>2.5	>25.4

4. 模具设计

吹塑模具通常由两瓣合成（即对开式），对于大型吹塑模可以设冷却通道。模口部分做成较窄的切口，以便切断型坯。由于吹塑过程中模腔压力不大，一般压缩空气的压力为 0.2～0.7MPa，故可供选择做模具的材料较多，最常用的材料有铝合金、锌合金等。由于锌合金易于铸造和机械加工，多用它来制造形状不规则的容器。对于大批量生产硬质塑料制件的模具，可选用钢材，淬火硬度为 HRC40～44，模腔可抛光镀铬，使容器具有光泽的表面。图 6-13

所示为常见的中空吹塑模具外形图。

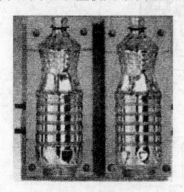

（a）矿泉水瓶吹塑模

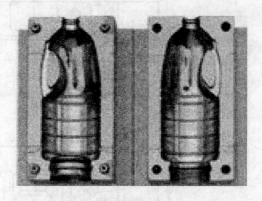

（b）食用油瓶吹塑模

图 6-13　常见的中空吹塑模具外形图

　　从模具结构的工艺方法上看，吹塑模可分为上吹口和下吹口两类。图 6-14 所示为典型的上吹口模具结构，压缩空气由模具上端吹入模腔。图 6-15 所示为典型的下吹口模具，用时料坯套在底部芯轴上，压缩空气自芯轴吹入。

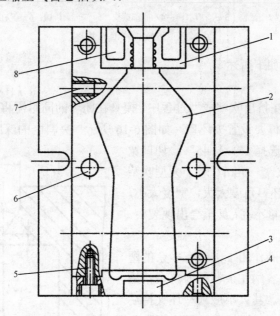

1—口部镶块；2—型腔；3、8—余料槽；4—底部镶块；5—紧固螺栓；6—导柱（孔）；7—冷却水道

图 6-14　上吹口模具结构图

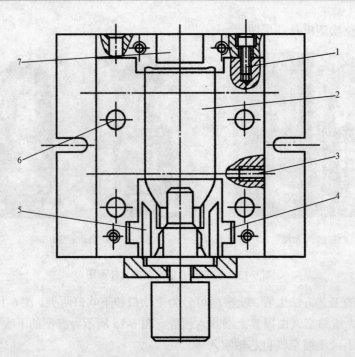

1—螺钉；2—型腔；3—冷却水道；4—底部镶块；5、7—余料槽；6—导柱（孔）

图 6-15　下吹口模具结构图

吹塑模具设计要点如下所述。

（1）夹坯口

夹坯口也称切口。在挤出吹塑成型过程中，模具在闭合的同时需将型坯封口及余料切除。因此，在模具的相应部位要设置夹坯口。如图 6-16 所示，夹料区的深度 h 可取型坯厚的 $2\sim$ 3 倍。切口的倾斜角 α 选择 15°～45°，切口宽度 L 对于小型吹塑件取 $1\sim2mm$，对于大型吹塑件取 $2\sim4mm$。如果夹坯口角度太大，宽度太小，则会造成塑件的接缝质量不高，甚至会出现裂痕。

（2）余料槽

型坯在夹坯口的切断作用下，会有多余的塑料被切除下来，它们将容纳在余料槽内。余料槽通常设在夹坯口的两侧。其大小应依型坯夹持后余料的宽度和厚度来确定，以模具能严密闭合为准。

（3）排气孔槽

模具闭合后，型腔呈闭封状态，应考虑在型

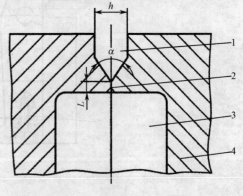

1—夹料区；2—夹坯口（切口）；3—型腔；4—模具

图 6-16　中空吹塑模具夹料区

坯吹胀时，模具内原有空气的排除问题。排气不良会使塑件表面出现斑纹、麻坑和成型不完整等缺陷。为此，吹塑模还要考虑设置一定数量的排气孔。排气孔一般在模具型腔的凹坑、尖角处，以及最后贴模的地方。排气孔直径常取 $0.5\sim1mm$。此外，分型面上开设宽度为 $10\sim20mm$、深度为 $0.03\sim0.05mm$ 的排气槽也是排气的主要方法。

（4）模具的冷却

模具冷却是保证中空吹塑工艺正常进行、保证产品外观质量和提高生产率的重要因素。对于大型模具，可以采用箱式冷却，即在型腔背后铣一个空槽，再用一块板盖上，中间加上密封件。对于小型模具可以开设冷却水道，通水冷却。

二、真空吸塑成型工艺与模具设计

（一）真空吸塑成型特点及成型工艺

真空吸塑成型是把热塑性塑料板、片材固定在模具上，用辐射加热器进行加热至软化温度，然后用真空泵把板材和模具之间的空气抽掉，从而使板材贴在模腔上成型，冷却后借助压缩空气使塑件从模具中脱出。图 6-17 所示为真空吸塑成型设备、模具与制件外形图。

（a）真空吸塑成型设备　　　　　　　　　（b）真空吸塑成型模具

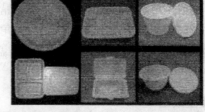

（c）真空吸塑成型制件

（d）真空吸塑成型制件　　　　　　　　　（e）真空吸塑成型制件

图 6-17　真空吸塑成型设备、模具与制件外形图

真空吸塑成型只需要单个凸模或凹模，模具的凸模或凹模即为制件的内腔或外形，因此模具结构简单，制造成本低，制件形状清晰；但壁厚不够均匀，尤其是模具上凸、凹部位。

真空吸塑成型广泛用于家用电器、药品和食品等行业生产各种薄壁塑料制件。

真空吸塑成型法主要有凹模真空成型，凸模真空成型，凹、凸模先后抽真空成型，吹泡真空成型，柱塞推下真空成型和带有气体缓冲装置的真空成型等方法。

1. 凹模真空成型

凹模真空成型是一种最常用最简单的成型方法，如图 6-18 所示。把板材固定并加热密封在模腔的上方，将加热器移至板材上方将板材加热软化，如图 6-18（a）所示；然后移开加热器，在型腔内抽真空，板材就贴在凹模型腔上，如图 6-18（b）所示；冷却后由抽气孔通入压缩空气将成型好的塑件吹出，如图 6-18（c）所示。

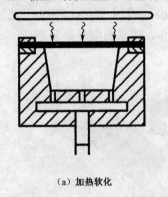
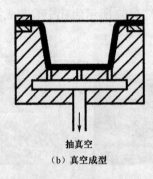
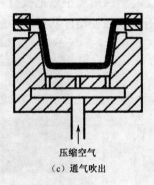

（a）加热软化　　　　　　　　　（b）真空成型　　　　　　　　　（c）通气吹出

图 6-18　凹模真空成型

用凹模真空成型法成型的塑件外表面尺寸精度高，一般用于成型深度不大的塑件。如果塑件深度很大时，特别是小型塑件，其底部转角处会明显变薄，多型腔的凹模真空成型比同个数的凸模真空成型经济，因为凹模模腔间距离可以较近，用同样面积的塑料板，可以加工出更多的塑件。

2. 凸模真空成型

凸模真空成型如图 6-19 所示。被夹紧的塑料板在加热气下加热软化，如图 6-19（a）所示；接着软化板料下移，像帐篷似的覆盖在凸模上，如图 6-19（b）所示；最后抽真空，塑料板紧贴在凸模上成型，如图 6-19（c）所示。这种成型方法，由于成型过程中冷的凸模首先与板料接触，故其底部稍厚。它多用于有凸起形状的薄壁塑件，成型塑件的内表面尺寸精度较高。

3. 凹、凸模先后抽真空成型

凹、凸模先后抽真空成型如图 6-20 所示。首先把塑料板紧固在凹模上加热，如图 6-20（a）所示；软化后将加热器移开，然后通过凸模吹入压缩空气，而凹模抽真空使塑料板鼓起，如图 6-20（b）所示；最后凸模向下插入鼓起的塑料板中并且从中抽真空，同时凹模通入压缩空气，使塑料板贴附在凸模的外表面而成型，如图 6-20（c）所示。这种成型方法，由于将软化了的塑料板吹鼓，使板料延伸后再成型，故壁厚比较均匀，可用于成型深型腔塑件。

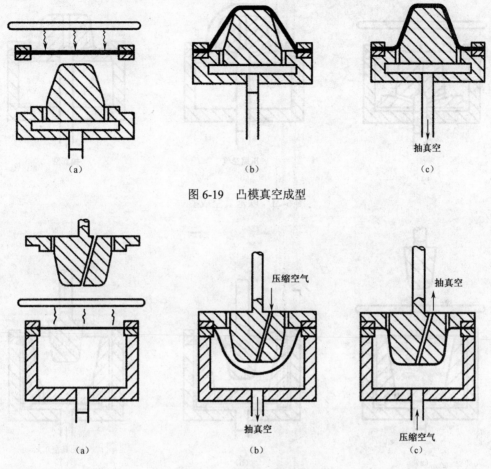

图 6-19 凸模真空成型

图 6-20 凹、凸模先后抽真空成型

4. 吹泡真空成型

吹泡真空成型如图 6-21 所示。首先将塑件板紧固在模框上，并用加热器对其加热，如图 6-21（a）所示；待塑料板加热软化后移开加热器，压缩空气通过模框吹入将塑料板吹鼓后将凸模顶起，如图 6-21（b）所示；停止吹起，凸模抽真空，塑料板贴附在凸模上成型，如图 6-21（c）所示。这种成型方法的特点与凹、凸模先后抽真空成型基本类似。

5. 柱塞推下真空成型

柱塞推下真空成型如图 6-22 所示。首先将固定于凹模的塑件板加热至软化状态，如图 6-22（a）所示；接着移开加热器，用柱塞将塑料板推下，这时凹模里的空气被压缩，软化的塑料板由于柱塞的推力和型腔内封闭的空气移动而延伸，如图 6-22（b）所示；然后凹模抽真空而成型，如图 6-22（c）所示。此成型方法使塑料板在成型前先延伸，壁厚变形均匀，主要用于成型深型腔塑件。此方法的缺点是在塑件上会残留柱塞的痕迹。

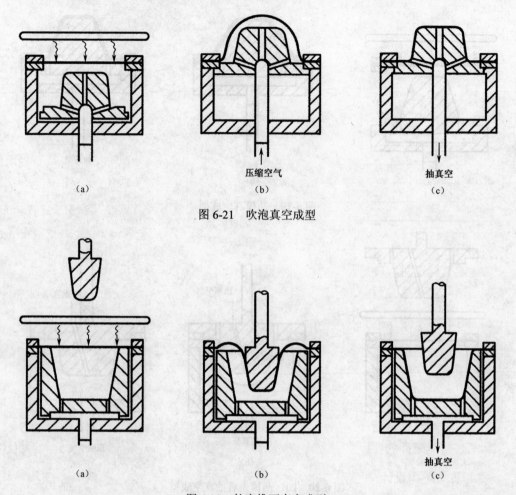

(a)   压缩空气
(b)   抽真空
(c)

图 6-21　吹泡真空成型

(a)   (b)   抽真空 (c)

图 6-22　柱塞推下真空成型

（二）真空吸塑成型塑件设计

真空吸塑成型对于塑件的几何形状、尺寸精度、塑件的深度和宽度之比、圆角、脱模斜度、加强肋等都有具体要求。

1. 塑件的几何形状、尺寸精度

用真空吸塑成型塑件，塑料处于高弹态，成型冷却后收缩率较大，很难得到较高尺寸精度。塑件通常也不应有过多的凸起和深的沟槽，因为这些地方成型后会使壁厚太薄而影响强度。

2. 塑件的深度和宽度（或直径）之比

塑件的深度和宽度之比称为引伸比，引伸比在很大程度上反映了塑件成型的难易程度。引伸比越大，成型越难。引伸比和塑件的均匀程度有关，引伸比过大会使最小壁厚处变得非常薄，这时应选用较厚的塑料来成型。引伸比还和塑料品种有关，成型方法对引伸比也有很大影响。一般采用的引伸比为 0.5～1，最大也不超过 1.5。

3. 圆角

真空吸塑成型塑件的转角部分应以圆角过渡，并且圆弧半径应尽可能大，最小不能小于板材的厚度，否则塑件在转角处容易发生厚度变薄及应力集中的现象。

凹模真空吸塑成型时，视制件的深度不同，从底到壁的过渡半径应不同，见表6-2。

表 6-2 凹模真空吸塑成型从底到壁的过渡半径

制件的深度	过渡半径	制件的深度	过渡半径
≤50	5～8	>150～200	20～25
>50～100	8～10	>200～250	30～40
>100～150	10～20		

4. 斜度

和普通模具相同，真空吸塑成型也需要有脱模斜度，斜度范围为1°～4°。斜度大不仅脱模容易，也可使壁厚的不均匀程度得到改善。

5. 加强肋

真空吸塑成型制件通常是大面积的盒形件，成型过程中板材还要受到引伸作用，底角部分变薄，因此为了保证塑件的刚度，应在塑件的适当部位设计加强肋。

（三）真空吸塑成型模具设计

真空吸塑成型模具设计包括恰当地选择真空吸塑成型的方法和设备；确定模具的形状和尺寸；了解成型塑件的性能和生产批量，选择合适的模具材料。

1. 模具的结构设计

（1）抽气孔的设计

抽气孔的大小应适合成型塑件的需要，一般对于流动性好、厚度薄的塑料板材，抽气孔要小些，反之可大些。总之需要满足在短时间内将空气抽出、又不要留下抽气孔痕迹。一般常用的抽气孔直径为0.5～1mm，最大不超过板材厚度的50%。

抽气孔的位置应位于板材最后贴模的地方，孔间距可视塑件大小而定。对于小型塑件，孔间距可在20～30mm之间选择，大型塑件则应适当增加距离。轮廓复杂处，抽气孔应适当密一些。

模具上应预先留出宽0.4～0.5mm的长椭圆形或环形来代替钻孔，槽可直接在金属模具上铣出或在非金属模具上敷设金属铸造而成，槽宽度应等于相应孔的直径。根据导出的空气不同，抽气孔的数量见表6-3。

表 6-3 模具体积与孔的数量关系

模具体积（m³）	孔的数量	模具体积（m³）	孔的数量
0.001～0.005	100～200	0.1～0.15	1000～5000
0.005～0.01	200～400	0.15～0.5	5000～10000
0.01～0.1	400～1000		

（2）型腔尺寸

真空吸塑成型模具的型腔尺寸同样要考虑塑料的收缩率，其计算方法与注射模型腔尺寸计算相同。真空吸塑成型塑件的收缩量，大约有 50%是塑件从模具中取出时产生的，25%是取出后保持在室温下 1h 内产生的，其余的 25%是在以后的 8～24h 内产生的。用凹模成型的塑件比用凸模成型的塑件，收缩量要大 25%～50%。影响塑件尺寸精度的因素很多，除了型腔的尺寸精度以外，还与成型温度、模具温度等有关，因此要预先精确地确定收缩率是困难的。如果生产批量比较大，尺寸精度要求又较高，最好先用石膏模型试出产品，测得其收缩率，以此为设计模具型腔的依据。

（3）型腔表面粗糙度

真空吸塑成型模具的表面粗糙度数值太大时，对真空吸塑成型后的脱模很不利，一般真空吸塑成型的模具都没有顶出装置，其靠压缩空气脱模。如果表面粗糙度值太大，塑料板黏附在型腔表面上不易脱模，因此真空吸塑成型模具的表面粗糙度值较小。其表面加工后，最好进行喷砂处理。

（4）边缘密封结构

为了使型腔外面的空气不进入真空室，因此，在塑料板与模具接触的边缘应设置密封装置。

（5）加热、冷却装置

对于板材的加热，通常采用电阻丝或红外线。电阻丝温度可达 350～450℃，对于不同塑料板材所需的不同成型温度，一般通过调节加热器和板材之间的距离来实现。通常采用的距离为 80～120 mm。

模具温度对塑件的质量及生产率都有影响。如果模具温度过低，塑料板和型腔一接触就会产生冷斑或内应力以致产生裂纹；如果模温过高，塑料板可能黏附在型腔上，塑料脱模时会变形，生产周期延长。因此模具温度应控制在一定范围内，一般在 50℃左右。各种塑料板材真空吸塑成型加热温度与模具温度见表 6-4。塑件的冷却一般不单靠接触模具后的自然冷却，要增设风冷或水冷装置冷却。风冷设备简单，只要压缩空气喷即可。水冷可用喷雾式，或在模具内开冷却水道。冷却水道应距离型腔 8mm 以上，以避免产生冷斑。冷却水道的开设有不同的方法，可以将铜管或钢管铸入模具内，也可在模具上打孔或铣槽，用铣槽的方法必须使用密封元件并加盖板。

表 6-4　真空吸塑成型塑料板材加热温度与模具温度

塑料 温　度	低密度聚乙烯	聚丙烯	聚氯乙烯	聚苯乙烯	ABS	有机玻璃	聚碳酸酯	聚酰胺 6	醋酸纤维素
加热温度	121～191	149～202	135～180	182～193	149～177	110～160	227～246	216～221	132～163
模具温度	49～77	—	41～46	49～60	72～85	—	77～93	—	52～60

2. 模具材料

真空吸塑成型和其他成型方法相比，其主要特点是成型压力极低，通压缩空气的压力为

0.3～0.4MPa，故模具材料的选择范围较宽，既可选用金属材料，又可选用非金属材料，主要取决于塑件形状和生产批量。

（1）非金属材料

对于试制或小批量生产，可选用木材或石膏作为模具材料。木材容易加工，缺点是易于变形、表面粗糙度值大，一般常用桦木、槭木等木纹较细的木材。石膏制作方便，价格便宜，但其强度较差。为提高石膏模具的强度，可在其中混入 10%～30% 的水泥。用环氧树脂制作真空吸塑成型模具，有加工容易、生产周期短、修整方便等特点，而且强度较高，相对于木材和石膏而言，适合数量较多的塑件生产。

非金属材料导热性差，对于塑件质量而言，可以防止出现冷斑。但所需冷却时间长、生产效率低，而且模具寿命短，不适合大批量生产。

（2）金属材料

适用于大批量高效率生产的模具是金属材料。铜虽有导热性好、易加工、强度高、耐腐蚀等优点，但成本高，一般不采用。铝易于加工、耐用、成本低、耐腐蚀性较好，故真空吸塑成型模具多采用铝制造。

三、压缩空气成型工艺与模具设计

压缩空气成型原理与真空吸塑成型原理相似，都是将加热软化的塑料板材压入模具型腔并贴合在其表面进行成型，所不同的是对板材施加的成型外力由压缩空气代替抽真空。图 6-23 所示为压缩空气成型制件外形图。

（a）压缩空气成型箱包　　　　　　　　（b）压缩空气成型风罩

图 6-23　压缩空气成型制件外形图

压缩空气成型制件周期短，通常比真空吸塑成型快 3 倍以上。在真空吸塑成型时，很难达到对板材施加 0.1MPa 以上的成型压力。而用压缩空气成型时，对板材施加的成型压力最大可达 3MPa。由于成型压力很高，因而用压缩空气能够成型厚度较大（一般为 1～5mm）且最大不超过 8mm 的板材。

压缩空气成型分为凹模成型和凸模成型两类。其模具的结构较为简单，模具的凹模或凸模即为制件的外形或内腔。凸模成型消耗片材多且不易安装切边装置，相对采用较少，所以压缩空气成型主要采用凹模成型。

（一）压缩空气成型特点及成型工艺

压缩空气成型有很多地方与真空吸塑成型相同，如塑件的几何形状和尺寸精度、塑件的引伸比圆角、斜度和加强肋等。压缩空气成型是借助压缩空气的压力，将加热软化的塑料板压入型腔成型的方法，其工艺过程如图 6-24 所示。

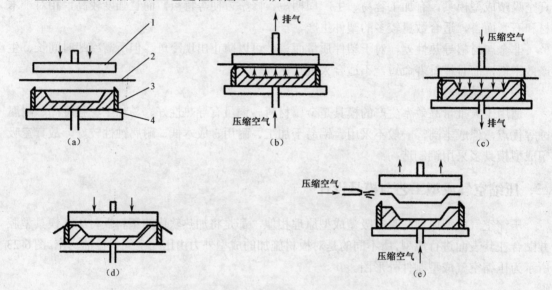

1—加热板；2—塑料板；3—型刃；4—凹模

图 6-24　压缩空气成型工艺过程

（1）送料

将塑料板材置于加热板和凹模之间（开模状态），如图 6-24（a）所示。

（2）加热软化

闭模（这时塑料板材只被轻轻地压在模具刃口上），然后在从加热板上方抽出空气的同时，从位于型腔底部的空气口向型腔中送入微压空气，使塑料板材直接接触加热板加热，如图 6-24（b）所示。

（3）成型制件

塑件板材被加热后很快达到成型温度并被软化，这时从加热板上方通入预热的压缩空气，使已软化的塑料板贴在模具型腔的内表面成型；与此同时，型腔内的空气通过其底部的通气孔迅速排出，最后使塑料板紧贴模具，如图 6-24（c）所示。

（4）切边

停止从加热板喷出压缩空气，待塑料板材在模具型腔内冷却定型后，再使加热板下降一小段距离，对制件进行切边，切除余料，如图 6-24（d）所示。

（5）取出制件

在加热板上升的同时，从型腔底部送入压缩空气使制件脱模，取出塑件，如图 6-24（e）

所示。

（二）压缩空气成型模具

1. 压缩空气成型模具结构

压缩空气成型模具型腔与真空吸塑成型模具型腔基本相同。压缩空气成型模具与真空吸塑成型模具的主要不同点在于：压缩空气成型模具增加了型刃，塑料成型后可在模具上把余料切断；加热板是压缩空气成型模具的组成部分，加热板与塑料板材接触加热，加热效果好，加热时间短。

压缩空气成型模具分为凹模压缩空气成型用的模具结构和凸模压缩空气成型用的模具结构，但通常采用凹模压缩空气成型。

图 6-25 所示为凹模压缩空气成型用的模具结构，它与真空吸塑成型模具的不同点是增加了型刃，因此塑件成型后，在模具上就将余料切除。另一不同点是加热板作为模具结构的一部分，塑料板直接接触加热板，因此加热速度快。

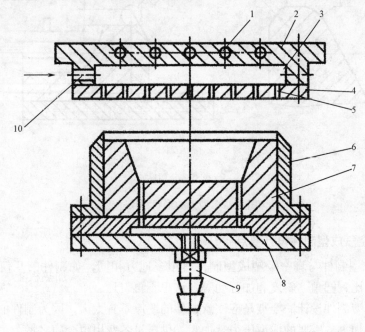

1—加热棒；2—加热板；3—热空气室；4—面板；5—空气孔；6—型刃；7—凹模；8—底板；9—通气孔；10—压缩空气孔

图 6-25 凹模压缩空气成型

压缩空气成型的塑件，其壁厚的不均一性随着成型方法不同而异。采用凸模成型时，塑件底部厚，如图 6-26（a）所示；而采用凹模成型时，塑件底部薄，如图 6-26（b）所示。

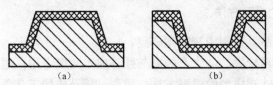

（a）　　　　　　　　　（b）

图 6-26 压缩空气成型塑件壁厚

2. 模具设计要点

压缩空气成型的模具型腔与真空吸塑成型模具型腔基本相同。压缩空气成型模具的主要特点在于模具边缘设置型刃，型刃的形状和尺寸如图 6-27 所示。型刃角度以 20°～30° 为宜，顶端削平 0.1～0.15mm，两侧以 $R=0.05$mm 的圆弧相连。型刃不可太锋利，避免与塑料板刚一接触就切断；型刃也不能太钝，造成余料切不下来。型刃的顶端需比型腔的端面高出的距离 h 为板材的厚度加上 0.1mm，这样在成型期间，放在凹模型腔端面上的板材同加热板之间就能形成间隙，此间隙可使板材在成型期间不与加热板接触，避免板材过热造成产品缺陷。型刃的安装也很重要，型刃和型腔之间应有 0.25～0.5mm 的间隙，作为空气的通路，也易于模具的安装。为了压紧板材，要求型刃与加热板有极高的平行度与平面度，以避免漏气现象。

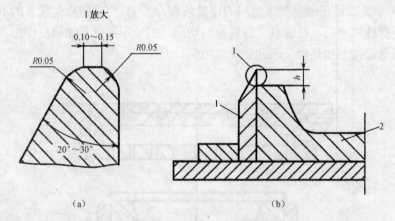

1—型刃；2—凹模

图 6-27　型刃的形状和尺寸

（三）压缩空气成型制件设计要点

压缩空气成型制件与真空吸塑成型制件有很多地方相同，如制件的几何形状和尺寸精度、制件的引伸比、圆角、斜度和加强肋等，这里不再赘述。

压缩空气成型制件设计的要点是应注意制件的壁厚不宜太大，因为制件的壁厚增大，塑料板的厚度就要加大，需要的成型压力就加大，供压设备费用也会随之增大。通常塑料板材的厚度不超过 8mm，一般在 1～5mm 内选用。

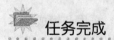 **任务完成**

1. 选择塑料油壶的成型方法

塑料油壶属中空制品，采用中空吹塑成型。

由于塑料油壶的壁厚较大，从生产效率与经济成本角度考虑，通过对挤出吹塑成型、注射吹塑成型、注射拉伸吹塑成型的成型方法、成型过程及成型工艺条件的比较，决定采用挤出吹塑成型。

2. 塑料油壶的模具结构特点

中空塑料油壶为罐类容器，上口有螺纹，可配上盖子，中腰部是油壶的主体，底部为带凸起的加强肋，作为摆放的支撑点。

中空塑料油壶模采用上吹式两半阴模对开分型的结构形式，如图 6-28 所示。模具上部镶有左、右螺纹镶件 5、6，用于成型油壶上口螺纹；底部镶有左、右底部镶件（切口）7、8，用于切除型坯余料。

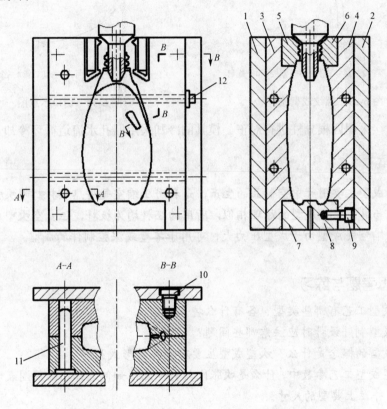

1—左底板；2—右底板；3—左模腔；4—右模腔；5—左螺纹镶件；6—右螺纹镶件；

7—左底部镶件；8—右底部镶件；9、10—螺钉；11—导柱；12—水嘴

图 6-28 挤吹中空塑料油壶吹塑模具（上吹式）

油壶上口的螺纹不是吹塑成型的，而是在吹嘴与口部镶件闭模时挤压成型的，如图 6-29 所示。油壶底部既要切除余料又要防止渗漏，采用的切口形式如图 6-30 所示。为了防止切口磨损，切口应淬火至 HRC 40～48。

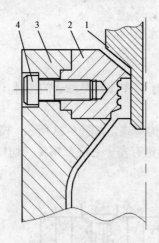

1—吹嘴；2—螺纹镶件；3—型腔；4—螺钉

图 6-29　螺纹成型镶件

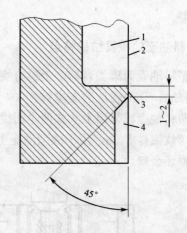

1—型腔；2—分型面；3—切口；4—余料槽

图 6-30　切口示意图

模具的对接采用四根导柱进行对正。模具的冷却采用四孔水流道循环冷却。

任务小结

中空吹塑成型主要用于中空制品的生产，是利用压缩空气将热坯料封闭吹胀而成型的。压缩空气成型与真空吹塑成型的原理相似，所用的坯料均为板料，但真空吹塑成型用于较薄的制品，而压缩空气成型由于成型压力大，可用于厚壁或深腔制件的成型。

 ## 思考题与练习

1. 气动成型工艺有哪些类型？各有什么特点？

2. 气动成型制件设计时应注意哪些问题？

3. 吹塑成型的概念是什么？吹塑成型主要有哪几种形式？

4. 在吹塑成型工艺参数中，什么是吹胀比与引伸比？如何选择？画简图表示出挤出吹塑模的夹料区，并注上典型的尺寸。

5. 真空吸塑成型的工艺过程如何？真空吸塑成型的方法有哪些？

6. 说明凹模真空成型、凸模真空成型、吹泡真空成型及柱塞下推式真空成型的工艺过程。

7. 凸模真空成型与凹模真空成型，制件尺寸精度有何不同？

8. 压缩空气成型的工艺过程有哪些？压缩空气成型所用模具，其结构有何特点？

9. 绘出压缩空气成型的模具型刃形状，并标注典型尺寸。

学生分组，完成课题

1. 矿泉水瓶，材料为聚丙烯，大批量生产。试选择成型方法，设计成型模具。

2. 一次性塑料杯，材料为聚丙烯，大批量生产。试选择成型方法，设计成型模具。